高等学校
土木工程专业教材

GAODENG XUEXIAO
TUMU GONGCHENG ZHUANYE JIAOCAI



第3版

# 建筑材料

JIANZHU CAILIAO


主　编■刘燕燕

副主编■王　念　郭　鹏　赵　毅　王元元

主　审■王瑞燕


重庆大学出版社

## 内容提要

本书根据建筑材料课程教学大纲的要求，结合现行国家、行业最新标准和规范，着重从材料组成、结构、技术性能及评价方法等方面讲述建筑材料的工程应用。

本书共8章，主要内容包括石料与集料、无机胶凝材料、水泥混凝土和砂浆、沥青材料、沥青混合料、建筑钢材、无机结合料稳定类材料及特殊建筑功能材料。各章按内容提要、正文、试验、本章小结和复习思考题的顺序编写。

本书可作为高等学校道路工程、桥梁工程、轨道与隧道工程、港海工程、交通工程管理等专业的教学用书，也可作为相关专业技术人员的参考用书。

**图书在版编目(CIP)数据**

建筑材料/刘燕燕主编. —3版. —重庆：重庆大学出版社，2020.8

高等学校土木工程专业教材

ISBN 978-7-5689-2229-6

Ⅰ.①建… Ⅱ.①刘… Ⅲ.①建筑材料—高等学校—教材 Ⅳ.①TU5

中国版本图书馆CIP数据核字(2020)第106337号

高等学校土木工程专业教材

建筑材料

（第3版）

主　编　刘燕燕

副主编　王　念　郭　鹏

赵　毅　王元元

主　审　王瑞燕

责任编辑：刘颖果　版式设计：游　宇

责任校对：文　鹏　责任印制：赵　晟

*

重庆大学出版社出版发行

出版人：饶帮华

社址：重庆市沙坪坝区大学城西路21号

邮编：401331

电话：(023) 88617190　88617185(中小学)

传真：(023) 88617186　88617166

网址：http://www.cqup.com.cn

邮箱：fxk@cqup.com.cn（营销中心）

全国新华书店经销

重庆长虹印务有限公司印刷

*

开本：787mm×1092mm　1/16　印张：19.75　字数：482千

2008年12月第1版　2020年8月第3版　2021年1月第6次印刷

ISBN 978-7-5689-2229-6　定价：49.00元

# 前　言

“建筑材料”课程是土木工程各专业非常重要的专业基础课。了解和掌握材料的技术性能，保证在工程中合理使用合格的材料，是从事建设工程设计、施工、监理及工程管理等人员必须具备的专业技能。

本书主要针对高等学校道路工程、桥梁工程、轨道与隧道工程、港海工程、交通工程管理等专业，根据建筑材料课程教学大纲的要求，结合新工科课程培养的需要，依据现行国家、行业最新标准和规范及国内外新材料研究的相关成果，从材料的基本概念、基本理论出发，着重从材料组成、结构、技术性能及评价方法等方面讲述材料的工程应用。本书的特色包含以下几个方面：

(1)按照“新工科”建设要求，把握交通行业与建筑材料行业的发展趋势，优化教材内容，突出交通特色“新工科”创新型与应用型人才培养的特点。

(2)突出新标准对建筑材料指标的要求。最近几年，与建筑材料相关的国家和行业标准陆续进行了修订，本书重点体现国家标准和行业标准对基础建材材料技术标准的变化，让教材内容保持行业的先进性和及时性。

(3)立足传统材料的同时介绍新功能材料在建筑领域的应用。在创新驱动力的推动下，建筑材料种类日新月异，除了对传统材料的改性以外，还出现了一些新型的建筑材料和功能材料，例如自修复材料、智能仿生与超材料及低成本高湿超导材料等特殊功能材料。本书尽可能地介绍一些先进材料的概念、性能和用途。

本书共8章，对路、桥、隧、轨、港、建筑等专业常用建筑材料的技术性能及其评价指标做了系统介绍，为读者根据工程具体特点合理选择和使用建筑材料打下基础；同时，通过水泥混凝土配合比设计及沥青混合料组成设计，进一步提高读者对基础知识的综合运用能力。结合本课程自身特点，各章按内容提要、正文、小结、习题、试验的顺序编写，有利于对本课程知识点的强化掌握。

本书由刘燕燕主编，王念、郭鹏、赵毅、王元元担任副主编。全书由重庆交通大学王瑞燕教授主审。第1章由重庆交通大学王念编写，第2章由重庆交通大学何丽红编写，第3章由重庆交通大学刘燕燕编写，第4章由湖北文理学院王元元编写，第5章由重庆交通大学刘燕燕编写，第6章由重庆交通大学赵毅编写，第7章由重庆交通大学郭鹏编写，第8章由重庆交通大学曹雪娟、伍燕编写。全书由刘燕燕统稿定稿。

限于编者水平，书中不妥及疏漏之处，恳请广大师生、读者不吝赐教。

编　者

2020年5月

# 目　录

# 绪论

1)材料在土木建筑工程中的作用和地位

建筑材料是土木建筑工程(路、桥、水、港、房等)中所用材料的总称,包括土木工程中所用的原材料、半成品、成品。

建筑材料是工程建设的物质基础,它将直接影响工程的质量,结构物的安全性、耐久性和经济性。随着材料向高性能、多功能、绿色建材、节能建材等方向的发展,材料对结构设计和施工技术也产生了非常重要的影响。

建筑材料是土木工程建设过程中设计、施工、监理等各个环节必不可少的技术基础,了解和掌握材料的技术性能,保证在工程中合理使用合格的材料,是工程建设人员必须具备的专业技能。

2)材料的分类及本书内容

材料的分类方法有很多,一般可以按以下方法分类:

- 按化学成分
  - 无机材料
    - 金属材料:钢、铁、铝、合金等
    - 非金属材料:天然砂石材料、石灰、水泥等
  - 有机材料:沥青、高分子材料、木材等
  - 复合材料
    - 无机与无机复合材料:混凝土、钢筋混凝土等
    - 无机与有机复合材料:沥青混合料等
    - 有机与有机复合材料:改性沥青等
- 按功能
  - 结构材料:混凝土、钢筋混凝土、钢材、沥青混合料等
  - 功能材料:保温隔热材料、隔音吸声材料、防水材料、装饰材料、增韧增强抗裂材料、智能材料等
- 按工程用途
  - 道路工程材料
  - 桥梁工程材料
  - 港口水利工程材料
  - 房屋建筑工程材料等

本书按水泥混凝土、沥青混合料、建筑钢材及其他工程材料 4 条主线,讲述材料的技术性能及工程应用。

(1)水泥混凝土　水泥混凝土是土木工程中应用量最大、应用最广泛的结构工程材料,其主要组成材料包括水泥、砂石材料、矿物掺合料、化学外加剂等。本条主线讲述的主要内容包括混凝土组成材料的技术性能及混凝土的技术性能。

(2)沥青混合料　在路、桥工程中,沥青混合料是非常重要的路面材料,沥青及沥青混合

料也是建筑工程中应用非常广泛的防水防渗材料。本条主线讲述的主要内容包括沥青、矿质混合料、沥青混合料的主要技术性能。

(3)建筑钢材　建筑钢材包括建筑工程中所用的各种型材(角钢、槽钢、工字钢等)和板材,钢筋混凝土结构中所用钢筋、钢丝、钢绞线等。建筑钢材是建筑工程中应用最广泛的金属材料。本条主线主要讲述建筑钢材的技术性能。

(4)其他工程材料　其他工程材料这条主线主要讲述无机结合料稳定材料的技术性能及应用,新的功能结构及特殊材料的概念和应用。

3)建筑材料的技术性能

材料的组成、结构、构造等是材料技术性能的决定因素,而材料的技术性能决定材料的工程应用。不同应用条件下的材料,对技术性能有不同的要求。土木工程中,材料的技术性能主要包括以下几个方面:

(1)物理性能　材料的物理性能包括物理常数(真实密度、表观密度、毛体积密度、堆积密度、孔隙率、空隙率等)、与水相关的性能(亲水性、憎水性、吸水率、饱水率)等。

(2)力学性能　材料的力学性能是指材料抵抗静态及动态荷载作用的能力。静态力学性能主要用材料抗拉、压、弯、剪等强度评价;动态力学性能可以通过材料抗磨损、抗磨光、抗冲击等评价。

(3)耐久性能　耐久性能是指材料在使用过程中,在气候及环境综合作用下,保持其原有设计性能的能力。材料的耐久性包括耐候性、耐化学侵蚀性、抗渗性等方面。

(4)化学性能　材料的化学性能是指其化学元素组成、化学组分组成等,材料的化学性能影响材料的耐久性能、力学性能、热工性能等。

(5)工艺性能　工艺性能是指材料在一定的加工条件下接受加工的性能。

(6)其他性能　如热工性能(导热系数、比热等)、装饰性能等。

4)建筑材料技术性能的检测及技术标准

(1)材料技术性能的检测　材料技术性能通过相关检测获得技术指标并对照相关技术标准进行评价。材料技术性能的检测包括实验室内原材料检测、实验室内模拟结构检测、现场修筑试验性结构物检测 3 个方面。

(2)技术标准　材料的技术标准分为国内标准和国外标准两大类。其中,国内标准按标准的适用范围分为国家标准、行业标准、地方标准、企业标准。各级标准都有各自的代号,如 GB——国家强制标准,GB/T——国家推荐标准,GBJ——国家建筑工程标准;CECS——中国工程建设标准化协会标准,JGJ——住建部行业标准,JC——国家建材局标准,JTJ——交通行业基础类标准;JTG——交通行业工程标准;DB——地方标准;QB——企业标准等。标准的表示由部门代号、标准编号、颁布日期、标准名称组成。标准有强制性标准和推荐性标准之分。如 GB 175—2007《通用硅酸盐水泥》,标准的颁布部门代号为 GB,该标准为强制标准,标准编号为 175,颁布日期为 2007 年,标准名称为通用硅酸盐水泥;如 GB/T 18046—2008《用于水泥和混凝土中的粒化高炉矿渣粉》为国家推荐标准。行业标准、地方标准、企业标准以此类推。

随着我国经济与世界经济的融合,涉外技术及经济活动的增加,工程中会涉及相关的国际及国外标准,如国际标准化组织标准(ISO)、美国材料与试验协会标准(ASTM)、英国标准

(BS)、德国标准(DIN)、法国标准(NF)、日本工业标准(JIS)等。

5)本书的特点及学习方法

作为土木工程专业的技术基础课程,建筑材料是学习后续专业课程的基础。土木工程用材料品种繁多,涉及面较广,材料之间的相互关联性不强,内容散,逻辑性不强,因此在学习过程中应注意以下几个方面的问题:

①注重基础知识的学习和掌握。材料的技术性能取决于其组成和微观结构,从本质上认识和了解材料特性,注重基础知识的学习,注重对专业名词、术语、概念的清晰理解,是进一步掌握材料技术性能和工程应用的基础。

②重视实验教学环节。本课程属于理论与实践联系非常紧密的科目。材料的技术指标是评价其性能并决定其工程应用的基础,所有技术性能指标都必须通过相关的实验手段测试获得,实验是本书学习过程中必不可少的重要环节。在实验教学过程中,必须严格按照规范及实验操作规程操作,以保证实验数据的真实性和可靠性,这也是培养学生严谨的科学态度的基本要求。

③重视理论与实践相结合,培养综合应用知识的能力。在对材料技术性能深入了解的基础上,联系工程实际,掌握材料在具体工程中的合理应用。

④立足传统材料的同时,介绍新功能材料在建筑领域的应用。在创新驱动力的推动下,建筑材料的种类日新月异,除了对传统材料改性以外,还出现了一些新型的建筑材料和功能材料。本书尽可能地把一些先进材料的概念、性能和用途进行说明与介绍,让学生了解目前建筑材料行业的发展方向,开阔学生的眼界,激发学生的创新思维能力,在工作和学习中发明更多绿色环保的智能建筑材料。

# 第1章 石料与集料

**内容提要**

本章主要介绍石料的岩石学特征;石料和集料的物理性能、力学性能、耐久性能及其评价方法和评价指标。通过本章的学习,读者应掌握石料的物理性能、力学性能、耐久性能及路用石料技术分级的依据和标准;掌握集料的物理、力学性能,了解矿质混合料的级配理论,掌握级配范围曲线的绘制方法。

石料与集料是道路与桥梁工程结构及其附属构造物中用量最大的一类材料。通常将石料和集料统称为砂石材料。石料制品可以直接用于砌筑结构物或用于道路铺面;集料可以直接用于道路路面基层或垫层,还更多地用于配制水泥混凝土和沥青混合料。正确认识、合理地选择和科学地使用石料和集料,对于保证土木建筑工程质量、降低生产成本、实现可持续发展有着重要的意义。

## 1.1 天然石料

### 1.1.1 岩石的组成与分类

岩石是由造岩矿物在地质作用下按一定规律聚集而成的自然体,是组成地壳的基本物质。不同造岩矿物和成岩条件使得各类天然岩石具有不同的结构和构造特征,石料的物理性能、力学性能主要取决于天然岩石的矿物成分,以及这些矿物在岩石中的结构和构造。在工程实践中,为了更好地选用天然石料,需要了解和掌握石料岩石学特性的基本知识。

1)*造岩矿物*

矿物是具有一定化学成分和一定结构特征的天然化合物或单质。岩石为矿物集合体,组成岩石的矿物称为造岩矿物。造岩矿物有石英、长石、云母、角闪石、方解石、白云石、黄铁矿、石膏、菱镁矿、磁铁矿和赤铁矿等。岩石可以由单种矿物组成,如纯质的大理石由方解石组成,而大多数岩石则由两种或者两种以上的矿物组成,如花岗石的主要矿物为石英、长石和云母

等。各种造岩矿物由于化学成分和结构特征的不同，具有不同的颜色和特性。工程中常用岩石的主要造岩矿物见表1.1。

表1.1 主要造岩矿物的颜色和特性

| 造岩矿物 | 组 成 | 表观密度/($g \cdot cm^{-3}$) | 颜 色 | 特 性 |
| --- | --- | --- | --- | --- |
| 石 英 | 二氧化硅 | 2.65 | 白色、乳白色和浅灰色 | 坚硬、稳定、耐久，具有贝状断口、玻璃光泽 |
| 长 石 | 铝硅酸盐 | 2.5~2.7 | 白色、浅灰色、红色、青色和暗灰色 | 强度、稳定性、耐久性较石英低，且易风化，性脆 |
| 云 母 | 含水铝硅酸盐 | 2.7~3.1 | 无色透明至黑色 | 易于分裂成薄片，影响岩石的耐久性和磨光性 |
| 角闪石<br>辉 石<br>橄榄石 | 结晶的铁、镁硅酸盐 | 3~4 | 暗绿色、棕色或黑色 | 强度高、坚固、耐久、韧性大 |
| 方解石 | 碳酸钙 | 2.7 | 白色、灰色 | 硬度不大，强度高，遇酸分解，解理完全 |
| 白云石 | 碳酸钙镁复盐 | 2.9 | 白色、灰色 | 物理性质与方解石相近，强度略高 |
| 黄铁矿 | 二硫化铁 | 5 | 金黄色 | 遇水及氧化作用后生成游离的硫酸，污染并破坏岩石 |

2) *岩石的分类*

岩石的性质除决定于岩石所含矿物成分外，还取决于成岩条件。按岩石的形成条件可将岩石分为火成岩、沉积岩、变质岩三大类。

(1) 火成岩　火成岩又称岩浆岩，它是地球内部岩浆在巨大压力作用下，沿着地壳薄弱地带侵入地壳上部或喷出地表，熔融的岩浆在温度压力都减小时冷却凝固而形成的岩石。根据冷却条件不同，火成岩又分为深成岩、喷出岩及火山岩三类。

①深成岩：是岩浆在地壳深处，受到上部覆盖层的压力作用，缓慢冷却而成的岩石。深成岩大多形成粗颗粒的结晶和块状构造，构造致密。在近地表处，由于冷却较快，晶粒较细。深成岩的共同特性：密度大、抗压强度高、吸水率小、抗冻性好、耐磨性好、耐久性好。工程上常用的深成岩有花岗岩、正长岩、辉长岩等。

②喷出岩：是熔融的岩浆喷出地表后，在压力急剧降低和迅速冷却的条件下形成的，如玄武岩。多呈隐晶质或玻璃质结构。当喷出的岩浆层较厚时，其矿物结构与构造接近深成岩；若喷出的岩浆层较薄时，常呈多孔构造，接近火山岩。工程上常用的喷出岩有玄武岩、安山岩、辉绿岩等。

③火山岩：又称火山碎屑岩，是火山爆发时，岩浆喷到空中经急速冷却后落下而形成的碎屑岩石，多为玻璃体结构且呈多孔构造，如火山灰、火山砂、浮石等。火山灰、火山砂可作为水

泥混合材料,浮石可作为轻混凝土骨料。火山灰、火山砂经覆盖层压力作用胶结而成的岩石,称为火山凝灰岩。火山凝灰岩多孔、质轻、易于加工,可作为保温建筑材料,磨细后可作为水泥的混合材料。

(2)沉积岩　沉积岩是由母岩(岩浆岩、变质岩和已形成的沉积岩)在地表经风化剥蚀而产生的物质,经过搬运、沉积和硬结成岩作用而形成的岩石,又称水成岩。沉积岩由颗粒物质和胶结物质组成。颗粒物质是指不同形状和大小的岩屑及某些矿物,胶结物质的主要成分为碳酸钙、氧化硅、氧化铁及黏土质等。沉积岩的物理力学性能不仅与矿物和岩屑的成分有关,而且与胶结物质的性能有很大关系,以碳酸钙、氧化硅质胶结的沉积岩强度较大,而以黏土质胶结的沉积岩强度较小。

与火成岩相比,沉积岩在成岩过程中压力不大、温度不高,因此大都呈层理构造,而且各层的成分、结构、颜色、厚度都有差异。沉积岩的特性:结构致密性较差,密度较小,孔隙率和吸水率较大,强度较低,耐久性略差。常见沉积岩有石灰岩、页岩、砂岩、砾岩、石膏、白垩、硅藻土等,散粒状的有黏土、砂、卵石等。

(3)变质岩　变质岩是原生的火成岩或沉积岩,经过地壳内部高温、高压等作用后形成的岩石。在高温、高压作用下,岩石矿物重新再结晶,除构造发生显著变化外,还有可能生成新矿物,使原生岩石的矿物成分也发生显著变化。变质岩在矿物成分与结构构造上既有变质过程中所产生的特征,也会残留部分原岩的某些特点,因此,变质岩的物理力学性能不仅与原岩的性质有关,而且与变质作用条件及变质程度有关。

在变质过程中受到高压和重结晶的作用,由沉积岩得到的变质岩结构更紧密,如由石灰岩或白云岩变质而成的大理石岩,由砂岩变质而成的石英岩,它们均较原来的岩石性能变好,结构变得致密、坚实耐久。而原为深成岩的岩石,变质后,常因产生了片状构造,使岩石的性能变差,如由花岗岩变质而成的片麻岩,较原花岗岩易于分层剥落,耐久性降低。

*3)常用岩石类型*

(1)花岗岩　花岗岩为典型的火成岩,是岩浆岩中分布最广的一种岩石,其矿物组成主要为长石、石英及少量暗色矿物和云母。其中,长石含量为40%~60%,石英含量为20%~40%。花岗岩为全晶质结构的岩石,按结晶颗粒的大小,通常分为细粒、中粒和斑状等几种。花岗岩的颜色取决于造岩矿物的种类和数量,通常有深青、浅灰、黄、紫红等颜色,以深色花岗岩比较名贵。优质花岗岩晶粒细而均匀,构造密实,石英含量多,云母含量少,不含黄铁矿等杂质,光泽明亮,没有风化迹象。花岗岩的技术特性:表观密度为2.6~2.8 $g/cm^3$,结构致密,抗压强度为120~250 MPa,孔隙率小、吸水率极低,材质坚硬、耐磨性强,化学稳定性、装饰性、耐久性好,因其含有大量石英,所以不抗火。

(2)石灰岩　石灰岩俗称灰岩或青石,是分布极广的沉积岩。其主要矿物成分为方解石,但常含有白云石、菱镁矿、石英、蛋白石、含铁矿物及少量黏土等。因此,石灰岩的化学成分、矿物组成、致密程度以及物理性能等差别很大。

石灰岩通常为白色、浅灰色,因含有杂质而呈深灰、浅黄或浅红等色,其构造有散粒、多孔和致密等类型。石灰岩的表观密度为2.5~2.8 $g/cm^3$,抗压强度为60~120 MPa,质地细密、坚硬、抗风化能力较强。硅质石灰岩强度高、硬度大、耐久性好。当石灰岩中黏土等杂质的含

量超过3% ~4%时,其抗冻性和耐水性显著降低;当杂质含量较高时,则成为其他岩石,如黏土含量为25% ~60%的称为泥灰岩,碳酸镁含量为40% ~60%的称为白云岩。

石灰岩分布极广,作为地方材料,广泛用于土木工程中的基础、墙体、桥墩、台阶及一般砌石工程。石灰岩加工成碎石,可用作水泥混凝土集料、沥青混合料集料或道路基层用集料。此外,石灰岩也是生产水泥和石灰的主要原材料。由于方解石易被溶解侵蚀,石灰岩不能用于酸性或含游离二氧化碳较多的水中。

(3)砂岩　砂岩属于沉积岩,为碎屑结构,层状构造,主要矿物为石英,另外含少量长石、方解石、白云石及云母等。砂岩的性能与其中的胶结物种类及胶结的密实程度有关。根据胶结物的不同,砂岩可分为:由氧化硅胶结而成的硅质砂岩,密实、坚硬、耐酸,性能接近于花岗岩,常呈淡灰色;由碳酸钙胶结而成的钙质砂岩,有一定的强度,容易加工,是砂岩中最常用的一种,但质地较软,不耐酸,呈白色或灰色;由氧化铁胶结而成的铁质砂岩,性能稍差,其中密实铁质砂岩仍可以用于一般建筑工程,常呈红色;由黏土胶结而成的黏土质砂岩,性能较差,易风化,长期受水作用会软化,甚至松散,在建筑工程中一般不用,颜色呈灰黄色。

由于砂岩的胶结物和构造不同,其性能波动很大,即使是同一产地的砂岩,其性能也有很大差异,抗压强度为5 ~200 MPa,表观密度为2.1 ~2.7 $g/cm^3$。建筑上可根据砂岩技术性能的高低,将其应用于基础、勒脚、墙体、踏步等处。

(4)大理岩　大理岩俗称大理石,是由石灰岩或白云岩变质而成,其主要矿物成分是方解石或白云石。经变质后,大理石中结晶颗粒直接结合,形成整体构造,因此抗压强度较高,为100 ~300 MPa,表观密度为2.5 ~2.7 $g/cm^3$,质地致密而硬度不大,比花岗岩易于雕琢磨光。纯大理石为白色,我国常称为汉白玉、雪花白等。大理石中含有氧化铁、云母、石墨、蛇纹石等杂质,常使其呈现红、黄绿、棕、黑等各种斑驳纹理,具有良好的装饰性,是高级的室内装饰材料。

大理石的主要化学成分为碱性物质碳酸钙,易被酸腐蚀,其抗风化性能不及花岗岩,但耐碱性好。大理石常用于室内墙面、柱面、地面和楼梯踏步等处,但不宜用作室外饰面材料。

(5)玄武岩　玄武岩是分布最广的喷出岩,由斜长石、辉石和橄榄石组成,颜色较深,常呈玻璃质或隐晶质斑状构造,有时也呈气孔状或斑状构造。玄武岩硬度高、脆性大、抗风化能力强,抗压强度随其结构和构造的不同而变化较大,通常在100 ~500 MPa,表观密度为2.9 ~3.5 $g/cm^3$,常用作高强混凝土的集料和铺筑道路路面的石料。

(6)辉长岩　辉长岩的主要矿物组成为斜长石、辉岩及少量橄榄石,为等粒结晶质结构和块状构造,常呈黑、墨绿、古铜色。辉长岩表观密度为2.9 ~3.3 $g/cm^3$,抗压强度为200 ~350 MPa,韧性及抗风化性好,易于琢磨抛光,常作为承重材料和饰面材料。

(7)石英岩　石英岩由硅质砂岩变质而成,矿物成分主要是二氧化硅,细晶结构,均匀致密,块状构造,常呈白、灰白色。石英岩的抗压强度为250 ~400 MPa,表观密度为2.8 ~3.0 $g/cm^3$,耐久性好,但硬度较大,加工困难,常用作重要建筑物的贴面、耐磨耐酸的贴面材料,其碎块可用于铺筑道路或作为水泥混凝土集料。

(8)片麻岩　片麻岩是由花岗岩变质而成的,其矿物成分与花岗岩类似。片麻岩结晶多是等粒或斑状体片状构造,各向性质不同。垂直于片理方向的抗压强度为120 ~250 MPa,表观密度为2.0 ~2.5 $g/cm^3$,沿片麻岩的片理易于开采加工,但在冻融循环作用下易剥落分离成片状,故抗冻性差,易于风化。片麻岩通常制成碎石、片石及料石等应用于一般建筑工程中。

4)矿物的主要化学组成

石料的化学组成通常以氧化物含量表示,其主要化学成分为氧化硅、氧化钙、氧化铁、氧化铝、氧化镁,以及少量的氧化锰、三氧化硫等,见表1.2。

表1.2 3种岩石的化学成分含量(质量分数) 单位:%

| 岩石名称 | 氧化硅 $SiO_2$ | 氧化钙 CaO | 氧化铁 $Fe_2O_3$ | 氧化铝 $Al_2O_3$ | 氧化镁 MgO | 氧化锰 MnO | 三氧化硫 $SO_3$ | 磷酸苷 $P_2O_5$ |
|---|---|---|---|---|---|---|---|---|
| 石灰石 | 1.01 | 56.27 | 0.27 | 0.27 | 0.057 | 0.006 5 | 0.009 | 痕量 |
| 花岗石 | 69.62 | 1.81 | 2.60 | 15.69 | 0.022 | 0.022 | 0.14 | 0.02 |
| 石英石 | 98.43 | 0.21 | 1.23 | 0.09 | 痕量 | 0.006 | 0.21 | 0 |

在大多数情况下,这些氧化物的化学稳定性较好,因此就石料本身来说它是一种惰性材料。但与水接触时,石料的化学成分将直接影响集料的亲水性以及集料与沥青的黏附性。在道路工程中,通常按照氧化硅的含量大小将石料分为酸性集料(硅质石料,$SiO_2$含量大于65%)、中性集料($SiO_2$含量为52%~65%)和碱性集料(钙质石料,$SiO_2$含量小于52%)。大部分硅质石料,如花岗岩、石英岩等在水中带有负电荷,亲水性较大,而石灰岩等钙质石料在水中带正电荷,亲水性较弱。不同岩石的化学组成与亲水系数见表1.3。

表1.3 不同岩石的化学组成与亲水系数

| 岩石名称 | 石英岩 | 花岗岩 | 石灰岩 |
|---|---|---|---|
| 氧化硅含量/% | 80~100 | 64~80 | 0~50 |
| 亲水系数 | 1.06 | 0.98 | 0.79 |

在沥青路面工程中,岩石以集料形式应用于沥青混合料中,由于集料对水的亲和力大于对沥青结合料的亲和力,水可能将集料上的沥青膜剥落,导致沥青混合料强度降低。集料的亲水系数越大,水对沥青混合料水稳定性的不利影响就越大。此外,在工程实践中发现,当石料以集料的形式应用于水泥混凝土中时,含有活性二氧化硅或活性碳酸盐成分的集料,会与水泥中碱性氧化物发生化学反应,这种反应称为"碱-集料反应",它会对混凝土强度和稳定性产生非常不利的影响。

## 1.1.2 石料的物理性能

1)物理常数

石料最常用的物理常数是密度和孔隙率。这些物理常数与石料的物理、力学性能有着密切关系,在选用石料、进行混凝土配合比计算时,这些物理常数是重要的设计参数。

石料的物理常数是反映材料矿物组成、结构状态和特征的参数。虽然石料中不同的矿物以不同的排列方式形成各种结构,但是从质量和体积的物理观点出发,其主要是由矿物质实体和孔隙(包括与外界连通的开口孔隙和内部的闭口孔隙)组成,如图1.1所示。

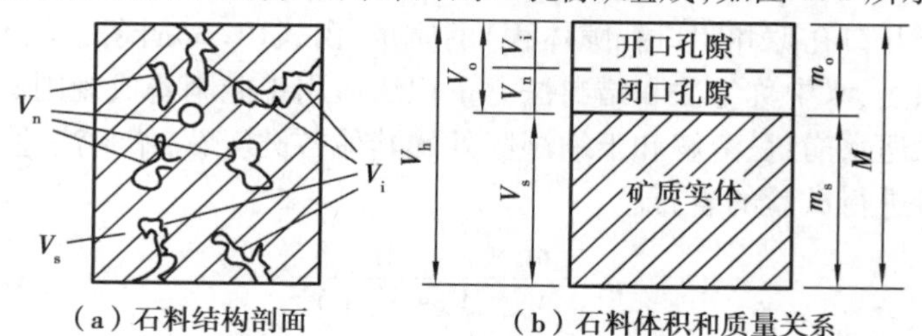


(a)石料结构剖面　(b)石料体积和质量关系

图1.1　石料质量和体积关系示意图

(1)密度(density)　密度是指在规定条件下,石料单位体积的质量。根据体积的定义不同,石料的密度包括真实密度、表观密度和毛体积密度。

①真实密度(true density)。真实密度是指在规定条件下,烘干石料矿质实体单位真实体积的质量,按式(1.1)计算。计算石料真实密度,需要测定石料矿质实体的真实体积。试验时,将干燥石料磨成细粉,全部通过0.25 mm筛孔后,用“比重瓶法”或“李氏密度瓶法”测定其真实体积 $V_s$。

$$\rho_t = \frac{m_s}{V_s} \tag{1.1}$$

式中　$\rho_t$——石料的真实密度,g/cm$^3$;

$m_s$——石料矿质实体的质量,g;

$V_s$——石料矿质实体的体积,cm$^3$。

在常用的土木工程材料中,除钢铁、玻璃、沥青等可近似认为不含孔隙外,绝大多数材料都含有孔隙。含孔隙材料的真实密度测定,关键是测出绝对密实体积。测定含孔隙材料绝对密实体积的方法通常是将材料磨成细粉,干燥后用排液法(李氏瓶)测得的粉末体积即为绝对密实体积。材料磨得越细,内部孔隙消除得越完全,测得的体积也就越精确。对砖、石等材料常采用这种方法测定其真实密度。

②表观密度(apparent density)。表观密度是指在规定条件下,烘干石料单位表观体积(包括矿质实体体积和闭口孔隙体积)的质量,由式(1.2)计算。试验采用静水天平,称量烘干石料在空气中的质量及其在水中的质量,用排液法测定石料表观体积。

$$\rho_a = \frac{M}{V_s + V_n} \tag{1.2}$$

式中　$\rho_a$——石料的表观密度,g/cm$^3$;

$M$——烘干石料在空气中的质量,g;

$V_s$——石料矿质实体的体积,cm$^3$;

$V_n$——石料中闭口孔隙的体积,cm$^3$。

根据石料所处含水状态或环境的不同,有干表观密度和湿表观密度之分。未注明含水情况常指绝干状态。绝干状态下的表观密度称为干表观密度。石料表观密度的大小不仅与石料的微观结构和组成有关,还与其宏观结构特征及含水状况等有关。因此,石料在不同的环境状态下,表观密度的大小可能不同。对于大多数石料,或多或少含有一些孔隙,故一般石料的表观密度总是小于其真实密度。

③毛体积密度(bulk density)。毛体积密度是指在规定条件下,烘干石料单位毛体积(包括矿质实体体积及开口孔隙和闭口孔隙体积)的质量,由式(1.3)计算。石料毛体积密度的测定方法可分为量积法、水中称量法和蜡封法。量积法适用于能制备成规则试件的各类岩石;水中称量法适用于除遇水崩解、溶解和干缩湿胀外的其他各类岩石;蜡封法适用于不能用量积法或直接在水中称量进行试验的岩石。

$$\rho_h = \frac{m_s}{V_h} = \frac{M}{V_s + V_n + V_i} \tag{1.3}$$

式中 $\rho_h$——石料的毛体积密度,$g/cm^3$;

$V_i$——石料中开口孔隙的体积,$cm^3$;

$V_h$——石料总体积,$cm^3$;

其他符号含义同式(1.2)。

(2)孔隙率(percentage of voids) 孔隙率是指石料孔隙体积占石料总体积的百分率。总孔隙率和开口孔隙率由式(1.4)、式(1.5)计算。

$$n = \frac{V_n + V_i}{V_h} \times 100 = \left(1 - \frac{\rho_h}{\rho_t}\right) \times 100 \tag{1.4}$$

$$n_i = \frac{V_i}{V_h} \times 100 = \left(1 - \frac{\rho_h}{\rho_a}\right) \times 100 \tag{1.5}$$

式中 $n$——石料的总孔隙率,%;

$n_i$——石料的开口孔隙率,%。

石料的技术性能不仅受孔隙率的影响,还取决于孔结构。石料中的孔按形态可分为与外界连通的开口孔隙和与外界不连通的闭口孔隙两种,按孔径大小又分为极细微孔隙、细小孔隙和较粗大孔隙。在孔隙率相同的条件下,连通且粗大孔隙对石料性能的影响显著。微小而均匀的闭口孔隙可降低材料的导热系数,对改善材料的抗渗、抗冻性有利。同一种材料其孔隙率越高、密实度越低,则材料的表观密度、堆积密度越小,强度、弹性模量越低,耐磨性、耐水性、抗渗性、抗冻性、耐腐蚀性及其他耐久性越差,而吸水性、吸湿性、保温性、吸声性越强。孔隙是开口还是闭口,对性质的影响也有差异。水和侵蚀介质容易进入开口孔隙,开口孔隙多的材料,其抗渗性、抗冻性、耐腐蚀性等下降更多,而其吸声性更好,吸湿性和吸水性更大,孔隙的尺寸越大,其影响也越大。适当增加材料中闭口孔隙的比例,可阻断连通孔隙,部分抵消冰冻的体积膨胀,在一定范围内提高其抗渗性、抗冻性。

2)吸湿性和吸水性

吸湿性是石料在空气中吸收空气中水分的能力。吸湿性的大小用含水率表示,即石料所含水的质量占干燥质量的百分率。

石料的含水率大小除与石料本身的特性有关外,还与周围环境的温度、湿度有关。气温越低、相对湿度越大,材料的含水率就越大。

石料随着空气湿度的变化,既能在空气中吸收水分,又可向外界扩散水分,最终将使石料中的水分与周围空气的湿度达到平衡,这时石料的含水率称为平衡含水率。平衡含水率并不是固定不变的,它随环境中温度和湿度的变化而改变。当石料吸水达到饱和状态时的含水率即为饱和含水率。

石料含水后，不但会使石料的强度降低，导热性增大，耐久性降低，有时还会发生明显的体积膨胀，对石料的性能往往是不利的。

吸水性是指石料在规定条件下吸入水分的能力。吸水性的大小常用吸水率和饱水率来表征。该指标可有效地反映岩石微裂隙的发育程度，判断岩石的抗冻和抗风化等性能。

吸水率是石料试样在常温、常压条件下最大的吸水质量占干燥试样质量的百分率。饱水率是石料在常温及真空抽气条件下，最大吸水质量占干燥试样质量的百分率。石料的吸水率和饱水率可采用式(1.6)计算。

$$w_x = \frac{m_2 - m_1}{m_1} \times 100 \tag{1.6}$$

式中 $w_x$——石料试样的吸水率或饱水率，%；

$m_1$——烘干至恒重时的试样质量，g；

$m_2$——吸水（或饱水）至恒重时的试样质量，g。

石料吸水率的大小与其孔隙率的大小及孔隙构造特征有关。石料内部独立且封闭的孔隙实际上是不吸水的，只有那些开口且以毛细管连通的孔隙才是吸水的。孔隙构造相同的石料，孔隙越大，吸水率越大。表观密度大的石料，孔隙率小，吸水率也小，如花岗岩石料的吸水率通常小于0.5%，而多孔贝类石灰岩石料的吸水率可高达15%。表1.4为几种常用岩石的密度和吸水率的测试值。石料的吸水性能够有效地反映岩石裂隙的发育程度，并可用于判断岩石的抗冻性和抗风化能力。吸水率与饱水率的比称为饱水系数，饱水系数越高，说明常温常压下石料开口孔隙被水填充的程度越高。

**表1.4 常用岩石密度和吸水率（测试值）**

| 岩石名称 | | 密度/(g·cm$^{-3}$) | 吸水率/% | 岩石名称 | | 密度/(g·cm$^{-3}$) | 吸水率/% |
|---|---|---|---|---|---|---|---|
| 岩浆岩 | 花岗岩 | 2.30～2.80 | 0.10～0.92 | 沉积岩 | 砂岩 | 2.20～2.71 | 0.20～12.19 |
| | 辉长岩 | 2.55～2.98 | — | | 石灰岩 | 2.30～2.77 | 0.10～4.55 |
| | 安山岩 | 2.30～2.70 | 0.02～0.29 | 变质岩 | 片麻岩 | 2.30～3.05 | 0.10～3.15 |
| | 玄武岩 | 2.50～3.10 | 0.30～2.69 | | 石英岩 | 2.40～2.80 | 0.10～1.45 |

石料的物理性能在一定程度上都与石料的孔隙率、孔隙构造特征有相应的关系。当石料的孔隙率较高，特别是与外界相通且较粗大的开口孔隙发达时，则石料的表观密度和毛体积密度减小，相应的吸水性加大，对石料的耐久性能和力学性能都有影响。因此，对石料物理性能的了解，有助于掌握其在工程中的应用。

### 1.1.3 石料的力学性能

石料的力学性能是指石料在工程应用中所表现出的抗压、抗剪、抗弯拉作用的能力，以及抵抗荷载冲击、剪切和摩擦作用的能力。石料的力学性能常用抗压强度和磨耗率两项指标来表示。

1)石料的抗压强度

我国现行《公路工程岩石试验规程》(JTG E41—2005)中,采用单轴加荷的方法对规则形状的石料试件进行抗压强度试验。按标准方法对试件进行饱水处理后,按规定加荷速度施加荷载直至破坏,石料的抗压强度按式(1.7)计算。

$$R=\frac{P}{A} \tag{1.7}$$

式中 $R$——石料的抗压强度,MPa;

$P$——试验时石料试件破坏时的极限荷载,N;

$A$——石料试件的受力截面积,$mm^2$。

石料的抗压强度受多种因素影响,其中包括矿物组成、结构及其孔隙构造,以及石料试件的尺寸和吸水率等。如石料结构疏松及孔隙率较大,其质点间的联系较弱,有效承压面积较小,故强度值较低。

试件尺寸对抗压强度测试结果的影响表现在环箍效应和缺陷机率效应两方面,由于尺寸效应的影响,大尺寸试件的抗压强度测试值比小尺寸试件测试值低。试件尺寸应不小于岩石矿物及岩屑颗粒直径的10倍,且不小于5 cm。石料用于不同的结构物中时,根据相关试验规程,试件的尺寸略有不同,路面工程用的石料试件为边长(50 ±2)mm的正立方体或直径与高均为(50 ±2)mm的圆柱体;桥梁工程用的石料试件为边长(70 ±2)mm的正立方体;建筑地基用石料强度测试采用圆柱体试件,直径为(50 ±2)mm,高径为2∶1。

石料的吸水率对其强度有显著影响,特别是当岩石的孔隙、裂隙较大,含较多亲水矿物或较多可溶矿物时,这种影响更加明显,饱水时的抗压强度会有明显的降低。表1.5为几种岩石石料其饱水状态强度 $R_W$ 与干燥状态强度 $R_D$ 的比值 $K_R$,此比值称为石料的软化系数。

**表1.5 常用岩石的吸水前后强度比值**

| 岩石名称 | | $K_R=R_W/R_D$ | 岩石名称 | | $K_R=R_W/R_D$ |
|---|---|---|---|---|---|
| 岩浆岩 | 花岗岩 | 0.72 ~0.97 | 沉积岩 | 砂 岩 | 0.65 ~0.97 |
| | 辉绿岩 | 0.33 ~0.90 | | 石灰岩 | 0.70 ~0.94 |
| | 安山岩 | 0.81 ~0.91 | 变质岩 | 片麻岩 | 0.75 ~0.97 |
| | 玄武岩 | 0.30 ~0.95 | | 石英岩 | 0.94 ~0.96 |

在某些工程中,软化系数 $K_R$ 的大小是选择材料的重要依据。干燥环境下使用的材料可不考虑耐水性;一般次要结构物或受潮较轻的结构所用材料的软化系数 $K_R$ 应不低于0.75;受水浸泡或处于潮湿环境的重要结构物的材料,其软化系数 $K_R$ 应不低于0.85;特殊情况下的软化系数 $K_R$ 应当更高。工程中通常将软化系数 $K_R>0.85$ 的材料看成耐水材料,耐水材料可以用于水中或潮湿环境中的重要结构。

2)磨耗性

砂石材料磨耗性是指其抵抗撞击、边缘剪力和摩擦等联合作用的能力,用磨耗率表示。石料的磨耗率可采用洛杉矶磨耗试验进行测定。

洛杉矶磨耗试验又称为搁板式磨耗试验。将一定质量且符合规定级配要求的石料试样和钢球置于搁板式试验机中，以 30～33 r/min 的转速转动规定转数后停止，取出试样过筛并称量，石料的磨耗率 $Q_{磨}$ 采用式(1.8)计算。

$$Q_{磨} = \frac{m_1 - m_2}{m_1} \times 100 \tag{1.8}$$

式中 $Q_{磨}$——石料的磨耗率，%；

$m_1$——装入试验机圆筒中的石料试样质量，g；

$m_2$——试验后在 1.7 mm 筛上洗净烘干的试样质量，g。

### 1.1.4 石料的耐久性

石料在长期使用过程中，抵抗各种自然因素及有害介质的作用，保持其原有性能而不变质和不被破坏的能力称为石料的耐久性，主要表现为抗冻性。石料在使用过程中受到周围环境的影响，如水分的浸渍与渗透，空气中有害介质的侵蚀，光、热、生物等作用，环境温度的影响等，都会引起石料发生风化而逐渐被破坏。水是石料发生破坏的重要原因，它能软化石料并加剧其冻害，且能与有害气体结合成酸，使石料发生分解与溶蚀。大量的水流还对石料起冲刷与冲击作用，从而加速石料的破坏。

抗冻性是指石料在饱水状态下，能够经受反复冻结和融化而不被破坏，并不严重降低其强度的能力。石料抗冻性的室内测定方法有直接冻融法和饱和硫酸钠坚固性试验法。两种方法均需要将石料制成直径和高均为 50 mm 的圆柱体，或边长为 50 mm 的正方体试件，在(105±5)℃的烘箱中烘干至恒重，并称其质量。

1）直接冻融法

直接冻融法是直接测定石料在饱水状态下抵抗冻融循环作用的方法。试验时首先使试件吸水达到饱和状态，然后置于 -15 ℃烘箱中，冻结 4 h 后取出试件，放入(20±5)℃的水中融解 4 h，如此为一个冻融循环过程。经历规定的冻融循环次数（如 10 次、15 次、25 次、50 次）后，详细检查石料试件有无剥落、裂缝、分层及掉角现象，并记录检查情况。将冻融试验后的试件再烘干至恒重，称其质量，然后测定石料的抗压强度，按式(1.9)和式(1.10)分别计算石料的质量损失率和耐冻系数。

$$Q_{冻} = \frac{m_1 - m_2}{m_1} \times 100 \tag{1.9}$$

$$K = \frac{R_2}{R_1} \times 100 \tag{1.10}$$

式中 $Q_{冻}$——经历 $n$ 次冻融循环作用后石料的质量损失率，%；

$K$——经历 $n$ 次冻融循环作用后石料的耐冻系数，%；

$m_1$——试验前烘干石料试件的质量，g；

$m_2$——经历 $n$ 次冻融循环作用后烘干石料试件的质量，g；

$R_1$——未冻融循环石料试件的饱水抗压强度，MPa；

$R_2$——经历 $n$ 次冻融循环作用后石料试件的饱水抗压强度，MPa。

2）坚固性试验法

坚固性试验法是评定石料试件经饱和硫酸钠溶液多次浸泡与烘干循环后，不发生显著破坏或强度降低的方法。硫酸钠结晶后体积膨胀，产生与水结冰相似的作用，使石料孔隙壁受到膨胀应力，因此用硫酸钠的结晶过程模拟水的结冰过程来测定石料的抗冻性。试验时将烘干石料试件置入饱和硫酸钠溶液中浸泡 20 h 后，将试件取出置于 105 ~ 110 ℃的烘箱中烘烤 4 h，至此完成第一个结晶-溶解循环。待试件冷却至室温后，即开始第二个循环。从第二个循环起，浸泡和烘烤时间均为 4 h。完成 5 个循环后，仔细观察试件有无破坏现象，将试件洗净烘干至恒重，准确称出其质量，按式(1.9)计算坚固性试验的质量损失率。

岩石的抗冻性与其矿物成分、结构特征有关，而与岩石的吸水率关系更加密切。岩石的抗冻性主要取决于岩石中大开口孔隙的发育情况、亲水性和可溶性矿物的含量及矿物颗粒间的黏结力。开口孔隙越多，亲水性和可溶性矿物含量越高时，岩石的抗冻性越低；反之，越高。石材浸水时间越长，吸水越多，饱和系数越大，抗冻性越差。如有些石灰石，浸水 1 ~ 5 d 时抗冻性尚可，但浸水 30 d 后其抗冻性很差，基本不能承受冻融循环破坏。

岩石抗冻性能好坏有 3 个判断指标，即冻融后强度变化、质量损失和外形变化。一般认为，耐冻系数大于 75%、质量损失率小于 2% 时，为抗冻性能好的岩石；吸水率小于 0.5%、软化系数大于 0.75 以及饱水系数小于 0.8 的岩石，具有足够的抗冻能力。对于一般公路工程，往往根据上述标准来确定是否需要进行岩石的抗冻性试验。

土木工程中通常按规定的方法对石料进行冻融循环试验。以试件质量损失不超过 5%、强度下降不超过 25% 时所能承受的最大冻融循环次数来确定石料的抗冻等级，如 F25，F50，F100 分别表示此石料可承受 25 次、50 次、100 次的冻融循环而不被破坏。影响石料抗冻性的因素有石料的矿物成分、结构、构造以及其风化程度。当石料中含有较多的黑云母、黄铁矿、黏土等矿物时，其抗冻性较差；石料风化程度大者，其抗冻性低。石料的抗冻等级分为 7 个，即 5，10，15，25，50，100，200（冻融循环次数）。石料的抗冻性常用抗冻等级来表示。抗冻等级记为 F$n$，其中 $n$ 表示石料能承受的最大冻融循环次数。

抗冻等级要根据结构物的种类、使用条件及气候条件来决定，用于桥梁和道路的混凝土其抗冻等级应为 F100，F150 或 F250，用于水工混凝土其抗冻等级可高达 F500。抗冻性良好的石料，对于抵抗温度变化、干湿交替等破坏作用的性能也较强。处于温暖地区的土建结构物，虽无冰冻作用，但为抵抗大气的作用，确保结构物的耐久性，有时对材料也提出一定的抗冻性要求。在路桥工程中，除位于水位变化范围内的材料，在冬季时材料将反复受到冻融循环作用，此时材料的抗冻性将关系到结构物的耐久性。

### 1.1.5 石料的技术标准

工程实际中所采用的石料必须满足一定的技术要求，该要求就是石料的技术标准。按照我国《公路工程岩石试验规程》（JTG E41—2005）的规定，路用石料按其所属岩石类型分为 4 类，每一类石料又按其饱水极限抗压强度及磨耗率指标分为 4 个等级，一级为最坚强的岩石，二级为坚强岩石，三级为中等强度的岩石，四级为较软的岩石。石料的技术标准见表 1.6。在工程实践中，可根据工程结构特点、设计要求及当地石料资源，选用合适的石料。

表 1.6 公路工程石料技术标准

| 岩石类别 | 岩石品种 | 技术等级 | 技术标准 | |
|---|---|---|---|---|
| | | | 饱水极限抗压强度/MPa | 磨耗率(洛杉矶法)/% |
| 岩浆岩类 | 花岗岩 | 一 | >120 | <25 |
| | 玄武岩 | 二 | 100 ~ 200 | 25 ~ 30 |
| | 安山岩 | 三 | 80 ~ 100 | 30 ~ 45 |
| | 辉绿岩 | 四 | — | 45 ~ 60 |
| 石灰岩类 | 石灰岩<br>白云岩 | 一 | >100 | <30 |
| | | 二 | 80 ~ 100 | 30 ~ 35 |
| | | 三 | 60 ~ 80 | 35 ~ 50 |
| | | 四 | 30 ~ 60 | 50 ~ 60 |
| 砂岩与片麻岩类 | 石英岩 | 一 | >100 | <30 |
| | 砂岩 | 二 | 80 ~ 100 | 30 ~ 35 |
| | 片麻岩 | 三 | 50 ~ 80 | 35 ~ 45 |
| | 石英片麻岩 | 四 | 30 ~ 50 | 45 ~ 60 |
| 砾 岩 | | 一 | — | <20 |
| | | 二 | | 20 ~ 30 |
| | | 三 | | 30 ~ 50 |
| | | 四 | | 50 ~ 60 |

# 1.2 集 料

集料(aggregate)是由不同粒径矿物颗粒组成的混合料,包括各种天然砂、人工砂、卵石和碎石、工业冶金矿渣、再生集料等。

天然砂(natural sand)是指经自然风化、流水搬运,分选、堆积形成的粒径小于 4.75 mm 的岩石颗粒,包括河砂、湖砂、山砂和淡化海砂等,但不包括软质岩石、风化岩石的颗粒。

人工砂(manufactured sand)是指经除土处理的机制砂、混合砂的统称。机制砂(crushed sand)是由机械破碎、筛分制成的粒径小于 4.75 mm 的岩石、矿山尾矿或工业废渣颗粒,但不包括软质岩石、风化岩石的颗粒。混合砂(blend sand)是由机制砂和天然砂混合成的砂。

卵石是由自然风化、流水搬运,分选、堆积形成的粒径大于 4.75 mm 的岩石颗粒。

碎石是将天然岩石或卵石经机械破碎、筛分制成的粒径大于 4.75 mm 的岩石颗粒。

工业冶金矿渣一般是指金属冶炼过程中排出的非金属熔渣,常指高炉矿渣和钢渣等,是一种具有独特性能的人造石料。

集料按其粒径范围分为粗集料(coarse aggregate)和细集料(fine aggregate)。在水泥混凝土中,粗细集料的分界尺寸是4.75 mm,但在沥青混合料中,该尺寸界限通常为2.36 mm。粗、细集料在混合料中分别起骨架和填充作用,由于所起的作用不同,对它们的技术要求也有所不同。

集料的最大粒径是一个重要但又容易引起混淆的概念,它由两个不同定义构成,即集料最大粒径和集料公称最大粒径。

①集料最大粒径(maximum size of aggregate):指集料100%全部通过的最小标准筛筛孔尺寸。

②集料公称最大粒径(nominal maximum size of aggregate):指集料可能全部通过或允许少量不通过(一般允许筛余不超过10%)的最小标准筛筛孔尺寸。

这两个定义涉及的粒径有着明显区别,通常集料公称最大粒径比最大粒径要小一个粒级。但在实际使用过程中,甚至在一些资料上也经常不加严格区别,容易引起混淆。实际上,工程中所指的最大粒径往往是指集料公称最大粒径,这一点在今后的应用中要特别注意。

## 1.2.1 集料的物理性能

1)物理常数

(1)密度 集料是矿物颗粒的散粒状混合物,其体积组成除了包括矿物及矿物本身的孔隙外,还包括矿物颗粒之间的空隙,图1.2为集料体积与质量关系的示意图。在工程中,常用的集料密度包括表观密度、毛体积密度、表干密度及堆积密度等。

①表观密度、毛体积密度、表干密度。集料颗粒的表观密度、毛体积密度的定义与石料相同。由于集料与石料在尺寸和形状上有差异,故测试方法有所不同。

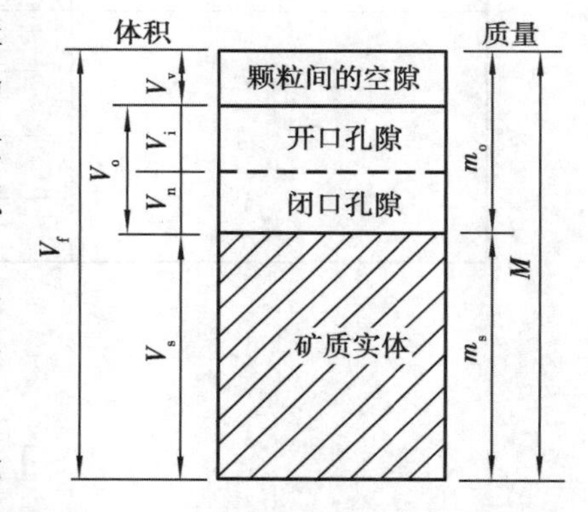

图1.2 集料的质量和体积关系示意图

集料的表干密度(saturated surface-dry density)又称饱和面干毛体积密度,它的计算体积与计算毛体积密度时相同,但计算质量为集料颗粒的表干质量(饱和面干状态,包括了吸入开口孔隙中的水),按式(1.11)计算。测试集料表干质量时,将干燥集料试样饱水后,称取饱和面干试样在空气中的质量,即为集料的表干质量。

$$\rho_s = \frac{m_a}{V_s + V_n + V_i} \tag{1.11}$$

式中 $\rho_s$——集料的表干密度,g/cm³;

$m_a$——集料颗粒的表干质量(矿质实体质量与吸入开口孔隙中水的质量之和),g;

$V_s$——集料颗粒矿质实体的体积,cm³;

$V_n$,$V_i$——集料颗粒中闭口孔隙和开口孔隙的体积,cm³。

②堆积密度(accumulated density)。堆积密度也称装填密度,是指在规定装填条件下,烘

干集料颗粒单位装填体积的质量。装填体积包括集料矿质实体体积、闭口孔隙体积、开口孔隙体积、集料颗粒间空隙体积。集料的堆积密度按式(1.12)计算。

$$\rho = \frac{M}{V_f} = \frac{M}{V_s + V_n + V_i + V_v} \tag{1.12}$$

式中 $\rho$——集料的堆积密度,$g/cm^3$;

$M$——集料颗粒的烘干质量,g;

$V_f$——集料的装填体积,$cm^3$;

$V_s$——集料颗粒矿质实体的体积,$cm^3$;

$V_n$,$V_i$——集料颗粒中闭口孔隙和开口孔隙的体积,$cm^3$;

$V_v$——集料颗粒间的空隙体积,$cm^3$。

根据装填方法的不同,集料的堆积密度分为自然堆积密度、振实密度和捣实密度。自然堆积密度是指以自由落入方式装填集料,所测的密度又称松装密度;振实密度是将集料分3层(细集料分2层)装入容器筒中,在容器筒底部放置一根$\phi25$的圆钢筋(细集料钢筋直径为$\phi10$),每装一层集料后,将容器筒左右交替颠击地面25次;捣实密度是将集料分3层装入容器中,每层用捣棒捣实25次。振实密度和捣实密度又称为紧装密度。

(2)空隙率(percentage of voids in aggregate) 集料颗粒与颗粒之间没有被集料占据的自由空间,称为集料的空隙。空隙率是指集料在一定堆积状态下的空隙体积(含开口孔隙)占装填体积的百分率,按式(1.13)计算。

$$n = \frac{V_v + V_i}{V_f} \times 100\% = \left(1 - \frac{\rho}{\rho_a}\right) \times 100 \tag{1.13}$$

式中 $n$——集料的空隙率,%;

$V_f$——集料颗粒的装填体积,$V_f = V_s + V_n + V_i + V_v$,$cm^3$;

$V_v$,$V_i$——集料颗粒间空隙与集料颗粒的开口孔隙体积,$cm^3$;

$\rho$——集料的堆积密度,$g/cm^3$;

$\rho_a$——集料的表观密度,$g/cm^3$。

空隙率反映了集料的颗粒间相互填充的致密程度。在配制水泥混凝土等材料时,集料的空隙率是控制混凝土中集料级配与计算混凝土砂率的重要依据。

(3)粗集料骨架间隙率 粗集料骨架间隙率通常指4.75 mm以上粗集料在捣实状态下颗粒间的空隙体积占装填体积的百分率,按式(1.14)计算。粗集料骨架间隙率用于确定混合料中细集料和结合料的数量,并评价集料的骨架结构。

$$\mathrm{VCA} = \left(1 - \frac{\rho_c}{\rho_b}\right) \times 100 \tag{1.14}$$

式中 VCA——粗集料骨架间隙率,%;

$\rho_c$——粗集料的堆积密度,在水泥混凝土中用粗集料的振实密度,在沥青混合料中用粗集料的捣实密度,$g/cm^3$;

$\rho_b$——粗集料的表观密度或毛体积密度,$g/cm^3$。

(4)细集料的棱角性 细集料的棱角性用在一定条件下测定的空隙率表示,按式(1.15)计算。天然砂、人工砂和石屑等细集料的棱角性,对沥青混合料的内摩擦角和抗变形能力有影响,对水泥混凝土的和易性有显著影响。当空隙率较大时,细集料的内摩擦角较大。

$$U = \left(1 - \frac{\rho}{\rho_h}\right) \times 100 \tag{1.15}$$

式中　$U$——细集料的空隙率,即棱角性,%;

$\rho$——细集料的堆积密度,$g/cm^3$;

$\rho_h$——细集料的毛体积密度,$g/cm^3$。

2)集料的级配

级配是指集料中大小粒径颗粒的搭配比例或分布情况。集料的级配对集料的堆积密度、空隙率、粗集料骨架间隙率、细集料棱角性产生影响,进而对水泥混凝土及沥青混合料的强度、耐久性、施工和易性产生显著影响。级配设计也是水泥混凝土和沥青混合料配合比设计的重要组成部分。

(1)级配的测试方法　矿物集料的级配采用筛分试验测试,分为干筛法和水筛法两种。水泥混凝土和沥青混合料用集料筛分试验采用方孔套筛,筛孔尺寸如下:75 mm,63 mm,53 mm,37.5 mm,31.5 mm,26.5 mm,19 mm,16 mm,13.2 mm,9.5 mm,4.75 mm,2.36 mm,1.18 mm,0.6 mm,0.3 mm,0.15 mm,0.075 mm。

(2)级配的表示方法

①分计筛余百分率。分计筛余百分率 $a_i$ 是指某号筛上的筛余质量占试样总质量百分率,按式(1.16)计算。

$$a_i = \frac{m_i}{M} \times 100 \tag{1.16}$$

式中　$a_i$——分计筛余百分率,%;

$m_i$——某号筛上的筛余质量,g;

$M$——集料风干试样的总质量,g。

②累计筛余百分率 $A_i$。累计筛余百分率 $A_i$ 是指累计留在某号筛上的筛余质量占试样总质量的百分率,按式(1.17)计算。

$$A_i = a_1 + \cdots + a_i = A_{i-1} + a_i \tag{1.17}$$

③通过百分率。通过百分率 $P_i$ 是指通过某号筛的颗粒质量占试样总质量的百分率,按式(1.18)求得。

$$P_i = 100 - A_i \tag{1.18}$$

④细集料的细度模数。细度模数(fineness modulus)用于评价细集料的总体粗细程度。细度模数 $M_f$ 按式(1.19)计算,精确至0.01。

$$M_f = \frac{(A_{2.36} + A_{1.18} + A_{0.6} + A_{0.3} + A_{0.15}) - 5A_{4.75}}{100 - A_{4.75}} \tag{1.19}$$

$M_f > 3.7$,特粗砂;　$M_f = 2.2 \sim 1.6$,细砂;

$M_f = 3.7 \sim 3.1$,粗砂;　$M_f = 1.6 \sim 0.7$,特细砂;

$M_f = 3.0 \sim 2.3$,中砂;　$M_f < 0.7$,粉砂。

细度模数的数值主要取决于0.15 mm筛到2.36 mm筛5个粒径的累积筛余量,与小于0.15 mm的颗粒含量无关。细度模数在一定程度上能反映砂的粗细概念,但未能全面反映砂的粒径分布情况,不同级配的砂可以具有相同的细度模数。

⑤级配曲线。为了直观形象地表示集料各粒径的颗粒分布状况,常常采用级配曲线的方式来描述集料级配。在级配曲线图中,通常用纵坐标表示通过百分率(或累计筛余百分率),横坐标表示某号筛的筛孔尺寸,如图 1.3 所示。

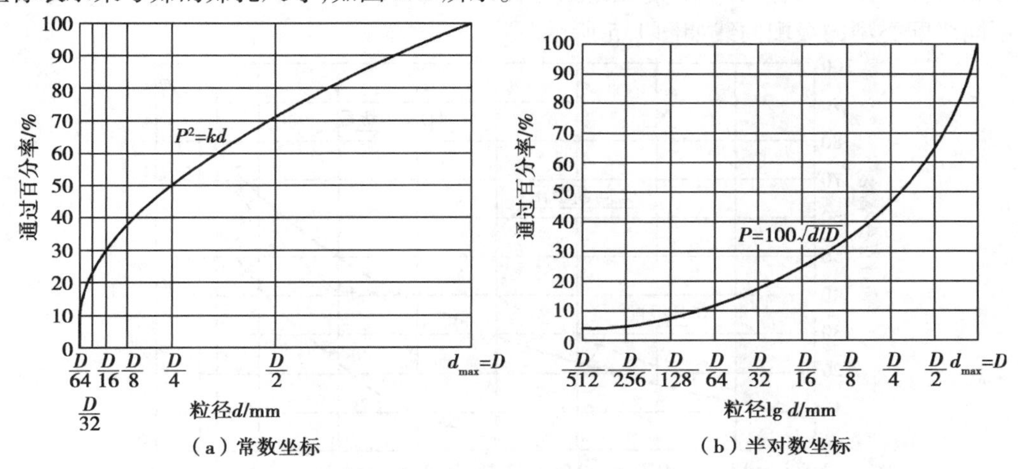


图 1.3 集料级配曲线示意图

(3)级配的合格性判定 用于水泥混凝土或沥青混合料的集料,应根据其用途,满足相应技术规范的级配范围要求,级配范围见第 3 章、第 5 章相关内容。

细集料根据 0.6 mm 筛上的累计筛余百分率,分成 3 个级配区(见表 3.12),使用时以级配区或级配曲线图判定细集料级配的合格性。细集料级配只要处于表中任何一个级配区的级配范围即为级配合格。细集料级配曲线如图 1.4 所示。

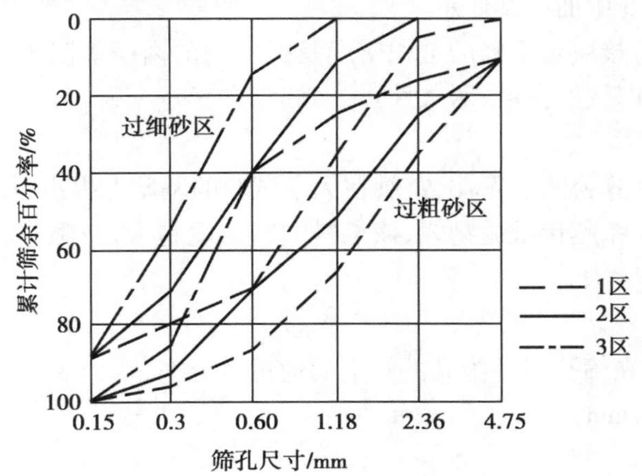


图 1.4 细集料级配曲线

配制水泥混凝土宜优先选用 2 区砂,以保证适当的集料比表面积和较小的空隙率。采用 1 区砂时,应适当提高砂率;采用 3 区砂时,宜适当降低砂率。砂过粗时配制的混凝土和易性不易控制,内摩擦力大,不易振捣成型;砂过细时配制的混凝土,不仅要增加较多的水泥用量,而且强度显著降低。因此这两种砂未包括在级配区内。

(4)级配的类型 集料级配有连续级配与间断级配之分。连续级配是某一集料在标准套筛中进行筛分后，集料的颗粒由大到小连续分布，每一级都占有适当的比例，互相搭配组成的集料混合物。间断级配是在集料颗粒分布的整个区间里，从中间缺失一个或几个粒级，从而形成不连续的级配。通常，连续级配集料的空隙率随着粗集料的增加而显著增加；间断级配集料能较好地发挥粗集料的骨架作用，但在施工过程中易离析。

不同级配类型的级配曲线如图 1.5 所示。

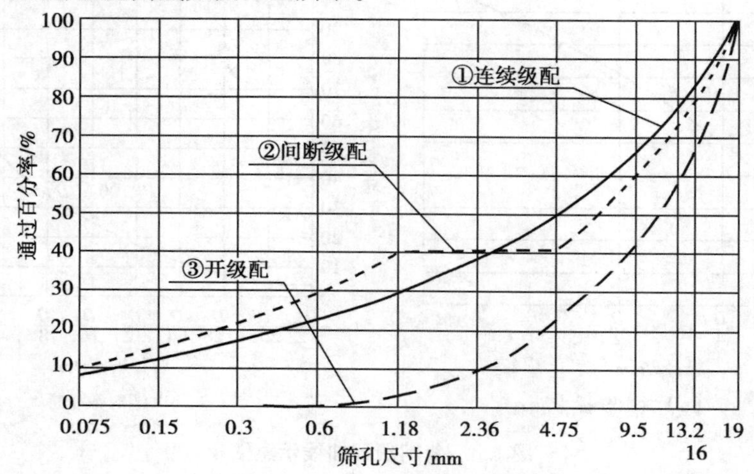


图 1.5　3 种类型集料级配曲线

连续级配类型的集料中，由大到小且各级粒径的颗粒都有，各级颗粒按照一定的比例搭配绘制出的级配曲线平顺、圆滑、不间断，如图 1.5 中曲线①所示。在间断级配集料中，缺少一级或几个粒级的颗粒，大颗粒与小颗粒之间有较大的“空挡”，绘制出的级配曲线是非连续的、中间间断的曲线，如图 1.5 中曲线②所示。

集料的级配组成直接决定集料的堆积密度及颗粒间的内摩擦阻力，从而影响水泥混凝土或沥青混合料的施工和易性、强度、耐久性。

(5)连续级配的计算

①最大密度级配计算公式。W. B. 富勒在大量试验的基础上提出，集料在某筛孔上的通过百分率和筛孔尺寸的关系越接近抛物线，该集料的密实度越大，空隙率越小，这个结果可由式(1.20)表示。

$$P^2 = \kappa d \tag{1.20}$$

式中　$P$——集料颗粒在筛孔尺寸为 $d$ 的筛上的通过百分率，%；

$d$——筛孔尺寸，mm；

$\kappa$——统计参数。

当筛孔尺寸 $d$ 等于集料最大粒径 $D$ 时，其通过百分率为 100%，将此关系代入式(1.20)，得到式(1.21)。可以按式(1.21)计算连续级配集料的颗粒在任何一级筛孔上的通过百分率。

$$P = 100\sqrt{\frac{d}{D}} \tag{1.21}$$

式中　$D$——集料的最大粒径，mm；

$d,P$——意义同式(1.20)。

②级配曲线范围公式。式(1.21)给出的是一种理想的、密实度最大的级配曲线,而在工程实践中使用的集料级配通常是在一定的范围内波动的,因此,A. N. 泰波在式(1.21)的基础上进行了修正,给出了级配曲线范围的计算公式(1.22)。当级配指数为 0.5 时,式(1.22)就是式(1.21)。

$$P = \left(\frac{d}{D}\right)^n \times 100 \tag{1.22}$$

式中　$d,D,P$——意义同式(1.21);

$n$——级配指数。

在工程实践中,集料的最大理论密度曲线为级配指数 $n=0.45$ 的级配曲线,如图 1.6 中曲线 $A$。常用的矿物混合料的级配指数一般为 0.3 ~0.7,将级配指数 0.3 ~0.7 代入式(1.21)进行计算,即可绘制相应的级配曲线,如图 1.6 中的曲线范围 $B$。

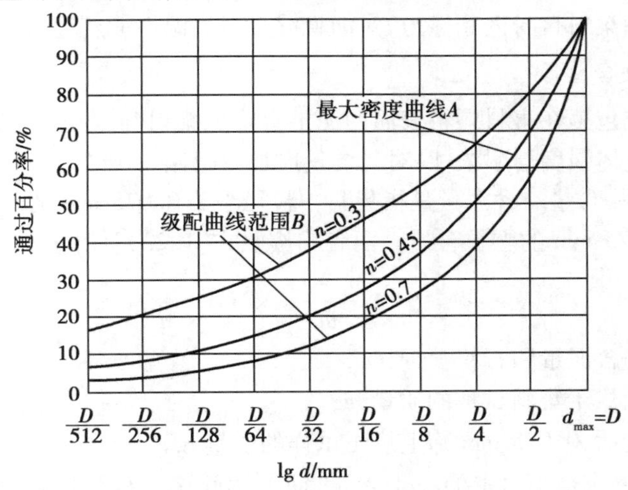


图 1.6　级配指数与级配曲线的关系图

3)集料的颗粒形状与表面特征

集料特别是粗集料的颗粒形状和表面特征对集料颗粒间的内摩擦阻力、集料颗粒与结合料间的黏结性及吸附性等有显著影响。

(1)颗粒形状　集料中颗粒形状可按表 1.7 分为 4 种类型,比较理想的形状是接近球体或立方体。当集料中扁平、细长状的颗粒含量较高时,会使集料的空隙率增加,将有损于混合料的施工和易性,并不同程度地危害混凝土的强度。《公路工程集料试验规程》(JTG E42—2005)对水泥混凝土用粗集料采用规准仪法测定,当颗粒的最小厚度(或直径)与最大长度(或宽度)方向的尺寸之比小于规定值时即为针片状颗粒;而用游标卡尺法测定时,当颗粒的最大长度(或宽度)方向与最小厚度(或直径)方向的尺寸之比大于 3 时即为针片状颗粒。

表 1.7　集料颗粒形状的基本类型

| 类　型 | 颗粒形状的特点 | 集料品种 |
|---|---|---|
| 蛋圆形 | 具有较光滑的表面,无明显棱角,颗粒浑圆 | 天然砂及各种砾石、陶粒 |
| 棱角形 | 具有粗糙的表面及明显的棱边 | 碎石、石屑、破碎矿渣 |

续表

| 类　型 | 颗粒形状的特点 | 集料品种 |
|---|---|---|
| 针　状 | 长度方向尺寸远大于其他方向尺寸而呈细条形 | 砾石、碎石中均存在 |
| 片　状 | 厚度方向尺寸远小于其他方向尺寸而呈薄片形 | 砾石、碎石中均存在 |

(2)表面特征　集料的表面特征主要指集料表面的粗糙程度及孔隙特征等,它与集料的材质、岩石结构、矿物组成及其受冲刷、受腐蚀程度有关。一般来说,集料的表面特征主要影响集料与结合料之间的黏结性能,从而影响混合料的强度。表面粗糙的集料颗粒间的摩阻力较表面光滑、无棱角颗粒要大;表面粗糙、具有吸收水泥浆或沥青中轻质组分的孔隙特征的集料,与结合料间的黏结能力较强,而表面光滑的集料与结合料间的黏结能力较差。此外,集料的表面粗糙程度也会影响集料自身内摩擦力,对沥青混合料高温性能产生影响。

4)含泥量和泥块含量

存在于集料中或包裹在集料颗粒表面的泥土会降低集料与水泥(或沥青)的界面黏结力,显著影响混合料的整体强度与耐久性,对其含量应加以限制。

(1)含泥量与石粉含量　含泥量是指集料中粒径小于0.075 mm的颗粒含量,石粉含量是指人工砂中小于0.075 mm的颗粒含量。两者均按照式(1.23)计算。

$$Q_a = \frac{m_0 - m_1}{m_0} \times 100 \tag{1.23}$$

式中　$Q_a$——集料的含泥量和石粉含量,%;

$m_0$——试验前烘干集料试样的质量,g;

$m_1$——经筛洗后,0.075 mm筛上烘干试样的质量,g。

严格地讲,含泥量应是集料中的泥土含量,而采用筛洗法得到的粒径小于0.075 mm的颗粒中实际上包含了矿粉、细砂与黏土成分,而筛洗法很难将这些成分加以区别。将粒径小于0.075 mm的颗粒全部都当作“泥土”的做法欠妥,因此,在《公路工程集料试验规程》(JTG E42—2005)中,以“砂当量”代替含泥量指标,将筛洗法测定的结果称为<0.075 mm颗粒含量;在《建设用砂》(GB/T 14684—2011)中,增加了“甲基蓝MB值”指标。

①砂当量SE。砂当量用于测定细集料中黏性土和杂质含量,判定集料的洁净程度,对集料中小于0.075 mm的矿粉、细砂与泥土加以区别。砂当量值越大,表明小于0.075 mm部分所含的矿粉和细砂比例越高。在《公路工程集料试验规程》(JTG E42—2005)中规定了砂当量的测试方法。

②甲基蓝MB值。甲基蓝MB值用于判别人工砂中<0.075 mm颗粒含量,主要是泥土和与被加工母岩化学成分相同的石粉。按照GB/T 14684—2011的方法,甲基蓝MB值的测定是将≤2.36 mm的人工砂试样200 g置于500 mL水中持续搅拌形成悬浮液,在悬浮液中加入5 mL甲基蓝溶液,搅拌1 min后,用玻璃棒蘸取一滴悬浮液,滴于滤纸上,观察沉淀物周围是否出现色晕。重复这个过程,直至沉淀物周围出现约1 mm直径的稳定浅蓝色色晕,然后继续进行搅拌和蘸染试验,至色晕可以持续5 min。甲基蓝MB值按式(1.24)计算,精确至0.1。甲基蓝MB值较小时,表明粒径≤0.075 mm颗粒主要是与母岩化学成分相同的石粉。

$$MB = \frac{V}{G} \times 10 \qquad (1.24)$$

式中 MB——甲基蓝值,g/kg,表示1 kg人工砂试样所消耗的甲基蓝克数;

$G$——试样质量,g;

$V$——所加入的甲基蓝溶液的总量,mL。

为了缩短试验时间,可以采用甲基蓝快速试验。在悬浮液中一次加入30 mL甲基蓝溶液并持续搅拌8 min后,用玻璃棒蘸取一滴悬浮液,滴于滤纸上,观察沉淀物周围是否出现明显色晕。若沉淀物周围出现明显色晕,则判定甲基蓝快速试验为合格;若沉淀物周围未出现明显色晕,则判定甲基蓝快速试验为不合格。

(2)泥块含量 泥块含量是指粗集料中原尺寸大于4.75 mm(细集料中大于1.18 mm)颗粒,经水浸洗、手捏后小于2.36 mm(细集料为小于0.6 mm)的颗粒含量,按照式(1.25)计算。集料中的泥块主要以3种形式存在:由纯泥组成的团块,由砂、石屑与泥组成的团块,包裹在集料颗粒表面的泥。

$$Q_b = \frac{G_1 - G_2}{G_1} \times 100 \qquad (1.25)$$

式中 $Q_b$——集料中的泥块含量,%;

$G_1$——4.75 mm(粗集料)或1.18 mm(细集料)筛上试样的质量,g;

$G_2$——4.75 mm(粗集料)或1.18 mm(细集料)筛上试样经水洗后,2.36 mm(粗集料)或0.6 mm(细集料)筛上烘干试样的质量,g。

## 1.2.2 集料的力学性能

在混凝土或其他混合料中,粗集料起骨架作用,应具备一定的强度、耐磨性、抗磨耗和抗冲击性能等,这些性能分别用压碎值、磨光值、磨耗值和冲击值等指标表示。

1)压碎值

压碎值(crushed stone value)是指按规定方法测得的集料抵抗压碎的能力,也是集料强度的相对指标。

(1)粗集料的压碎值 《公路工程集料试验规程》(JTG E42—2005)规定:取9.5~13.2 mm集料颗粒洗净烘干,按规定装填方式装入压碎筒中,加上钢压头(图1.7),并将压碎筒置于压力机中心,10 min匀速加荷至400 kN,持荷5 s,再匀速卸荷,测试集料被压碎后小于2.36 mm筛颗粒质量占试样总质量的百分率。集料压碎值$Q'_a$按式(1.26)计算。

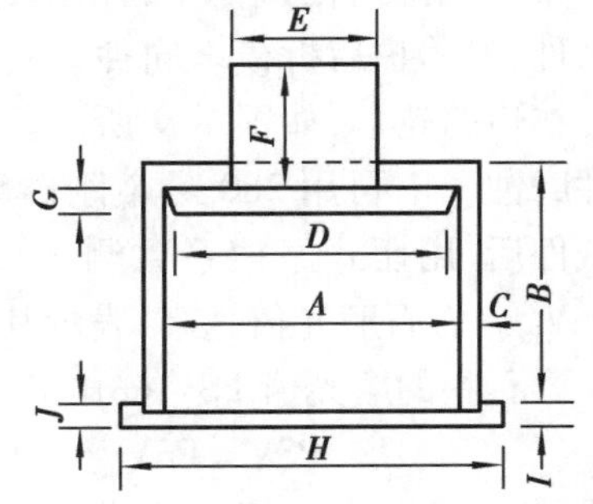

图1.7 粗集料压碎值试验仪

$$Q'_a = \frac{m_1}{m_0} \times 100 \qquad (1.26)$$

式中 $Q'_a$——集料的压碎值,%;

$m_0$——试验前试样的质量,g;

$m_1$——试验后通过2.36 mm筛孔的细料质量,g。

(2)细集料压碎值　细集料压碎值按单粒级进行试验。取 4.75 ~ 2.36 mm,2.36 ~ 1.18 mm,1.18 ~ 0.6 mm,0.6 ~ 0.3 mm 试样 330 g,按规定装入图 1.8 试模中,以 500 N/s 的加荷速度加压至 25 kN,稳压 5 s,以同样速率卸荷,并过下限筛。各级粒级细集料的压碎值按式(1.27)计算。取最大单粒级压碎值为该细集料的压碎指标值。

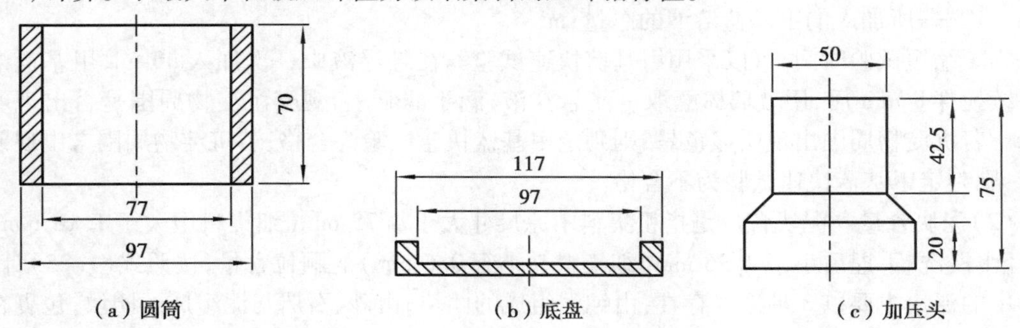


**图 1.8　细集料压碎值指标试模**(尺寸单位:mm)

$$Y_i = \frac{m_2}{m_1 + m_2} \times 100 \tag{1.27}$$

式中　$Y_i$——第 $i$ 粒级细集料的压碎指标值,%;

$m_1$——试样的筛余量,g;

$m_2$——试样的通过量,g。

2)磨光值

磨光值(polished stone value)是反映石料抵抗轮胎磨光作用能力的指标,它是采用加速磨光机磨光石料,并用摆式摩擦系数测定仪测得磨光后集料的摩擦系数。用高磨光值的石料来铺筑道路路面表层,可以提高路表的抗滑能力,保障车辆的安全行驶。

磨光值试验是将 9.5 ~ 13.2 mm 干净石料颗粒单层紧密地排列在试模中,并用环氧树脂砂浆固定,制成试件,经养护后拆模。同种岩石制备 4 个试件,顺序安装在道路轮上,如图 1.9 所示。先用 30 号金刚砂对试件磨蚀 3 h,再用 280 号金刚砂磨蚀 3 h 后停机。取出试件后,用摆式摩擦系数测定仪测定试件的摩擦系数 $PSV_{ra}$。岩石磨光值越高,表示其抗滑性越好。

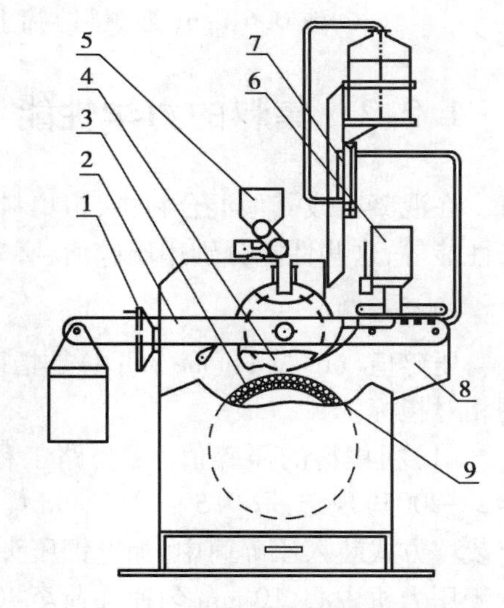


**图 1.9　加速磨光试验机**

1—荷载调整系统;2—调整臂(配重);3—道路轮;4—橡胶轮;5—细料贮砂斗;6—粗料贮砂斗;7—供水系统;8—机体;9—试件(14 块)

石料的磨光值 PSV 按式(1.28)计算。

$$PSV = PSV_{ra} + 49 - PSV_{bra} \tag{1.28}$$

式中　$PSV_{bra}$——标准试件的摩擦系数。

3)冲击值

冲击值(aggregate impact value)是反映石料抵抗冲击荷载作用能力的指标。由于道路表层集料直接承受车轮荷载的冲击作用,因此这一指标对道路表层用集料非常重要。

按《公路工程集料试验规程》(JTG E42—2005)中规定的试验方法,集料的冲击值试验采用尺寸为9.5～13.2 mm的干燥集料颗粒,按标准方法分3层装入量筒中,称取集料试样质量。将称好质量的集料装入圆形钢筒中并置于冲击试验仪上,用捣杆捣实25次。调整锤击高度,让锤从(380±5)mm处自由落下,连续锤击集料15次,每次间隔不少于1 s。将击实试验后的集料用2.36 mm筛筛分,称取通过2.36 mm筛的石屑质量。集料冲击值按式(1.29)计算。

$$\mathrm{LSV}=\frac{m_1}{m_0}\times 100 \tag{1.29}$$

式中 LSV——集料的冲击值,%;

$m_0$——试样的总质量,g;

$m_1$——冲击试验后通过2.36 mm筛的石屑质量,g。

4)磨耗值

磨耗值(weared stone value)是反映石料抵抗表面磨损能力的指标,用于路面抗滑表层所用集料抵抗车轮撞击及磨耗能力的评定。

按照《公路工程集料试验规程》(JTG E42—2005)的规定,采用道瑞磨耗试验机测试石料的磨耗值。试验时将9.5～13.2 mm的石料颗粒以单层紧密排列在试模中,用环氧树脂砂浆填模成型,经养护后脱模制成试件。同种石料两个试件为一组。试件用金属托盘固定于道瑞机的圆平板上,按28～30 r/min转速旋转100转,旋转的同时连续不断地向磨盘上均匀撒布规定细度的石英砂。停机后取下试件,观察有无异常现象,然后按相同方法再磨400转,可分为4个100转重复4次磨完,也可连续1次磨完,停机后,称取试件质量。集料的磨耗值按式(1.30)计算。

$$\mathrm{AAV}=\frac{3(m_1-m_2)}{\rho_s} \tag{1.30}$$

式中 AAV——集料的磨耗值,$cm^3$;

$m_1$——磨耗前试件的质量,g;

$m_2$——磨耗后试件的质量,g;

$\rho_s$——集料的表干密度,$g/cm^3$。

### 1.2.3 集料的耐久性

集料的耐久性是指由于温度与湿度变化以及冻融作用,集料抵抗分解或发生体积变化的能力。

用于一般结构物的集料,其强度与耐久性可以根据其表观密度与吸水率来判断;而对于有特殊要求的情况,要通过试验来判断。

1)集料的抗冻性

粗集料的抗冻性可以用两种方法测定:一种是直接按照集料经冻融若干循环后的失重计算;另一种是采用饱和硫酸钠坚固性试验,反复进行若干次结晶—溶解后的失重来计算。

抗冻试验不仅代表集料的抗冻性,也代表集料抵抗一切风化侵蚀的能力。按照抗冻性可将集料分为三级，见表1.8。

表1.8 集料抗冻性分级

| 按照抗冻性粗集料分级 | M25 | M35 | M50 |
|---|---|---|---|
| 冻融循环次数 | ≥25 | ≥35 | ≥50 |
| 浸于硫酸盐溶液中，再取出烘干的反复次数 | ≥5 | ≥10 | ≥15 |

经过上述试验后，颗粒质量损失不超过10%时，则认为属于某一级的抗冻性集料，其适用范围列于表1.9中。

表1.9 各级抗冻性集料的适用范围

| 气候条件 | 水位变换区的混凝土 | 外露的混凝土 |
|---|---|---|
| 严寒地区（最冷的月平均温度在 -15 ℃以下，或者一年中冻融循环次数在50次以上） | M50 | M35 |
| 适中地区（最冷的月平均温度在 -15 ~ -5 ℃，或者一年中冻融循环次数在20 ~50次） | M35 | M25 |
| 温和地区（最冷的月平均温度在 -5 ℃以上，或者一年中冻融循环次数少于20次） | M25 | 无规定 |

2）集料的耐火性

钢筋混凝土遭受火灾时的温度按照标准加热曲线来确定，以此为基础计算混凝土内部温度，假定为1 h，由表向里深度为2 cm与4 cm处，温度分别为600 ℃与400 ℃。为此，要求高耐火性的混凝土用的集料，应尽可能选用热传导率和热膨胀系数小的、耐热度大的集料。岩石的耐热度列于表1.10中。

表1.10 岩石的耐热度

| 种　类 | 花岗岩 | 安山岩 | 凝灰岩（软） | 砂岩（软） | 大理岩 | 石灰岩 |
|---|---|---|---|---|---|---|
| 导热系数/[$W\cdot(m\cdot K)^{-1}$] | 2.1 | 1.7 | 0.8 | 0.8 | 2.3 | 2.1 |
| 耐热度/℃ | 570 | 1 000 | 1 000 | 1 000 | 600 | 600 |
| 热膨胀系数/($10^{-6}\cdot K^{-1}$) | 7.0 | 8.0 | 8.0 | 8.0 | 7.0 | 5.0 |

由表1.10可见，石灰岩集料导热系数低，热膨胀系数低，比其他岩石的集料耐火性好。

## 1.2.4 集料的其他性质

1）软弱颗粒

粗集料中常夹有软弱颗粒，作为工程用的集料，必须控制其软弱颗粒含量。可以取2 ~ 4 kg卵石，过筛分成4.75 ~9.5 mm，9.5 ~16 mm，16 mm以上各一份；将每份中每一颗粒大面朝下稳定平放在压力机中心，按颗粒大小分别施加0.15 kN，0.25 kN，0.34 kN荷载，破裂的颗粒即为软弱颗粒，其质量占试样总质量百分率即为软弱颗粒含量。对于低等级混凝土不得超过20%，高等级混凝土不得超过10%，一般水工混凝土不得超过10%，抗冻的水工混凝土不得超过5%。

碎石及卵石软弱颗粒，也可以用铜棒（约1.6 mm直径，洛氏硬度HRC为65～75）刮拭，能刮出痕纹者，即为软弱颗粒。

2）风化集料

集料由岩石破碎而成，岩石会受到风化作用。受风化作用后，集料的物理特性降低，集料进行试验时往往会不合格。因此，要考虑集料的风化问题。

含有某些矿物的集料配制的混凝土硬化后，往往会出现风化问题。例如，含有易风化集料的混凝土由于反复干湿循环而使集料粉化，在混凝土表面则发生表皮氧化及龟裂。含有黄铁矿集料的混凝土，在水分和空气渗透下，发生氧化反应，表面会出现铁锈和一个一个的坑。

粗集料的其他性能还包括集料碱活性、集料碱值、钢渣活性及膨胀性、氯离子含量，细集料有机质含量、云母含量、轻物质含量、三氧化硫含量、氯离子含量、碱-集料反应活性等。

# 试验1　石料与集料试验

本节介绍石料和集料主要技术性能的测试方法，包括主要试验仪器设备、试样的准备、试验步骤和数据处理。主要试验包括石料的抗压强度和磨耗试验，集料的密度、吸水率、空隙率和压碎值试验。

## 1.石料单轴抗压强度试验

单轴抗压强度试验是测定规则形状岩石试件单轴抗压强度。单轴抗压强度主要用于岩石的强度分级和岩性描述。

1）主要试验仪器设备

试件加工设备，包括切石机、钻石机和磨平机等；压力试验机，即能够按照要求的速率加载的压力试验机，试件破坏荷载在压力机量程的20%～80%；其他：精度0.1 mm的游标卡尺、角尺及水槽等。

2）试验方法与步骤

（1）试件制备　用切石机或钻石机从岩石或岩芯中制取规定尺寸的试件，见表1.11，每6个试件为一组。对于有显著层理的岩石，分别沿平行和垂直层理方向各取试件6个，分别测定其垂直和平行层理的强度。试件与压力试验机接触的上、下端面应相互平行并磨平，试件端面的平面度公差应小于0.05 mm，端面对于试件轴线垂直偏差不应超过0.25°。

表 1.11　石料抗压强度试件要求

| 石料用途 | 试件形状 | 试件尺寸 |
| --- | --- | --- |
| 建筑地基 | 圆柱体 | 直径为(50 ±2)mm,高径比为2:1 |
| 桥梁工程 | 立方体 | 边长为(70 ±2)mm |
| 路面工程 | 圆柱体 | 直径和高均为(50 ±2)mm |
| | 立方体 | 边长为(50 ±2)mm |

用游标卡尺量取试件尺寸,精确至0.1 mm。对于立方体试件,以各个面上相互平行的两个边长的平均值作为长和宽,计算试件的受力面积。对于圆柱体试件,分别测量顶面和底面相互垂直的两个直径的平均值并计算面积,取其顶面和底面面积的平均值作为计算抗压强度的受力面积。

(2)试验步骤　试件的含水状态可以根据需要选择烘干状态、饱和状态、天然状态、冻融循环后状态。饱和状态是将试件置于真空干燥器中,注入清水,水面高出试件顶面20 mm以上,开动抽气机,使其产生100 kPa的真空压力,保持此真空状态直至试件表面无气泡出现为止(不少于4 h)。关上抽气机,试件在水中保持4 h。

取出试件,擦干表面,检查有无缺陷,标注试件受力方向并编号。按受力方向(平行或垂直层理)将试件放在压力机上,以0.5 ~1.0 MPa/s的速率均匀加荷,直至破坏。记下破坏荷载$F_{max}$,以N为单位,精度为1%。

3)试验数据处理与结果

石料抗压强度按式(1.7)计算,精确至0.1 MPa。取6个试件计算结果的平均值作为试件抗压强度测定值。

对于具有显著层理的岩石,其抗压强度应为垂直层理和平行层理抗压强度的平均值。

## 2. 石料磨耗试验(洛杉矶法)

1)主要仪器设备

洛杉矶磨耗机:结构形式如图1.10所示,筒内径为(710 ±5)mm,内侧长为(510 ±5)mm,两端封闭,钢筒的转动速率为30 ~33 r/min;标准筛:符合要求的系列标准筛,筛孔为1.7 mm的方孔筛一个;钢球:直径约46.8 mm,质量为390 ~445 g;其他:烘箱[控温范围为(105 ±5)℃]、台秤、轧石机、钢锤、金属盘等。

2)试验方法与步骤

(1)试样准备　将集料或块石轧碎、洗净,置于烘箱中烘至恒重。根据实际情况按表1.12选择最接近的粒级类别,确定相应的试验条件。水泥混凝土用集料宜采用A级粒度。对于沥青路面及各种基层、底基层的粗集料,表1.12中16 mm筛孔也可以用13.2 mm筛孔代替。

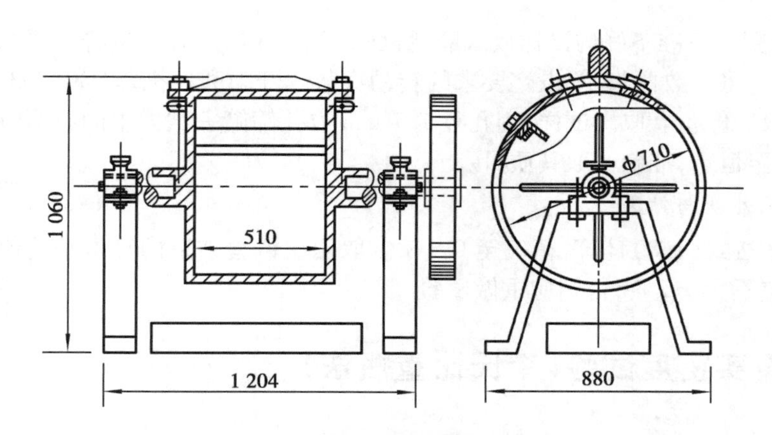


图 1.10 洛杉矶磨耗机示意图

表 1.12 沥青路面用集料的洛杉矶磨耗试验条件(JTG E42—2005)

| 粒度类别 | 粒级组成/mm | 试样质量/g | 试样总质量/g | 钢球数量/个 | 钢球总质量/g | 转动次数/转 | 适用的粗集料 | |
|---|---|---|---|---|---|---|---|---|
| | | | | | | | 规格 | 公称粒径/mm |
| A | 26.5 ~ 37.5 | 1 250 ± 25 | 5 000 ± 10 | 12 | 5 000 ± 25 | 500 | | |
| | 19.0 ~ 26.5 | 1 250 ± 25 | | | | | | |
| | 16.0 ~ 19.0 | 1 250 ± 10 | | | | | | |
| | 9.5 ~ 16.0 | 1 250 ± 10 | | | | | | |
| B | 19.0 ~ 26.5 | 2 500 ± 10 | 5 000 ± 10 | 11 | 4 850 ± 25 | 500 | S6<br>S7<br>S8 | 15 ~ 30<br>10 ~ 30<br>10 ~ 25 |
| | 16.0 ~ 19.0 | 2 500 ± 10 | | | | | | |
| C | 4.75 ~ 9.5 | 2 500 ± 10 | 5 000 ± 10 | 8 | 3 330 ± 20 | 500 | S9<br>S10<br>S11<br>S12 | 10 ~ 20<br>10 ~ 15<br>5 ~ 15<br>5 ~ 10 |
| | 9.5 ~ 16.0 | 2 500 ± 10 | | | | | | |
| D | 2.36 ~ 4.75 | 5 000 ± 10 | 5 000 ± 10 | 6 | 2 500 ± 15 | 500 | S13<br>S14 | 3 ~ 10<br>3 ~ 5 |
| E | 63 ~ 75 | 2 500 ± 50 | 10 000 ± 100 | 12 | 5 000 ± 25 | 1 000 | S1<br>S2 | 40 ~ 75<br>40 ~ 60 |
| | 53 ~ 63 | 2 500 ± 50 | | | | | | |
| | 37.5 ~ 53 | 5 000 ± 50 | | | | | | |
| F | 37.5 ~ 53 | 5 000 ± 50 | 10 000 ± 75 | 12 | 5 000 ± 25 | 1 000 | S3<br>S4 | 30 ~ 60<br>25 ~ 50 |
| | 26.5 ~ 37.5 | 5 000 ± 25 | | | | | | |
| G | 26.5 ~ 37.5 | 5 000 ± 25 | 10 000 ± 50 | 12 | 5 000 ± 25 | 1 000 | S5 | 20 ~ 40 |
| | 19.0 ~ 26.5 | 5 000 ± 25 | | | | | | |

注:①表中 16 mm 也可用 13.2 mm 代替;

②A 级适用于未筛碎石混合料及水泥混凝土用集料;

③C 级中 S12 可全部采用 4.75 ~ 9.5 mm 颗粒 5 000 g,S9 及 S10 可全部采用 9.5 ~ 16 mm 颗粒 5 000 g;

④E 级中 S2 缺 63 ~ 75 mm 颗粒,可用 53 ~ 63 mm 颗粒代替。

(2)试验步骤　将准备好的试样放入磨耗机圆筒中，并加入总质量符合要求的钢球，盖好筒盖，紧固密封。将计数器归零，设定要求的转动次数。开动磨耗机，以30～33 r/min转速旋转至规定的次数后停止。取出试样，用孔径1.7 mm方孔筛筛去试样中的石屑，用水洗净留在筛上的试样，烘至恒重，准确称取其质量。

3)试验数据处理与结果

石料磨耗率按式(1.8)计算，精确至0.1%。取两次试验结果的算术平均值作为测定值，两次试验误差应不大于2%，否则应重做试验。

## 3. 石料真实密度试验(李氏比重瓶法)

1)主要试验仪器

李氏比重瓶、筛子(孔径0.25 mm)、烘箱、干燥器、天平(感量0.001 g)、温度计、恒温水槽、粉磨设备等。

2)试验方法与步骤

(1)试样准备　将石料试样粉碎、研磨、过筛后放入烘箱中，以(100±5)℃的温度烘干至恒重。烘干后的粉料放在干燥器中冷却至室温，以待取用。

(2)试验步骤　在李氏瓶中注入煤油或其他与试样不起反应的液体至突颈下部的零刻度线以上，将李氏比重瓶放在温度为$(t\pm1)$℃的恒温水槽内(水温必须控制在李氏比重瓶标定刻度时的温度)，使刻度部分浸入水中，恒温0.5 h。记下李氏瓶第一次读数$V_1$(准确到0.05 mL，下同)。

从恒温水槽中取出李氏瓶，用滤纸将李氏瓶内零点起始读数以上的没有煤油的部分仔细擦净。取100 g左右试样，用感量为0.001 g的天平(下同)准确称取盛样皿和试样总质量$m_1$。用牛角匙小心将试样通过漏斗渐渐送入李氏瓶内(不能大量倾倒，因为这样会妨碍李氏瓶中的空气排出，或在咽喉部分形成气泡，妨碍粉末的继续下落)，使液面上升至20 mL刻度处(或略高于20 mL刻度处)，注意勿使石粉黏附于液面以上的瓶颈内壁上。摇动李氏瓶，排出其中空气，至液体不再发生气泡为止。再放入恒温水槽，在相同温度下恒温0.5 h，记下李氏瓶第二次读数$V_2$，准确称取盛样皿和剩下试样的总质量$m_2$。

3)试验数据处理与结果

石料试样真实密度按式(1.31)计算，精确至0.01 g/cm³。

$$\rho_t=\frac{m_1-m_2}{V_2-V_1} \tag{1.31}$$

式中　$\rho_t$——石料密度，g/cm³；

$m_1$——试验前试样加盛样皿总质量，g；

$m_2$——试验后剩余试样加盛样皿总质量，g；

$V_1$——李氏瓶第一次读数，mL；

$V_2$——李氏瓶第二次读数，mL。

以两次试验结果的算术平均值作为测定值，若两次试验结果相差大于0.02 g/cm³，应重新取样进行试验。

## 4. 石料毛体积密度试验(量积法)

石料毛体积密度指石料在干燥状态下包括孔隙在内的单位体积固体材料的质量。形状不规则石料的毛体积密度可采用浸水称量法或蜡封法测定。对于规则几何形状的试件,可采用量积法测定其毛体积密度。

1)主要试验仪器

天平(称量 500 g、感量 0.01 g)、游标卡尺(精度 0.1 mm)、烘箱、试件加工设备等。

2)试验方法与步骤

(1)试件准备　将石料加工成规则几何形状的试件(3 个)后放入烘箱内,以(100 ±5)℃的温度烘干至恒重。

(2)试验步骤　用游标卡尺量其尺寸(精确至 0.01 cm),并计算其体积 $V_0$($cm^3$),然后再用天平称其质量 $m$(精确至 0.01 g)。求试件体积时,如试件为正方体或长方体,则每边应在上、中、下 3 个位置分别量测,求其平均值,然后再按式(1.32)计算体积。

$$V_0=\frac{a_1+a_2+a_3}{3}\cdot\frac{b_1+b_2+b_3}{3}\cdot\frac{c_1+c_2+c_3}{3} \tag{1.32}$$

式中　$a,b,c$——试件的长、宽、高,cm。

求试件体积时,如试件为圆柱体,则在圆柱体上、下两个平行切面上及试件腰部,按两个互相垂直的方向量其直径,求 6 次量测的直径平均值 $d$,再在互相垂直的两直径与圆周交界的 4 个点上量其高度,求 4 次量测的高度平均值 $h$,最后按式(1.33)求其体积。

$$V_0=\frac{\pi d^2}{4}h \tag{1.33}$$

3)试验数据处理与结果

①石料的毛体积密度按式(1.34)计算。

$$\rho_h=\frac{m}{V_0} \tag{1.34}$$

式中　$\rho_h$——石料的毛体积密度,$g/cm^3$;

$m$——石料的质量,g;

$V_0$——石料的体积,$cm^3$。

组织均匀的石料,其体积密度应为 3 个试件测得结果的平均值;组织不均匀的石料,应记录最大与最小值。

②孔隙率的计算。将已经求出的同一石料的真实密度和毛体积密度(用同样的单位表示)代入式(1.35)计算得出该石料的孔隙率。

$$n=\left(1-\frac{\rho_h}{\rho_t}\right)\times 100 \tag{1.35}$$

式中　$n$——石料的孔隙率,%;

$\rho_h$——石料的毛体积密度,g/cm$^3$;

$\rho_t$——石料的真实密度,g/cm$^3$。

## 5. 细集料的表观密度试验(容量瓶法)

在试验前先对粗、细集料进行取样,现场取样时应具有代表性。取回的试样应用四分法缩取各项试验所需试样。四分法缩取的步骤是:将拌和均匀的集料摊成厚度适宜的圆堆,然后用铲在堆上划"十",将试样大致分为 4 等份,除去对角的两份,将其余两份重新拌匀,再摊成圆堆,重复上述过程,直至剩余试样达到略多于试验所需的数量为止。

1)主要试验仪器

称量 1 kg、感量 1 g 的天平,500 mL 的容量瓶,温度控制在(105 ±5)℃范围的烘箱,另有干燥箱、浅盘、料勺、温度计和 500 mL 的烧杯等。

2)试验方法与步骤

(1)试样准备　将缩分至650 g 左右的试样在(105 ±5)℃的烘箱内烘干至恒重,并在干燥箱内冷却至室温,分成两份备用。

(2)试验步骤　称取烘干的试样 300 g($m_0$),装入盛有半瓶蒸馏水的容量瓶中。摆转容量瓶,使试样在水中充分搅动以排除气泡,塞紧瓶塞,静置 24 h 左右,然后用滴管向瓶内添水,使水面与瓶颈刻度线平齐,再塞紧瓶塞,擦干瓶外水分,称取总质量($m_1$)。倒出瓶中的水和试样,将瓶的内外洗净,再向瓶中注入温差不超过 2 ℃的蒸馏水至瓶颈刻度线,塞紧瓶塞,擦干瓶外的水分,称其总质量($m_2$)。

在砂的表观密度试验过程中应测量并控制水的温度,试验的各项称量应在 15 ~25 ℃的温度内进行。从试样加水静置的最后 2 h 起至试验结束,其温差不应超过 2 ℃。

3)试验数据处理与结果

细集料的表观密度按式(1.36)计算,精确至小数点后三位。

$$\rho_a = \left(\frac{m_0}{m_0 + m_2 - m_1} - \alpha_T\right)\rho_w \tag{1.36}$$

式中　$\rho_a$——细集料的表观密度,g/cm$^3$;

$m_0$——试样的烘干质量,g;

$m_1$——试样、水和容量瓶总质量,g;

$m_2$——水和容量瓶总质量,g;

$\rho_w$——水在 4 ℃时的密度值,1 g/cm$^3$;

$\alpha_T$——试验时水温对水相对密度影响的修正系数,按表 1.13 取值。

表 1.13　不同水温下的温度修正系数 $\alpha_T$

| 水温/℃ | 15 | 16 ~17 | 18 ~19 | 20 ~21 | 22 ~23 | 24 ~25 |
|---|---|---|---|---|---|---|
| $\alpha_T$ | 0.002 | 0.003 | 0.004 | 0.005 | 0.006 | 0.007 |

以两次试验结果的算数平均值作为代表值，若两次结果之差大于0.01 g/cm$^3$，应重新取样进行试验。

## 6. 细集料自然堆积密度及紧装密度试验

1）主要试验仪器

（1）堆积密度测试仪　堆积密度测试仪由标准漏斗和容量筒组成，如图 1.11 所示。容量筒的内径108 mm，净高109 mm，筒壁厚 2 mm，筒底厚 5 mm，容积约为 1 L。

（2）其他　烘箱：控温范围为(105 ± 5)℃；台秤：称量 5 kg，感量 5 g；料勺、直尺和浅盘等。

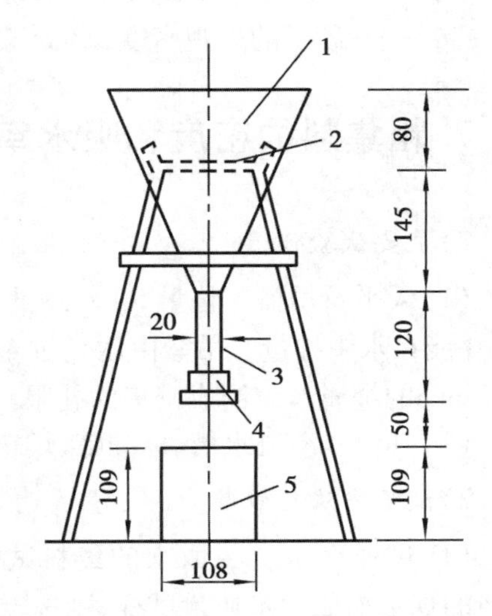


图 1.11　堆积密度测试仪

1—漏斗；2—筛；3—直径 20 mm 的管子；4—活动门；5—金属量筒

2）试验方法与步骤

（1）试样准备　用浅盘取试样约 5 kg，在温度(105 ± 5)℃的烘箱内烘干至恒重，取出后冷却至室温，分成大致相等的两份备用。

（2）试验步骤

①自然堆积密度。将试样装入漏斗中，打开底部活动门，使试样流入容量筒中。也可以用料勺向容量筒中装试样，漏斗出料口或料勺距容量筒口应为50 mm左右。试样装满并超出容量筒口后，用直尺将多余的试样沿筒口中心线向两个相反方向刮平，称取其质量($m_1$)。

②紧装密度。取试样一份，分两层装入容量筒。装完第一层后，在筒底垫放一根直径10 mm的钢筋，将筒按住，左右交替颠击地面各 25 次，然后再装第二层。装满后用同样的方法颠实，但筒底所垫钢筋的放置方向应与颠实第一层时的放置方向垂直。第二层颠实后，加料直至试样超出容量筒筒口，然后用直尺将多余的试样沿筒口中心线向两个相反方向刮平，称其质量($m_2$)。

3）试验数据处理与结果

集料的自然堆积密度、紧装密度分别按式(1.37)和式(1.38)计算，精确至0.01 g/cm$^3$。

$$\text{自然堆积密度}\quad \rho_1 = \frac{m_1 - m_0}{V} \tag{1.37}$$

$$\text{紧装密度}\quad \rho_2 = \frac{m_2 - m_0}{V} \tag{1.38}$$

式中　$m_0$——容量筒的质量，g；

$m_1$——容量筒和自然堆积集料的总质量，g；

$m_2$——容量筒和振实集料的总质量，g；

$V$——容量筒的容积，cm$^3$；

$\rho_1$，$\rho_2$——砂的自然堆积密度和紧装密度，g/cm$^3$。

以两次试验结果的算术平均值作为代表值。

空隙率按式(1. 39)计算。

$$n = \left(1 - \frac{\rho}{\rho_a}\right) \times 100 \tag{1.39}$$

式中 $n$——砂子的空隙率,%;

$\rho$——砂子的自然堆积密度或紧装密度,$g/cm^3$;

$\rho_a$——砂子的表观密度,$g/cm^3$。

## 7. 粗集料的密度和吸水率试验(网篮法)

1)主要试验仪器

(1)天平及吊篮　称量 5 kg、感量 1 g 的天平或浸水天平,天平的臂上悬吊装有试样的吊篮,并能在水中称量。吊篮由耐锈蚀金属材料制成,直径和高度均为 150 mm,四周及底部用 1 ~2 mm的金属丝编制成密集的孔眼。

(2)其他　溢流水槽、标准筛、烘箱、温度计、盛水容器、刷子和毛巾等。

2)试验方法与步骤

(1)试样准备　将取来的集料试样筛去 4. 75 mm(方孔筛)以下的颗粒,用四分法按表 1. 14的规定缩取一定质量试样,刷洗干净后,分成两份备用。用于沥青路面的粗集料,应对不同规格的集料分别进行测定,不得混杂,所取的每一份试样应基本保持原有级配。

**表 1. 14　粗集料表观密度试验最少取样质量**

| 公称最大粒径/mm | | | | | | | | | |
|---|---|---|---|---|---|---|---|---|---|
| 公称最大粒径/mm | 圆孔筛 | 10 | 16 | 20 | 25 | 31. 5 | 40 | 63 | 80 |
| | 方孔筛 | 9. 5 | 16 | 19 | 26. 5 | 31. 5 | 37. 5 | 63 | 75 |
| 每份试样的最少质量/kg | | 1 | 1 | 1 | 1. 5 | 1. 5 | 2 | 3 | 4 |

(2)试验步骤

①取试样一份装入干净的搪瓷盘中,注入洁净的水,水面至少应高出试样 20 mm,轻轻搅动试样,使附着在试样上的气泡逸出。在室温下浸水 24 h。

②将吊篮挂在天平的吊钩上,浸入溢流水槽中,向溢流水槽中注水,水面高度至水槽的溢流孔为止,将天平调零。

③调节水温至 15 ~25 ℃,将试样移入吊篮中。溢流水槽的水面高度由水槽的溢流孔控制,维持不变。用天平称出试样在水中的质量($m_w$)。提起吊篮,稍稍滴水后,将试样倒入浅盘中或直接将试样倒在拧干的湿毛巾上。注意不得有颗粒丢失,或有小颗粒附在吊篮上。稍稍倾斜搪瓷盘,用毛巾吸走漏出的自由水。用拧干的湿毛巾擦干颗粒表面的水,至表面看不到发亮的水迹,即为饱和面干状态,立即在表干状态下称其表干质量($m_f$)。将试样置于浅盘中,放入(105 ±5)℃的烘箱中烘干至恒重。取出浅盘,放在带盖的容器中冷却至室温后称其质量($m_a$)。

3）试验数据处理与结果

(1)粗集料的密度计算　粗集料的表观密度、表干密度（饱和面干毛体积密度）和毛体积密度分别按式(1.40)、式(1.41)和式(1.42)计算，精确至小数点后三位。

$$\text{表观密度}\quad \rho_a=\left(\frac{m_a}{m_a-m_w}-\alpha_T\right)\rho_w \tag{1.40}$$

$$\text{表干密度}\quad \rho_s=\left(\frac{m_f}{m_f-m_w}-\alpha_T\right)\rho_w \tag{1.41}$$

$$\text{毛体积密度}\quad \rho_b=\left(\frac{m_a}{m_f-m_w}-\alpha_T\right)\rho_w \tag{1.42}$$

式中　$\rho_a$——粗集料表观密度，g/cm³；

$\rho_s$——粗集料饱和面干密度，g/cm³；

$\rho_b$——粗集料毛体积密度，g/cm³；

$m_a$——试样烘干后的质量，g；

$m_w$——试样在水中的质量，g；

$m_f$——饱和面干试样在空气中的质量，g；

$\rho_w$——水在4 ℃时的密度值，取1 g/cm³；

$\alpha_T$——试验时水温对水相对密度影响的修正系数，见表1.13。

以两次试验的算术平均值作为测定值，两次试验结果相差不得超过0.02 g/cm³。

(2)粗集料的吸水率计算　粗集料的吸水率按式(1.43)计算。

$$w_x=\frac{m_f-m_a}{m_a}\times 100\% \tag{1.43}$$

以两次试验的算术平均值作为测定值。重复试验的精确度，两次试验结果相差不超过0.02，对吸水率不超过0.2%。

## 8. 粗集料的堆积密度及空隙率试验

1）主要试验仪器

(1)振动台　振动台的振动频率为(3 000±200)次/min，负荷下的振幅为0.35 mm，空载时的振幅为0.5 mm。

(2)容量筒　金属制容量筒，其规格应符合表1.15的要求。

表1.15　容量筒规格要求

| 粗集料公称最大粒径/mm | 容量筒容积/L | 容量筒规格/mm | | | 筒壁厚/mm |
|---|---|---|---|---|---|
| | | 内径 | 净高 | 底厚 | |
| ≤4.75 | 3 | 155±2 | 160±2 | 5.0 | 2.5 |
| 9.5~26.5 | 10 | 205±2 | 305±2 | 5.0 | 2.5 |
| 31.5~37.5 | 15 | 255±5 | 295±5 | 5.0 | 3.0 |
| ≥53 | 20 | 355±5 | 305±5 | 5.0 | 3.0 |

(3)其他　感量不大于称量 0.1% 的天平；直径 16 mm、长 600 mm 的捣棒，一端为圆头的钢棒；烘箱和平头铁铲等。

2)试验方法与步骤

(1)试样准备　用四分法将试样缩取至规定的取样量，在(105 ±5)℃的烘箱内烘干，也可摊在清洁的地面风干，拌匀后分成两份备用。

(2)试验步骤

①自然堆积密度。取试样一份，置于平整、干净的地板上，拌和均匀后用铁铲将试样从距筒口 5 cm 左右处自由落入容量筒中，装满容量筒。除去凸出筒表面的颗粒，并以较合适的颗粒填充凹陷空隙，使表面凸起部分和凹陷部分的体积基本相等。称出容量筒连同试样的总质量($m_2$)。

②振实密度。按堆积密度试验步骤，将装满试样的容量筒放在振动台上振动 2 ~ 3 min；或者将试样分 3 层装入容量筒，每装完一层，在筒底垫放一根直径为 25 mm 的圆钢筋(第二层时钢筋放置方向与第一层垂直，第三层时钢筋放置方向与第二层垂直)，将筒按住，左右交替颠击地面各 25 下。待第三层装填完毕后，加料直至试样超出容量筒，用钢筋沿筒口边缘滚转，刮下高出筒口的颗粒，以较合适的颗粒填充凹陷空隙，使表面凸起部分和凹陷部分的体积基本相等。称取试样和容量筒总质量($m_2$)。

③捣实密度。将试样装入符合要求规格的容器中约 1/3 的高度，由边缘向中心用捣棒均匀捣实 25 次。再向容器中装入 1/3 高度的试样，用捣棒均匀捣实 25 次，捣实的深度约至第一层的表面。最后装入 1/3 高度的试样，捣实 25 次，捣实的深度约至第二层的表面，使集料与容器口基本平齐，用合适的集料填充表面的大空隙，用直尺大体刮平，目测表面凸起部分与凹陷部分体积大致相等，称取容量筒与试样的总质量($m_2$)。

3)试验数据处理与结果

(1)粗集料堆积密度计算　粗集料的自然堆积密度、振实密度、捣实密度按式(1.44)计算，精确至小数点后两位。

$$\rho = \frac{m_2 - m_1}{V} \tag{1.44}$$

式中　$\rho$——粗集料各种状态下的堆积密度，g/cm³；

$m_1$——容量筒的质量，g；

$m_2$——容量筒和试样的总质量，g；

$V$——容量筒的容积，cm³。

(2)空隙率的计算　空隙率计算精确至 1%。

水泥混凝土用粗集料在捣实状态下的空隙率按式(1.45)计算。

$$n = \left(1 - \frac{\rho}{\rho_a}\right) \times 100 \tag{1.45}$$

沥青混合料用粗集料在捣实状态下粗集料骨架的间隙率按式(1.46)计算。

$$\mathrm{VCA_{DRC}} = \left(1 - \frac{\rho}{\rho_b}\right) \times 100 \tag{1.46}$$

式中　$n$——水泥混凝土用粗集料的空隙率，%；

$\rho$——按振实或捣实法测定的粗集料的堆积密度，g/cm³；

$\rho_a$——粗集料的表观密度,$g/cm^3$;

$VCA_{DRC}$——捣实状态下粗集料骨架间隙率,%;

$\rho_b$——粗集料的毛体积密度,$g/cm^3$。

## 9. 细集料的筛分试验

1)主要试验仪器

(1)标准筛　水泥混凝土用细集料,孔径为150 μm,300 μm,600 μm,1.18 mm,2.36 mm,4.75 mm和9.50 mm的方孔筛;沥青混合料用细集料,还要增加0.075 mm方孔筛,筛盖与筛底各一个。

(2)其他　摇筛机、天平、烘箱、浅盘、毛刷和容器等。

2)试验方法与步骤

(1)试样准备　将四分法缩取的约1 100 g试样,置于(105±5)℃的烘箱中烘至恒重,冷却至室温后先筛除大于9.50 mm的颗粒(并记录其含量),再分为大致相等的两份备用。

(2)试验步骤

①水泥混凝土用砂(干筛法)。准确称取试样500 g(精确至1 g)。将标准筛按孔径由大到小顺序叠放,加底盘后,将试样倒入最上层4.75 mm筛内,加盖后置于摇筛机上,摇筛10 min(也可用手筛)。将整套筛自摇筛机上取下,按孔径大小,逐个用手在洁净的盘上进行筛分,筛至每分钟通过量不超过试样总质量的0.1%为止。通过的颗粒并入下一号筛内,并和下一号筛中的试样一起过筛,直至各号筛全部筛完为止。各筛的筛余量不得超过按式(1.47)计算出的量,超过时应将该筛孔筛余量分成少于式(1.47)计算出的量,分别筛分,并以各筛余量之和为该筛孔筛的筛余量。

$$m=\frac{A\sqrt{d}}{200} \tag{1.47}$$

式中　$m$——在一个筛上的筛余量,g;

$A$——筛面的面积,$mm^2$;

$d$——筛孔尺寸,mm。

称量各号筛的筛余量(精确至1 g)。分计筛余量和底盘中剩余量的总和与筛分前的试样总量之比,其差值不得超过1%。

②沥青路面用细集料(水洗法)。称取烘干试样500 g,准确至0.5 g,将试样置于一个洁净容器中,加入足够数量的洁净水,使细粉悬浮在水中,但不得有集料颗粒从水中溅出。用1.18 mm筛和0.075 mm筛组成套筛,仔细将容器中混有细粉的悬浮液慢慢倒出,经过套筛流入另一容器,注意不得将集料倒出。重复此过程,直至倒出的水洁净为止。

将容器中的集料倒入搪瓷盘中,用少量水冲洗,使容器上黏附的集料颗粒全部进入搪瓷盘,将筛子反过来,用少量水将筛内的集料冲洗进搪瓷盘中。将搪瓷盘连同集料颗粒一起置于(105±5)℃的烘箱中烘至恒重,称取干燥试样质量$m_2$,精确至0.1%。$m_2$和$m_1$之差即为通过0.075 mm筛的粉料质量。

将已经洗去0.075 mm颗粒的干燥集料置于套筛的最上面一个筛中,进行集料的筛分操作,其试验步骤与水泥混凝土用砂的筛分步骤相同。

3)试验数据处理与结果

(1)计算级配参数

①分计筛余百分率:各号筛的筛余量占试样总质量的百分率,精确至0.1%。

②累计筛余百分率:该号筛上的分计筛余百分率与筛孔大于该号筛的各号筛的分计筛余百分率之和,精确到1%。

③通过百分率:1－该号筛上的累计筛余百分率,精确至1%。

(2)试验结果鉴定

①级配的鉴定。用各筛号的累计筛余百分率或通过百分率绘制级配曲线。根据0.60 mm筛累计筛余百分率或通过百分率确定细集料所属级配区,对照国家标准规定的级配区范围,若其各筛上的累计筛余百分率或通过百分率都处于一个级配区内,则级配合格。

注:除4.75 mm和0.60 mm筛孔外,其他各筛的累计筛余百分率允许略有超出,但超出总量不应大于5%。

②粗细程度鉴定。砂的粗细程度用细度模数 $M_f$ 来判定。细度模数 $M_f$ 按式(1.19)计算,精确至0.01%。

③筛分试验应采用两个试样进行,取两次结果的算术平均值作为测定结果,精确至0.1%。若两次所得的细度模数之差大于0.2,应重新进行试验。

## 10. 粗集料的筛分试验

1)主要仪器设备

摇筛机、标准筛(孔径规格为2.36 mm,4.75 mm,9.50 mm,16.0 mm,19.0 mm,26.5 mm,31.5 mm,37.5 mm,53.0 mm,63.0 mm,75.0 mm和90.0 mm)、托盘天平、台秤、烘箱、容器、浅盘等。

2)试验方法与步骤

(1)试样制备　从取回的试样中用四分法缩取略大于表1.16中规定的试样数量,经烘干或风干后备用。每种试样准备两份供水洗法和干筛法使用,对于水泥混凝土可以不进行水洗法筛分试验。

表1.16　石子筛分析所需试样的最小质量

| 最大粒径/mm | | 9.5 | 16.0 | 19.0 | 26.5 | 31.5 | 37.5 | 63.0 | 75.0 |
|---|---|---|---|---|---|---|---|---|---|
| 试样质量/kg | 水泥混凝土用料 | 1.9 | 3.2 | 3.8 | 5.0 | 6.3 | 7.5 | 12.6 | 16.0 |
| | 沥青路面用料 | 1 | 1 | 2 | 2.5 | 4 | 5 | 8 | 10 |

(2)试验步骤

①用水洗法测定集料中小于0.075 mm的细粉质量。取试样一份在(105±5)℃的烘箱中烘至恒重,称取干燥试样质量 $m_1$,精确至0.1%。将试样置于洁净的容器中,加入足够数量的水淹没试样,用搅棒搅动集料,使集料表面洗涤干净,细粉悬浮在水中,注意不得有集料从水中溅出。

根据集料粒径选择一组套筛，底部为 0.075 mm 的标准筛，上部为 2.36 mm 或 4.75 mm 筛，小心地将容器中的悬浮液慢慢倒出，经过套筛流入另一个容器中，尽量不将集料倒出，以防损坏标准筛筛面。重复此步骤，直至倒出的水洁净为止。

将套筛的每个筛子的集料及容器中的集料全部置于一个搪瓷盘中，用水将容器上黏附的集料冲入搪瓷盘中，将搪瓷盘连同集料置于烘箱中烘干至恒重，称取干燥试样质量 $m_2$，精确至 0.1%。

②用干筛法测定粗集料的颗粒组成。称取烘干或风干试样质量 $m_0$，将筛按孔径由大到小的顺序叠置，然后将试样倒入上层筛中，置于摇筛机上固定，摇筛 10 min。按孔径由大到小的顺序取下各筛，分别于洁净的盘上手筛，直至每分钟通过量不超过试样总量的 0.1% 为止。通过的颗粒并入下一号筛中，并和下一号筛中的试样一起过筛。当试样粒径大于 19.0 mm 时，筛分时允许用手拨动试样颗粒，使其通过筛孔。

称取各筛上的筛余量，精确至 1 g。在筛上的所有分计筛余量和筛底剩余的总和与筛分前试样总量相差不得超过 1%。

3）试验数据处理与结果

①集料中 0.075 mm 通过百分率按式（1.48）计算，精确至 0.1%。

$$P_{0.075} = \frac{m_1 - m_2}{m_1} \times 100 \tag{1.48}$$

式中 $P_{0.075}$——集料中 0.075 mm 通过百分率，%；

$m_1$——干燥集料试样的总质量，g；

$m_2$——集料水洗后的干燥质量，g。

②计算级配参数。

a. 分计筛余百分率：各号筛上的筛余量占试样总质量的百分率，精确至 1%。

b. 累计筛余百分率：该号筛上分计筛余百分率与大于该号筛的各号筛上的分计筛余百分率之和，精确至 1%。

c. 通过百分率：1 − 该号筛上的累计筛余百分率，精确至 1%。

## 本章小结

石料与集料是道路与桥梁工程结构及其附属构造物中用量最大的一类材料。石料制品可以直接用于砌筑结构物或用于道路铺面；集料可以直接用于道路路面基层或垫层，还可用于配制水泥混凝土和沥青混合料。

天然岩石石料的性质取决于造岩矿物和成岩条件。在道路工程中常用石料品种为花岗岩、玄武岩、辉长岩、石灰岩、砂岩、石英岩等。石料的主要物理性能指标为密度、孔隙率、吸水率；主要力学性能指标为抗压强度和磨耗率。按照岩石的矿物成分、成岩条件对石料进行分类，每类岩石按其饱水极限抗压强度和磨耗率分级。

集料是由不同粒径矿物颗粒组成的混合料，包括天然砂、人工砂、卵石和碎石等。集料的颗粒组成用级配表示，集料的密实度和内摩擦力与其级配组成之间有着直接关系，用于道路路面表层的粗集料应具备足够的抗压碎性、抗磨光性和抗冲击性，分别用压碎值、磨光值和冲击值表示。

在道路和桥梁工程中，石料和集料主要用于工程砌体和路面基层或垫层结构，使用时必须满足强度、耐久性和级配组成的要求。

本章还介绍了石料和集料的有关试验。

# 复习思考题

1.1　石料的主要物理常数与集料的主要物理常数有哪几项？

1.2　简述道路工程石料的分类和分级方法。

1.3　什么是集料的表观密度、毛体积密度、表干密度、堆积密度？

1.4　压碎值、磨光值、磨耗值分别表征粗集料的什么性能？对路面工程有何实用意义？

1.5　什么是集料的级配？如何测定集料的级配？用哪几项参数表示集料的级配？

1.6　为什么要研究集料的级配？连续级配类型与间断级配类型有何差别？

1.7　简述最大密度级配范围计算公式的意义。

1.8　现有某砂样经筛分试验结果列于表1.17中，请计算该砂样的分计筛余百分率、累计筛余百分率和通过百分率，并对该砂样的级配进行评价。

**表1.17　某砂样的筛分试验结果**

| 筛孔尺寸/mm | 9.5 | 4.75 | 2.36 | 1.18 | 0.6 | 0.3 | 0.15 | <0.15 |
|---|---|---|---|---|---|---|---|---|
| 筛余质量/g | 0 | 25 | 35 | 90 | 125 | 125 | 75 | 25 |
| 规范要求级配范围（通过百分率）/% | 100 | 90～100 | 75～100 | 50～90 | 30～59 | 8～30 | 0～10 | — |

1.9　某道路沥青混合料用细集料的筛分试验结果如表1.18所示。请计算该细集料的分计筛余百分率、累计筛余百分率、通过百分率及其细度模数，绘制该细集料的级配曲线图，判断该细集料的粗细程度，并分析其级配是否符合设计级配范围的要求。

**表1.18　某道路沥青混合料用细集料的筛分试验结果**

| 筛孔尺寸/mm | 9.5 | 4.75 | 2.36 | 1.18 | 0.6 | 0.3 | 0.15 | 0.075 | 筛底 |
|---|---|---|---|---|---|---|---|---|---|
| 筛余质量/g | 0 | 13 | 160 | 100 | 75 | 50 | 39 | 25 | 38 |
| 设计级配范围（通过百分率）/% | 100 | 95～100 | 55～75 | 35～55 | 20～40 | 12～28 | 7～18 | 5～10 | — |

1.10　某工程石灰岩石料，其6个试件饱水抗压极限荷载分别为179 kN，182 kN，174 kN，178 kN，189 kN和185 kN（50 mm×50 mm的圆柱体试件），洛杉矶磨耗率为33%。请确定该石料的技术等级。

# 第2章 无机胶凝材料

内容提要

本章介绍石灰的矿物组成、凝结硬化机理、技术性能及工程应用；介绍通用硅酸盐水泥的矿物组成、水化及凝结硬化机理，水泥的技术性能及其相关技术标准和工程应用，并对土木工程中所用的其他水泥作了简单介绍。通过本章的学习，读者应掌握无机胶凝材料的技术性能及其工程应用。

胶凝材料(binder)是指在施工过程中具有黏聚性、可塑性，施工结束后在一定条件下能凝结硬化并具有强度和其他技术性能的材料。胶凝材料按其化学成分分为有机胶凝材料和无机胶凝材料。无机胶凝材料按其硬化条件分为气硬性胶凝材料和水硬性胶凝材料。凡只能在空气中硬化并保持其强度发展的胶凝材料称为气硬性胶凝材料，如石灰、石膏、镁质胶凝材料等；另一类胶凝材料不仅能在空气中硬化，而且能在水中更好地硬化并保持强度持续发展，称为水硬性胶凝材料，如通用硅酸盐水泥。

## 2.1 石 灰

### 2.1.1 石灰的生产、消化及凝结硬化

1)石灰的生产

生石灰是由以碳酸钙为主要成分的天然岩石，如石灰石、白垩、白云石等，经900～1 200 ℃高温煅烧而成，其主要成分为CaO。当原材料中含有碳酸镁时，石灰中还会含一定量的MgO。将块状生石灰磨细则得到生石灰粉。

$$CaCO_3 \xrightarrow{900\sim1\,200\ ℃} CaO + CO_2 \uparrow \qquad (2.1)$$

碳酸钙分解时的质量损失为44%，正常煅烧后体积减小10%～15%，正常煅烧的优质石灰密度较小(堆积密度为800～1 000 kg/$m^3$)，比表面积较大，色白或略带灰色。在石灰的烧制过程中，由于岩石的密度、块度、窑温不均等影响，石灰中含未烧透的内核，这种石灰称为“欠火石灰”。欠火石灰中有效氧化钙和氧化镁含量低，使用时黏结力差。另一种情况是由于煅

烧温度过高或煅烧时间过长,使得石灰表面出现裂缝或玻璃状外壳,体积收缩,块体密度大,消化速度慢,称为“过火石灰”。过火石灰用于结构物中会在较长时间内继续消化并引起体积膨胀,最终导致裂缝等的发生,对结构物产生危害。

2)石灰的消化

生石灰与水相遇,则发生下面的化学反应,该过程是体积膨胀的放热过程。

$$CaO + H_2O \rightarrow Ca(OH)_2 + Q \tag{2.2}$$

这一化学反应也称为石灰的消化或熟化,生成的氢氧化钙称为消石灰或熟石灰。当加入的水适量时,生成消石灰粉;当加入的水量较多时,生成消石灰膏。为消除过火石灰的危害,将石灰隔绝空气消解两周左右时间的过程称为石灰的陈伏。

块状生石灰磨细成生石灰粉,在一定的水灰比和温度下消化,可以控制其体积膨胀,有利于生石灰的直接使用。同时,在磨细加工过程中,过火石灰得以磨细,有利于提高过火石灰的利用率,并克服过火石灰使用过程中对体积安定性的危害。

3)石灰的凝结硬化

石灰膏(浆)应用于结构物中,其凝结硬化和强度的形成过程与干燥和碳酸化过程有关。

(1)干燥过程　石灰浆体在空气中由于水分蒸发,氢氧化钙过饱和而结晶产生结晶强度,另一方面在水分蒸发过程中形成毛细孔隙,由此产生毛细管压力使浆体的密度提高,产生附加强度。

$$Ca(OH)_2 \cdot nH_2O \rightarrow Ca(OH)_2 + nH_2O\uparrow \tag{2.3}$$

(2)碳酸化过程　在有二氧化碳存在的空气中,将发生以下反应:

$$Ca(OH)_2 \cdot nH_2O + CO_2 \rightarrow CaCO_3 + (n+1)H_2O\uparrow \tag{2.4}$$

生成的碳酸钙晶体使硬化石灰浆体的结构密度提高,强度增大。

由石灰的凝结硬化过程可以看出,石灰的凝结硬化过程伴随着水分的蒸发,只有在干燥的空气中结晶和碳酸化才能顺利进行,因此石灰是气硬性胶凝材料。

## 2.1.2　石灰的技术性能与技术标准要求

1)石灰的技术性能

(1)有效氧化钙和氧化镁含量　石灰中起胶凝作用的主要成分是活性氧化钙和氧化镁,它们的含量是评价石灰质量的主要指标。石灰中有效氧化钙和氧化镁含量采用中和滴定和络合滴定分析方法测定。

(2)生石灰产浆量和未消解残渣含量　产浆量是指单位质量生石灰消解后生成的石灰浆体积,产浆量越高说明石灰的质量越好。未消解残渣含量是指生石灰消解后,存留在5 mm圆孔筛上的未消解残渣质量占试样总质量的百分率,它综合反映石灰中过火石灰和欠火石灰的含量。

按现行标准《建筑石灰试验方法　第1部分:物理试验方法》(JC/T 478.1—2013),在消化器中加入(320±1)mL、温度为(20±2)℃的水,然后加入(200±1)g生石灰(块状石灰则碾碎成小于5 mm的粒子)。慢慢搅拌混合物,然后根据生石灰的消化需要立刻加入适量的水。继续搅拌片刻后,盖上生石灰消化器的盖子。静置24 h后,取下盖子,若此时消化器内石灰膏顶面上有不超过40 mL的水,说明消化过程中加入的水量是合适的,否则调整加水量。测定石灰膏的高度,取4次测定平均值计算产浆量。用清水冲洗消化器筒内残渣,至水流不浑浊(冲洗用清水仍倒入筛筒内，水的总体积控制在3 000 mL)，将渣移入搪瓷盘内，在100～105 ℃烘箱中烘干至恒重，冷却至室温后用5 mm圆孔筛筛分，称量筛余物，计算未消化残渣含量。

(3) $CO_2$含量　$CO_2$含量反映生石灰中欠火石灰的含量，按现行标准《水泥化学分析方法》(GB/T 176—2017)中6.18条的方法测定。

(4)细度　生石灰粉和消石灰粉的活性与细度有关，细度越大，石灰活性越高。生石灰粉和消石灰粉的细度用0.9 mm,0.125 mm筛余百分率表示。

(5)游离水含量　游离水含量指消石灰粉中化学结合水以外的含水量。由于石灰的消解过程是放热过程，因此石灰消解过程中实际加水量比消解所需的化学结合水多，多余的水一部分因消解放热而蒸发，残余水留于消石灰中，这部分水蒸发后留下的孔隙会加剧消石灰的碳化，影响消石灰的质量。消石灰游离水含量是将试样在100～105 ℃烘干至恒重测定。

(6)体积安定性　消石灰粉体积安定性是指消石灰粉在消化、硬化过程中体积变化的均匀性。称取试样100 g，倒入300 mL蒸发皿中，加入(20±2) ℃清洁淡水120 mL，在3 min内拌成石灰浆，一次性浇注于两块石棉网板上，制作成直径50～70 mm、中心高8～10 mm的试饼，成饼后在室温下放置5 min，再放入100～105 ℃烘箱中加热4 h。烘干后试饼无溃散、裂纹、鼓包则安定性合格，反之则不合格。

2) *石灰的技术标准*

石灰的技术标准见表2.1至表2.6。

**表2.1　建筑生石灰的分类(JC/T 479—2013)**

| 类　别 | 名　称 | 代　号 |
|---|---|---|
| 钙质石灰 | 钙质石灰90 | CL 90 |
| | 钙质石灰85 | CL 85 |
| | 钙质石灰75 | CL 75 |
| 镁质石灰 | 镁质石灰85 | ML 85 |
| | 镁质石灰80 | ML 80 |

注：生石灰的识别标志由产品名称、加工情况和产品依据标准编号组成。生石灰块在代号后加Q，生石灰粉在代号后加QP。

示例：符合JC/T 479—2013的钙质生石灰粉90标记为

CL 90-QP JC/T 479—2013

说明：CL——钙质石灰；

90——(CaO+MgO)百分含量；

OP——粉状；

JC/T 479—2013——产品依据标准。

**表2.2　建筑生石灰的化学成分(JC/T 479—2013)**　　单位：%

| 名　称 | (氧化镁+氧化钙)(CaO+MgO) | 氧化镁(MgO) | 二氧化碳($CO_2$) | 三氧化硫($SO_3$) |
|---|---|---|---|---|
| CL 90-Q<br>CL 90-QP | ≥90 | ≤5 | ≤4 | ≤2 |
| CL 85-Q<br>CL 85-QP | ≥85 | ≤5 | ≤7 | ≤2 |

续表

| 名　称 | (氧化镁 + 氧化钙)(CaO + MgO) | 氧化镁(MgO) | 二氧化碳($CO_2$) | 三氧化硫($SO_3$) |
|---|---|---|---|---|
| CL 75-Q<br>CL 75-QP | ≥75 | ≤5 | ≤12 | ≤2 |
| ML 85-Q<br>ML 85-QP | ≥85 | >5 | ≤7 | ≤2 |
| ML 80-Q<br>ML 80-QP | ≥80 | >5 | ≤7 | ≤2 |

**表 2.3　建筑生石灰的物理性质(JC/T 479—2013)**

| 名　称 | 产浆量/[L·(10 kg)$^{-1}$] | 细度 | |
|---|---|---|---|
| | | 0.2 mm 筛余量/% | 90 μm 筛余量/% |
| CL 90-Q<br>CL 90-QP | ≥26<br>— | —<br>≤2 | —<br>≤7 |
| CL 85-Q<br>CL 85-QP | ≥26<br>— | —<br>≤2 | —<br>≤7 |
| CL 75-Q<br>CL 75-QP | ≥26<br>— | —<br>≤2 | —<br>≤7 |
| ML 85-Q<br>ML 85-QP | — | —<br>≤2 | —<br>≤7 |
| ML 80-Q<br>ML 80-QP | — | —<br>≤7 | —<br>≤2 |

注:其他物理特性,根据用户要求,可按照 JC/T 478.1 进行测试。

**表 2.4　建筑消石灰的分类(JC/T 481—2013)**

| 类　别 | 名　称 | 代　号 |
|---|---|---|
| 钙质消石灰 | 钙质消石灰 90 | HCL 90 |
| | 钙质消石灰 85 | HCL 85 |
| | 钙质消石灰 75 | HCL 75 |
| 镁质消石灰 | 镁质消石灰 85 | HML 85 |
| | 镁质消石灰 80 | HML 80 |

注:消石灰的识别标志由产品名称和产品依据标准编号组成。

示例:符合 JC/T 481—2013 的钙质消石灰 90 标记为

HCL 90 JC/T 481—2013

说明:HCL——钙质消石灰;

90——(CaO + MgO)含量;

JC/T 481—2013——产品依据标准。

表2.5 建筑消石灰的化学成分(JC/T 481—2013) 单位:%

| 名 称 | (氧化镁+氧化钙)(CaO+MgO) | 氧化镁(MgO) | 三氧化硫($SO_3$) |
|---|---|---|---|
| HCL 90 | ≥90 | ≤5 | ≤2 |
| HCL 85 | ≥85 | | |
| HCL 75 | ≥75 | | |
| HML 85 | ≥85 | >5 | ≤2 |
| HML 80 | ≥80 | | |

注:表中数值以试样扣除游离水和化学结合水后的干基为基准。

表2.6 建筑消石灰的物理性质(JC/T 481—2013)

| 名 称 | 游离水/% | 细 度 | | 安定性 |
|---|---|---|---|---|
| | | 0.2 mm筛余量/% | 90 μm筛余量/% | |
| HCL 90 | ≤2 | ≤2 | ≤7 | 合格 |
| HCL 85 | | | | |
| HCL 75 | | | | |
| HML 85 | | | | |
| HML 80 | | | | |

### 2.1.3 石灰的工程应用

在土木工程中,石灰可制作成石灰浆用于墙面装饰,石灰砂浆、混合砂浆可用于砌筑工程及抹灰工程,石灰、黏土、炉渣配制的三合土可作垫层、基层,二灰土、二灰碎石可用作路基材料,碳化石灰板可作隔墙材料,生石灰粉、消石灰粉可用作沥青混合料中的抗剥离剂,石灰桩可用于加固软土地基等。

## 2.2 硅酸盐水泥和普通硅酸盐水泥

通用硅酸盐水泥(common portland cement)是以硅酸盐水泥熟料和适量石膏及规定的混合材制成的水硬性胶凝材料,包括硅酸盐水泥、普通硅酸盐水泥、粉煤灰硅酸盐水泥、矿渣硅酸盐水泥、火山灰质硅酸盐水泥、复合硅酸盐水泥,见表2.7。通用硅酸盐水泥是土木工程中应用最广泛的水硬性胶结材料。

表 2.7　通用硅酸盐水泥的组分(GB 175—2007)

| 品　种 | 代　号 | 组分(质量分数) | | | | |
|---|---|---|---|---|---|---|
| | | 熟料+石膏 | 粒化高炉矿渣 | 火山灰质混合材 | 粉煤灰 | 石灰石 |
| 硅酸盐水泥 | P. Ⅰ | 100 | — | — | — | — |
| | P. Ⅱ | ≥95 | ≤5 | — | — | — |
| | | ≥95 | — | — | — | ≤5 |
| 普通硅酸盐水泥 | P. O | ≥80 且<95 | >5 且≤20 | | | |
| 矿渣硅酸盐水泥 | P. S. A | ≥50 且<80 | >20 且≤50 | — | — | — |
| | P. S. B | ≥30 且<50 | >50 且≤70 | — | — | — |
| 火山灰质硅酸盐水泥 | P. P | ≥60 且<80 | — | >20 且≤40 | — | — |
| 粉煤灰硅酸盐水泥 | P. F | ≥60 且<80 | — | — | >20 且≤40 | — |
| 复合硅酸盐水泥 | P. C | ≥50 且<80 | >20 且≤50 | | | |

## 2.2.1　硅酸盐水泥熟料的生产及矿物组成

硅酸盐水泥熟料是指由主要含 $CaO$,$SiO_2$,$Al_2O_3$,$Fe_2O_3$ 的原料,按适当比例磨成细粉并烧至部分熔融所得的以硅酸钙为主要矿物成分的水硬性胶凝物质。其中,硅酸钙矿物含量不小于66%,氧化钙和氧化硅质量比不小于2.0。通用硅酸盐水泥的生产过程可概括为两磨一烧,即生料(raw meal)的配制与磨细→生料高温煅烧使之熔融、分解、化合而形成熟料(clinker)→熟料与适量石膏(需要时加入一定量的混合材)共同磨细成为通用硅酸盐水泥。

经高温煅烧生成的硅酸盐水泥熟料,其矿物是由两种或两种以上的氧化物反应生成的多种矿物的集合体,熟料中主要有以下矿物:

硅酸三钙:$3CaO \cdot SiO_2$,简写为 $C_3S$;

硅酸二钙:$2CaO \cdot SiO_2$,简写为 $C_2S$;

铝酸三钙:$3CaO \cdot Al_2O_3$,简写为 $C_3A$;

铁相固溶体:通常以铁铝酸四钙 $4CaO \cdot Al_2O_3 \cdot Fe_2O_3$ 作为其代表式,简写为 $C_4AF$。

此外,硅酸盐水泥熟料中还有少量的游离氧化钙(f-CaO)、方镁石(f-MgO)、碱性氧化物($Na_2O$,$K_2O$)及玻璃体等。表 2.8 是硅酸盐水泥熟料的化学成分和矿物组成的大致范围。

表 2.8　硅酸盐水泥熟料的化学成分和矿物组成范围　　单位:%

| $SiO_2$ | $Al_2O_3$ | $Fe_2O_3$ | $CaO$ | $MgO$ | $C_3S$ | $C_2S$ | $C_3A$ | $C_4AF$ |
|---|---|---|---|---|---|---|---|---|
| 21~23 | 5~7 | 3~5 | 64~68 | <5 | 44~62 | 18~30 | 5~12 | 10~18 |

### 2.2.2 硅酸盐水泥熟料矿物的水化及特征

硅酸盐水泥热料矿物与水发生的化学反应称为水化(hydration)反应,水化反应过程中放出的热量称为水化热(heat of hydration)。

1)硅酸三钙($C_3S$)

硅酸三钙也称为阿里特(Alite),A矿。硅酸三钙的水化产物为水化硅酸钙(C-S-H)和氢氧化钙(CH)。水化硅酸钙(C-S-H)是一组变化的非晶相,其C/S比值与体系中石灰的浓度和反应温度有关。在与$Ca(OH)_2$饱和溶液接触时,$C_xSH_n$中的$x=1.7$,$n=4$;水灰比为0.42,可以完全水化;若加入的水过多,生成的$Ca(OH)_2$不足以使溶液饱和,会导致$C_xSH_n$中$x$值减小;若水灰比较小,水泥不会完全水化,$C_xSH_n$中$n$值会小于4。

$$C_3S+(3-x+n)H \rightarrow C_xSH_n+(3-x)CH \tag{2.5}$$

$C_3S$是硅酸盐水泥熟料中最主要的矿物组成,其水化反应速度快,水化放热高,强度(特别是早期强度)高。

2)硅酸二钙($C_2S$)

硅酸二钙也称为贝利特(Belite),B矿。硅酸二钙和硅酸三钙的水化产物基本相同,也为水化硅酸钙(C-S-H)和氢氧化钙(CH)。

$$C_2S+(2-x+n)H \rightarrow C_xSH_n+(2-x)CH \tag{2.6}$$

$C_2S$也是硅酸盐水泥熟料中的主要矿物组成,其早期强度发展较慢,水化放热低,但后期强度能较大幅度地增长,对水泥的后期强度发展有重要影响。$C_3S$和$C_2S$是水泥强度的主要来源。

3)铝酸三钙($C_3A$)

$C_3A$在没有石膏掺入时首先生成六方片状$C_4AH_{13}$和$C_2AH_8$;随着温度的升高,温度超过30 ℃时,六方片状水化铝酸钙向立方状晶体$C_3AH_6$转化;温度超过80 ℃时,$C_3A$水化直接生成$C_3AH_6$。这一转变会增加孔隙率,产生微结构破坏,并使浆体强度下降。

在有石膏掺入时则会生成三硫型水化硫铝酸钙,也称钙矾石(AFt);当石膏被消耗,硫酸盐浓度降到一定的临界值以下,钙矾石转变为单硫型水化硫铝酸钙(AFm)。

$$C_3A+3C\bar{S}H_2+26H \rightarrow C_6A\bar{S}_3H_{32}\,(AFt) \tag{2.7}$$

$$C_6A\bar{S}_3H_{32}+2C_3A+4H \rightarrow 3C_4A\bar{S}H_{12}\,(AFm) \tag{2.8}$$

$C_3A$是硅酸盐水泥4种主要熟料矿物之一。在硅酸盐水泥的熟料矿物中,铝酸三钙的活性最高、水化反应速度最快、水化放热量最高,$C_3A$对水泥的凝结速度和早期强度的发展有较大影响。

4)铁铝酸四钙($C_4AF$)

$C_4AF$也称为铁相,是一系列固熔体的总称,其基本化学式可写成$Ca_4Fe_{(2-x)}Al_xO_{10}$,$x$在0~1.4变化,随着铁相中铁含量的增加,其水化活性降低。

铁相的水化过程与$C_3A$的水化过程相似,未掺石膏时水化产物是介稳的$C_4(A,F)H_{13}$和$C_2(A,F)H_8$,并且会转变为$C_3(A,F)H_6$;有石膏存在时,铁相会水化生成钙矾石,但钙矾石中的部分铝被铁取代；当石膏消耗完后，钙矾石也会转变为 AFm 相；另外，还有少量的 $Fe(OH)_3$ 生成。

铁铝酸四钙的水化反应速度较快，水化放热量较高，对提高水泥的抗折强度具有重要意义。

硅酸盐水泥各熟料矿物具有不同水化活性及水化产物，表现出不同的特征，对水泥的性能产生不同的影响。图 2.1、图 2.2、图 2.3 及表 2.9、表 2.10 总结了各熟料矿物的水化及技术特征。

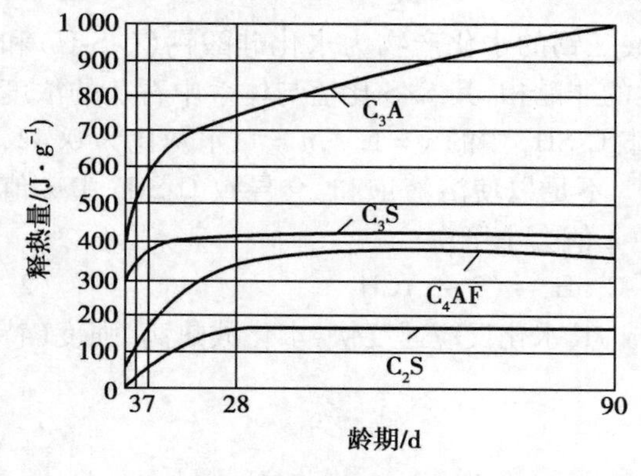


图 2.1　水泥熟料矿物水化热与龄期的关系

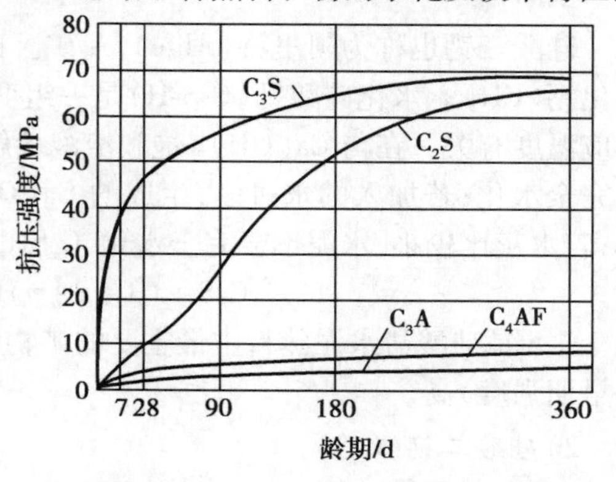


图 2.2　水泥熟料矿物强度与龄期的关系

表 2.9　硅酸盐水泥熟料矿物的技术特征

| 矿物名称 | | 硅酸三钙 | 硅酸二钙 | 铝酸三钙 | 铁铝酸四钙 |
|---|---|---|---|---|---|
| 水化反应速度 | | 较快 | 慢 | 快 | 中 |
| 水化放热量 | | 较大 | 小 | 大 | 中 |
| 对强度的作用 | 早　期 | 高 | 低 | 低 | 中 |
| | 后　期 | 高 | 高 | 低 | 中 |
| 耐化学侵蚀 | | 中 | 好 | 差 | 好 |
| 干缩性 | | 中 | 小 | 大 | 小 |

表 2.10　水泥组分水化放热量的测定和计算

| 反　应 | 水化放热量/$(J \cdot g^{-1})$ | | | |
|---|---|---|---|---|
| | 纯矿物计算值 | 纯矿物测定值 | 熟料测定值 | 水泥测定值 |
| $C_3S \rightarrow C\text{-}S\text{-}H + CH$ | ~380 | 500 | 570 | 490 |
| $C_2S \rightarrow C\text{-}S\text{-}H + CH$ | ~170 | 250 | 260 | 225 |
| $C_3A \rightarrow C_4AH_{13} + C_2AH_8$ | 1 260 | — | — | — |
| $C_3A \rightarrow C_3AH_6$ | 900 | 880 | 840 | — |
| $C_3A \rightarrow AFm$ | — | — | — | ~1 160 |
| $C_4AF \rightarrow C_3(A,F)H_6$ | 520 | 420 | 335 | — |
| $C_4AF \rightarrow AFm$ | — | — | — | ~375 |

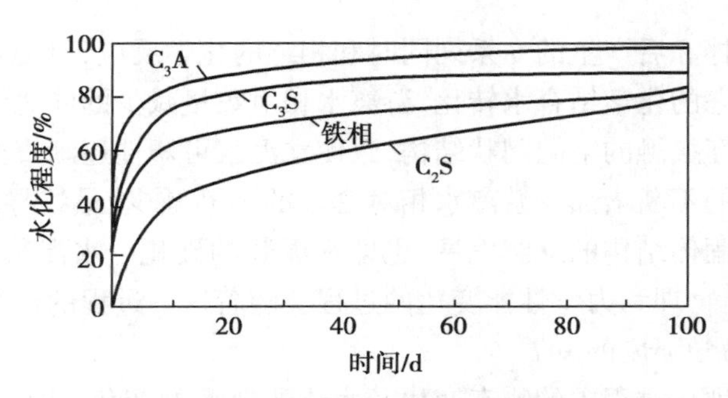


图 2.3 水泥熟料矿物水化程度与龄期关系

改变水泥熟料中各组成矿物的相对比例，可以生产满足不同工程要求的水泥。如对于早期强度较高的早强型水泥，可以增加 $C_3S$ 和 $C_3A$ 含量，适当降低 $C_2S$ 含量；用于大体积混凝土的水泥，要求具有较低的水化热，则应增加 $C_2S$ 含量，降低 $C_3S$ 含量，限制 $C_3A$ 含量；用于道路的水泥则应提高 $C_4AF$ 含量。

应该注意的是，水泥的水化是水泥熟料组分、石膏、水之间一系列化学反应的叠加，由于单矿物以不同的速率同时进行水化，并对相互间的水化产生复杂的影响，所以水泥的水化远比单矿物水化复杂。水泥熟料的水化反应均伴随着水化热的放出，水泥的水化速率与放热曲线有紧密的关系，可以用水化放热曲线准确、直观地描述水泥的水化过程，如图 2.4 所示。

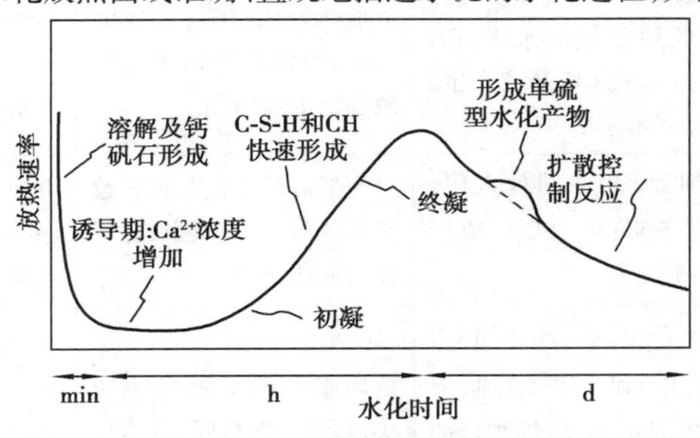


图 2.4 水泥的水化过程

水泥磨细过程中加入的石膏一般是二水石膏或无水石膏（硬石膏），加入的目的是延缓水泥的凝结时间。石膏的缓凝作用主要是控制 $C_3A$ 的水化反应速度。水泥中的 $C_3A$ 水化速度极快，在很短的时间内生成大量水化铝酸钙，使水泥浆发生瞬时凝结。加入石膏后，石膏与 $C_3A$ 生成难溶于水的钙矾石，凝聚在水泥颗粒表面形成覆盖层，阻滞水分子及离子的扩散，从而延缓水泥颗粒，特别是 $C_3A$ 的水化，起到延缓凝结的作用。石膏的掺量必须适量，过少不能有效地起到缓凝作用，过多会导致钙矾石在硬化后期继续生成，体积膨胀而引起水泥安定性不良。水泥中石膏的掺量与水泥熟料矿物组成有关，特别是与水泥熟料中 $C_3A$ 的含量有关。

### 2.2.3 硅酸盐水泥的凝结、硬化

水泥与水拌和均匀即成为水泥净浆（cement slurry）。最初形成的水泥浆体具有可塑性，可以接受塑性加工。当水与水泥接触后，水泥浆中的水有 3 种存在形式，即化学结合水、吸附水

和游离水。水泥与水拌和后产生的一系列同时和相继的化学反应,可使水泥-水系统中自由状态的游离水逐渐向固态的化学结合水转化,游离水相对数量减少的同时,固态水化产物数量逐渐增加并逐渐形成相互接触的空间网状结构,致使水泥浆可塑性逐渐直至完全失去,也即产生凝结。水化产物数量的不断增加及游离水相对含量的不断减少,最终导致可塑性浆体向黏弹性骨架固体转变以及固体结构的继续发展,也即水泥浆的硬化。水泥浆的凝结硬化过程既是化学变化的过程,也是物理和力学性能变化的过程。随着这一过程的进行,水泥浆的可塑性逐渐失去,并导致最终力学强度的发展。

根据水泥浆凝结硬化过程中的物态变化及水化释热率的变化,水泥的凝结硬化过程通常分为4个阶段:初始反应期、诱导期、加速期(凝结期)、后加速期(硬化期),见表2.11。各阶段的主要化学过程、物理过程的特点如下:

**表2.11　水泥水化及凝结、硬化的4个主要阶段**

| 处理过程 | 化学过程 | 物理过程 | 混凝土的物理性质 |
|---|---|---|---|
| 初始期 | 游离石灰、石膏和铝酸盐相迅速溶解,立即形成钙矾石;$C_3S$表面水化 | 由铝酸盐相及$C_3S$和CaO溶解产生迅速放热 | 迅速形成的铝酸盐水化产物影响流变性及随后的浆体微结构 |
| 诱导期 | 产生有C-S-H晶核;$SiO_2$和$Al_2O_3$浓度迅速降低到很低的水平;CH变得过饱和,并且有CH晶核产生,$R^+$,$SO_4^{2-}$浓度基本不变 | 低放热速率,缓慢形成的C-S-H和较多的钙矾石导致黏度继续增加 | 不断形成的钙矾石会影响工作度,由于C-S-H的形成导致开始有正常的凝结 |
| 加速期 | $C_3S$的水化加速,并达到最大值;CH过饱和度下降;$R^+$,$SO_4^{2-}$浓度基本不变 | 迅速形成的水化产物导致浆体致密、孔隙减小;有较高的放热速率 | 由弹性状态变成刚性状态(初凝和终凝);早期强度的发展 |
| 后加速期 | 由$C_3S$和$C_2S$产生的C-S-H和CH的速率下降;$R^+$和$OH^-$增加,但$SO_4^{2-}$下降到很低的水平;铝酸盐的水化产生AFm相;钙矾石则可能会溶解,再结晶 | 放热速率下降;孔隙率减小;颗粒与颗粒间、浆体与集料间的黏结形成 | 由于孔隙率减小,强度继续增长,但增长速度较慢;徐变减小;在有水分供给时,水化会持续许多年,但干燥时则产生收缩 |

①初始期:当水泥与水接触后即迅速发生一系列的水化反应,由于水泥的比表面积较大,在最初的极短时间内迅速生成水化产物,并出现一个放热峰。

②诱导期:短时间生成的水化产物在水泥颗粒表面形成覆盖层,阻碍了水与水泥颗粒的接触,使得水泥矿物颗粒的溶解速度变缓,表现为较低的水化放热。一般认为,诱导期与水泥-水体系凝结时间有关,诱导期越长则初凝时间越长。

③加速期:随着水化产物向充水空间的扩散并且产生稳定相的成核,水泥颗粒表面的水化产物覆盖层被消耗,水化反应重新加速进行,水化放热速率加快,生成的水化产物在空间开始形成相互交织的网状结构。随着水化产物的不断增加,空间网状结构开始形成并且致密度逐渐提高,水化产物间的作用力由最初的范德华力向由水化产物粒子间交叉和晶核连生的化学

键力和次化学键力转化，孔隙减少，浆体开始失去流动性并向刚性状态转变，也即开始初凝和终凝。

④后加速期：加速期以后，水泥矿物的水化由以前的化学控制转为由扩散控制，水化产物逐渐填充于各种孔隙并且可能会包裹未水化水泥颗粒，放热速率降低。在有水供给时，水化会持续较长的时间，因而水泥浆自身强度及在混凝土中对集料的黏结强度会持续增加，水泥石及混凝土的强度也随着水泥水化的进行而逐渐形成并增长。

由上述可见，水化是水泥浆产生凝结、硬化的前提，而凝结、硬化则是水泥水化的必然结果。水泥的水化过程也就是水泥浆凝结、硬化的过程。硬化后的水泥浆称为水泥石，其内部结构包括水化产物、毛细孔以及可能存在的未水化水泥颗粒。

### 2.2.4 水泥石的腐蚀与防腐

从水泥的水化过程来看，随着时间的延续，未水化水泥颗粒将继续水化，水泥石的结构应不断完善，性能应越来越好，以水泥为胶结材料的混凝土性能也应随时间的延续而更加良好。但在实际工程中，却存在着因水泥石性能的劣化而导致混凝土性能劣化的现象，这就是水泥石的腐蚀问题。

1）腐蚀的类型

（1）软水侵蚀　不含或仅含少量重碳酸盐（含 $HCO^{3-}$ 的盐）的水称为软水，如雨水、蒸馏水、冷凝水、自来水及部分江水、湖水等。当水泥石长期与大量或流动软水接触时，水化产物将按其稳定存在所必需的平衡氢氧化钙（$Ca^{2+}$）浓度的大小，依次逐渐溶解或分解，从而造成水泥石的破坏，这就是软水侵蚀，也称为溶出性侵蚀、溶析性侵蚀或淡水侵蚀。

在各种水化产物中，$Ca(OH)_2$ 的溶解度最大，因此首先溶出，这样不仅增加了水泥石的孔隙率，使水更容易渗入，而且由于 $Ca(OH)_2$ 浓度降低，还会使水化产物依次发生分解，如高碱性的水化硅酸钙、水化铝酸钙等分解成为低碱性的水化产物，并最终变成硅酸凝胶（$SiO_2 \cdot nH_2O$）、氢氧化铝等胶凝能力差的物质。在少量水、静水及无压力水的情况下，周围的软水易被溶出的氢氧化钙所饱和，使溶出作用停止，对水泥石的影响有限；但在大量水、流动水、压力水的作用下，水化产物的溶出将会不断地进行下去，水泥石结构的破坏将由表及里不断进行。

当与水泥石接触的是硬水时，水泥石中的氢氧化钙与重碳酸盐发生反应：

$$Ca(OH)_2 + Ca(HCO_3)_2 \rightarrow CaCO_3 + H_2O \tag{2.9}$$

生成几乎不溶于水的碳酸钙积聚在水泥石的孔隙内，形成保护层，可阻止外界水的继续侵入，从而可阻止水化产物的溶出。

（2）离子交换型腐蚀

①镁盐腐蚀。在地下水、海水以及其他工业废水中常存在 $Mg^{2+}$，水泥石中的水化产物 $Ca(OH)_2$ 与 $Mg^{2+}$ 发生置换反应：

$$Mg^{2+} + Ca(OH)_2 \rightarrow Ca^{2+} + Mg(OH)_2 \tag{2.10}$$

生成的 $Mg(OH)_2$ 结构疏松且胶凝性能不强。另一方面，由于 $Ca(OH)_2$ 转变成可溶性盐被带走，使其他水化产物稳定存在的平衡浓度被打破，导致其他水化产物的分解，由此导致水泥石破坏。

②酸腐蚀。水泥石的酸腐蚀也与其中的水化产物 $Ca(OH)_2$ 有关。当环境介质中存在 $H^+$ 时,即会发生如下反应:

$$Ca(OH)_2 + H^+ \rightarrow Ca^{2+} + H_2O \quad (2.11)$$

$Ca(OH)_2$ 转变成可溶盐被带走,并使其他水化产物稳定存在的平衡浓度被打破,水化硅酸钙及水化铝酸钙等水化产物的分解导致水泥石破坏。

碳酸侵蚀是酸腐蚀中最常见的一种。在某些工业污水和地下水中常溶解有较多的 $CO_3{}^{2-}$,这种水对水泥石的侵蚀作用称为碳酸侵蚀。首先,水泥石中的 $Ca(OH)_2$ 与溶有 $CO_2$ 的水反应,生成不溶于水的碳酸钙,碳酸钙继续与碳酸反应生成易溶于水的碳酸氢钙。反应式为:

$$Ca(OH)_2 + CO_2 + H_2O \rightarrow CaCO_3 + 2H_2O \quad (2.12)$$

$$CaCO_3 + CO_2 + H_2O \rightarrow Ca(HCO_3)_2 \quad (2.13)$$

$Ca(OH)_2$ 转变为易溶盐 $Ca(HCO_3)_2$ 被溶解带走,导致其他水化产物的分解,从而导致水泥石的腐蚀破坏。

(3)结晶膨胀型腐蚀　结晶膨胀型腐蚀中最典型的是硫酸盐腐蚀。当介质中存在 $SO_4{}^{2-}$ 时,将发生下面的反应:

$$Ca(OH)_2 + SO_4{}^{2-} \rightarrow CaSO_4 \cdot 2H_2O \quad (2.14)$$

$$3CaO \cdot Al_2O_3 \cdot 6H_2O + 3(CaSO_4 \cdot 2H_2O) + 20H_2O \rightarrow 3CaO \cdot Al_2O_3 \cdot 3CaSO_4 \cdot 32H_2O \quad (2.15)$$

生成的钙矾石体积约为水化铝酸钙体积的2倍,且反应在固相中进行,当生成的钙矾石数量较多时将导致水泥石结构的结晶膨胀破坏。另外,当介质中的 $SO_4^{2-}$ 浓度较高时,也会在毛细孔隙中产生石膏的结晶,引起水泥石结晶膨胀破坏。当介质为 $MgSO_4$ 时,镁离子和硫酸根离子的双重作用将加剧水泥石的破坏。

(4)强碱腐蚀　水泥石本身具有相当高的碱度,因此弱碱溶液一般不会侵蚀水泥石。但水泥石长期处于高浓度碱液中也会产生缓慢的侵蚀作用。其侵蚀作用主要包括化学侵蚀和结晶侵蚀。

化学侵蚀是碱溶液与水泥石组分间产生化学反应,生成胶结能力差且易溶于碱溶液的产物:

$$C_3S_2H_n + 2NaOH \rightarrow 2Ca(OH)_2 + Na_2SiO_3 + (n-1)H_2O \quad (2.16)$$

$$C_3AH_6 + 2NaOH \rightarrow NaAlO_2 + 3Ca(OH)_2 + 4H_2O \quad (2.17)$$

正硅酸钠($Na_2SiO_3$)和偏铝酸钠($NaAlO_2$)都易溶于碱溶液,因此强度降低。

结晶侵蚀是碱溶液渗入混凝土内部,蒸发结晶产生结晶压力使水泥石结构破坏。当水泥石被氢氧化钠浸润后又在空气中干燥,与空气中的二氧化碳作用生成碳酸钠,它在水泥石毛细孔中结晶沉积,会使水泥石胀裂。

$$NaOH + CO_2 + H_2O \rightarrow Na_2CO_3 \cdot 10H_2O \quad (2.18)$$

2)水泥石的防腐

从以上对侵蚀作用的分析可以看出,水泥石被腐蚀的基本内因:一是水泥石中存在易被腐蚀的组分,如 $Ca(OH)_2$、水化铝酸钙等;二是水泥石本身不致密,存在毛细孔通道,侵蚀性介质易于进入其内部。因此,针对具体情况可采取下列措施防止水泥石的腐蚀:

①根据侵蚀介质的类型，合理选用水泥品种。如：采用水化产物中 $Ca(OH)_2$ 含量较少的水泥，可提高对多种侵蚀作用的抵抗能力；采用铝酸三钙含量低于5%的水泥，可有效抵抗硫酸盐的侵蚀；掺入活性混合材料，可提高硅酸盐水泥抵抗多种介质的侵蚀作用。

②提高水泥石的密实度。水泥石（或混凝土）的孔隙率越小，抗渗能力越强，侵蚀介质就越难进入，侵蚀作用越轻。在实际工程中，可采用多种措施提高混凝土、砂浆、水泥石的密实度，如掺加减水剂以减小水胶比、改善搅拌成型工艺、加强养护等。

③设置隔离层或保护层。当侵蚀作用较强或上述措施不能满足要求时，可在水泥制品（混凝土、砂浆等）表面设置耐腐蚀性高且不透水的隔离层或保护层。

### 2.2.5 硅酸盐水泥和普通硅酸盐水泥的特性及应用

硅酸盐水泥和普通硅酸盐水泥其矿物组成以熟料矿物为主，表现出以下特征：

①水化反应速度快，早期强度与后期强度均高。硅酸盐水泥适用于现浇混凝土工程、预制混凝土工程、冬季施工混凝土工程、预应力混凝土工程、高强混凝土工程、干燥环境施工混凝土等。

②抗冻性好。硅酸盐水泥石具有较高的密实度，且具有对抗冻性有利的孔隙特征，抗冻性好，适用于严寒地区遭受反复冻融循环的混凝土工程。

③水化热高。硅酸盐水泥中 $C_3S$ 和 $C_3A$ 含量高，水化放热速度快，放热量大，适用于冬季施工，但不适用于大体积混凝土工程。

④耐腐蚀性较差。硅酸盐水泥石中的 $Ca(OH)_2$ 与水化铝酸钙较多，耐腐蚀性差，不适用于受流动软水和压力水作用的工程，也不宜用于受海水及其他侵蚀性介质作用的工程。

⑤耐热性差。水泥石中的水化产物在250~300 ℃时会产生脱水，强度开始降低，当温度达到700~1 000 ℃时，水化产物分解，水泥石的结构几乎完全破坏，因此硅酸盐水泥不适用于有耐热、高温要求的混凝土工程。

## 2.3 混合材及掺混合材的通用硅酸盐水泥

### 2.3.1 混合材

由于硅酸盐水泥及普通硅酸盐水泥的矿物组成特征，两者不能完全满足所有工程环境及施工特点对水泥品质的要求。为有效改善水泥水化产物的矿物组成以适应混凝土抗腐蚀要求，降低水泥的水化放热量和放热速度以适应大体积混凝土施工的要求等，在水泥磨制过程中常掺入一些人工或天然矿物材料，这些材料称为混合材（addition）。混合材的加入，一方面可以改善水泥的性能，另一方面可以提高水泥产量，降低成本，还有利于固体废料的综合利用。混合材按其是否参与水化反应可分为活性混合材和非活性混合材两大类。

1）活性混合材（active addition）

活性混合材是具有火山灰活性或潜在水硬性，或兼有火山灰活性和水硬性的矿物质材料，常温下与石灰、石膏或硅酸盐水泥一起，加水拌和后能发生水化反应，生成水硬性水化产物的混合材料称为活性混合材。常用的活性混合材料有粒化高炉矿渣、火山灰质混合材及粉煤灰。

（1）粒化高炉矿渣（blast furnace slag）　粒化高炉矿渣是将炼铁高炉中的熔融炉渣经急速冷却后形成的质地疏松的颗粒材料。由于采用水淬方式急冷，故又称水淬高炉矿渣。急冷的目的在于阻止其中的矿物成分结晶，使其在常温下成为不稳定的玻璃体（一般占80%以上），从而具有较高的化学能，即具有较高的潜在活性。

粒化高炉矿渣中的主要成分是活性 $Al_2O_3$，$SiO_2$，CaO，MgO，以及少量的 $Fe_2O_3$，MnO，MnS，CaS，FeS 等。磨细后的矿渣粉中的活性 $Al_2O_3$，$SiO_2$ 可与水泥水化生成的 $Ca(OH)_2$ 反应，生成具有胶凝性能的水化物。当粒化高炉矿渣中 CaO 的含量较高时，矿渣粉还具有一定的弱水硬性。

矿渣的活性用质量系数 $K$ 评定，$K=(CaO+MgO+Al_2O_3)/(SiO_2+MnO+TiO_2)$。$K$ 值越大，则矿渣的活性越高。按照国家标准《用于水泥中的粒化高炉矿渣》（GB/T 203—2008），水泥用粒化高炉矿渣的质量系数不得小于1.2，$K$ 大于1.6的矿渣为优等品。《用于水泥、砂浆和混凝土中的粒化高炉矿渣粉》（GB/T 18046—2017）对矿渣粉的密度、细度、活性指数、流动度比、含水量、三氧化硫含量、氯离子含量、烧失量等提出了具体的要求。

（2）火山灰质混合材料（pozzolanic addition）　火山灰质混合材料是指具有火山灰活性的天然或人工的矿物材料，其主要成分是活性 $Al_2O_3$ 和活性 $SiO_2$。这些材料在与石灰或水泥释放的氢氧化钙反应后，可以在水中凝结和硬化。其品种有很多，天然火山灰质混合材料有火山灰、凝灰岩、浮石、浮石岩、沸石、硅藻土或硅藻石等；人工火山灰质混合材料有烧页岩、烧黏土、煤渣、煤矸石、硅质渣等。《用于水泥中的火山灰质混合材料》（GB/T 2847—2005）对用于水泥中的火山灰质混合材料的烧失量、三氧化硫、火山灰性、放射性、水泥胶砂28 d抗压强度比等提出了要求。

（3）粉煤灰（fly ash）　粉煤灰是从燃煤发电厂烟道气体中收集的粉末，又称飞灰。它以活性 $Al_2O_3$，$SiO_2$ 为主要成分，含有少量 CaO，具有火山灰活性。从其化学成分本质来说属于火山灰质混合材。粉煤灰的活性主要取决于玻璃体的含量以及无定形 $Al_2O_3$ 和 $SiO_2$ 含量，同时颗粒形状及大小对其活性也有较大影响，细小球形玻璃体含量越高，粉煤灰的活性就越高。水泥活性混合材用粉煤灰理化性能要求见表2.12。

**表2.12　水泥活性混合材用粉煤灰理化性能要求**

| 项目 | | 烧失量/% | 含水量/% | 三氧化硫/% | 游离氧化钙/% | 安定性（雷氏法）/mm | 强度活性指数/% |
|---|---|---|---|---|---|---|---|
| 理化性能要求 | F类 | ≤8.0 | ≤1.0 | ≤3.5 | ≤1.0 | — | ≥70.0 |
| | C类 | | | | ≤4.0 | ≤5.0 | |

煤粉在燃烧炉中悬浮燃烧的结果形成粉煤灰，不同于一般火山灰质材料的球形颗粒形态特征，加之粉煤灰来源和应用较广，很多国家都对粉煤灰的技术性能提出了专门的要求。《用于水泥和混凝土中的粉煤灰》（GB/T 1596—2017）按原煤品种将粉煤灰分为F类和C类，F类

指由无烟煤或烟煤煅烧收集的粉煤灰,C 类指由褐煤或次烟煤煅烧收集的粉煤灰(CaO 含量一般大于 10%)。

2)非活性混合材

凡常温下与石灰、石膏或硅酸盐水泥一起,加水拌和后不能发生水化反应或反应甚微,不能生成水硬性产物的混合材称为非活性混合材。非活性混合材在水泥中只起填充作用而不损害水泥性能。常用的非活性混合材主要有石灰石、石英砂及慢冷矿渣等。非活性混合材的掺入目的是提高水泥产量,降低水泥强度等级,降低水泥水化放热等。

### 2.3.2 掺活性混合材通用硅酸盐水泥的水化

混合材本身与水接触时并不产生或极少产生水化反应。掺活性混合材的硅酸盐水泥与水拌和后,首先是活性较高的硅酸盐水泥熟料发生水化反应,生成的氢氧化钙对活性混合材产生碱激发作用,生成水化硅酸钙和水化铝酸钙。当体系中还存在石膏时,硫酸盐激发作用下水化铝酸钙进一步反应生成钙矾石。

$$Ca(OH)_2 + SiO_2 + H_2O \rightarrow nCaO \cdot SiO_2 \cdot mH_2O \quad (2.19)$$

$$Ca(OH)_2 + Al_2O_3 + H_2O \rightarrow 3CaO \cdot Al_2O_3 \cdot 6H_2O \quad (2.20)$$

$$3CaO \cdot Al_2O_3 \cdot 6H_2O + CaSO_4 \cdot 2H_2O + H_2O \rightarrow 3CaO \cdot Al_2O_3 \cdot 3CaSO_4 \cdot 32H_2O \quad (2.21)$$

掺混合材硅酸盐水泥的水化过程是二次反应的过程,因此水化反应的速度较硅酸盐和普通硅酸盐水泥慢,早期强度也较后者低,对养护温度和湿度敏感。但当水化反应能在较长时间充分进行时,掺混合材硅酸盐水泥由于其水化生成物中起胶凝作用的 C-S-H 凝胶比例较高,后期强度较高。掺混合材硅酸盐水泥水化生成物中氢氧化钙相对数量较少,因此通常具有比硅酸盐水泥和普通硅酸盐水泥较好的抗腐蚀性能。另外,由于混合材的加入,熟料的相对含量降低,水泥的水化放热量及早期水化放热速率均有所降低。

## 2.4 通用硅酸盐水泥的技术性能

### 2.4.1 化学性能

1)氧化镁含量

由于原材料及煅烧工艺等原因,在水泥熟料中含有一定量的、活性较熟料低得多的游离氧化镁(方镁石)。由于它与水的化学反应速度很慢,通常是在已形成的水泥石结构中进行,并伴有较大的体积膨胀,因此当含量超过一定限度时,将可能导致水泥石结构中的不均匀体积变化进而引起已形成结构的开裂等。氧化镁是对水泥性能和质量产生有害或潜在有害的物质。

2)三氧化硫含量

三氧化硫是生产水泥时为调节凝结时间而加入石膏引入的,也可能是煅烧熟料时加入石膏作为矿化剂带入的。适量的石膏能调节水泥的凝结硬化性能,但石膏加入量过多可能会引起水泥石结构内体积膨胀破坏。通常石膏的加入量与熟料中铝酸三钙的含量有关。

3)不溶物含量

水泥中的不溶物是用盐酸溶解滤去不溶残渣,经碳酸钠处理再用盐酸中和,高温灼烧至恒重后称量其质量,灼烧后不溶物质量占试样总质量的百分率即为不溶物含量。

4)烧失量

烧失量反映水泥的含潮情况和煅烧质量。烧失量的测定是将水泥试样在950~1 000 ℃下灼烧15~20 min,冷却至室温称量,通过反复灼烧直至恒重,则灼烧前后质量的损失率即为烧失量。

5)碱含量

水泥中的碱含量以$Na_2O$计,$K_2O$按0.658系数换算成$Na_2O$。当水泥中碱含量较高且使用活性集料时,可能会引起混凝土的碱集料反应破坏,同时碱含量的增加将使混凝土开裂敏感性增加。

6)氯离子含量

水泥中的氯离子是由原材料、燃料、掺合料引入的,氯离子含量达到一定量时会引起混凝土中钢筋锈蚀破坏。

## 2.4.2 物理性能

1)密度(density)

密度是指在规定的试验条件下水泥单位体积的质量。水泥的密度通常为2.8~3.1 $g/cm^3$,其密度大小与水泥的熟料矿物组成及掺入的混合材有关。水泥密度的测试可采用比重瓶法或李氏比重瓶法。

2)细度(fineness)

细度反映水泥颗粒的粗细程度。细度增加,颗粒粒径越小;比表面积增加,水泥与水的反应接触面积增加;水化反应速度加快,水泥水化程度提高,强度发展越快。但水泥过细,需水量越高,收缩越大,早期水化越快,水化放热速度越快,对大体积混凝土生产不利。水泥细度增加,也会造成能耗增加。

水泥的细度可用比表面积表示,用勃压比表面积仪测试。水泥细度也可用80 μm,45 μm方孔筛筛余质量百分率表示。测筛余质量百分率可采用干筛法、水筛法和负压筛法,当结果有争议时以负压筛试验结果为准。

3)标准稠度用水量(water consumption for standard consistency)

为使凝结时间和安定性的测试结果具有可比性,测试水泥凝结时间和安定性时必须采用标准稠度净浆。按现行国家规范 GB/T 1346—2011 的规定，采用标准法维卡仪测试水泥净浆稠度，当试杆沉入净浆并距底板(6 ±1)mm 时的水泥净浆为标准稠度净浆，其拌和用水量为该水泥的标准稠度用水量，按水泥质量的百分率计。

采用代用法测水泥净浆稠度时，以试锥沉入深度为(30 ±1)mm 时的净浆稠度为标准稠度，其拌和用水量为该水泥的标准稠度用水量，按水泥质量的百分率计。代用法有固定用水量法和调节用水量法两种方法。

4)凝结时间(setting time)

水泥的凝结时间分为初凝时间和终凝时间，用 min 表示。初凝时间是指水泥全部加入水中至标准稠度水泥净浆达到初凝状态的时间。终凝时间是指水泥全部加入水中至标准稠度水泥净浆达到终凝状态的时间。水泥凝结时间直接影响其在混凝土中的应用，初凝时间太短，会影响混凝土的搅拌、运输和浇筑；终凝时间太长，则影响混凝土早期强度的发展、施工进度、模板周转等。因此，水泥的初凝时间不应太短，而终凝时间不应太长。

5)安定性(soundness)

水泥的安定性是指水泥在硬化过程中体积变化的均匀性。对水泥安定性产生影响的主要矿物是水泥中的 MgO，f-CaO 和 $SO_3$。水泥中，由于熟料煅烧工艺等原因而存在游离 f-CaO 和 f-MgO，它们的水化反应速度较熟料慢，在水泥硬化后与水反应生成 $Ca(OH)_2$ 和 $Mg(OH)_2$，产生体积膨胀；生产水泥时加入过多的石膏，在水泥硬化后还会继续与固态的水化铝酸钙反应生成水化硫铝酸钙，产生体积膨胀。这3种物质水化造成的膨胀均可导致水泥安定性不良，使硬化水泥石产生翘曲、裂缝甚至粉碎性破坏。沸煮能加速 f-CaO 的水化，国家标准规定通用硅酸盐水泥用沸煮法检验安定性。f-MgO 的水化比 f-CaO 更缓慢，沸煮法已不能检验，国家标准规定通用硅酸盐水泥 MgO 含量不得超过5%，若水泥经压蒸法检验合格，则 MgO 含量可放宽到6%。由石膏造成的安定性不良，需经长期浸在水中才能发现，不便于检验，因此国家标准规定通用硅酸盐水泥中的 $SO_3$ 含量不得超过3.5%。

水泥安定性的测试采用沸煮法和压蒸法。按《水泥标准稠度用水量、凝结时间、安定性检验方法》(GB/T 1346—2011)，沸煮法测试水泥安定性的标准方法是雷氏夹法，代用法是试饼法。

6)水化热(heat of hydration)

水泥矿物水化过程中放出的热量称为水化热。水泥水化放热量及水化放热速度取决于其矿物组成，并与细度、混合材品种及掺量等有关。对于低温条件下的施工，水化热对混凝土结构早期强度的形成是有利的，但对大体积混凝土来说，水化热会导致混凝土内部产生较大的温度应力而开裂，是不利的。

### 2.4.3 力学性能

影响水泥强度的因素包括矿物组成、细度等，同时还与水灰比、试件制作方法、养护条件、龄期等有关。我国现行国家规范规定，水泥的强度采用胶砂强度评价。水泥与标准砂质量比为1:3，水灰比为0.5，按规定的方法成型40 mm×40 mm×160 mm 梁式试件，标准养护至3 d 和28 d 龄期，按规定方法测试其抗压和抗折强度。当各龄期抗压、抗折强度均达到标准最低要求时，以28 d抗压强度划分水泥强度等级。

根据水泥早期强度的特点，我国现行国家标准按 3 d 强度是否达到 28 d 强度的50%，对同一等级水泥分为普通型和早强型(也称为 R 型)两个型号。

# 2.5 通用硅酸盐水泥的技术标准及工程应用

## 2.5.1 技术标准

通用硅酸盐水泥的技术标准见表 2.13 和表 2.14。

表 2.13 通用硅酸盐水泥物理、化学标准(GB 175—2007)

<table>
<tr><th rowspan="2">水泥品种</th><th rowspan="2">代号</th><th rowspan="2">细度(选择性指标)</th><th colspan="2">凝结时间/min</th><th rowspan="2">安定性(沸煮法)</th><th rowspan="2">$SO_3$含量/%</th><th rowspan="2">MgO含量/%</th><th rowspan="2">不溶物含量/%</th><th rowspan="2">烧失量/%</th><th rowspan="2">碱含量/%(选择性指标)</th><th rowspan="2">氯离子含量/%</th></tr>
<tr><th>初凝</th><th>终凝</th></tr>
<tr><td rowspan="2">硅酸盐水泥</td><td>P.Ⅰ</td><td rowspan="3">比表面积≥300 m²/kg</td><td rowspan="8">≥45</td><td rowspan="2">≤390</td><td rowspan="8">合格</td><td rowspan="3">≤3.5</td><td rowspan="3">≤5.0①</td><td>≤0.75</td><td>≤3.0</td><td rowspan="8">≤0.6③或供需双方商定</td><td rowspan="8">≤0.06④或供需双方商定</td></tr>
<tr><td>P.Ⅱ</td><td>≤1.50</td><td>≤3.5</td></tr>
<tr><td>普通硅酸盐水泥</td><td>P.O</td><td rowspan="6">≤600</td><td>—</td><td>≤5.0</td></tr>
<tr><td rowspan="2">矿渣硅酸盐水泥</td><td>P.S.A</td><td rowspan="5">80 μm方孔筛筛余≤10%或45 μm方孔筛筛余≤30%</td><td rowspan="2">≤4.0</td><td>6.0②</td><td rowspan="2">—</td><td rowspan="2">—</td></tr>
<tr><td>P.S.B</td><td>—</td></tr>
<tr><td>火山灰质硅酸盐水泥</td><td>P.P</td><td rowspan="3">≤3.5</td><td rowspan="3">≤6.0②</td><td>—</td><td>—</td></tr>
<tr><td>粉煤灰硅酸盐水泥</td><td>P.F</td><td>—</td><td>—</td></tr>
<tr><td>复合硅酸盐水泥</td><td>P.C</td><td>—</td><td>—</td></tr>
</table>

注：①如果水泥经压蒸法测试安定性合格，氧化镁含量允许放宽至6.0%。

②如果水泥中氧化镁含量大于6.0%，需进行水泥压蒸安定性试验并合格。

③水泥中的碱含量按 $Na_2O+0.658K_2O$ 计，若使用活性集料，用户要求提供低碱水泥时，水泥中的碱含量不得大于0.6%，或由供需双方商定。

④当有更低要求时，该指标由买卖双方确定。

表2.14　通用硅酸盐水泥力学性能标准(GB 175—2007)

| 品种 | 强度等级 | 抗压强度/MPa | | 抗折强度/MPa | |
|---|---|---|---|---|---|
| | | 3 d | 28 d | 3 d | 28 d |
| 硅酸盐水泥 | 42.5 | ≥17.0 | ≥42.5 | ≥3.5 | ≥6.5 |
| | 42.5R | ≥22.0 | | ≥4.0 | |
| | 52.5 | ≥23.0 | ≥52.5 | ≥4.0 | ≥7.0 |
| | 52.5R | ≥27.0 | | ≥5.0 | |
| | 62.5 | ≥28.0 | ≥62.5 | ≥5.0 | ≥8.0 |
| | 62.5R | ≥32.0 | | ≥5.5 | |
| 普通硅酸盐水泥 | 42.5 | ≥17.0 | ≥42.5 | ≥3.5 | ≥6.5 |
| | 42.5R | ≥22.0 | | ≥4.0 | |
| | 52.5 | ≥23.0 | ≥52.5 | ≥4.0 | ≥7.0 |
| | 52.5R | ≥27.0 | | ≥5.0 | |
| 矿渣硅酸盐水泥、火山灰质硅酸盐水泥、粉煤灰硅酸盐水泥 | 32.5 | ≥10.0 | ≥32.5 | ≥2.5 | ≥5.5 |
| | 32.5R | ≥15.0 | | ≥3.5 | |
| | 42.5 | ≥15.0 | ≥42.5 | ≥3.5 | ≥6.5 |
| | 42.5R | ≥19.0 | | ≥4.0 | |
| | 52.5 | ≥21.0 | ≥52.5 | ≥4.0 | ≥7.0 |
| | 52.5R | ≥23.0 | | ≥4.5 | |
| 复合硅酸盐水泥 | 42.5 | ≥15 | ≥42.5 | ≥3.5 | 6.5 |
| | 42.5R | ≥19 | | ≥4.0 | |
| | 52.5 | ≥21 | ≥52.5 | ≥4.0 | 7.0 |
| | 52.5R | ≥23 | | ≥4.5 | |

检测结果符合表2.13、表2.14要求的为合格品，任一项不符合要求的均为不合格品。

## 2.5.2　工程应用

通用硅酸盐水泥在工程中的应用，应根据工程所处的具体环境及施工特点，结合水泥的特征，选择合适的水泥品种，见表2.15。

表2.15　通用硅酸盐水泥的特征及工程应用

| 水泥品种 | | 硅酸盐水泥 P. Ⅰ,P. Ⅱ | 普通硅酸盐水泥 P. O | 矿渣硅酸盐水泥 P. S | 火山灰质硅酸盐水泥 P. P | 粉煤灰硅酸盐水泥 P. F | 复合硅酸盐水泥 P. C |
|---|---|---|---|---|---|---|---|
| 工程特点 | 大体积混凝土 | 不宜选用 | 可以选用 | 优先选用 | 优先选用 | 优先选用 | 优先选用 |
| | 早强快硬、高强度混凝土 | 优先选用 | 可以选用 | 不宜选用 | 不宜选用 | 不宜选用 | 不宜选用 |
| | 抗渗混凝土 | 优先选用 | 优先选用 | 不宜选用 | 可以选用 | 优先选用 | 可以选用 |
| | 耐磨要求 | 优先选用 | 优先选用 | 可以选用 | 不宜选用 | 不宜选用 | 可以选用 |
| 环境特点 | 普通气候环境 | 可以选用 | 优先选用 | 可以选用 | 可以选用 | 可以选用 | 可以选用 |
| | 干燥环境 | 优先选用 | 可以选用 | 不宜选用 | 不宜选用 | 不宜选用 | 不宜选用 |
| | 高温或长期处于水中的混凝土 | 不宜选用 | 可以选用 | 优先选用 | 优先选用 | 优先选用 | 优先选用 |
| | 严寒地区露天混凝土 | 优先选用 | 优先选用 | 不宜选用 | 不宜选用 | 不宜选用 | 不宜选用 |
| | 严寒地区处于水位升降范围混凝土 | 可以选用 | 优先选用 | 不宜选用 | 不宜选用 | 不宜选用 | 不宜选用 |
| | 受侵蚀介质作用混凝土 | 不宜选用 | 可以选用 | 优先选用 | 优先选用 | 优先选用 | 优先选用 |

注：在实际工程中选择水泥品种时，应根据工程具体环境条件和施工要求，综合考虑水泥的技术性能特点，必要时应通过试验验证选择确定。

# 2.6 其他品种水泥

## 2.6.1 道路硅酸盐水泥

国家标准《道路硅酸盐水泥》(GB/T 13693—2017)规定,由道路硅酸盐水泥熟料,适量石膏,0~10%活性混合材料磨细制成的水硬性胶凝材料,称为道路硅酸盐水泥(portland cement for road),简称道路水泥,代号P·R。

道路水泥是一种强度高,特别是抗折强度高、耐磨性好、干缩性小、抗冲击性好、抗冻性和抗硫酸性都比较好的专用水泥,其力学性能见表2.16。为保证道路硅酸盐水泥的技术性能,道路硅酸盐水泥熟料中要求铝酸三钙的含量不应大于5.0%,铁铝酸四钙的含量不应小于15.0%,游离氧化钙的含量不应大于1.0%;28 d干缩率不大于0.10%,28 d磨耗量不大于3.00 $kg/m^2$。道路硅酸盐水泥按照28 d抗折强度分为7.5和8.5两个等级,适用于道路路面、机场跑道道面、城市广场等工程。

表2.16 道路硅酸盐水泥力学性能要求(GB/T 13693—2017)

| 强度等级 | 抗折强度/MPa | | 抗压强度/MPa | |
|---|---|---|---|---|
| | 3 d | 28 d | 3 d | 28 d |
| 7.5 | ≥4.0 | ≥7.5 | ≥21.0 | ≥42.5 |
| 8.5 | ≥5.0 | ≥8.5 | ≥26.0 | ≥52.5 |

## 2.6.2 中热/低热硅酸盐水泥

国家标准《中热硅酸盐水泥、低热硅酸盐水泥》(GB/T 200—2017)规定:

以适当成分的硅酸盐水泥熟料,加入适量石膏,磨细制成的具有中等水化热的水硬性胶凝材料称为中热硅酸盐水泥(moderate heat portland cement),简称中热水泥,代号P·MH。中热硅酸盐水泥熟料中的$C_3S$含量不大于55.0%,$C_3A$含量不大于6.0%,f-CaO含量不大于1.0%。

以适当成分的硅酸盐水泥熟料,加入适量石膏,磨细制成的具有低水化热的水硬性胶凝材料称为低热硅酸盐水泥(low heat portland cement),简称低热水泥,代号P·LH。低热硅酸盐水泥熟料中$C_2S$含量不小于40.0%,$C_3A$含量不大于6.0%,f-CaO含量不大于1.0%。

中热水泥强度等级为42.5,低热水泥强度等级为42.5,其各龄期强度应不低于表2.17中的数值,水化热应不大于表2.17中的数值。中热/低热硅酸盐水泥主要用于大体积混凝土等。

表 2.17　中热/低热水泥技术性能标准(GB/T 200—2017)

| 品　种 | 等　级 | 抗压强度/MPa | | | 抗折强度/MPa | | | 水化热/($kJ \cdot kg^{-1}$) | |
|---|---|---|---|---|---|---|---|---|---|
| | | 3 d | 7 d | 28 d | 3 d | 7 d | 28 d | 3 d | 7 d |
| 中热水泥 | 42.5 | 12.0 | 22.0 | 42.5 | 3.0 | 4.5 | 6.5 | 251 | 293 |
| 低热水泥 | 32.5 | — | 10.0 | 32.5 | — | 3.0 | 5.5 | 197 | 230 |
| | 42.5 | — | 13.0 | 42.5 | — | 3.5 | 6.5 | 230 | 260 |

### 2.6.3　抗硫酸盐硅酸盐水泥

根据《抗硫酸盐硅酸盐水泥》(GB 748—2005),按其抗硫酸盐性能,分为中抗硫酸盐硅酸盐水泥和高抗硫酸盐硅酸盐水泥两类。

以特定矿物组成的硅酸盐水泥熟料,加入适量石膏,磨细制成的具有抵抗中等浓度硫酸根离子侵蚀的水硬性胶凝材料称为中抗硫酸盐硅酸盐水泥,简称中抗硫酸盐水泥,代号 P·MSR。熟料中 $C_3S$ 含量不大于 55.0%,$C_3A$ 含量不大于 5.0%。其强度等级有 32.5 和 42.5 两个等级。

以特定矿物组成的硅酸盐水泥熟料,加入适量石膏,磨细制成的具有抵抗较高浓度硫酸根离子侵蚀的水硬性胶凝材料称为高抗硫酸盐硅酸盐水泥,简称高抗硫酸盐水泥,代号 P·HSR。熟料中 $C_3S$ 含量不大于 50.0%,$C_3A$ 含量不大于 3.0%。其强度等级有 32.5 和 42.5 两个等级。

抗硫酸盐水泥主要适用于受硫酸盐侵蚀的港海、水利、地下、隧道、路桥基础等工程。

### 2.6.4　硫铝酸盐水泥

根据《硫铝酸盐水泥》(GB 20472—2006),硫铝酸盐水泥是以适当成分生料,经煅烧所得以无水硫铝酸钙和硅酸二钙为主要矿物成分的水泥熟料,掺加不同量的石灰石、适量石膏共同磨细制成的具有水硬性的胶凝材料。硫铝酸盐水泥分为快硬硫铝酸盐水泥(代号 R·SAC)、低碱度硫铝酸盐水泥(代号 L·SAC)、自应力硫铝酸盐水泥(代号 S·SAC)。

快硬硫铝酸盐水泥以 3 d 抗压强度分为 42.5,52.5,62.5,72.5 共 4 个强度等级;低碱度硫铝酸盐水泥以 7 d 抗压强度分为 32.5,42.5,52.5 共 3 个强度等级;自应力硫铝酸盐水泥以 28 d自应力值分为 3.0,3.5,4.0,4.5 共 4 个自应力等级。

硫铝酸盐水泥具有早强高强,高抗冻,对海水氯盐、硫酸盐等耐蚀性好,抗渗性好等特点,广泛应用于抢修抢建工程、预制构件、GRC 制品、低温施工工程、抗海水腐蚀工程、有害有毒废弃物的固化处理等。

### 2.6.5　装饰水泥

装饰水泥可用于各种建筑物的外表面,以获得美学效果,并与环境有良好的协调性。装饰水泥包括白水泥和各种彩色水泥。

白水泥的生产可选用白垩、石灰石、瓷土等氧化铁含量低的原料。高温煅烧而成的白色硅酸盐水泥熟料以硅酸钙为主要成分,氧化铁含量少。由白色硅酸盐水泥熟料加入适量石膏,磨细制成的水硬性胶凝材料称为白色硅酸盐水泥(简称白水泥)。白水泥依据水泥强度和白度分为优等品、一等品、合格品。

彩色硅酸盐水泥简称彩色水泥,按生产方式分为两大类:一类是在白色水泥的生料中加入少量金属氧化物直接烧成彩色水泥熟料,然后再加入适量石膏磨细而成;另一类是将白水泥熟料、石膏和颜料共同磨细,或在白水泥中掺入各种颜料。对颜料的基本要求包括:对水泥没有危害,不受水泥影响,在各种外界及气候条件下有很好的颜色耐久性,有较细的分散,不含可溶盐。常用的颜料有氧化铬绿、氧化铁红、炭黑、氧化铁黑、氧化铁黄、酞菁蓝等。

### 2.6.6 快硬硅酸盐水泥

快硬水泥的制造方法与硅酸盐水泥基本相同,只是适当增加了熟料中硬化快的矿物,通常硅酸三钙含量为50% ~60%,铝酸三钙含量为8% ~14%,两者总含量为60% ~65%;同时,为加快硬化,适当增加了石膏的掺量(可达8%)和提高了水泥的细度。快硬硅酸盐水泥主要用于早期强度高的工程,如抢修工程、冬季施工等工程。

## 试验2 水泥试验

本节试验根据国家标准《水泥细度检验方法》(GB/T 1345—2005)、《水泥标准稠度用水量、凝结时间、安定性检验方法》(GB/T 1346—2011)、《水泥胶砂强度检验方法》(ISO 法)(GB/T 17671—1999)测定水泥的技术性能。

### 1.细度(筛析法)

水泥细度可采用勃氏比表面积仪和筛析法测试。下面主要介绍筛析试验。筛析法又分为干筛、水筛、负压筛3种方法,当试验结果有争议时以负压筛试验结果为准。

1)试验目的及适用范围

细度是评价水泥物理性能的重要技术指标。其对水泥强度及发展、安定性、收缩等都有重要影响,并影响水泥生产过程中的能耗。

本试验方法适用于普通硅酸盐水泥、矿渣硅酸盐水泥、粉煤灰硅酸盐水泥、火山灰质硅酸盐水泥、复合硅酸盐水泥等细度测定。

2)主要试验仪器

①水筛架、水筛(图2.5)、喷头。

②负压筛仪:包括筛座、负压筛(80 μm/45 μm)、负压源、收尘器。负压筛应附有透明筛

盖,筛盖与筛上口应有良好的密封性,如图2.6所示。

③天平:最大称量100 g,感量0.01 g。

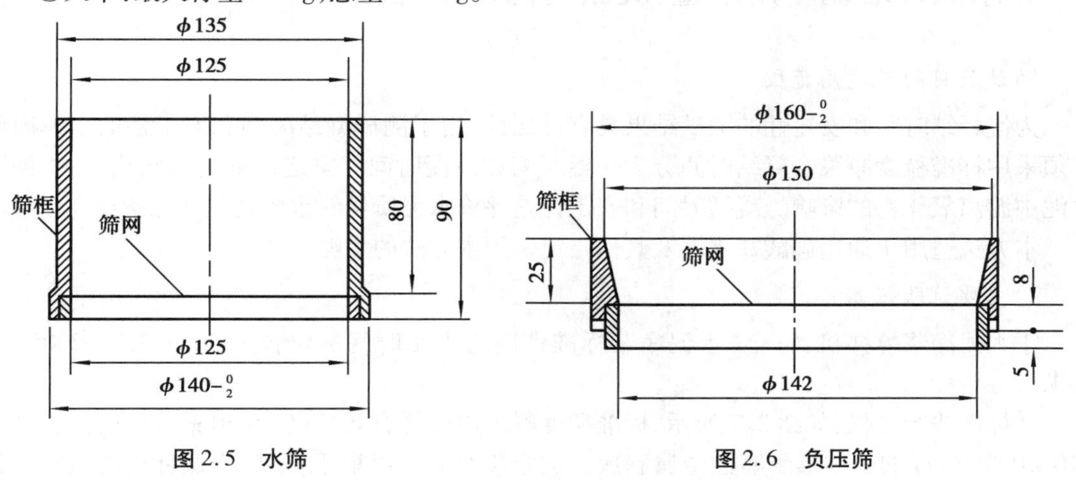


图2.5 水筛　　　　图2.6 负压筛

3)方法与步骤

(1)负压筛法

①筛析试验前,将负压筛放在筛座上,盖上盖子,接通电源,检查控制系统,调节负压至4 000~6 000 Pa。

②称取试样,筛孔为80 μm时试样质量为25 g,筛孔为45 μm时试样质量为10 g。将试样置于洁净的负压筛中,盖上筛盖,放在筛座上,开动筛析仪连续筛析2 min。筛毕,用天平称量筛余物质量。

③当工作负压小于4 000 Pa时,应清理吸尘器内水泥,使负压恢复正常。

(2)水筛法

①筛析前调整好水压及水筛架位置,使其能正常运转。

②称取试样50 g,置于洁净的水筛中,立即用淡水冲洗至大部分细粉通过,用水压为(0.05±0.02)MPa的喷头连续冲洗3 min。筛毕,用少量水将筛余物冲至蒸发皿中,待水泥颗粒全部沉淀后小心倒出清水,烘干至恒重并称量筛余物质量。

③试验筛必须保持洁净、筛孔畅通。当筛孔堵塞影响筛余时,可用弱酸浸泡,毛刷轻轻刷洗,淡水冲净后晾干。

4)试验结果

水泥试样的细度用80 μm/45 μm筛余质量百分率表示,按式(2.22)计算。

$$F=\frac{R_s}{m}\times 100 \tag{2.22}$$

式中 $F$——水泥试样筛余质量百分率,%;

$R_s$——水泥筛余物质量,g;

$m$——水泥试样质量,g。

计算结果精确至0.1%。

## 2. 水泥标准稠度用水量、凝结时间、安定性

1）试验目的及适用范围

为使凝结时间和安定性的测试结果具有可比性，用于测试凝结时间和安定性的水泥净浆必须采用标准稠度净浆。凝结时间分为初凝时间和终凝时间。安定性采用沸煮法，用于测定水泥中游离氧化钙的影响。凝结时间和安定性是评价水泥质量的重要物理性能指标。

本方法适用于通用硅酸盐水泥及其他指定采用本方法的水泥。

2）主要试验仪器

①水泥净浆搅拌机：符合《水泥净浆标准稠度与凝结时间测定仪》（JC/T 727—2005）的要求。

②标准法维卡仪：如图 2.7 所示，标准稠度测定用试杆有效长度为（50 ±1）mm，由直径为（10 ±0.05）mm 的圆柱形耐腐蚀金属制成。测定凝结时间时取下试杆，用试针代替试杆。试针由钢制成，初凝试针有效长度为（50 ±1）mm，终凝试针有效长度为（30 ±1）mm。滑动部分总质量为（300 ±1）g。与试杆、试针联结的滑动杆表面应光滑，能靠重力自由下落，不得有紧涩和晃动现象。

③代用法维卡仪：符合 JC/T 727—2005 的要求。

④水泥净浆试模：如图 2.7（a）所示，由耐腐蚀并具有足够硬度的金属制成。试模深（40 ±0.2）mm、顶内径（65 ±0.5）mm、底内径（75 ±0.5）mm。每只试模应配备一个边长或直径约 100 mm、厚度 4 ~5 mm 的平板玻璃片或金属底板。

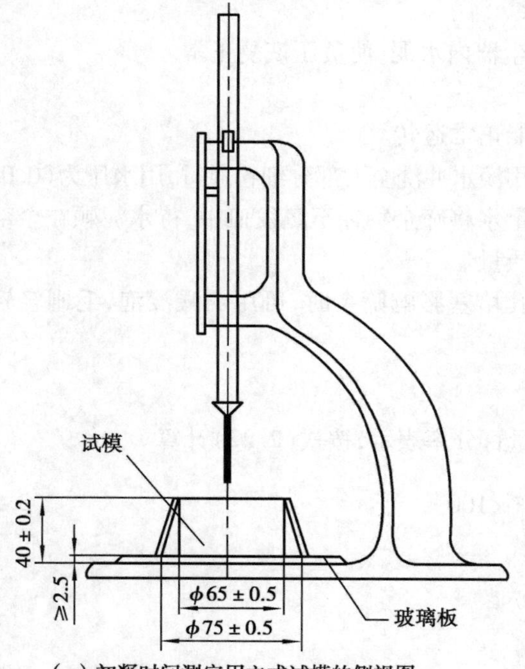


（a）初凝时间测定用立式试模的侧视图

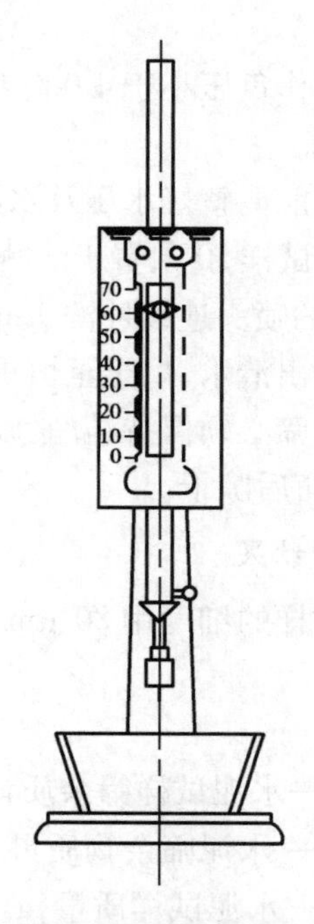


（b）终凝时间测定用反转试模的前视图

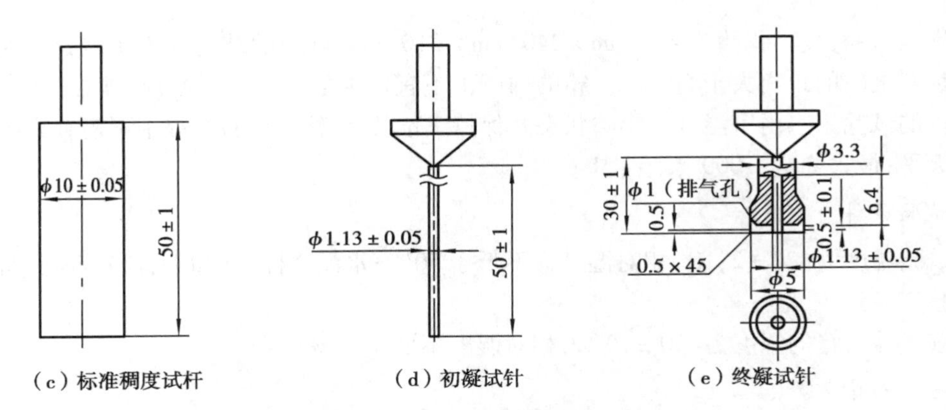

（c）标准稠度试杆　（d）初凝试针　（e）终凝试针

图2.7　测定水泥标准稠度和凝结时间用的维卡仪

⑤雷氏夹：由铜质材料制成，其结构如图2.8所示。当一根指针的根部悬挂在金属丝或尼龙丝上，另一根指针根部挂上300 g砝码时，两根指针针尖的距离增加(17.5±2.5) mm，即 $2x=(17.5\pm2.5)$ mm（图2.9）。去掉砝码，针尖距离能恢复至挂砝码前的状态。

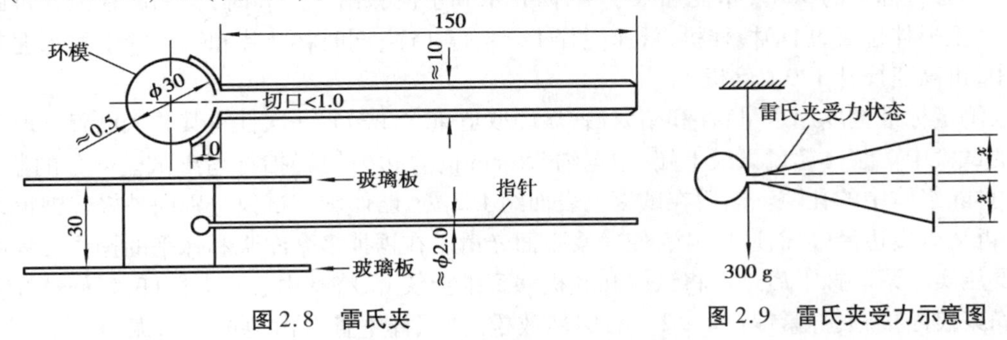

图2.8　雷氏夹　图2.9　雷氏夹受力示意图

⑥雷氏夹膨胀测定仪：如图2.10所示，标尺最小刻度为0.5 mm。

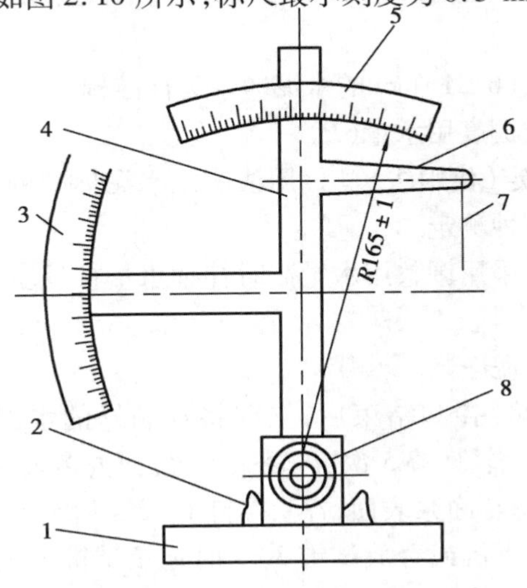

图2.10　雷氏夹膨胀测定仪

1—底座；2—模子座；3—测弹性标尺；4—立柱；
5—测膨胀值标尺；6—悬臂；7—悬丝；8—弹簧顶扭

⑦沸煮箱：有效容积约为410 mm×240 mm×310 mm，箅板的结构应不影响试验结果，箅板与加热器之间的距离大于50 mm。箱的内层由不宜锈蚀的金属材料制成，能在(30±5)min内将箱内的试验用水由室温升至沸腾状态并保持3 h以上，整个试验过程中不需补充水量。

⑧天平：最大称量1 000 g，感量1 g。

3)试验条件

①试验温度为(20±2)℃，相对湿度应不低于50%；水泥试样、拌和水、仪器和用具的温度应与实验室一致。

②湿气养护箱的温度为(20±1)℃，相对湿度不低于90%。

4)方法与步骤

(1)标准稠度用水量测定(标准法)

①仪器调整：将玻璃片放在维卡仪基座上，标准杆接触玻璃片时，指针对准零点。

②拌制水泥净浆：搅拌锅和搅拌叶先用清洁湿布擦拭，将拌和水倒入搅拌锅内，然后在5～10 s内小心将称好的500 g水泥加入水中，防止水和水泥溅出。拌和时，将锅放在搅拌机的锅座上，升至搅拌位置，启动搅拌机，低速搅拌120 s，停15 s，同时将叶片和锅内壁上的水泥浆刮入锅中，再高速搅拌120 s停机。

③测定标准稠度用水量：拌和结束后，立即取适量水泥净浆一次性将其装入已置于玻璃底板上的试模中。浆体超过试模上端，用宽约25 mm的直边刀轻轻拍打超出试模部分的浆体5次，以排除浆体中的孔隙。然后在试模上表面约1/3处，略倾斜于试模分别向外轻轻锯掉多余净浆，再从试模边沿轻抹顶部一次，使净浆表面光滑。在锯掉多余净浆和抹平的操作过程中注意不要压实净浆。抹平后迅速将试模和底板移到维卡仪上，将其中心对准试杆，降低试杆至与水泥净浆表面接触，拧紧螺钉1～2 s后突然放松，使试杆垂直自由地沉入水泥净浆中。在试杆停止沉入或释放试杆30 s时记录试杆距底板的距离。升起试杆后，立即擦净。整个操作应在搅拌后1.5 min内完成。

试杆沉入净浆并距底板(6±1)mm的水泥净浆为标准稠度净浆。其拌和水量占水泥质量的百分率称为该水泥的标准稠度用水量($P$)。

(2)标准稠度用水量测定(代用法)　代用法测定水泥标准稠度用水量，可用调整用水量法和固定用水量法中的任一种测定。

①称取水泥试样500 g，采用调整用水量法时拌和水量按经验确定，采用固定用水量法时拌和水量为142.5 mL。

②按前述标准法拌制水泥净浆。

③测定标准稠度用水量：拌和结束后，立即将拌制好的水泥净浆装入锥模中，用宽约25 mm的直边刀在浆体表面轻轻插捣5次，再轻振5次，刮去多余的净浆。抹平后迅速放到试锥下面固定的位置，将试锥降至净浆表面，拧紧螺钉1～2 s后突然放松，让试锥垂直自由地沉入水泥净浆中。到试锥停止下沉或释放试锥30 s时记录试锥下沉深度。整个操作应在搅拌后1.5 min内完成。

④用调整水量方法测定时，以试锥下沉深度(30±1)mm时的净浆为标准稠度净浆。其拌和水量为该水泥的标准稠度用水量$P$，按水泥质量的百分率计。如下沉深度超出范围需另称

试样，调整水量，重新试验，直至达到(30±1)mm为止。

⑤用固定用水量法测定时，根据测得的试锥下沉深度$S$(mm)按式(2.23)计算标准稠度用水量$P$。

$$P=33.4-0.185S \tag{2.23}$$

当试锥下沉深度小于13 mm时，应改用调整用水量法测定。

(3)凝结时间

①仪器调整：调整凝结时间测定仪的试针接触玻璃板时，指针对准零点。

②试件制备：以标准稠度用水量按标准法制成标准稠度净浆并一次装满试模，振动数次刮平，立即放入湿气养护箱中。记录水泥全部加入水中的时间作为凝结时间的起始时间。

③初凝时间测定：试件在湿气养护箱中养护至加水后30 min时进行第一次测定。测定时，从湿气养护箱中取出试模放到试针下，降低试针与水泥净浆表面接触。拧紧螺钉1~2 s后突然放松，试针垂直自由地沉入水泥净浆。观察试针停止下沉或释放试针30 s时指针的读数。当试针沉至距底板(4±1)mm时，为水泥净浆达到初凝状态。由水泥全部加入水中至标准稠度水泥净浆达到初凝状态的时间为水泥的初凝时间，用min表示。

④终凝时间测定：为了准确观测试针沉入的状况，在终凝针上安装一个环形附件[见图2.7(e)]。在完成初凝时间测定后，立即将试模连同浆体以平移的方式从玻璃板上取下，翻转180°，直径大端向上、小端向下放在玻璃板上，再放入湿气养护箱中继续养护。当试针沉入浆体0.5 mm时，即环形附件开始不能在试件上留下痕迹时，为水泥浆体达到终凝状态。由水泥全部加入水中至标准稠度水泥净浆达到终凝状态的时间为水泥的终凝时间，用min表示。

⑤测定时注意事项：在最初的操作时应轻轻扶持金属柱，使其徐徐下落，以防试针撞弯，但结果以自由下落为准。在整个测试过程中试针沉入的位置至少要距试模内壁10 mm。临近初凝时，每隔5 min测定一次，临近终凝时每隔15 min测定一次。到达初凝时应立即重复复测一次，当两次结论相同时才能定为到达初凝状态；到达终凝时，需在试件另外两个不同点测试，结论相同时才能确定达到终凝状态。每次测定不能让试针落入原针孔，每次测定完必须将试针擦净并将试模放回湿气养护箱内，整个测试过程要防止试模受振。

可以使用能得出与标准中规定方法相同结果的凝结时间自动测定仪，使用时不必翻转试件。

(4)安定性(标准法)

①测定前的准备工作：每个试样需成型两个试件，每个雷氏夹需配备边长或直径约80 mm、厚度4~5 mm的玻璃板，凡与水泥净浆接触的玻璃板和雷氏夹内表面都要稍稍涂上一层油。

②雷氏夹试件的成型：将预先准备好的雷氏夹放在已稍擦油的玻璃板上，并立即将制好的标准稠度净浆一次装满雷氏夹。装浆时一只手轻轻扶持雷氏夹，另一只手用宽约25 mm的直边刀轻轻插捣3次，然后抹平，盖上稍涂油的玻璃板，并立即将试件移至湿气养护箱内养护(24±2)h。

③沸煮：脱去玻璃板取下试件，先测定雷氏夹指针尖端间的距离($A$)，精确到0.5 mm。调整好沸煮箱内的水位，使在整个沸煮过程中水面均超过试件，不需中途添补实验用水。将试件放入沸煮箱中的试件架上，指针朝上，在(30±5)min内加热至沸并恒沸(180±5)min。

④结果判别：沸煮结束后，立即放掉沸煮箱中的热水，打开箱盖，待箱体冷却至室温，取出试件进行判别。测定雷氏夹指针尖端的距离($C$)，精确至0.5 mm。当两个试件煮后增加距离($C-A$)的平均值不大于5.0 mm时，即认为该水泥安定性合格，反之为不合格。当两个试件的($C-A$)的平均值大于5.0 mm时，应用同一样品立即重做一次试验，以复检结果为准。如仍大于5.0 mm，则认为该水泥安定性不合格。

(5)安定性(代用法)

①测定前的准备工作：每个样品需准备两块约100 mm×100 mm的玻璃板，与水泥净浆接触的玻璃板稍稍涂上一层油。

②试饼的成型方法：将制好的标准稠度净浆取出一部分分成两等份，使之成球形，放在预先准备好的玻璃板上，轻轻振动玻璃板并用湿布擦过的小刀由边缘向中央抹，做成直径70～80 mm、中心厚约10 mm、边缘渐薄、表面光滑的试饼，将试饼放入湿气养护箱内养护(24±2)h。

③沸煮：从玻璃板上取下试饼，在试饼无缺陷的情况下将试饼放在沸煮箱水中的箅板上，在(30±5)min内加热至沸并恒沸(180±5)min。

④结果判别：沸煮结束后，立即放掉箱中的热水，打开箱盖，待箱体冷却至室温，取出试件进行判别。两试饼均未发现裂缝、翘曲，则安定性合格，反之为不合格。

### 3.水泥胶砂强度(ISO法)

1)试验目的与适用范围

胶砂强度是水泥的重要技术性能指标，也是评定水泥强度等级的依据。本试验适用于通用硅酸盐水泥、道路硅酸盐水泥、石灰石硅酸盐水泥等的抗折与抗压强度的检验。

2)仪器设备

行星式胶砂搅拌机、胶砂振实台、试模(三联模，内腔尺寸为40 mm×40 mm×160 mm)、抗折试验机、抗压试验机、播料器、刮平尺、天平、量筒等。

3)试验条件

试件成型实验室的温度应保持在(20±2)℃，相对湿度应不低于50%。试件带模养护的养护箱或雾室温度保持在(20±1)℃，相对湿度不低于90%。试件养护池水温应在(20±1)℃范围内。

4)试件成型

①成型前准备工作：成型前将试模擦净，四周模板与底座接触面应涂黄油，紧密装配以防止漏浆，模内壁均匀涂刷薄层机油。

②水泥胶砂材料用量：水泥∶标准砂=1∶3，水∶水泥=1∶2。每成型一个三联模所需材料用量为：水泥(450±2)g，标准砂(1 350±5)g，水(225±1)mL。

③拌制水泥胶砂：将水倒入胶砂搅拌机的锅中并加入水泥，将锅放在固定架上并上升至规定位置；开启搅拌机，低速转动30 s，在第二个30 s时均匀加入标准砂，高速搅拌30 s，停止搅

拌 90 s，再高速继续搅拌 60 s。

④胶砂试件成型：胶砂制备后应立即成型。将空试模和模套固定在振实台上，用适当的勺子直接从搅拌锅里将胶砂分两层装入试模。装第一层时每个槽里约加入 300 g 胶砂，用大播料器垂直架在模套顶部并沿每个模槽来回一次将料层播平，振实 60 次；再装入第二层，用小播料器将料播平，再振实 60 次。移走模套，从振实台上取下试模，用一金属直尺以近似 90°的角度架在试模顶的一端，沿试模长度方向以横向锯割动作慢慢向另一端移动，一次将超过试模部分的胶砂刮去，并用同一直尺以近乎水平的状态将试件表面抹平。

在试模上做标记或加字条标明试件编号和试件相对于振实台的位置。

5）养护

（1）脱模前的处理和养护

试件成型后，去掉留在试模四周的胶砂，并立即将做好标记的试模放入雾室或养护箱的水平架子上养护，湿空气应能与试模各边接触。养护时不应将试模放在其他试模上。一直养护到规定的脱模时间取出脱模。两个龄期以上的试件，在编号时应将同一试模中的 3 个试件分在两个以上龄期内。

（2）脱模

脱模应非常小心。对于 24 h 龄期的，应在破型前 20 min 内脱模；对于 24 h 以上龄期的，应在成型后 20～24 h 脱模。如经 24 h 养护，会因脱模对强度造成损害时，可以延迟至 24 h 以后脱模，但在试验报告中应予以说明。

（3）水中养护

将做好标记的试件立即水平或竖直放在（20±1）℃水中养护，水平放置时刮平面应朝上。试件放在不易腐烂的箅子上，并彼此间保持一定间距，以让水与试件的 6 个面接触。养护期间试件之间的间隔或试件上表面的水深不得小于 5 mm。每个养护池只养护同类型的水泥试件。最初用自来水装满养护池（或容器），随后加水保持适当的恒定水位，不允许在养护期间全部换水。

6）强度试验

强度试验试件的龄期是从水泥加水搅拌开始时算起。不同龄期强度试验应在表 2.18 所列时间里进行。

**表 2.18　试件龄期与试验时间表**

| 龄　期 | 24 h | 48 h | 72 h | 7 d | 28 d |
|---|---|---|---|---|---|
| 时　间 | （24±15）min | （48±30）min | （72±45）min | 7 d±2 h | 28 d±8 h |

除 24 h 龄期或延迟至 48 h 脱模的试件外，任何到龄期的试件应在试验（破型）前 15 min 从水中取出。揩去试件表面的沉积物，并用湿布覆盖至试验为止。

（1）抗折强度试验

①将试件成型侧面朝上放入抗折试验机内（图 2.11），试件放入后调整夹具，使杠杆在试件折断时尽可能接近水平位置。

②抗折试验以（50±10）N/s 的加荷速度匀速地将荷载垂直地加在棱柱体相对侧面上，直

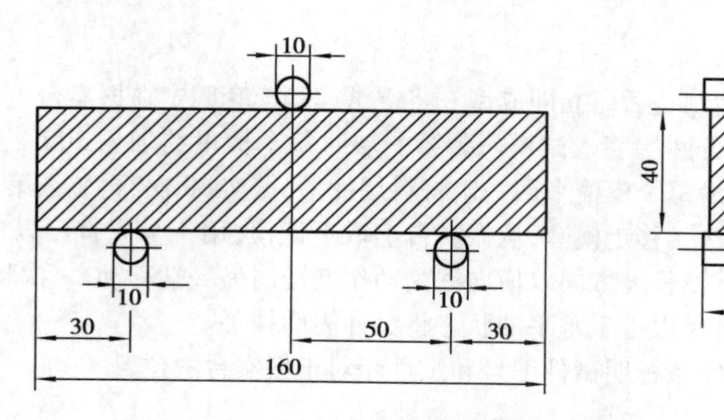


图 2.11　抗折强度测定加荷示意图

至折断，保持两个半截棱柱体处于潮湿状态直至抗压强度试验。

③抗折强度按式(2.24)计算，计算精确至 0.1 MPa。

$$R_f = \frac{3F_f L}{2bh^2} \tag{2.24}$$

式中　$R_f$——单个试件抗折强度，MPa；

$F_f$——抗折破坏荷载，N；

$L$——支座间距，100 mm；

$b$——试件宽度，40 mm；

$h$——试件高度，40 mm。

④抗折强度的评定：抗折强度每个龄期以 3 个试件为一组，以 3 个试件测试值的平均值为代表值，代表所测水泥在该龄期的抗折强度。当 3 个测试值中的最大值或最小值超过平均值的 ±10% 时，取其余两个测试值的平均值为代表值；当最大值和最小值均超过平均值的 ±10% 时，该组试件作废。

(2)抗压强度试验

①抗折试验后的两个断块应立即进行抗压强度试验。抗压强度试验必须采用抗压夹具，试验受压面为试件成型时的两个侧面，试件底面应靠紧夹具定位销，并使夹具对准压力机中心，试件受压面积为 40 mm×40 mm。

②控制压力机加荷速度为(2 400 ±200)N/s，匀速加荷直至破坏。

③抗压强度按式(2.25)计算，计算精确至 0.1 MPa。

$$R_c = \frac{F_c}{A} \tag{2.25}$$

式中　$R_c$——水泥抗压强度，MPa；

$F_c$——破坏时的最大荷载，N；

$A$——受压面积，40 mm×40 mm。

④抗压强度的评定：以一组 3 个棱柱体折断后得到的 6 个断块的抗压强度测试值的算术平均值为代表值，代表该水泥在该龄期的抗压强度。如 6 个测试值中的最大值或最小值超出平均值的 ±10%，则剔除这个测定值，取其余 5 个测试值的平均值为代表值。如果 5 个测定值中又有超过它们平均值的 ±10%，则此组试件作废。

# 本章小结

本章主要学习了两种典型的无机胶凝材料:石灰和水泥。

石灰是常用的气硬性胶凝材料,生石灰的主要成分是氧化钙,消石灰的主要成分是氢氧化钙。石灰的凝结硬化包括干燥硬化和碳酸化两个过程。石灰的技术性能可用有效氧化钙和氧化镁含量、产浆量和未消解残渣含量、$CO_2$ 含量、细度等指标进行评价。本章还简单介绍了石灰的工程应用。

通用硅酸盐水泥是土木工程中应用范围最广的水硬性胶凝材料。本章重点介绍了 6 种通用硅酸盐水泥的技术性能和工程应用。通用硅酸盐水泥的化学性能包括氧化镁含量、三氧化硫含量、碱含量、不溶物含量、烧失量、氯离子含量等;物理性能包括密度、细度、标准稠度用水量、凝结时间、安定性;力学性能包括胶砂抗压强度、抗折强度。水泥的技术性能特征与其熟料矿物组成有关,也与活性混合材的品种和掺量有关。在实际工程应用中,应根据施工特点和环境特征选择合理的水泥品种。

本章也对其他品种的水泥作了简单介绍。

本章还介绍了测定水泥技术性能的有关试验。

# 复习思考题

2.1　硅酸盐水泥熟料的主要矿物组成有哪些?其水化反应各有何特点?对水泥的技术性能有何影响?

2.2　什么是活性混合材?掺混合材的硅酸盐水泥与硅酸盐水泥、普通硅酸盐水泥相比,它们的性能有何不同?

2.3　什么是水泥的初凝时间?什么是水泥的终凝时间?水泥的凝结时间对其工程应用有何影响?

2.4　什么是水泥的安定性?引起水泥安定性不合格的主要矿物是什么?

2.5　对于以下工程结构,请选择适宜的水泥品种并说明理由。

①高强度等级混凝土结构。

②有早强要求的混凝土结构。

③大体积混凝土结构。

④寒冷地区冬季施工的混凝土结构。

⑤水库堤坝。

2.6　水泥石腐蚀有哪几种主要类型?引起水泥石腐蚀的主要水化产物是什么?如何防腐?

2.7　从石灰的凝结硬化过程说明为什么石灰是气硬性胶凝材料。

2.8　根据表 2.19 试验结果评定该普通硅酸盐水泥的强度等级。

**表 2.19　普通硅酸盐水泥抗折强度和抗压强度试验结果**

| 编　号 | 3 d | | | | 28 d | | | |
|---|---|---|---|---|---|---|---|---|
| | 抗　折 | | 抗　压 | | 抗　折 | | 抗　压 | |
| | 荷载/kN | 强度/MPa | 荷载/kN | 强度/MPa | 荷载/kN | 强度/MPa | 荷载/kN | 强度/MPa |
| 1 | 2.4 | | 41.0 | | 3.4 | | 77.3 | |
| | | | 39.8 | | | | 76.5 | |
| 2 | 2.5 | | 42.4 | | 3.2 | | 76.2 | |
| | | | 43.2 | | | | 73.0 | |
| 3 | 2.0 | | 38.7 | | 3.5 | | 74.2 | |
| | | | 38.0 | | | | 65.3 | |

# 第3章　水泥混凝土和砂浆

**内容提要**

本章主要介绍普通水泥混凝土的技术性能及普通水泥混凝土配合比设计的方法，以及现代混凝土的应用技术。通过本章的学习，读者应掌握普通水泥混凝土的技术性能及其影响因素，掌握普通混凝土技术性能的测试及评价，并根据混凝土的技术性能要求进行普通混凝土配合比设计。

混凝土是由胶结材和被胶结材复合而成的具有堆聚结构的人造石。当胶结材为水泥时即为水泥混凝土。在水泥混凝土中，砂石集料起骨架、填充和体积稳定的作用，水泥浆在混凝土凝结硬化前起填充、包裹、润滑作用，混凝土凝结硬化后起胶结作用。

水泥混凝土因其原材料来源丰富、施工方便、性能可根据需要设计调整、抗压强度高、耐久性好、与钢筋等材料的协调性好等优点，是土木建筑工程中应用最广泛的材料之一。

混凝土按密度可分为：

①重密度混凝土：干表观密度大于2 800 kg/m$^3$ 的混凝土。它常由重晶石和铁矿石等高密度集料配制而成。

②普通密度混凝土：干表观密度为2 000～2 800 kg/m$^3$ 的水泥混凝土。它主要以普通砂石材料、水和水泥配制而成。普通密度混凝土是土木工程中最常用的混凝土品种。

③次轻混凝土：干表观密度为1 950～2 300 kg/m$^3$ 的水泥混凝土，也称为特定密度混凝土。所用骨料是在轻粗骨料中掺入适量普通粗骨料制备成特定密度复合骨料。次轻混凝土兼具普通混凝土和轻集料混凝土的优点。

④轻混凝土：干表观密度小于1 950 kg/m$^3$ 的混凝土。它包括轻骨料混凝土、多孔混凝土和大孔混凝土等。

混凝土按施工工艺可分为泵送混凝土、自密实混凝土、碾压混凝土、预拌混凝土、离心混凝土、压力灌浆混凝土、喷射混凝土、真空吸水混凝土、再生混凝土等。

混凝土按使用功能和特性可分为结构混凝土、道路混凝土、水工混凝土、耐热混凝土、耐酸混凝土、防辐射混凝土、补偿收缩混凝土、防水混凝土、纤维混凝土、高强及超高强混凝土、高性能及超高性能混凝土、生态混凝土、超高韧性混凝土、活性粉末混凝土等。

# 3.1 普通水泥混凝土的技术性能

## 3.1.1 混凝土拌合物的性能

混凝土拌合物(fresh concrete)也称新拌混凝土,是指尚未凝结硬化的混凝土。混凝土拌合物的性能包括工作性、均匀性、抗离析性、凝结时间等。拌合物的性能将直接影响混凝土的浇筑质量,从而影响硬化后混凝土的力学和耐久等性能。

1)混凝土拌合物工作性的含义

混凝土拌合物的工作性也称施工和易性,是指混凝土拌合物易于施工操作并获得质量均匀、成型密实的混凝土的性能。根据不同的施工工艺,混凝土拌合物的工作性包括流动性、黏聚性、易密性、可泵性、填充性等。拌合物的流动性是指其在自重或振动作用下克服内部阻力产生流动变形的性能;黏聚性是指混凝土拌合物在运输和浇筑过程中保持自身均匀稳定性,克服分层、离析、泌水的性能;易密性是指拌合物易于浇捣密实的性能。混凝土拌合物的离析与分层如图 3.1 所示。

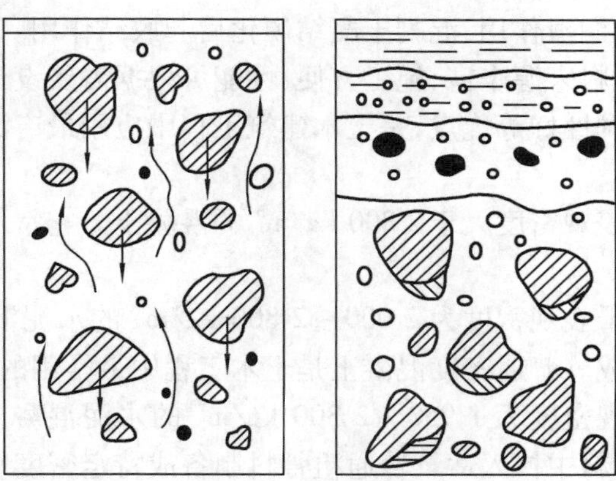

图 3.1 混凝土拌合物的离析与分层

2)混凝土拌合物工作性的测试方法

混凝土拌合物性能试验依据《普通混凝土拌合物性能试验方法标准》(GB/T 50080—2016)进行。

(1)坍落度(slump)与坍落扩展度试验(slump spread) 坍落度试验是测试混凝土拌合物稠度最常用的方法。这种方法适用于骨料最大粒径不大于 40 mm、坍落度不小于 10 mm 的混凝土拌合物稠度测定。

坍落度及坍落扩展度试验是将拌和均匀的混凝土拌合物按规定方法装入标准坍落度筒,将坍落度筒垂直提起,测试混凝土拌合物在自重作用下克服内部阻力坍落的高度(以 mm 计),如图 3.2 所示。混凝土拌合物的坍落形式如图 3.3 所示。当拌合物坍落度不小于

160 mm 时,用钢尺测量混凝土拌合物扩展后最终的最大直径和最小直径,当两个直径差小于50 mm 时,其算术平均值即为混凝土拌合物的坍落扩展度值。坍落度及坍落扩展度越大,表示混凝土拌合物流动度越大。进行坍落度及坍落扩展度测试的同时,可通过定性评价混凝土拌合物的黏聚性、保水性、含砂(浆)量、棍度等,来综合评价拌合物的工作性能。

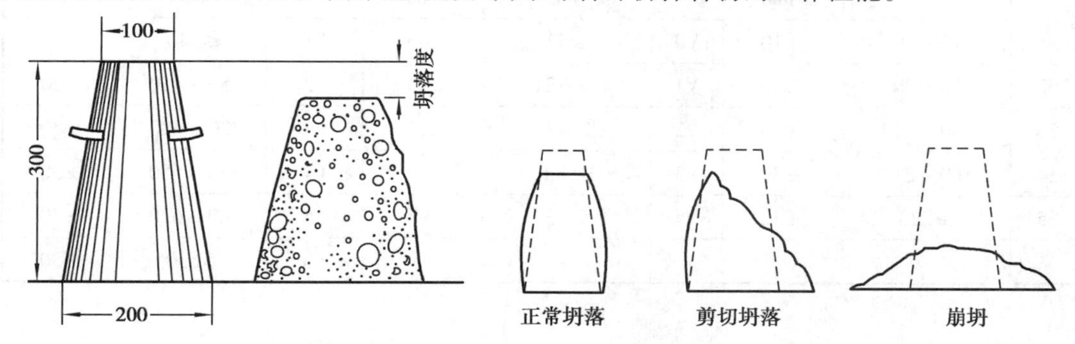


图3.2 坍落度测试示意图

图3.3 不同的坍落形式

(2)维勃稠度试验 维勃稠度试验适用于骨料最大粒径小于40 mm、维勃稠度时间在5～30 s的混凝土拌合物稠度测定。维勃稠度仪如图3.4所示。按规定的方法将拌和均匀的混凝土拌合物装入坍落度筒,提起坍落度筒并将透明圆盘置于拌合物顶部,从开动振动器至透明圆盘底面刚好被水泥浆布满不留气泡的瞬间所经历的时间即维勃稠度时间(以s表示)。

对于碾压混凝土拌合物,在标准VB稠度仪透明圆盘上增加一个8 700 g配重砝码(图3.5)。在试验中记录从振动开始到圆盘底面被水泥浆布满所经历的时间及试样的下沉量,前者称为混凝土拌合物的"改进VB稠度值",以s计;后者用于计算碾压混凝土拌合物的压实度。

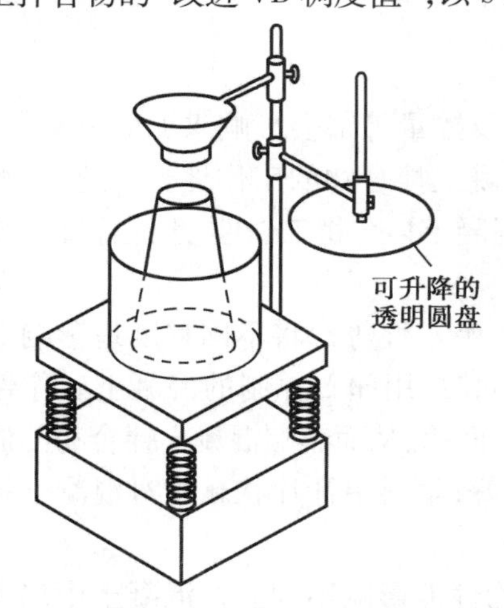


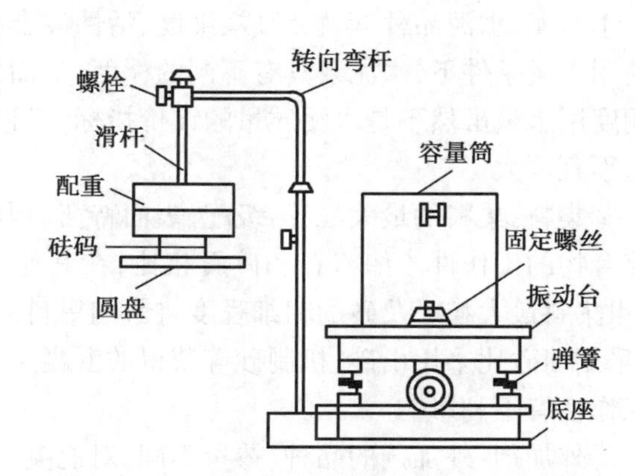


图3.4 维勃稠度仪示意图

图3.5 混凝土拌合物改进VB稠度仪示意图

(3)其他测试方法 混凝土拌合物工作性的测试还可采用倒置坍落度筒排空试验、间隙通过性试验、均匀性试验、抗离析性能试验等。

3)混凝土工作性分级

对于不同的混凝土结构,混凝土拌合物的分级方法有所差异。根据《混凝土质量控制标准》(GB 50164—2011),混凝土拌合物根据坍落度和维勃稠度分级,见表3.1。

表 3.1 混凝土拌合物工作性分级

| 坍落度等级划分 | | | 维勃稠度等级划分 | | | 扩展度等级划分 | | |
|---|---|---|---|---|---|---|---|---|
| 等级 | 坍落度/mm | 允许偏差/mm | 等级 | 维勃稠度/s | 允许偏差/mm | 等级 | 扩展度/mm | 允许偏差/mm |
| S1 | 10～40 | ±10 | V0 | ≥31 | ±3 | F1 | ≤340 | — |
| S2 | 50～90 | ±20 | V1 | 30～21 | ±3 | F2 | 350～410 | ±30 |
| S3 | 100～150 | ±30 | V2 | 20～11 | ±3 | F3 | 420～480 | ±30 |
| S4 | 160～210 | ±30 | V3 | 10～6 | ±2 | F4 | 490～550 | ±30 |
| S5 | ≥220 | ±30 | V4 | 5～3 | ±1 | F5 | 560～620 | ±30 |
| | | | | | | F6 | ≥630 | ±30 |

4）混凝土拌合物工作性的选择

混凝土拌合物的工作性应根据混凝土浇筑成型工艺、结构物特点（如断面形状、尺寸、钢筋间距等）进行选择，同时考虑气候条件、运输距离等的影响。人工浇捣比机械浇捣对拌合物流动性要求高；结构形状越复杂、断面尺寸越小、钢筋密度越大，对拌合物流动性要求越高；气温越高、运输距离越长，对拌合物流动性要求也越高。

5）影响混凝土拌合物工作性的因素

影响混凝土拌合物工作性的内因主要有原材料及组成材料的相对用量，外因主要有时间、环境温湿度等。

（1）原材料

①水泥：水泥品种、矿物组成、细度、活性混合材品种及掺量等都会影响水泥的需水量，在相同用水量条件下，水泥浆具有不同的稠度，从而影响混凝土拌合物的工作性。因此，水泥标准稠度用水量虽然不是水泥质量的评价指标，但它影响混凝土拌合物工作性，水泥标准稠度用水量不宜太大。

②集料：集料的最大粒径、级配、表面特征、颗粒形状、吸水性等都将不同程度地影响混凝土拌合物的工作性。如卵石和碎石相比，在其他条件相同时，用卵石拌制的混凝土工作性较好；粗集料最大粒径及砂的粗细程度将影响集料的总比表面积，从而影响混凝土拌合物的流动性；采用河砂比采用山砂、机制砂等获得的混凝土工作性好；集料中针片状颗粒对混凝土拌合物工作性有不利影响。

③外加剂：外加剂的品种、掺量不同，对混凝土拌合物性能影响不同。在混凝土中加入的减水剂、引气剂等，对新拌混凝土的工作性有显著影响。

（2）组成材料的相对用量

①水灰比：在原材料一定的条件下，水灰比的变化将引起水泥浆稠度的变化，从而对混凝土拌合物的工作性产生影响。

②单方混凝土用水量：混凝土拌合物中的水泥浆包括填充和润滑两个方面的作用，一是填充集料颗粒间隙，二是包裹在集料颗粒表面起润滑作用。在水灰比一定的条件下，单方混凝土

用水量的变化意味着水泥浆总量的变化。当集料一定时，水泥浆总量越多，包裹在集料表面的润滑水泥浆层越厚，混凝土拌合物流动性越大；但当水泥浆稠度较小时，过厚的包裹层可能导致混凝土离析、泌水等。

试验表明，当集料一定时，混凝土拌合物的流动性随用水量增加而增大，如果用水量不变，即使水泥用量在一定的范围内变化，混凝土拌合物的流动性仍保持基本不变，这一规律称为“需水性定则”。

③砂率：砂率是指细集料的质量占粗、细集料总质量的百分率。当水泥浆用量一定时，随着砂率的增加，集料的空隙率减小，填空隙所需水泥浆减少，润滑水泥浆量相对增加，混凝土拌合物的流动性逐渐增大。当砂率超过某个值后，由于砂用量的增加，集料的比表面积增加，混凝土拌合物的流动性随砂率的增加而降低（图3.6）。当混凝土拌合物流动性一定时，随着砂率的增加，水泥浆用量逐渐减少，砂率超过某个值后，水泥浆的用量随砂率的增加而增加（图3.7）。对一定的集料而言，存在一个最佳砂率（或称为合理砂率），当水泥浆用量一定时混凝土拌合物的工作性最好，当工作性一定时水泥浆用量最少。

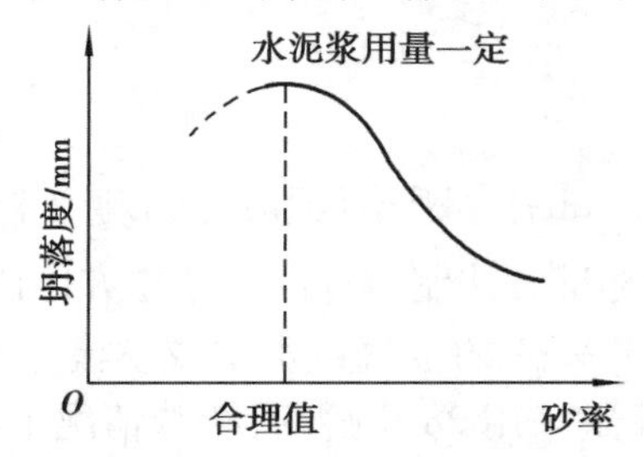


图3.6　砂率与混凝土拌合物坍落度的关系

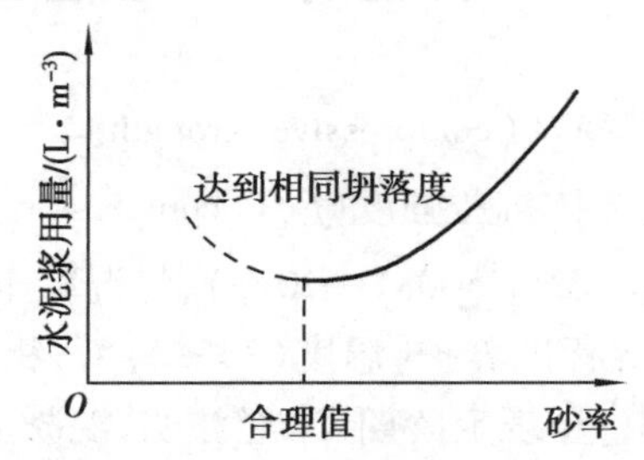


图3.7　砂率与水泥浆用量的关系

（3）外因

①时间：混凝土中的水泥与水接触后，由于水泥的水化，拌合物中的自由水随时间的延续逐渐转化为化学结合水，混凝土拌合物的流动性逐渐降低。掺泵送剂、缓凝剂、减水剂等外加剂的混凝土，其混凝土拌合物工作性随时间而变化的性能称为“经时性”。

②环境温湿度：环境的温度对水泥的水化反应过程产生影响，温度越高，水化反应速度越快，混凝土拌合物流动性降低越快；湿度越小，混凝土拌合物中的水分蒸发速度越快，混凝土拌合物流动性降低越快。

6）混凝土拌合物的其他性能

在混凝土的实际施工过程中，对混凝土拌合物还有凝结时间、泌水与压力泌水、含气量等其他性能的要求。

（1）凝结时间　凝结时间是混凝土拌合物的一项重要指标，它对混凝土的搅拌、运输及浇筑具有重要影响。混凝土凝结时间用贯入阻力仪测定。当贯入阻力为3.5 MPa时，称为混凝土初凝，这时混凝土在振动作用下不再呈现塑性；当贯入阻力为28 MPa时称为混凝土终凝，此时混凝土立方体抗压强度大约为0.7 MPa。

（2）泌水和压力泌水　混凝土拌合物的泌水性能是混凝土拌合物在施工过程中的重要性能之一，尤其是对大流动性的泵送混凝土来说更为重要。在混凝土的施工过程中泌水过多，会导致混凝土流动性的丧失，严重影响混凝土工作性，甚至给工程质量造成严重后果。

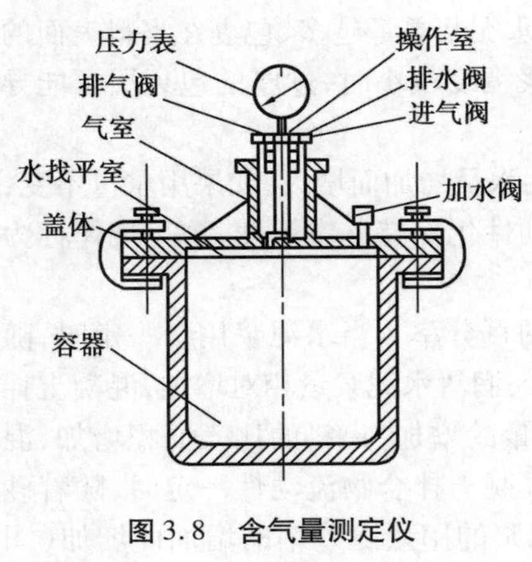

图 3.8　含气量测定仪

根据混凝土密实成型方法,混凝土拌合物的泌水性可采用振动台振实和捣棒捣实两种方法测试。对于泵送混凝土,则采用压力泌水衡量混凝土拌合物在压力状态下的泌水性能。

(3)含气量　含气量是指混凝土拌合物中的空气含量。混凝土中的空气含量对硬化后混凝土的力学性能、耐久性能等都将产生影响。随着混凝土含气量的增加,混凝土强度降低;混凝土中引入适量的封闭空气微气泡,对提高混凝土抗冻性、抗渗性有益。现行国家标准采用改良式气压法测试混凝土拌合物的含气量。含气量测定仪如图 3.8 所示。

## 3.1.2　混凝土的力学性能

1)抗压强度(compressive strength)

(1)立方体抗压强度($f_{cu}$)(compressive strength of cube)　根据《混凝土物理力学性能试验方法标准》(GB/T 50081—2019),将混凝土拌合物按标准方法制成标准尺寸立方体试件(边长 150 mm),经标准养护[温度(20 ±2)℃,相对湿度大于 95% 的空气或水中或不流动 $Ca(OH)_2$ 饱和溶液中]至规定龄期(未经注明,混凝土的强度评定采用 28 d 龄期,特殊情况下可以采用 56 d,60 d 或 90 d 龄期),在单轴受压条件下,按规定的加荷速度(加荷速度与混凝土强度有关)测试其单位面积的极限荷载,即为混凝土立方体抗压强度。

$$f_{cu} = \frac{F}{A} \tag{3.1}$$

式中　$f_{cu}$——混凝土立方体抗压强度,MPa;

$F$——抗压试验中的极限破坏荷载,N;

$A$——试件受力面积,$mm^2$。

混凝土立方体抗压强度标准试件边长为 150 mm,根据粗集料最大粒径可以选用边长为 100 mm 或 200 mm 的非标准尺寸试件。由于尺寸效应的影响,对于 C60 以下的混凝土,采用非标准尺寸试件应按表 3.2 进行系数换算。C60 以上的混凝土宜采用边长为 150 mm 的标准试件,使用非标准试件时尺寸换算系数应由试验确定。

表 3.2　混凝土立方体抗压强度尺寸换算系数

| 试件尺寸/mm | 100 | 150 | 200 |
|---|---|---|---|
| 换算系数 | 0.95 | 1.00 | 1.05 |

每个龄期以 3 个立方体试件为一组,取 3 个测试值的平均值为代表值;当最大值或最小值超过中间值的 ±15% 时,取中间值为代表值;当最大值和最小值均超过中间值的 ±15% 时,该组试件作废。

由于拆模、张拉等工序的需要，在实际施工过程中还会遇到施工同条件养护试件强度的测试，但混凝土工程的竣工验收强度仍然以标准养护强度为准。

(2)立方体抗压强度标准值($f_{cu,k}$)　具有95%保证率的立方体抗压强度称为混凝土立方体抗压强度标准值。混凝土强度等级按立方体抗压强度标准值划分为C10,C15,C20,C25,C30,C35,C40,C45,C50,C55,C60,C65,C70,C75,C80,C85,C90,C95,C100。如C40,"C"表示混凝土强度等级,"40"表示混凝土立方体抗压强度标准值是40 MPa。

(3)轴心抗压强度($f_{cp}$)(axial compressive strength)　立方体抗压强度中试件的高宽比为1:1，而在实际工程结构中，构件的高宽比通常大于1:1，由于尺寸效应的影响，在混凝土及钢筋混凝土结构设计中进行结构计算时，混凝土的强度采用轴心抗压强度。

轴心抗压强度是按标准方法制成标准尺寸150 mm×150 mm×300 mm试件，经标准养护至规定龄期，用标准方法测试其单位面积的极限荷载，即为混凝土轴心抗压强度。

$$f_{cp}=\frac{F}{A} \tag{3.2}$$

式中　$f_{cp}$——混凝土轴心抗压强度，MPa；

$F$——抗压试验中的极限破坏荷载，N；

$A$——试件受力面积，$mm^2$。

轴心抗压强度每个龄期以3个试件为一组，数据的处理同立方体抗压强度。具有95%保证率的轴心抗压强度即为轴心抗压强度标准值，该值是混凝土结构计算强度取值的依据。

对于强度等级<C60的混凝土，采用非标准试件测得的强度值应乘以尺寸换算系数。当试件尺寸为200 mm×200 mm×400 mm时，换算系数为1.05；当试件尺寸为100 mm×100 mm×300 mm时，换算系数为0.95。当混凝土强度等级≥C60时，宜采用标准试件，使用非标准试件时尺寸换算系数应由试验确定。

2)抗拉强度(tensile strength)

混凝土本身是脆性材料，其抗拉强度远远小于抗压强度。混凝土的抗拉强度一般只有其抗压强度的1/10~1/7，混凝土强度等级越高，脆性越大，拉压比越小。在结构计算中通常不考虑混凝土承担拉应力，但混凝土的抗拉强度对结构的抗裂性有着重要影响，当进行混凝土结构抗裂性验算时必须考虑混凝土的抗拉强度。

混凝土的抗拉强度测试可以采用两种方法：一种方法是直接抗拉试验测轴心抗拉强度$f_t$(axial tensile strength)，但由于夹具附近的局部应力集中及偏心受力影响，试验误差较大；另一种方法是劈裂抗拉试验测劈裂抗拉强度$f_{ts}$(splitting tensile strength)，用劈裂抗拉强度间接评价混凝土抗拉强度。混凝土劈裂拉抗强度按式(3.3)计算。

$$f_{ts}=\frac{2F}{\pi A}=0.637\frac{F}{A} \tag{3.3}$$

式中　$f_{ts}$——混凝土劈裂抗拉强度，MPa；

$F$——极限破坏荷载，N；

$A$——试件劈裂面面积，$mm^2$。

劈拉试验标准试件为边长等于150 mm的立方体试件，采用边长为100 mm非标准试件时的尺寸换算系数为0.85。当混凝土强度等级≥C60时，应采用标准试件，使用非标准试件时的尺寸换算系数应由试验确定。劈裂抗拉强度数据的处理同立方体抗压强度。轴心抗拉强度可按劈裂抗拉强度换算得到,换算系数由试验确定。

3)抗折强度(flexural strength)

在路面及机场道面结构中,以混凝土抗折强度作为结构设计和质量控制的强度指标。混凝土抗折强度是按标准方法制成标准尺寸(150 mm×150 mm×550 mm)试件,经标准养护至规定龄期,按规定方法测试其单位面积的极限荷载。

混凝土抗折试验采用双点加荷,结果按式(3.4)计算。

$$f_{cf}=\frac{FL}{bh^2} \tag{3.4}$$

式中 $f_{cf}$——混凝土抗折强度,MPa;

$F$——极限破坏荷载,N;

$L$——支座间距,mm;

$b$——试件宽度,mm;

$h$——试件高度,mm。

若采用单点加荷,结果乘以0.85;采用100 mm×100 mm×400 mm非标准试件,尺寸换算系数为0.85。当混凝土强度等级≥C60时,宜采用标准试件,使用非标准试件时尺寸换算系数应由试验确定。

4)疲劳强度

混凝土的疲劳破坏有两种类型:第一种疲劳破坏是在持续荷载作用下,在靠近但是低于混凝土抗压强度时发生的破坏,这种破坏称为静力疲劳破坏或徐变破坏;第二种类型是在重复荷载作用下发生的破坏,称为疲劳破坏。两种破坏均是在作用应力小于混凝土强度时发生。

加荷速度慢时,当作用应力超过抗压强度的70%~80%时,便会发生静力疲劳破坏,这是微裂缝开始迅速扩展并最终连接起来引起的破坏。

当作用应力从零到抗压强度某个百分数之间重复变化时,随着反复作用次数的增加,混凝土应力-应变曲线会发生变化,开始加荷曲线的凹面向着应变轴,然后变成直线,最后凹面向着应力轴,这种现象表示混凝土因疲劳而逐渐接近破坏。

5)影响强度的因素

混凝土受力破坏断面主要有3种形式,即集料破坏、水泥石破坏、集料与水泥石的界面破坏,如图3.9所示。因此,混凝土的强度与集料强度、水泥石强度及集料与水泥石界面黏结质量有关,混凝土强度主要受以下因素影响:

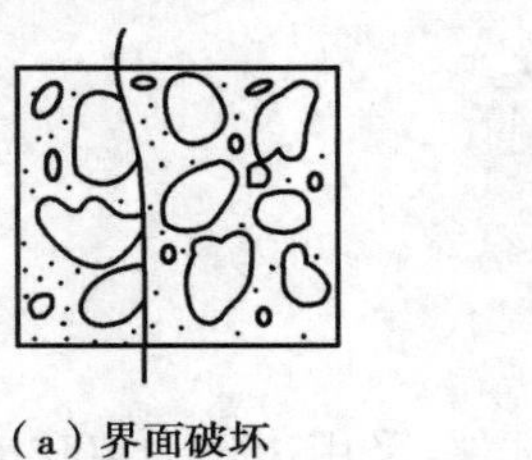

(a)界面破坏

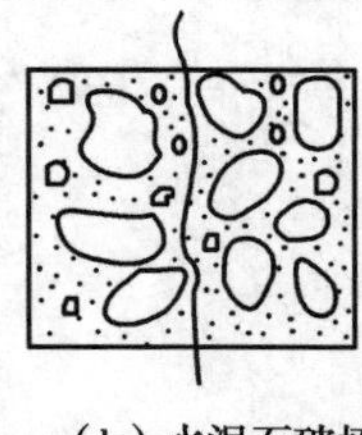

(b)水泥石破坏

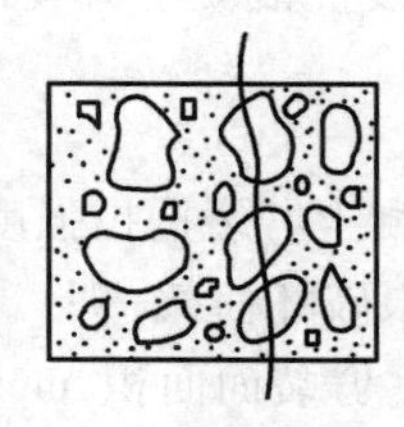

(c)集料破坏

图3.9 混凝土受力破坏形式示意图

(1)水泥强度和水灰比　水泥强度和水灰比是影响水泥石强度和集料与水泥石界面黏结的主要因素。在完全密实条件下,混凝土强度主要取决于水泥石的质量,当原材料一定时,在一定的水灰比范围内,混凝土的强度与水灰比成反比,与灰水比成正比,这就是混凝土强度的"水灰比定则",如图3.10所示。随着现代混凝土技术的发展,水灰比定则被引伸应用于掺活性掺合料的混凝土中,如式(3.5)所示。

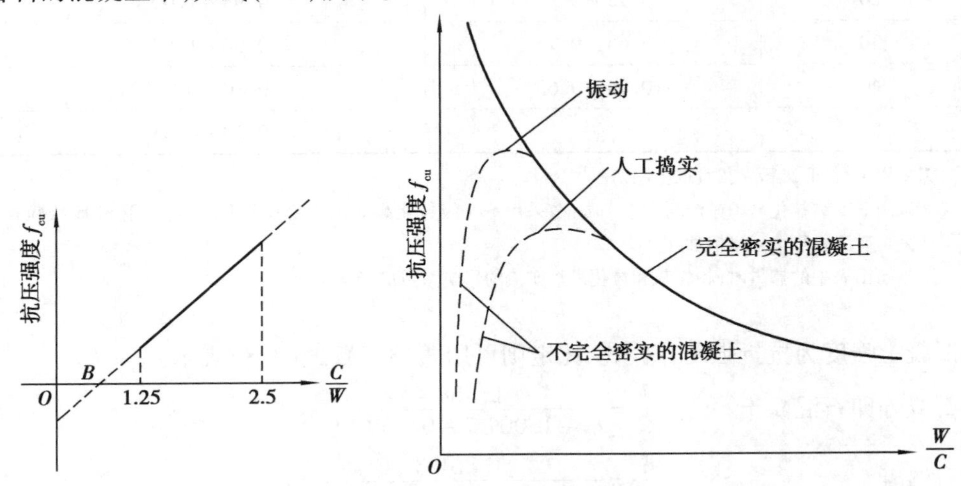


图3.10　混凝土强度与灰水比及水灰比关系

若混凝土强度为立方体抗压强度,则水灰比定则可用式(3.5)表示。

$$f_{cu}=a_a f_b\left(\frac{B}{W}-a_b\right) \tag{3.5}$$

式中　$f_{cu}$——混凝土标准养护28 d立方体抗压强度,MPa;

$f_b$——胶凝材料实测28 d胶砂抗压强度,MPa,当无实测强度数据时,可按式(3.6)计算;

$\frac{B}{W}$——胶凝材料与水的质量比;

$a_a,a_b$——回归系数,可根据试验数据取值,对C60以下混凝土,当没有试验数据时可参考表3.3取值。

表3.3　$a_a,a_b$取值

| 碎　石 | | 卵　石 | |
|---|---|---|---|
| $a_a$ | $a_b$ | $a_a$ | $a_b$ |
| 0.53 | 0.20 | 0.49 | 0.13 |

$$f_b=\gamma_f\gamma_s f_{ce} \tag{3.6}$$

式中　$f_{ce}$——水泥实测28 d胶砂抗压强度,MPa。无实测值时,可取$f_{ce}=k\cdot f_{ce,k}$,其中$k$为水泥强度富余系数,取1.10~1.16,$f_{ce,k}$为水泥强度等级对应的28 d抗压强度。

$\gamma_f,\gamma_s$——粉煤灰、粒化高炉矿渣粉影响系数,可按表3.4选择。

表 3.4 粉煤灰影响系数 $\gamma_f$ 和粒化高炉矿渣粉影响系数 $\gamma_s$

| 掺 量/% | 粉煤灰影响系数 $\gamma_f$ | 粒化高炉矿渣粉影响系数 $\gamma_s$ |
|---|---|---|
| 0 | 1.00 | 1.00 |
| 10 | 0.85~0.95 | 1.00 |
| 20 | 0.75~0.85 | 0.95~1.00 |
| 30 | 0.65~0.75 | 0.90~1.00 |
| 40 | 0.55~0.65 | 0.80~0.90 |
| 50 | — | 0.70~0.85 |

注:①采用Ⅰ级、Ⅱ级粉煤灰宜取上限值。

②采用S75级粒化高炉矿渣粉宜取下限值,采用S95级粒化高炉矿渣粉宜取上限值,采用S105级粒化高炉矿渣粉可取上限值加0.05。

③当超出表中的掺量时,粉煤灰和粒化高炉矿渣粉影响系数应经试验确定。

若混凝土强度为抗折强度,则水灰比定则可用式(3.7)、式(3.8)表示。

碎石或碎卵石混凝土

$$\frac{W}{C}=\frac{1.5684}{f_{cf}+1.0097-0.3595f_{cef}} \tag{3.7}$$

卵石混凝土

$$\frac{W}{C}=\frac{1.2618}{f_{cf}+1.5492-0.4709f_{cef}} \tag{3.8}$$

式中 $f_{cf}$——混凝土标准养护28 d抗折强度,MPa;

$f_{cef}$——水泥实测28 d抗折强度,MPa;

$\frac{W}{C}$——水灰比。

(2)集料特征 集料约占混凝土体积的70%,特别是粗集料,在混凝土中起骨架作用。集料强度对混凝土强度有着重要影响,随着混凝土强度的提高,选用集料的强度也应相应提高。

集料的粒形、表面特征、洁净程度等对集料与水泥石界面黏结质量产生影响,也对混凝土的强度产生影响。针片状颗粒含量较多的集料,会对混凝土拌合物工作性带来不利影响,使混凝土浇筑质量不好,导致混凝土强度降低。与卵石相比,碎石表面粗糙,与水泥石的界面黏结强度更高,因此在高强混凝土中应采用碎石。集料表面黏附的黏土、细粉等会影响集料与水泥石的界面黏结强度,集料表面清洁程度越高,与水泥石界面黏结质量越好。粗集料的最大粒径也对集料与水泥石的界面黏结产生影响,集料最大粒径越大,越容易在集料颗粒下表面形成水囊并由此产生界面裂缝,因此配制高强度等级的混凝土就采用较小粒径的集料。

(3)搅拌、成型工艺 施工中必须保证混凝土拌和均匀、浇筑密实,才能保证硬化后混凝土内部缺陷少,质量优良,达到预期的力学性能要求。采用机械搅拌和捣实代替人工搅拌和捣实,改变拌和过程中的投料顺序,采用高速搅拌工艺,采用高频振动及二次振动等,都可以提高混凝土拌合物的均匀性及成型后混凝土的密实性,从而提高混凝土强度。

(4)养护条件和龄期 养护条件和龄期对水泥水化进程有直接影响,对水泥石质量,进而对混凝土强度产生影响。

养护温度对水泥的水化速度影响明显。养护温度高,水泥早期水化反应速度快,早期强度发展快,反之则早期强度发展慢。但早期水化速度过快会导致水泥石初始结构的不均匀性,微观结构薄弱点增加,对后期强度发展不利。混凝土强度与龄期、养护温度的关系如图3.11所示。

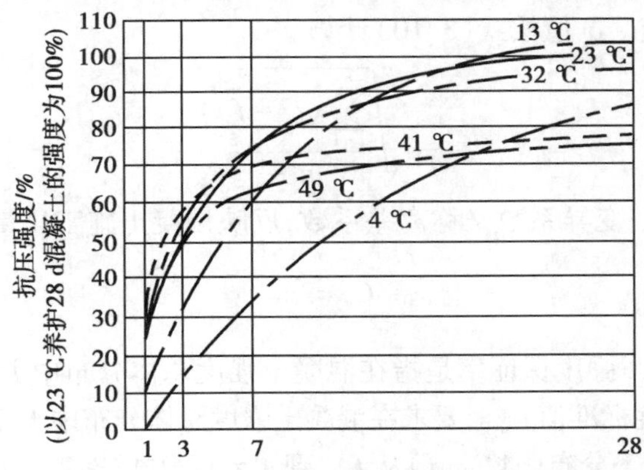


图3.11 混凝土强度与龄期、养护温度的关系

混凝土强度的形成和发展有赖于水泥的水化,水泥的水化在有水条件下随着时间的延续在较长时间内进行,因此混凝土强度随着湿养护龄期的增加而增长,早期强度增长快而后期强度增长速度减缓。

6)混凝土强度分布特征

由于混凝土材料本身的非均质性以及生产、试验过程中的随机误差,在正常生产和试验条件下取样测得的混凝土强度会在一定范围内波动,当样本数量足够时,混凝土强度呈正态分布,如图3.12所示。

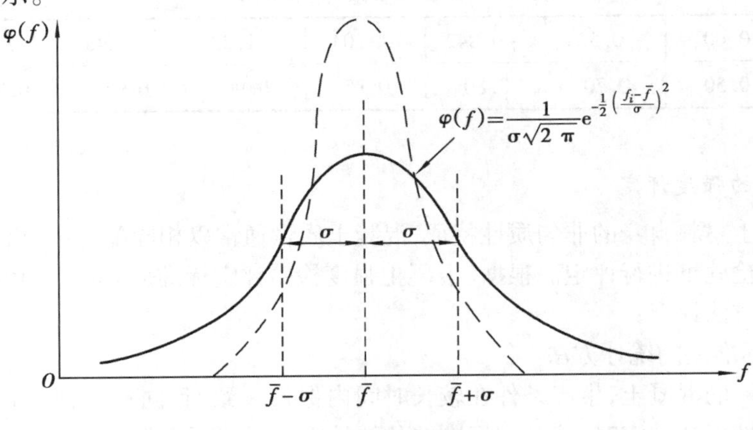


图3.12 正态分布曲线

反映混凝土强度分布特征的参数包括强度平均值、标准差、变异系数等。

(1)强度平均值($\bar{f}$) 强度平均值为图3.12中峰顶所对应的强度值,代表混凝土强度的总体平均水平,按式(3.9)计算。

$$\bar{f}=\frac{1}{n}\sum_{i=1}^{n}f_i \tag{3.9}$$

式中 $f_i$——第$i$组试件强度代表值;

$n$——试验组数。

(2)标准差($\sigma$) 标准差又称为均方差,表示从正态分布曲线上拐点到平均值的距离。$\sigma$

越大,曲线越平缓,数据的离散性越大,施工质量越不稳定;反之,$\sigma$ 越小则曲线越陡,数据离散性越小,施工质量越稳定。$\sigma$ 值按式(3.10)计算。

$$\sigma = \sqrt{\frac{\sum_{i=1}^{n}(f_i - \bar{f})^2}{n-1}} \tag{3.10}$$

(3)变异系数($C_v$) 变异系数又称离差系数,反映混凝土施工质量控制水平。

$$C_v = \frac{\sigma}{\bar{f}} \tag{3.11}$$

(4)强度保证率($P$) 强度保证率是指在混凝土强度总体分布中大于某个强度值的分布概率。对于立方体抗压强度标准值 $f_{cu,k}$,要求在混凝土强度总体分布中大于抗压强度标准值 $f_{cu,k}$ 的概率不小于95%,即对概率分布函数 $\varphi(f)$ 从 $f_{cu,k}$ 到 $+\infty$ 积分式(3.12),$P$ 不小于95%。

$$P(f \geqslant f_{cu,k}) = \int_{f_{cu,k}}^{+\infty} \varphi(f)\,df = \int_{f_{cu,k}}^{+\infty} \frac{1}{\sigma\sqrt{2\pi}} e^{-\frac{(f-\bar{f})^2}{2\sigma^2}} df \geqslant 95\%$$

$$\xrightarrow{\text{令}:t=\frac{f-\bar{f}}{\sigma}}$$

$$P(f \geqslant f_{cu,k}) = \int_{t_{cu,k}}^{+\infty} \varphi(t)\,dt = \frac{1}{\sqrt{2\pi}} \int_{f_{cu,k}}^{+\infty} e^{-\frac{t^2}{2}} dt \geqslant 95\% \tag{3.12}$$

式中,$t$ 称为强度保证率系数,见表3.5。

表3.5 保证率系数 $t$ 与保证率 $P(t)$

| $t$ | 0.00 | -0.524 | -0.842 | -1.04 | -1.28 | -1.645 | -2.06 | -2.33 |
|---|---|---|---|---|---|---|---|---|
| $P(t)$ | 0.50 | 0.70 | 0.80 | 0.85 | 0.90 | 0.95 | 0.98 | 0.99 |

7)混凝土的强度评定

由于混凝土材料自身的非匀质性特征,混凝土质量通常以相同配合比、相同施工条件的若干组数据组成检验批进行评定。根据《混凝土强度检验评定标准》(GB/T 50107—2010),混凝土强度按以下方法评定:

(1)已知标准差的统计方法

当连续生产的混凝土,生产条件在较长时间内保持一致,且同一品种、同一强度等级混凝土的强度变异性保持稳定时,按已知标准差的统计方法对混凝土强度进行评定。

当混凝土强度等级≤C20时,检验批混凝土强度满足式(3.13)、式(3.14)和式(3.15)要求,则该批混凝土强度合格;当混凝土强度等级>C20时,检验批混凝土强度满足式(3.13)、式(3.14)和式(3.16)要求,则该批混凝土强度合格。

$$\bar{f}_{cu} \geqslant f_{cu,k} + 0.7\sigma_0 \tag{3.13}$$

$$f_{cu,min} \geqslant f_{cu,k} - 0.7\sigma_0 \tag{3.14}$$

$$f_{cu,min} \geqslant 0.85 f_{cu,k} \tag{3.15}$$

$$f_{cu,min} \geqslant 0.90 f_{cu,k} \tag{3.16}$$

式中 $\bar{f}_{cu}$——同一检验批混凝土28 d立方体抗压强度平均值,MPa,精确到0.1 MPa;

$f_{cu,min}$——同一检验批混凝土立方体抗压强度最小值,MPa,精确到0.1 MPa;

$f_{cu,k}$——混凝土立方体抗压强度标准值,MPa,精确到0.1 MPa;

$\sigma_0$——检验批混凝土立方体抗压强度标准差,MPa,按式(3.17)计算;当验收批混凝土强度标准差 $\sigma_0$ 计算值小于2.5 MPa时,应取2.5 MPa。

$$\sigma_0 = \sqrt{\frac{\sum_{i=1}^{n} f_{cu,i}^2 - n\bar{f}_{cu}^2}{n-1}} \tag{3.17}$$

式中 $f_{cu,i}$——前一个检验期内同一品种、同一强度等级的第 $i$ 组混凝土试件的立方体抗压强度代表值(MPa),精确到0.1 MPa。该检验期不应少于60 d,也不得大于90 d;

$n$——前一检验期内的样本容量,在该期间内样本容量不应少于45。

(2)未知标准差的统计方法

当样本容量不少于10组时,检验批混凝土强度满足式(3.18)、式(3.19)要求时,该批混凝土强度合格。

$$\bar{f}_{cu} \geqslant f_{cu,k} + \lambda_1 S_{fcu} \tag{3.18}$$

$$f_{cu,min} \geqslant \lambda_2 f_{cu,k} \tag{3.19}$$

式中 $\lambda_1,\lambda_2$——合格评定系数,按表3.6取值;

$S_{fcu}$——同一检验批混凝土立方体抗压强度标准差,由式(3.20)计算,当其计算值小于2.5 MPa时,取 $S_{fcu}=2.5$ MPa。

$$S_{fcu} = \sqrt{\frac{\sum_{i=1}^{n} f_{cu,i}^2 - n\bar{f}_{cu}^2}{n-1}} \tag{3.20}$$

$n$——本检验期内的样本容量。

**表3.6 混凝土强度的合格评定系数**

| 试件组数 $n$ | 10~14 | 15~19 | ≥20 |
|---|---|---|---|
| $\lambda_1$ | 1.15 | 1.05 | 0.95 |
| $\lambda_2$ | 0.90 | 0.85 | |

(3)非统计方法

当用于评定的样本容量小于10组时,应采用非统计方法评定混凝土强度。若检验批混凝土满足式(3.21)、式(3.22)要求时,则该批混凝土强度合格。

$$\bar{f}_{cu} \geqslant \lambda_3 f_{cu,k} \tag{3.21}$$

$$f_{cu,min} \geqslant \lambda_4 f_{cu,k} \tag{3.22}$$

式中符号意义同前;合格评定系数 $\lambda_3,\lambda_4$ 按表3.7取值。

**表3.7 混凝土强度的非统计法合格评定系数**

| 混凝土强度等级 | <C60 | ≥C60 |
|---|---|---|
| $\lambda_3$ | 1.15 | 1.10 |
| $\lambda_4$ | 0.95 | |

### 3.1.3 混凝土的变形性能(volume deformation)

1)非荷载作用下的变形

混凝土在非荷载作用下产生的变形包括初期体积变化、硬化过程中体积变化、硬化后体积变化,主要包括塑性收缩、化学收缩、自收缩、干燥收缩、温度下降引起的冷缩以及碳化收缩。

(1)塑性收缩(plastic shrinkage) 混凝土成型后、凝结前,塑性阶段的收缩称为塑性收缩。塑性收缩是引起塑性开裂的原因。塑性收缩是因化学反应、重力作用及塑性阶段的干燥失水而引起,一般是各向异性,主要表现在重力方向上的收缩。垂直方向的塑性收缩定义为沉降收缩。

(2)化学收缩(chemical shrinkage) 水泥水化产物的绝对体积与水化前水泥和水总体积不等而产生的变形,对通用硅酸盐水泥,一般表现为收缩。化学收缩是宏观收缩的一部分。混凝土的化学变形与胶凝材料矿物组成有关。

(3)自收缩(self-shrinkage) 混凝土自收缩是指初凝后水泥水化时产生的表观体积减小,它不包括因自身物质的增减、温度变化、外部荷载或约束引起的体积变化。在密封养护、等温条件下,化学减缩以及混凝土内部相对湿度随水泥水化而减小引起的自干燥收缩构成了混凝土的自收缩。水胶比越小,胶凝材料用量越多,自收缩越大。

(4)干燥收缩(drying shrinkage) 混凝土处于干燥环境中,会引起体积收缩,称为干燥收缩(简称“干缩”)。干缩的原因是混凝土在干燥过程中毛细孔水分蒸发形成负压,引起混凝土收缩;当毛细孔水蒸发完后,如果继续干燥,则凝胶颗粒层间水甚小,凝胶水也会发生部分蒸发,凝胶颗粒间距缩小,甚至产生新的化学结合而收缩。当干缩后的混凝土再次吸水时,干缩一部分可恢复,另一部分不可恢复,因此混凝土的干缩量大于湿胀量,如图 3.13 所示。

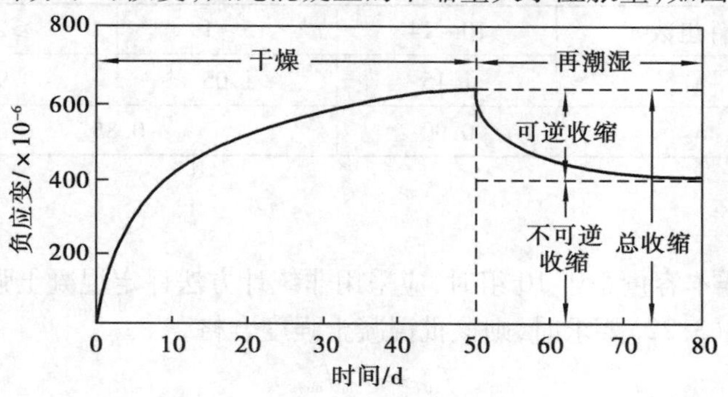


图 3.13 混凝土干缩湿胀

影响混凝土干缩的因素包括水泥品种和细度、混凝土中用水量和水泥用量、集料质量和集浆比、养护条件等。

(5)温度变形(temperature deformation) 混凝土热胀冷缩变形称为温度变形。混凝土温度变形系数约为 $10\times10^{-6}$ mm/(mm · ℃),温度变形对大体积混凝土及大面积混凝土工程极为不利。

(6)碳化收缩(carbonation shrinkage)　水泥水化的产物与空气中的 $CO_2$ 发生反应,称为碳化。碳化伴随着体积的减小称为碳化收缩。碳化反应首先发生于 $Ca(OH)_2$,继而其他水化产物也可能发生碳化反应,伴随着水分的损失和体积的减小。混凝土碳化是由表及里进行,当碳化与干燥同时进行时,可能引起严重的收缩裂缝。

由于混凝土是热的不良导体,大体积混凝土中水泥水化放出的热量聚集在混凝土内部不易散失,使得混凝土表面温度较低而内部温度较高,内外温差可达 40～50 ℃,甚至更高。较大的内、外温差造成混凝土结构表面和中心热变形不一致,在混凝土表面产生较大拉应力,严重时可能导致混凝土开裂。因此,对于大体积混凝土,应尽量减少混凝土水化放热,降低混凝土温升,降低内、外温差。此外,对于纵长混凝土结构和大面积混凝土工程,应根据需要设置伸缩缝或在结构中设置温度钢筋。

当混凝土非荷载作用下的变形受到约束时,就会在混凝土结构中产生约束拉应力,而当约束拉应力大于混凝土抗拉强度时则会在结构中产生裂缝。

混凝土在非荷载作用下的变形主要与胶凝材料矿物组成及用量、水灰比等有关,还受到养护条件的影响。在混凝土中加入集料的目的不单纯是降低成本,更重要的是要减少水泥浆用量,达到减小和约束混凝土变形的目的。

2)荷载作用下的变形

(1)短期荷载作用下的变形　混凝土在荷载作用下将产生与荷载作用方向一致的变形。混凝土在短期荷载作用下的变形包括弹性变形和塑性变形两部分。由于粗集料的约束作用,在较低荷载水平下,经过反复多次加荷—卸荷,可使混凝土的塑性变形不再增加(图 3.14),由此可以得到混凝土的应力-应变关系,从而可测试出混凝土的弹性模量(compressive modulus of elasticity)。混凝土的弹性模量与其应力水平有关(图 3.15),结构计算时混凝土静压弹性模量取 $\frac{1}{3}f_{cp}$ 荷载水平对应的割线弹性模量为计算依据,抗弯拉弹性模量取 $\frac{1}{2}f_{cf}$ 荷载水平对应的割线弹性模量为计算依据。混凝土静压弹性模量加荷示意图如图 3.16 所示。

混凝土的弹性模量与集料弹性模量、集浆比、混凝土强度等有关。

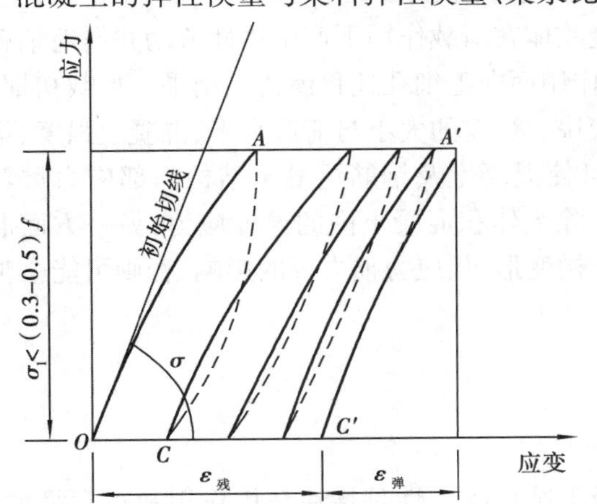


图 3.14　混凝土在较低应力水平下的应力-应变曲线

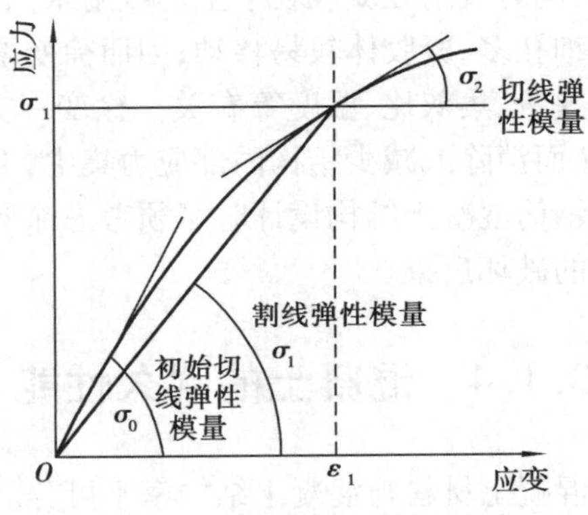

图 3.15　混凝土弹性模量分类

(2)长期荷载作用下的变形　混凝土在长期荷载作用下产生的随时间延续而增加的变形,

称为徐变(或蠕变)(creep)。混凝土变形与时间的关系如图3.17所示。在荷载作用初期,徐变变形增长较快,以后逐渐变慢且稳定下来。混凝土徐变可达$(300\sim1\ 500)\times10^{-6}$ mm/mm。

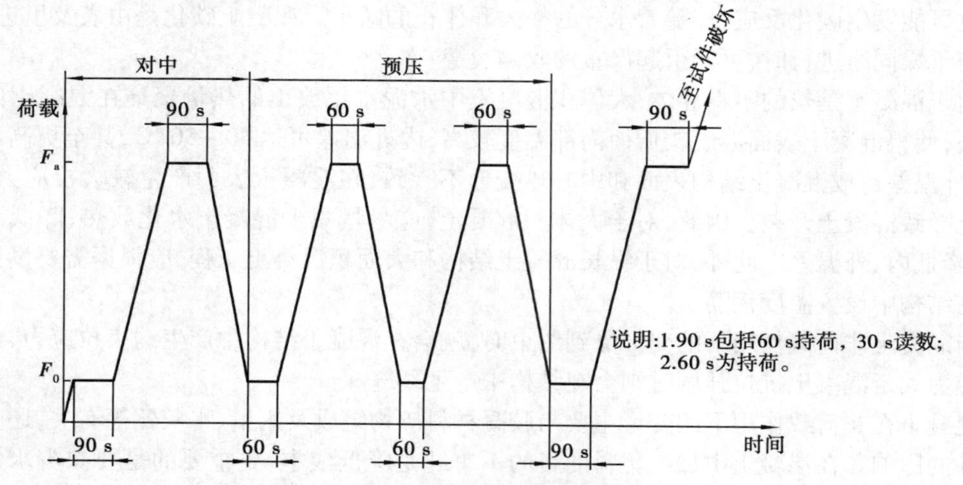


图3.16　混凝土静压弹性模量加荷示意图

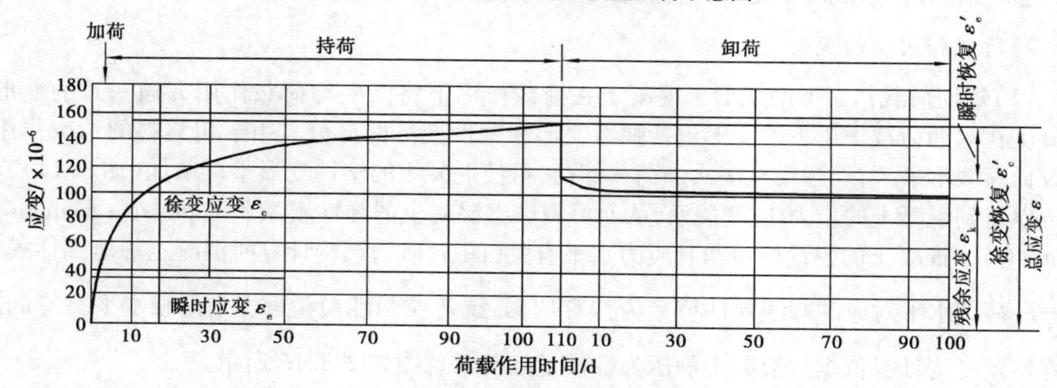


图3.17　混凝土变形与时间的关系

混凝土的徐变是混凝土内部水泥石中的凝胶体在荷载作用下产生黏性流动并向毛细孔中移动,同时吸附在凝胶粒子上的吸附水因荷载作用而向毛细孔迁移渗透的结果。加载初期,由于毛细孔多,凝胶体较易移动,因而徐变增大较快。徐变的大小与荷载水平、混凝土强度、集料弹性模量、集灰比、湿度等有关。徐变一方面可使混凝土及钢筋混凝土结构内部应力重新分布,从而消除或减少结构内部应力集中,部分消除大体积混凝土内的温度应力;另一方面混凝土及钢筋混凝土结构设计时必须考虑徐变对结构变形、预应力损失等的影响,否则可能会带来严重的破坏后果。

### 3.1.4　混凝土的耐久性能

混凝土材料与混凝土结构密不可分。混凝土结构耐久性是指在环境作用和正常维护、使用条件下,结构或构件在设计使用年限内保持其适用性和安全性的能力。材料或结构在所处环境中其性能随时间的衰减称为劣化。

混凝土材料性能劣化的宏观表现为开裂、溶蚀、剥落、膨胀、松散、强度倒缩等，严重者会导致结构破坏甚至倒塌。混凝土材料的耐久性直接影响结构物的正常、安全使用寿命和维修费用等，因此混凝土材料及结构的耐久性设计越来越引起工程界的关注和重视。根据引起混凝土材料性能劣化的原因，对混凝土耐久性劣化进行了分类，如图3.18所示。

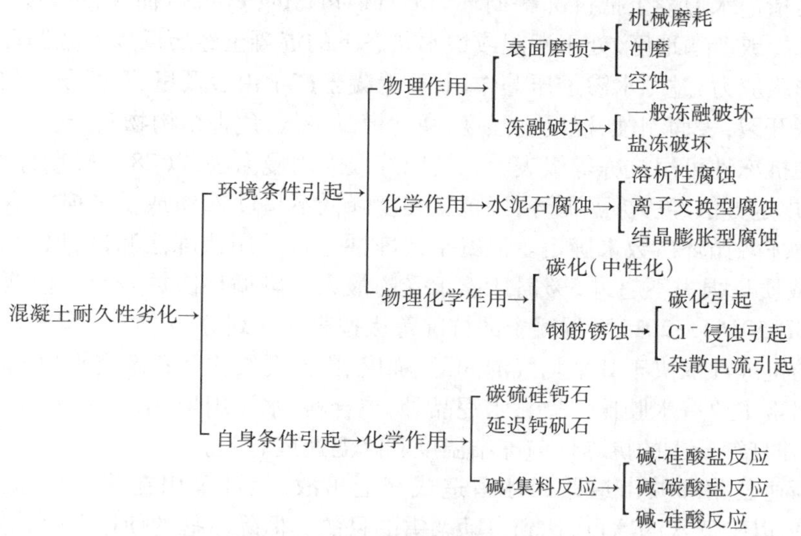


**图3.18 混凝土材料劣化形式分类**

混凝土结构的耐久性与结构的设计使用年限、结构所处的环境类别和环境作用等级有关。针对不同的工作环境和结构部位，混凝土材料耐久性包括抗冻性、抗水渗透性、抗碳化性、抗硫酸盐渗透性、抗氯离子渗透性、早期抗裂性、碱-集料反应等方面的性能。

1)抗渗性(resistance to hydraulic pressure)

混凝土抵抗液体或气体渗透的性能称为混凝土的抗渗性。混凝土的抗渗性与其内部的孔隙率、孔径分布、孔形态等有关。所有影响混凝土结构耐久性的化学、物理过程，都与气体、水及其溶解的有害物质从混凝土表面进入混凝土内部的迁移过程有关。因此，混凝土的抗渗性是影响混凝土耐久性的一个非常重要的因素。

根据《混凝土质量控制标准》(GB 50164—2011)，混凝土的抗渗等级按表3.8划分。

**表3.8 混凝土抗冻性能、抗水渗透性能和抗硫酸盐侵蚀性能的等级划分**

| 抗冻等级(快冻法) | | 抗冻等级(慢冻法) | 抗渗等级 | 抗硫酸盐等级 |
|---|---|---|---|---|
| F50 | F250 | D50 | P4 | KS30 |
| F100 | F300 | D100 | P6 | KS60 |
| F150 | F350 | D150 | P8 | KS90 |
| F200 | F400 | D200 | P10 | KS120 |
| >F400 | | >D200 | P12 | KS150 |
| | | | >P12 | >KS150 |

影响混凝土抗渗性的主要因素有水灰比、搅拌成型、养护工艺、化学外加剂、活性掺合料等。

2)抗冻性(resistance to freezing and thawing)

抗冻性是指饱水混凝土抵抗冻融循环(freezing-thawing cycles)而保持强度和外观完整性的能力。在寒冷或严寒地区,处于潮湿或饱水状态下的混凝土经历反复冻融循环作用,由于水结冰产生的膨胀应力、过冷水渗透压等作用,对混凝土产生由表及里、不断积累的破坏作用,导致混凝土冻胀开裂,表面剥蚀,混凝土强度、弹性模量降低,危害结构物安全。

混凝土的抗冻性可用抗冻等级表示。抗冻等级采用慢冻法,以 28 d 龄期标准试件吸水饱和状态下,按规定方法经历冻融循环,以抗压强度降低不超过 25% 或质量损失不大于 5% 时所能承受的最大冻融循环次数来确定。混凝土抗冻性也可采用快冻法测试,以相对动弹性模量不小于 60% 或质量损失不超过 5% 时所能承受的最大冻融循环次数表示。根据《混凝土质量控制标准》(GB 50164—2011),混凝土的抗冻等级按表 3.8 划分。

混凝土的抗冻性取决于其平均气泡间距、强度、内部孔结构及孔的充水程度等。影响混凝土抗冻性的因素主要有水胶比,骨料,水泥品种,掺合料,水泥用量,引气剂、减水剂等化学外加剂及掺量等,并且混凝土的抗冻性与冻结温度和降温速度有关。

为防止高速公路和城市道路因冰雪造成交通事故,经常采用在路面撒除冰盐($NaCl$ 或 $CaCl_2$)的办法,以降低水的冰点,达到自动融雪的目的。但除冰盐的使用会引起路面混凝土产生比一般冻融破坏更严重的盐冻破坏。除冰盐对混凝土抗冻性的不利影响包括:含盐混凝土初始饱水度明显提高;由于盐的浓度差使受冻混凝土孔隙中产生更大的渗透压;盐产生的过冷水处于不稳定状态,在毛细孔中结冰时速度更快,产生更大的静水压力;含盐混凝土在水分蒸发干燥时,孔中盐过饱和而结晶,产生一个额外的结晶压力。影响混凝土抗盐冻性的因素有混凝土含气量、水灰比、水泥品种与混合材、盐的种类等。

3)耐磨性

混凝土的耐磨性是指其抵抗表面磨损的能力。混凝土的表面磨损表现在 3 个方面:一是机械磨耗,如路面、机场跑道、厂房地坪等受到的反复摩擦和冲击等;二是冲磨,如水工泄水结构物、桥墩等受水流及水流夹带的泥沙及其他杂物的磨蚀作用;三是空蚀,水工结构物、桥墩等受水流速度和方向改变形成的空穴冲击作用造成的磨蚀。

GB/T 50081—2019 规定混凝土耐磨性用在规定试验条件下单位面积的磨耗量表示。以 150 mm×150 mm×150 mm 立方体试件经标准养护至 27 d 龄期,擦干表面水分放在实验室内空气中自然干燥 12 h,再放入(60±5)℃烘箱中烘干 12 h,在带花轮磨头的混凝土磨耗试验机上,在 200 N 负荷下磨削 30 转,取下试件刷净表面粉尘称重并记为初始质量;在200 N负荷下磨 60 转,取下试件刷净表面粉尘称重并记下相应质量。然后测试试件单位面积的磨耗量。

国内用于评价混凝土抗冲磨性的试验方法还有喷砂枪冲磨试验法、气流喷砂法等。

影响混凝土耐磨性的因素主要有混凝土强度、粗集料品种和性能、细集料品种与砂率、水泥与掺合料、养护方法与质量等。

4)抗化学侵蚀性

混凝土抵抗化学介质侵蚀的能力称为抗化学侵蚀性。环境介质对混凝土的侵蚀主要表现在对水泥石的侵蚀,包括淡水侵蚀、离子交换型侵蚀、结晶膨胀型侵蚀等。这部分内容已在第2章水泥石的腐蚀与防腐部分作了讲解,在此不再赘述。

5)碱-集料反应

碱-集料反应(Alkali-Aggregate Reaction,AAR)是指混凝土中的碱与具有碱活性的集料发生膨胀性反应。这种反应会引起明显的混凝土体积膨胀和开裂,改变混凝土微结构,使混凝土的力学性能明显下降,将严重影响结构的安全使用性。这种膨胀性反应一旦发生,将难以阻止和补救,因此也称为“碱癌”。

根据集料中活性成分的不同,碱-集料反应可分为3类:碱-硅酸盐反应(Alkali-Silicate Reaction)、碱-碳酸盐反应(Alkali-Carbonate Reaction)、碱-硅酸反应(Alkali-Silica Reaction)。碱-硅酸盐反应是指碱与某些层状硅酸盐集料反应,使层状硅酸盐层间距离增大,集料发生膨胀,造成混凝土膨胀、开裂;碱-碳酸盐反应是指黏土质或白云石质石灰石与碱发生的反应;碱-硅酸反应是指集料中的活性二氧化硅与碱发生的膨胀反应。

碱-集料反应必须具备3个条件:混凝土中有一定数量的碱,集料具有碱活性,有一定的湿度。3个条件缺一不可。

集料碱活性的检测可采用岩相法、化学法、砂浆长度法、混凝土棱柱体法、压蒸法等。影响碱-集料反应的因素主要有混凝土中的碱含量、集料的碱活性成分含量、集料颗粒大小、温度、湿度、受限力等。

6)混凝土碳化

空气、土壤、地下水等环境中的酸性气体或液体侵入混凝土中,与水泥石中的碱性物质发生反应,使混凝土中的pH值下降的过程称为混凝土的中性化过程,其中大气中的$CO_2$引起的中性化称为混凝土碳化。水泥熟料经水化生成的氢氧化钙和水化硅酸钙是可碳化物质。碳化的结果,一方面是生成的$CaCO_3$和其他固态产物堵塞在孔隙中,使已碳化的混凝土密实度与强度提高;另一方面,碳化使混凝土脆性变大,但总体上讲,碳化对混凝土力学性能及构件受力性能的负面影响不大。混凝土碳化的最大危害是碳化后混凝土pH值降低导致钢筋脱钝锈蚀,从而影响混凝土结构物的耐久性。

混凝土的碳化深度检测方法有两种:一种是X射线法,另一种是化学试剂法。影响混凝土碳化的因素包括材料自身因素和环境条件因素。材料自身因素有水灰比、水泥品种及用量、骨料品种与粒径、外加剂、养护方法与龄期等;环境条件因素有相对湿度、$CO_2$浓度、温度等。此外,混凝土表面覆盖层、混凝土应力状态、施工质量等也对碳化产生影响。

7)钢筋锈蚀

钢筋锈蚀是一个电化学过程。混凝土中的钢筋表面存在一层致密的钝化膜,在正常情况下钢筋不会锈蚀,但钝化膜一旦遭到破坏,在有足够的水和氧的条件下会产生电化学腐蚀。钢筋的锈蚀,一方面使钢筋有效截面积减小;另一方面,锈蚀产物体积膨胀使混凝土保护层胀裂甚至脱落,钢筋与混凝土黏结作用下降,破坏它们共同工作的基础,从而严重影响混凝土结构物的安全和正常使用。钢筋锈蚀在路、桥、房、港、水利工程等混凝土结构中大量存在,是混凝土结构耐久性破坏的主要原因之一。

钢筋锈蚀速度可用阳极电流密度、失重速率或截面损失速率来表示。钢筋锈蚀程度一般以反映整体锈蚀状态的钢筋失重率,或反映局部锈蚀状态的截面损失率表示。混凝土中钢筋锈蚀的非破损检测方法包括物理法和电化学法两大类。物理法主要是通过测定钢筋锈蚀引起的电阻、电磁、热传导、声波传播等物理特性的变化来反映钢筋的锈蚀情况。电化学法是通过测定钢筋混凝土腐蚀体系的电化学特征来确定混凝土中钢筋的锈蚀程度或速度。

影响钢筋锈蚀的主要因素包括 pH 值、温度、$Cl^-$ 浓度、水灰比、养护龄期、保护层厚度、水泥品种与掺合料等。

8)混凝土的其他耐久性问题

(1)碳硫硅钙石(thaumasite form of sulfate attack)　碳硫硅钙石是除钙矾石、石膏等侵蚀外的又一种硫酸盐侵蚀性物质。该类型硫酸盐能直接将混凝土材料中的水化硅酸钙(C-S-H)凝胶体分解,使水泥石完全变成一种没有强度的烂泥,对混凝土材料产生很强的侵蚀破坏。根据目前的研究成果,产生碳硫硅钙石侵蚀的条件主要有:存在硫酸根离子、碳酸根离子、$Si^{4+}$,水和低温条件。

(2)氯离子侵蚀　混凝土中的氯离子来源于内掺和外渗。内掺是拌制混凝土中随原材料而加入的,外渗是环境中的氯离子通过混凝土孔溶液逐步向内渗透的。氯离子对混凝土耐久性的影响表现在两个方面:一方面是氯盐侵蚀导致混凝土破坏;另一方面是氯离子渗入导致钢筋锈蚀。

氯盐是一种非常有害的侵蚀性化合物,能导致混凝土迅速被侵蚀而损坏。氯离子对混凝土的破坏作用主要表现在 3 个方面:盐酸侵蚀导致氢氧化钙溶解,并使钙离子从水泥浆体中析出;形成膨胀化合物;渗透压作用。氯盐的侵蚀强度取决于氯盐溶液浓度以及与氯离子结合的阳离子种类。氯离子对钢筋锈蚀的影响表现在:钢筋周围的游离氯离子,其浓度越大,对钝化膜的破坏作用越大,钢筋锈蚀速度越快。

氯盐对混凝土的侵蚀作用可用氯离子扩散速率表示。抗氯离子渗透试验方法有两种:一种是快速氯离子迁移系数法(或称 RCM 法);另一种是电通量法。混凝土抗氯离子渗透性能等级按表 3.9、表 3.10 划分。混凝土孔结构和渗透性是影响扩散的重要因素,混凝土抗氯离子侵蚀能力与水灰比、胶凝材料组成等有关。

**表 3.9　混凝土抗氯离子渗透性能的等级划分(RCM 法)**

| 等　级 | RCM-Ⅰ | RCM-Ⅱ | RCM-Ⅲ | RCM-Ⅳ | RCM-Ⅴ |
|---|---|---|---|---|---|
| 氯离子迁移系数 $D_{RCM}/(\times 10^{-12} m^2 \cdot s^{-1})$ | $D_{RCM} \geqslant 4.5$ | $3.5 \leqslant D_{RCM} < 4.5$ | $2.5 \leqslant D_{RCM} < 3.5$ | $1.5 \leqslant D_{RCM} < 2.5$ | $D_{RCM} < 1.5$ |

**表 3.10　混凝土抗氯离子渗透性能的等级划分(电通量法)**

| 等　级 | Q-Ⅰ | Q-Ⅱ | Q-Ⅲ | Q-Ⅳ | Q-Ⅴ |
|---|---|---|---|---|---|
| 电通量 $Q_S$/C | $Q_S \geqslant 4\ 000$ | $2\ 000 \leqslant Q_S < 4\ 000$ | $1\ 000 \leqslant Q_S < 2\ 000$ | $500 \leqslant Q_S < 1\ 000$ | $Q_S < 500$ |

# 3.2 普通水泥混凝土配合比设计

混凝土配合比设计应满足拌合物性能、配制强度及其他力学性能、长期性能和耐久性能的设计要求。

配合比设计的依据是混凝土性能变化规律，主要体现在需水性定则和水灰比定则。

配合比设计的参数包括单方混凝土用水量($W$)、水胶比($W/B$)、砂率($\beta_s$)、矿物掺合料掺量、外加剂掺量等。

配合比表示方法：

①单方混凝土材料用量：以每立方米混凝土的材料用量($kg/m^3$)表示。

②相对用量：以水泥(或胶凝材料)用量为1，其他材料与水泥(或胶凝材料)质量的比率表示，通常写作 $B:S:G=1:X:Y, W/B=Z$。

## 3.2.1 以立方体抗压强度为设计目标的混凝土配合比设计

1)原材料的选择和检测

(1)水泥

①水泥品种的选择。水泥品种应根据混凝土施工和环境的特点，结合不同品种水泥的特性选择确定。

②水泥强度等级的选择。水泥强度等级应根据混凝土强度等级选择确定。低强度等级混凝土选用低强度等级水泥，高强度等级混凝土选用高强度等级水泥。若水泥强度等级偏高，则单方混凝土水泥用量偏少，不能满足耐久性要求；反之，若水泥强度等级偏低，则单方混凝土水泥用量偏高，对混凝土水化放热、体积稳定性等产生不良影响。

③水泥的检测。水泥的技术性能检测包括化学性能、物理性能、力学性能检测，根据检测所得技术性能指标，对照水泥技术标准，确定水泥是否能用于工程。

(2)粗集料　水泥混凝土粗集料和细集料的划分界限为4.75 mm，大于4.75 mm的集料为粗集料，小于4.75 mm的集料为细集料。粗集料又称为骨料，包括卵石(pebble)和碎石(crushed stone)两种，是混凝土中的主要组成材料，也是影响混凝土强度、弹性模量等的重要因素之一。根据《建设用卵石、碎石》(GB/T 14685—2011)的规定，粗集料按其技术性能要求分为Ⅰ类、Ⅱ类、Ⅲ类。Ⅰ类宜用于强度等级大于C60的混凝土，Ⅱ类宜用于强度等级C30～C60及抗冻、抗渗或其他要求的混凝土，Ⅲ类宜用于强度等级小于C30的混凝土。

①品种、最大粒径。粗集料品种的选择应本着就地取材的原则，当混凝土强度等级较高时宜采用碎石。粗集料的最大粒径应根据混凝土结构的断面尺寸及钢筋净距确定，通常粗集料的最大粒径不大于结构断面最小尺寸的1/4，且不大于钢筋净距的3/4。对混凝土实心板，粗集料的最大粒径不宜超过板厚的1/3且不大于40 mm；对于高强混凝土，最大粒径不宜大于25 mm。

②级配。用于水泥混凝土的粗集料级配应符合表3.11的要求。

表3.11　粗集料颗粒级配(GB/T 14685—2011)

| 公称粒径/mm | | 累计筛余/% | | | | | | | | | | |
|---|---|---|---|---|---|---|---|---|---|---|---|---|
| | | 方孔筛/mm | | | | | | | | | | |
| | | 2.36 | 4.75 | 9.50 | 16.0 | 19.0 | 26.5 | 31.5 | 37.5 | 53.0 | 63.0 | 75.0 |
| 连续粒级 | 5~16 | 95~100 | 85~100 | 30~60 | 0~10 | 0 | | | | | | |
| | 5~20 | 95~100 | 90~100 | 40~80 | — | 0~10 | 0 | | | | | |
| | 5~25 | 95~100 | 90~100 | — | 30~70 | — | 0~5 | 0 | | | | |
| | 5~31.5 | 95~100 | 90~100 | 70~90 | — | 15~45 | — | 0~5 | 0 | | | |
| | 5~40 | — | 95~100 | 70~90 | — | 30~65 | — | — | 0~5 | 0 | | |
| 单粒粒级 | 5~10 | 95~100 | 80~100 | 0~15 | 0 | | | | | | | |
| | 10~16 | | 95~100 | 80~100 | 0~15 | | | | | | | |
| | 10~20 | | 95~100 | 85~100 | | 0~15 | 0 | | | | | |
| | 16~25 | | | 95~100 | 55~70 | 25~40 | 0~10 | | | | | |
| | 16~31.5 | | 95~100 | | 85~100 | | | 0~10 | 0 | | | |
| | 20~40 | | | 95~100 | | 80~100 | | | 0~10 | 0 | | |
| | 40~80 | | | | | 95~100 | | | 70~100 | | 30~60 | 0~10 |

③含泥量、泥块含量、针片状颗粒含量、有害物和坚固性。

粗集料的含泥量是指集料中小于0.075 mm颗粒质量占试样总质量的百分率。泥块含量是指粗集料中大于4.75 mm颗粒经水浸24 h后,水洗过2.36 mm筛,其中小于2.36 mm颗粒质量占试样总质量的百分率。

针状颗粒是指集料的最大尺寸大于平均粒径的2.4倍,片状颗粒是指集料的最小尺寸小于平均粒径的0.4倍。水泥混凝土用粗集料针片状颗粒含量的测定采用规准仪逐粒检验。

有害物指粗集料中的有机物含量、硫化物及硫酸盐含量(按 $SO_3$ 计)。坚固性测试采用饱和硫酸钠溶液,经历5次循环后过下限筛孔测质量损失百分率。

用于水泥混凝土的粗集料含泥量、泥块含量、针片状颗粒含量、有害物、坚固性应符合表3.12中Ⅰ,Ⅱ,Ⅲ类卵石和碎石相关技术指标的要求。

表3.12　粗集料技术性能要求(GB/T 14685—2011)　　单位:%

| 项　目 | | 含泥量 | 泥块含量 | 针片状颗粒含量 | 空隙率 | 吸水率 | 有机物(比色法) | 硫化物及硫酸盐含量(按 $SO_3$ 计) | 坚固性(5次循环后质量损失) | 压碎值 | |
|---|---|---|---|---|---|---|---|---|---|---|---|
| | | | | | | | | | | 碎石 | 卵石 |
| 指标 | Ⅰ类 | ≤0.5 | 0 | ≤5 | ≤43 | ≤1.0 | 合格 | ≤0.5 | ≤5 | ≤10 | ≤12 |
| | Ⅱ类 | ≤1.0 | ≤0.2 | ≤10 | ≤45 | ≤2.0 | | ≤1.0 | ≤8 | ≤20 | ≤14 |
| | Ⅲ类 | ≤1.5 | ≤0.5 | ≤15 | ≤47 | ≤2.0 | | ≤1.0 | ≤12 | ≤30 | ≤16 |

④强度。碎石的强度可用轧制碎石的岩石在水饱和状态下的抗压强度表示，也可用压碎值衡量。在水饱和状态下岩石抗压强度火成岩应不小于80 MPa，变质岩应不小于60 MPa，水成岩应不小于30 MPa。

⑤粗集料表观密度不小于2 600 kg/m$^3$，空隙率及吸水率应满足表3.12的要求。

⑥碱-集料反应。经碱-集料反应试验后，由卵石、碎石制备的试件应无裂缝、酥裂、胶体外溢等现象，在规定的试验龄期的膨胀率应小于0.10%。

(3)细集料　用于混凝土的细集料按产源分为天然砂和机制砂两类。天然砂包括河砂、湖砂、山砂、淡化海砂。根据《建设用砂》(GB/T 14684—2011)，建设用砂按其技术性能分为Ⅰ类、Ⅱ类、Ⅲ类。Ⅰ类宜用于强度等级大于C60的混凝土；Ⅱ类宜用于强度等级C30～C60及抗冻、抗渗或其他要求的混凝土；Ⅲ类宜用于强度等级小于C30的混凝土和建筑砂浆。

①颗粒级配。细集料颗粒级配见表3.13，砂的粗细程度可用细度模数评价。

**表3.13　细集料颗粒级配(GB/T 14684—2011)**

| 砂的分类 | 天然砂 | | | 机制砂 | | |
|---|---|---|---|---|---|---|
| 级配区 | 1区 | 2区 | 3区 | 1区 | 2区 | 3区 |
| 方孔筛 | 累计筛余/% | | | | | |
| 4.75 mm | 10～0 | 10～0 | 10～0 | 10～0 | 10～0 | 10～0 |
| 2.36 mm | 35～5 | 25～0 | 15～0 | 35～5 | 25～0 | 15～0 |
| 1.18 mm | 65～35 | 50～10 | 25～0 | 65～35 | 50～10 | 25～0 |
| 0.6 mm | 85～71 | 70～41 | 40～16 | 85～71 | 70～41 | 40～16 |
| 0.3 mm | 95～80 | 92～70 | 85～55 | 95～80 | 92～70 | 85～55 |
| 0.15 mm | 100～90 | 100～90 | 100～90 | 97～85 | 94～80 | 94～75 |
| 级配类别 | Ⅱ,Ⅲ | Ⅰ,Ⅱ,Ⅲ | Ⅱ,Ⅲ | Ⅱ,Ⅲ | Ⅰ,Ⅱ,Ⅲ | Ⅱ,Ⅲ |

②砂的含泥量、石粉含量和泥块含量应符合表3.14的要求。

**表3.14　砂的含泥量、泥块含量**　　单位：%

<table>
<tr><td colspan="3">类　别</td><td>Ⅰ</td><td>Ⅱ</td><td>Ⅲ</td></tr>
<tr><td rowspan="2">天然砂</td><td colspan="2">含泥量(按质量计)</td><td>≤1.0</td><td>≤3.0</td><td>≤5.0</td></tr>
<tr><td colspan="2">泥块含量(按质量计)</td><td>0</td><td>≤1.0</td><td>≤2.0</td></tr>
<tr><td rowspan="5">机制砂</td><td rowspan="3">MB值≤1.4或快速法试验合格</td><td>MB值</td><td>≤0.5</td><td>≤1.0</td><td>≤1.4或合格</td></tr>
<tr><td>石粉含量(按质量计)</td><td colspan="3">≤10.0</td></tr>
<tr><td>泥块含量(按质量计)</td><td>0</td><td>≤1.0</td><td>≤2.0</td></tr>
<tr><td rowspan="2">MB值>1.4或快速法试验不合格</td><td>石粉含量(按质量计)</td><td>≤1.0</td><td>≤3.0</td><td>≤5.0</td></tr>
<tr><td>泥块含量(按质量计)</td><td>0</td><td>≤1.0</td><td>≤2.0</td></tr>
</table>

③有害物含量。用于水泥混凝土的细集料不应混有草根、树叶、塑料、煤块、炉渣等杂物，其中有害物云母、轻物质、硫化物、硫酸盐、氯盐等应符合表3.15的要求。

表 3.15　细集料技术性能要求(GB/T 14684—2011)　　单位:%

| 项目 | | 云母(按质量计) | 轻物质(按质量计) | 有机物(比色法) | 硫化物及硫酸盐(按 $SO_3$ 质量计) | 氯化物(以氯离子质量计) | 贝壳(按质量计) | 坚固性(5 次循环后质量损失 | 单级最大压碎值 |
|---|---|---|---|---|---|---|---|---|---|
| 指标 | Ⅰ | ≤1.0 | | | | ≤0.01 | ≤3.0 | ≤8 | ≤20 |
| | Ⅱ | ≤2.0 | ≤1.0 | 合　格 | ≤0.5 | ≤0.02 | ≤5.0 | ≤8 | ≤25 |
| | Ⅲ | ≤2.0 | | | | ≤0.06 | ≤8.0 | ≤10 | ≤30 |

④坚固性。坚固性采用饱和硫酸钠进行试验,经历 5 次结晶—溶解循环后过下限筛孔,测质量损失而确定。

⑤碱-集料反应。经碱-集料反应试验后,由砂制备的试件应无裂缝、酥裂、胶体外溢等现象,在规定的试验龄期膨胀率应小于 0.10%。

⑥表观密度、松散堆积密度和空隙率。表观密度不小于 2 500 $kg/m^3$,松散堆积密度不小于1 400 $kg/m^3$,空隙率不大于 44%。

(4)拌和用水　地表水、地下水、再生水等用于混凝土拌和用水时,被检验水样应与饮用水样进行对比试验。对比试验的水泥初凝时间差及终凝时间差均不应大于 30 min,且初凝和终凝时间应符合现行国家标准《通用硅酸盐水泥》(GB 175—2007)的规定;水泥胶砂强度对比试验,被检验水样配制的水泥胶砂 3 d 和 28 d 强度不应低于饮用水配制的水泥胶砂 3 d 和 28 d强度的 90%。混凝土拌和用水不应有漂浮明显的油脂和泡沫,不应有明显的颜色和异味。混凝土企业设备洗刷水不宜用于预应力混凝土、装饰混凝土、加气混凝土和暴露于腐蚀环境的混凝土;不得用于使用碱活性或潜在碱活性骨料的混凝土。未经处理的海水严禁用于钢筋混凝土和预应力混凝土。在无法获得水源的情况下,海水可用于素混凝土,但不宜用于装饰混凝土。混凝土拌和用水的质量要求见表 3.16。

表 3.16　混凝土拌和用水质量要求(JGJ 63—2006)

| 项　目 | 预应力混凝土 | 钢筋混凝土 | 素混凝土 |
|---|---|---|---|
| pH 值 | ≥5.0 | ≥4.5 | ≥4.5 |
| 不溶物/($mg \cdot L^{-1}$) | ≤2 000 | ≤2 000 | ≤5 000 |
| 可溶物/($mg \cdot L^{-1}$) | ≤2 000 | ≤5 000 | ≤10 000 |
| 氯化物(以 $Cl^-$ 计)/($mg \cdot L^{-1}$) | ≤500 | ≤1 000 | ≤3 500 |
| 硫酸盐(以 $SO_4^{2-}$ 计)/($mg \cdot L^{-1}$) | ≤600 | ≤2 000 | ≤2 700 |
| 碱含量/($mg \cdot L^{-1}$) | ≤1 500 | ≤1 500 | ≤1 500 |

注:碱含量按 $Na_2O + 0.658K_2O$ 计算值来表示。采用非碱活性骨料时,可不检验碱含量。

(5)矿物掺合料　用于水泥混凝土中的矿物掺合料又称矿物外加剂,是指在混凝土搅拌过程中加入的、具有一定细度和水化反应活性的、用于改善新拌和硬化混凝土性能(特别是混凝土耐久性)的矿物类细掺合材料。有别于掺混合材的水泥,矿物掺合料作为独立组分掺入混凝土中,可以根据混凝土材料性能设计的要求及矿物掺合料与水泥的适配性,通过试验确定掺入的品种和数量。水泥混凝土中可以单独掺入一种矿物掺合料,也可以两种或以上矿物掺合料复合掺入。通常将水泥混凝土中的水泥和矿物掺合料合称为胶凝材料。矿物掺合料的掺量是指掺合料质量占胶凝材料质量的百分率。用于水泥混凝土中的矿物掺合料主要有粉煤灰及磨细粉煤灰、硅灰、磨细矿渣粉、磨细天然沸石等。

活性掺合料在混凝土中的作用主要体现在以下两个方面：一是微集料效应，活性掺合料颗粒粒径与水泥颗粒相当或较水泥颗粒小，其微小颗粒填充到水泥颗粒间隙，可以改善水泥石微结构，提高水泥石密度，从而对水泥石及混凝土强度、抗渗性等产生影响；二是化学活性效应，活性掺合料的潜在水硬性和火山灰活性能有效改善水泥水化产物组成，减少水化产物中 $Ca(OH)_2$ 含量，将 $Ca(OH)_2$ 转化为对强度和耐久性更有利的 C-S-H 凝胶和钙矾石，同时改善水泥石与集料的界面过渡层质量，对混凝土力学性能、耐久性能产生影响。不同活性掺合料对混凝土性能影响有所不同。

- 粉煤灰

粉煤灰是从电厂煤粉炉烟道气体中收集的粉末，具有火山灰活性。煤粉在燃烧炉中的悬浮燃烧结果使粉煤灰颗粒呈现球形中空形态。粉煤灰在混凝土中除具有火山灰活性效应和微集料效应外，其玻璃微珠形态还在混凝土拌合物中起到"滚珠轴承"形态效应，因此粉煤灰的加入对混凝土拌合物的工作性能、力学性能、耐久性能、变形性能、绝热温升等产生影响。

粉煤灰按其排放方式可分为干排灰和湿排灰，按收集方式可分为机械收尘和电收尘。《用于水泥和混凝土中的粉煤灰》（GB/T 1596—2017）将粉煤灰分为 F 类和 C 类两大类。F 类为无烟煤或烟煤煅烧收集的粉煤灰；C 类为褐煤或次烟煤煅烧收集的粉煤灰，其氧化钙含量一般大于或等于 10%。用于拌制混凝土和砂浆的粉煤灰的技术要求见表 3.17。

**表 3.17　拌制混凝土和砂浆用粉煤灰技术要求（GB/T 1596—2017）**

| 项目 | | 细度（45 μm 方孔筛筛余）/% | | 需水量比/% | | 烧失量/% | | 含水量/% | | 三氧化硫含量/% | | 游离氧化钙含量/% | | 安定性（雷氏夹沸煮后增加距离）/mm |
|---|---|---|---|---|---|---|---|---|---|---|---|---|---|---|
| | | F类 | C类 | F类 | C类 | F类 | C类 | F类 | C类 | F类 | C类 | F类 | C类 | C类 |
| 技术要求 | Ⅰ级 | ≤12.0 | | ≤95 | | ≤5.0 | | | | | | | | |
| | Ⅱ级 | ≤30.0 | | ≤105 | | ≤8.0 | | ≤1.0 | | ≤3.0 | | ≤1.0 | ≤4.0 | ≤5.0 |
| | Ⅲ级 | ≤45.0 | | ≤115 | | ≤10.0 | | | | | | | | |

配制泵送混凝土、大体积混凝土、抗渗结构混凝土、抗硫酸盐和抗软水侵蚀混凝土、蒸养混凝土、轻骨料混凝土、地下工程混凝土、水下工程混凝土、压浆混凝土及碾压混凝土等宜掺入粉煤灰。

- 硅灰

硅灰是冶炼硅铁合金或工业硅时，烟道排出的硅蒸气氧化后，经收尘器收集的以无定形二氧化硅为主要成分的产品。硅灰中二氧化硅的含量在85%以上，平均粒径0.15 μm，比表面积可达15 000～25 000 $m^2/kg$。

硅灰有很小的颗粒尺寸和巨大的比表面积，掺入硅灰对新拌混凝土的工作性和硬化后混凝土的性能都会产生重要影响。比表面积的增加会导致混凝土内聚力增加，增加混凝土拌合物需水量，减少混凝土拌合物离析。当与高效减水剂复合使用时，对保证大流动性混凝土的稳定性有利。硅灰的火山灰效应和微集料效应,使浆体中的C-S-H凝胶体增加,水泥石基体孔结构得以改善,水泥石与集料界面质量提高,密实度提高,混凝土渗透性降低,强度和耐久性提高。

根据《高强高性能混凝土用矿物外加剂》(GB/T 18736—2017),硅灰的技术要求包括:烧失量≤6%,$Cl^-$含量≤0.10%,$SiO_2$含量≥85%,比表面积≥15 000 $m^2$/kg,含水率≤3.0%,需水量比≤125%,28 d活性指数≥115%。

• 磨细矿渣粉

炼铁高炉的熔渣经水淬急冷而成的粒化高炉矿渣,再经干燥、磨细达到一定细度的产品即为磨细矿渣粉。用于水泥和混凝土中的磨细矿渣粉应满足表3.18的要求。

**表3.18 用于水泥和混凝土中的粒化高炉矿渣粉技术要求**(GB/T 18046—2017)

| 项目 | | 级别 | | |
|---|---|---|---|---|
| | | S105 | S95 | S75 |
| 密度/($g\cdot m^{-3}$) | | ≥2.8 | | |
| 比表面积/($m^2\cdot kg^{-1}$) | | ≥500 | ≥400 | ≥300 |
| 活性指数/% | 7 d | ≥95 | ≥70 | ≥55 |
| | 28 d | ≥105 | ≥95 | ≥75 |
| 流动度比/% | | ≥95 | | |
| 初凝时间比/% | | ≤200 | | |
| 含水量(质量分数)/% | | ≤1.0 | | |
| 三氧化硫(质量分数)/% | | ≤4.0 | | |
| 氯离子(质量分数)/% | | ≤0.06 | | |
| 烧失(质量分数)/% | | ≤1.0 | | |
| 不溶物(质量分数)/% | | ≤3.0 | | |
| 玻璃体含量(质量分数)/% | | ≥85 | | |

矿物掺合料的掺量应通过试验确定,并符合相关规范要求。现行《普通混凝土配合比设计规程》(JGJ 55—2011)中规定了钢筋混凝土和预应力混凝土中矿物掺合料最大掺量,见表3.19。

**表3.19 钢筋混凝土中矿物掺合料最大掺量**

| 矿物掺合料种类 | 水胶比 | 钢筋混凝土中矿物掺合料最大掺量/% | | 预应力混凝土中矿物掺合料最大掺量/% | |
|---|---|---|---|---|---|
| | | 采用硅酸盐水泥时 | 采用普通硅酸盐水泥时 | 采用硅酸盐水泥时 | 采用普通硅酸盐水泥时 |
| 粉煤灰 | ≤0.40 | 45 | 35 | 35 | 30 |
| | >0.40 | 40 | 30 | 25 | 20 |
| 粒化高炉矿渣粉 | ≤0.40 | 65 | 55 | 55 | 45 |
| | >0.40 | 55 | 45 | 45 | 35 |

续表

| 矿物掺合料种类 | 水胶比 | 钢筋混凝土中矿物掺合料最大掺量/% | | 预应力混凝土中矿物掺合料最大掺量/% | |
|---|---|---|---|---|---|
| | | 采用硅酸盐水泥时 | 采用普通硅酸盐水泥时 | 采用硅酸盐水泥时 | 采用普通硅酸盐水泥时 |
| 钢渣粉 | — | 30 | 20 | 20 | 10 |
| 磷渣粉 | — | 30 | 20 | 20 | 10 |
| 硅　灰 | — | 10 | 10 | 10 | 10 |
| 复合掺合料 | ≤0.40 | 65 | 55 | 55 | 45 |
| | >0.40 | 55 | 45 | 45 | 35 |

注:①采用其他通用硅酸盐水泥时,宜将水泥混合材料掺量20%以上的混合材料计入矿物掺合料。

②复合掺合料各组分的掺量不宜超过单掺时的最大掺量。

③在混合使用两种或两种以上矿物掺合料时,矿物掺合料总掺量应符合表中复合掺合料的规定。

(6)外加剂　混凝土外加剂是混凝土中除胶凝材料、骨料、水和纤维组分以外,在混凝土拌制之前或拌制过程中,用以改善新拌混凝土和(或)硬化混凝土性能,对人、生物及环境安全无有害影响的材料。

混凝土外加剂按其主要使用功能分为:

①改善混凝土拌合物流变性能的外加剂,包括各种减水剂和泵送剂等。

②调节混凝土凝结时间、硬化性能的外加剂,如缓凝剂、早强剂、促凝剂和速凝剂等。

③改善混凝土耐久性的外加剂,如引气剂、防水剂、阻锈剂等。

④改善混凝土其他性能的外加剂,如膨胀剂、防冻剂和着色剂等。

混凝土外加剂的选择应根据工程设计对混凝土的性能要求而定,同时还要考虑实际工程的原材料供应情况。外加剂的选择应根据工程所用的实际原材料(特别是胶凝材料)与外加剂适应性试验确定。同时,选用的混凝土外加剂应该具有以下基本性能:一是能改善混凝土的一种或几种性能而不产生副作用;二是在运输和贮存过程中具有良好的均质性和稳定性;三是对混凝土中的钢筋及其他预埋件没有有害作用;四是使用安全,对环境无污染。

外加剂的使用包括确定外加剂的掺量和掺加方法。影响外加剂掺量的因素主要有:外加剂品种、胶凝材料矿物组成、混凝土配合比、外加剂复合方式、外加剂掺加方法、使用的环境条件等。外加剂的掺加方法有:

①先掺法:混凝土拌和时,外加剂先于拌和水加入的掺加方法。

②同掺法:混凝土拌和时,外加剂与拌和水一起加入的掺加方法。

③后掺法:混凝土拌和时,外加剂滞后于拌和水加入的掺加方法。

④二次掺加法:根据混凝土拌合物性能需要或其不能满足施工要求时,现场再次添加外加剂的方法。

⑤内掺法:以外加剂质量占外加剂与胶凝材料总质量的百分比掺加的方法。

⑥外掺法:以外加剂质量占胶凝材料质量的百分比掺加的方法。

外加剂的掺加方法对其使用效果有较大影响,实际使用时应根据外加剂特性和工程的具体情况,选择合理的掺加方法,以保证外加剂性能的最有效发挥。

• 减水剂(water reducing agent)

减水剂是最常用的混凝土外加剂之一,又称分散剂或塑化剂。根据减水率的大小及保坍性能,分为普通减水剂、高效减水剂和高性能减水剂;按其兼有的功能,分为标准型减水剂、缓凝型减水剂、早强型减水剂、引气型减水剂等。高性能减水剂主要为聚羧酸盐类产品;高效减水剂主要有萘系减水剂、氨基磺酸盐系减水剂等;普通减水剂主要有木质素磺酸盐系等。

水泥与水拌和后,由于水泥颗粒表面的电荷作用、表面能作用以及不同水泥熟料矿物水化过程中所带的电荷不同,会产生絮凝结构(图3.19),导致拌和水一部分被包裹,水泥颗粒表面起润滑作用的水减少,影响了混凝土拌合物的流动性能。减水剂多为阴离子表面活性剂,混凝土拌合物中加入减水剂,在水泥颗粒表面形成定向吸附,其憎水端吸附在水泥颗粒表面,亲水端指向水。定向吸附的结果是:

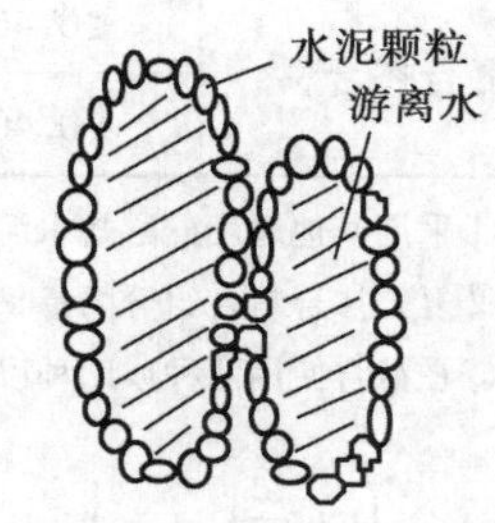

图3.19　水泥浆絮凝结构

①水泥颗粒表面带同种电荷,颗粒因产生电性相斥而分散,絮凝结构解体,包裹水被释放出来,混凝土拌合物流动性增加。

②减水剂分子与极性水分子产生电性吸附,在水泥颗粒表面形成溶剂化润滑水膜,提高混凝土拌合物流动性。

③水泥颗粒表面能因吸附表面活性剂而降低,有利于水对水泥颗粒润湿。

由于减水剂的分散、润滑、润湿作用,包裹在絮凝结构中的水被释放,水泥颗粒表面润滑水膜厚度增加,混凝土拌合物工作性得以改善。

减水剂对混凝土性能的影响主要表现在:一是保持混凝土用水量不变,提高混凝土拌合物流动性;二是保持流动性和水泥用量不变,可减少用水量,降低水灰比,提高混凝土强度;三是保证强度和流动性不变,在减水的同时减少水泥用量,可节约水泥。

• 调凝剂

调凝剂是能调节水泥、混凝土凝结和硬化性能的外加剂,包括缓凝剂、早强剂、促凝剂、速凝剂等。这类外加剂对水泥、混凝土的凝结时间和强度发展产生显著影响,可将混凝土凝结时间控制在几分钟至几十个小时,满足不同气候、运输、施工进度、养护、结构具体特点等条件下的不同工程应用要求。常用的调凝剂主要是无机电解质盐类及有机物类。

• 引气剂

引气剂(air entraining agent)是指能在混凝土搅拌过程中引入大量稳定而分布均匀的微小气泡的外加剂。混凝土中加入引气剂,能使混凝土中引气量达到3% ~5%,每立方米混凝土中引入的微气泡(直径为20 ~200 nm)5 000亿~8 000亿个,能有效减少新拌混凝土的离析、泌水,改善新拌混凝土的可塑性、流动性、可泵性等工作性能,提高硬化后混凝土的抗冻融能力,增加抵抗除冰盐的剥蚀能力,提高混凝土抗渗性和水密性等耐久性能。引气剂的加入对强度有一定的降低影响。常用的引气剂包括松香皂及松香热聚物类、烷基苯磺酸盐类、脂肪醇磺酸盐类、蛋白质盐类等。

• 膨胀剂

膨胀剂(expansive agent)是指能在凝结硬化过程中使混凝土、砂浆、水泥净浆产生可控膨胀以减少收缩的外加剂。在水泥水化和硬化阶段,膨胀剂既可以产生自身膨胀,也可与水泥中的某些成分反应产生膨胀,对混凝土起补偿收缩、防止开裂等作用。

混凝土膨胀剂可分为:

①硫铝酸钙类混凝土膨胀剂:与水泥、水拌和后经水化反应生成钙矾石的混凝土膨胀剂。

②氧化钙类混凝土膨胀剂:与水泥、水拌和后经水化反应生成氢氧化钙的混凝土膨胀剂。

③硫铝酸钙-氧化钙类膨胀剂:与水泥、水拌和后经水化反应生成钙矾石和氢氧化钙的混凝土膨胀剂。

2)计算配合比

(1)确定混凝土配制强度$f_{cu,0}$　由于混凝土材料本身的非均质性以及生产过程中的随机误差,在正常生产条件下取样测得的混凝土强度会在一定范围内波动,当样本数量足够时,混凝土强度是呈正态分布的。为保证混凝土强度达到设计强度等级的要求,当混凝土设计强度等级小于C60时,配制强度应按式(3.23)取值;当设计强度等级不小于C60时,配制强度应按式(3.24)取值。

$$f_{cu,0}=f_{cu,k}+1.645\sigma \tag{3.23}$$

$$f_{cu,0}\geqslant 1.15f_{cu,k} \tag{3.24}$$

标准差应根据近1~3个月且试件组数不少于30组试件的同一品种、同一强度等级混凝土的强度资料确定。强度等级不大于C30的混凝土,当混凝土强度标准差的计算值小于3.0 MPa时,标准差应取3.0 MPa;强度等级大于C30且小于C60的混凝土,当混凝土强度标准差计算值小于4.0 MPa时,应取标准差等于4.0 MPa;当无统计资料时,可按表3.20取值。

表3.20　混凝土强度标准差

| 混凝土强度等级 | ≤C20 | C25~C45 | C50~C55 |
|---|---|---|---|
| 标准差/MPa | 4.0 | 5.0 | 6.0 |

(2)确定单方混凝土用水量($W_0$)　混凝土水胶比在0.40~0.80范围内时,单方混凝土用水量根据表3.21和表3.22选取。混凝土水胶比小于0.40时,可通过试验确定。

表3.21　干硬性混凝土用水量　单位:kg/m$^3$

| 拌合物维勃稠度/s | 卵石最大公称粒径/mm | | | 碎石最大公称粒径/mm | | |
|---|---|---|---|---|---|---|
| | 10 | 20 | 40 | 16 | 20 | 40 |
| 16~20 | 175 | 160 | 145 | 180 | 170 | 155 |
| 11~15 | 180 | 165 | 150 | 185 | 175 | 160 |
| 5~10 | 185 | 170 | 155 | 190 | 180 | 165 |

表 3.22 塑性混凝土用水量 单位:kg/m³

| 拌合物坍落度/mm | 卵石最大公称粒径/mm | | | | 碎石最大公称粒径/mm | | | |
|---|---|---|---|---|---|---|---|---|
| | 10 | 20 | 31.5 | 40 | 16 | 20 | 31.5 | 40 |
| 10~30 | 190 | 170 | 160 | 150 | 200 | 185 | 175 | 165 |
| 30~50 | 200 | 180 | 170 | 160 | 210 | 195 | 185 | 175 |
| 50~70 | 210 | 190 | 180 | 170 | 220 | 205 | 195 | 185 |
| 70~90 | 215 | 195 | 185 | 175 | 230 | 215 | 205 | 195 |

注:①本表用水量是采用中砂时的平均取值,采用细砂或粗砂时,用水量应酌情增减。
②掺用各种外加剂或活性混合材时,用水量应相应调整。
③水胶比小于0.40的混凝土及采用特殊成型工艺的混凝土用水量应通过试验确定。

掺外加剂时,单方流动性或大流动性混凝土的用水量可按式(3.25)计算。

$$W_0 = W_0'(1-\beta) \tag{3.25}$$

式中 $W_0$——计算配合比单方混凝土用水量,kg/m³;

$W_0'$——未掺外加剂时推定的满足实际坍落度要求的单方混凝土用水量;

$\beta$——外加剂减水率,%,应经混凝土试验确定。

(3)确定水胶比($W/B$)

①按强度要求计算水胶比。根据水胶比定则,按式(3.5)计算满足强度要求的水胶比。

②按耐久性校核最大水胶比。若满足强度要求的水胶比大于表3.23所示的按耐久性要求的最大水胶比,则以两者间的较小值代入下一步计算。若条件许可,应选用较低等级的水泥或加大掺合料掺量,重新计算并确定水胶比。

表 3.23 混凝土结构的环境类别及结构混凝土耐久性基本要求

| 环境类别 | | 条件 | 最大水胶比 | 最小水泥用量/(kg·m⁻³) | 最低混凝土强度等级 | 最大氯离子含量/% | 最大碱含量/(kg·m⁻³) |
|---|---|---|---|---|---|---|---|
| 一 | | 室内正常环境 | 0.65 | 225 | C20 | 1.0 | 不限制 |
| 二 | a | 室内潮湿环境;非严寒和非寒冷地区的露天环境,与无侵蚀性的水或土壤直接接触的环境 | 0.60 | 250 | C25 | 0.3 | 3.0 |
| | b | 严寒和寒冷地区的露天环境;与无侵蚀性的水或土壤直接接触的环境 | 0.55 | 275 | C30 | 0.2 | 3.0 |
| 三 | | 使用除冰盐的环境;严寒和寒冷地区冬季水位变动的环境;滨海室外环境 | 0.50 | 300 | C30 | 0.1 | 3.0 |
| 四 | | 海水环境 | | | | | |
| 五 | | 受人为或自然的侵蚀性物质影响的环境 | | | | | |

注:①表中数据适用于一、二、三类环境中设计使用年限为50年的结构混凝土。
②预应力构件混凝土中的最大氯离子含量为0.06%,最小水泥用量为300 kg/m³,最低混凝土强度等级应按表中规定提高两个等级。
③结构物设计使用年限为100年及四、五类环境中的结构混凝土应满足相关技术标准要求。

(4)确定单方混凝土中胶凝材料用量($B_0$)、矿物掺合料用量($F_0$)及水泥用量($C_0$)

①胶凝材料用量($B_0$)。单方混凝土用水量($W_0$)和水胶比($W/B$)已知,则单方混凝土胶凝材料用量为:

$$B_0=\frac{W_0}{W/B} \tag{3.26}$$

按表3.23耐久性要求校核最小胶凝材料用量。若计算所得胶凝材料用量小于耐久性要求的最小胶凝材料用量,则以两者间的较大值代入下一步计算;若条件许可,应选择较低等级水泥或加大掺合料掺量重新计算并确定水泥用量。

②矿物掺合料用量($F_0$)。

$$F_0=B_0\cdot\beta_f \tag{3.27}$$

式中 $\beta_f$——矿物掺合料掺量,%。

③水泥用量($C_0$)。

$$C_0=B_0(1-\beta_f) \tag{3.28}$$

(5)外加剂用量($A_0$)

$$A_0=B_0\cdot\beta_a \tag{3.29}$$

式中 $\beta_a$——外加剂掺量,%,以胶凝材料质量百分数计算。

(6)确定砂率($\beta_s$) 砂率的确定可根据经验或有关历史资料,当没有资料可参考时,可参考表3.24确定。

**表3.24 混凝土砂率(JGJ 55—2011)** 单位:%

| 水胶比(W/B) | 卵石最大公称粒径/mm | | | 碎石最大公称粒径/mm | | |
|---|---|---|---|---|---|---|
| | 10.0 | 20.0 | 40.0 | 16.0 | 20.0 | 40.0 |
| 0.40 | 26~32 | 25~31 | 24~30 | 30~35 | 29~34 | 27~32 |
| 0.50 | 30~35 | 29~34 | 28~33 | 33~38 | 32~37 | 30~35 |
| 0.60 | 33~38 | 32~37 | 31~36 | 36~41 | 35~40 | 33~38 |
| 0.70 | 36~41 | 35~40 | 34~39 | 39~44 | 38~43 | 36~41 |

注:①本表适用于坍落度为10~60 mm的混凝土,当混凝土坍落度大于60 mm或小于10 mm时,砂率应经试验确定。

②本表数值系中砂的选用砂率,当采用粗砂或细砂时应酌情增大或减少砂率。

③采用单粒级集料配制混凝土时,砂率应适当增大。

④对于薄壁构件,砂率应适当增大。

(7)确定单方混凝土中砂、石用量($S_0$,$G_0$)

①假设密度法:假设混凝土湿密度为$m_{cp}$(可取2 350~2 450 kg/m$^3$),则

$$B_0+W_0+S_0+G_0=m_{cp} \tag{3.30}$$

$$\frac{S_0}{S_0+G_0}\times100\%=\beta_s \tag{3.31}$$

②绝对体积法:设混凝土的体积等于所有材料体积与混凝土中夹带的空气体积之和,则

$$\frac{C_0}{\rho_c}+\frac{F_0}{\rho_f}+\frac{W_0}{\rho_w}+\frac{S_0}{\rho_s}+\frac{G_0}{\rho_g}+0.01\alpha=1 \tag{3.32}$$

$$\frac{S_0}{S_0 + G_0} \times 100\% = \beta_s \tag{3.33}$$

式中　$\rho_c, \rho_f, \rho_w, \rho_s, \rho_g$——水泥、矿物掺合料、水、砂、石的表观密度，$kg/m^3$；

$\alpha$——混凝土中含气量百分数，未掺入引气剂时 $\alpha$ 可取 1。

由上可得混凝土计算配合比，单方混凝土水泥、矿物掺合料、水、砂、石、外加剂用量为 $C_0$，$F_0$，$W_0$，$S_0$，$G_0$，$A_0$。

3）试拌配合比

试拌，即保持计算配合比的水胶比不变，调整用水量、砂率，使混凝土拌合物性能符合设计和施工要求。修正后的计算配合比即为试拌配合比，也称为基准配合比。工作性满足要求的单方混凝土水泥、矿物掺合料、水、砂、石、外加剂材料用量为 $C_1$，$F_1$，$W_1$，$S_1$，$G_1$，$A_1$。

4）实验室配合比

在试拌配合比基础上进行混凝土强度调整以确定实验室配合比。

采用 3 个不同的配合比，其中一个为试拌配合比，另两个配合比分别以试拌混凝土的水胶比为基准，保持试拌混凝土用水量不变，水胶比分别增加和减少 0.05，砂率可作适当调整。成型混凝土试件并经标准养护至 28 d 或设计规定的龄期，测试混凝土立方体抗压强度。

根据混凝土强度测试结果，绘制强度与胶水比关系图或回归强度-胶水比关系曲线，确定与配制强度 $f_{cu,0}$ 对应的或略大于配制强度的胶水比，由此可得满足强度要求的配合比。单方混凝土水泥、矿物掺合料、水、砂、石、外加剂材料的用量为 $C_2$，$F_2$，$W_2$，$S_2$，$G_2$，$A_2$。

$$\delta = \frac{m_{ct}}{m_{cp}} = \frac{m_{ct}}{C_2 + F_2 + W_2 + S_2 + G_2} \tag{3.34}$$

$\delta$ 为密度调整系数，当 $\delta < 2\%$ 时，调整后的配合比可维持不变；当 $\delta > 2\%$ 时，按式(3.35)修正单方混凝土材料用量。

$$\begin{matrix} C_3 \\ F_3 \\ S_3 \\ G_3 \\ W_3 \\ A_3 \end{matrix} = \delta \times \begin{cases} C_2 \\ F_2 \\ S_2 \\ G_2 \\ W_2 \\ A_2 \end{cases} \tag{3.35}$$

配合比调整后，还应测定拌合物水溶性氯离子含量等，对有耐久性设计要求的混凝土应进行耐久性验证，满足相关规程和标准要求的配合比即为实验室配合比。

5）施工配合比调整

施工配合比调整的主要工作是调整砂、石含水率。设砂、石含水率分别为 $W_s$，$W_g$，则施工配合比单方混凝土水泥、矿物掺合料、水、砂、石、外加剂材料用量为：

$$C_4 = C_3 \tag{3.36}$$

$$F_4 = F_3 \tag{3.37}$$

$$S_4 = S_3 \times (1 + W_s) \tag{3.38}$$

$$G_4 = G_3 \times (1 + W_g) \tag{3.39}$$

$$W_4 = W_3 - S_3 \times W_s - G_3 \times W_g \tag{3.40}$$

$$A_4 = A_3 \tag{3.41}$$

### 3.2.2 以抗弯拉强度为设计目标的混凝土配合比设计

路面、桥面、机场跑道等结构物用混凝土,根据其受力特点,以混凝土抗弯拉强度作为结构计算强度取值的依据。因此,这类工程用混凝土配合比设计时以抗弯拉强度作为设计目标。混凝土的配合比设计宜采用正交试验法。下面以路面用普通混凝土为例讲述以抗弯拉强度为设计目标的混凝土配合比设计。

1)原材料的选择和检测

路面普通混凝土原材料的选择类同于"以立方体抗压强度为设计目标的混凝土配合比设计"原材料选择。原材料的技术性能应满足相关国家标准及交通部《公路水泥混凝土路面施工技术细则》(JTG/T F30—2014)的要求。

2)初步配合比计算

(1)确定配制强度$f_c$

$$f_c = \frac{f_r}{1 - 1.04C_v} + ts \tag{3.42}$$

式中 $f_c$——水泥混凝土配制28 d弯拉强度平均值,MPa;

$f_r$——设计弯拉强度标准值,MPa;

$s$——弯拉强度试样试验样本标准差,MPa;

$t$——保证率系数,按表3.25确定;

$C_v$——混凝土弯拉强度变异系数,应按照统计数据取值。统计数据小于0.05时取0.05;无统计数据时可参考表3.26取值;其中高速公路、一级路变异水平应为低,二级公路变异水平不低于中。

**表3.25 保证率系数$t$(JTG/T F30—2014)**

| 公路等级 | 判别概率$P$ | 样本数$n$(组) | | | |
|---|---|---|---|---|---|
| | | 6~8 | 9~14 | 15~19 | ≥20 |
| 高速 | 0.05 | 0.79 | 0.61 | 0.45 | 0.39 |
| 一级 | 0.10 | 0.59 | 0.46 | 0.35 | 0.30 |
| 二级 | 0.15 | 0.46 | 0.37 | 0.28 | 0.24 |
| 三、四级 | 0.20 | 0.37 | 0.29 | 0.22 | 0.19 |

**表3.26 变异系数范围(JTG/T F30—2014)**

| 弯拉强度变异水平等级 | 低 | 中 | 高 |
|---|---|---|---|
| 弯拉强度变异系数$C_v$范围 | $0.05 \leqslant C_v \leqslant 0.10$ | $0.10 \leqslant C_v \leqslant 0.15$ | $0.15 \leqslant C_v \leqslant 0.20$ |

(2)确定水灰比 根据水灰比定则,路面混凝土按式(3.7)或式(3.8)计算满足强度要求的水灰比。按表3.27校核满足耐久性要求的最大水灰比。若满足强度要求的水灰比大于按

耐久性要求的最大水灰比，则以满足耐久性要求的最大水灰比进行后面的计算；若条件许可，应选用较低等级的水泥重新计算并确定水灰比。

**表 3.26　各级公路面层水泥混凝土最大水灰(胶)比和最小单位水泥用量(JTG/T 30—2014)**

| 公路等级 | | 高速、一级 | 二级 | 三、四级 |
|---|---|---|---|---|
| 最大水灰(胶)比 | | 0.44 | 0.46 | 0.48 |
| 有抗冰冻要求时最大水灰(胶)比 | | 0.42 | 0.44 | 0.46 |
| 有抗盐冻要求时最大水灰(胶)比① | | 0.40 | 0.42 | 0.44 |
| 最小单位水泥用量/(kg·m$^{-3}$) | 52.5 级 | 300 | 300 | 290 |
| | 42.5 级 | 310 | 310 | 300 |
| | 32.5 级 | — | — | 315 |
| 有抗冰冻、抗盐冻要求时最小单位水泥用量/(kg·m$^{-3}$) | 52.5 级 | 310 | 310 | 300 |
| | 42.5 级 | 320 | 320 | 315 |
| | 32.5 级 | — | — | 325 |
| 掺粉煤灰时最小单位水泥用量/(kg·m$^{-3}$) | 52.5 级 | 250 | 250 | 245 |
| | 42.5 级 | 260 | 260 | 255 |
| | 32.5 级 | — | — | 265 |
| 有抗冰冻、抗盐冻要求时掺粉煤灰混凝土最小单位水泥用量/(kg·m$^{-3}$)② | 52.5 级 | 265 | 260 | 255 |
| | 42.5 级 | 280 | 270 | 265 |

注：①处在除冰盐、海风、酸雨或硫酸盐等腐蚀性环境中或在大纵坡等加减速车道上，最大水灰(胶)比宜比表中数值降低0.01～0.02。

②掺粉煤灰，并有抗冰冻、抗盐冻要求时，面层不应使用32.5级水泥。

(3)确定砂率($\beta_s$)　砂的细度模数与最优砂率见表3.28。

**表 3.28　砂的细度模数与最优砂率(JTG/T F30—2014)**

| 砂细度模数 | | 2.2～2.5 | 2.5～2.8 | 2.8～3.1 | 3.1～3.4 | 3.4～3.7 |
|---|---|---|---|---|---|---|
| 砂率/% | 碎石 | 30～34 | 32～36 | 34～38 | 36～40 | 38～42 |
| | 卵石 | 28～32 | 30～34 | 32～36 | 34～38 | 36～40 |

(4)确定用水量($W$)　根据施工工艺对拌合物坍落度的要求，可按式(3.43)、式(3.44)计算单位用水量(砂石料以自然风干状态计)。

$$W_0 = 104.97 + 0.309S_L + 11.27\frac{C}{W} + 0.61S_P \tag{3.43}$$

$$W_0 = 86.89 + 0.370S_L + 11.24\frac{C}{W} + 1.00S_P \tag{3.44}$$

$$W_{0w} = W_0\left(1 - \frac{\beta}{100}\right) \tag{3.45}$$

式中　$W_0$——不掺外加剂和掺合料混凝土的单位用水量，kg/m$^3$；

$S_L$——坍落度，mm；

$S_P$——砂率,%;

$W_{0w}$——掺外加剂混凝土的单位用水量,$kg/m^3$;

$\beta$——所用外加剂剂量的实测减水率,%;

$\frac{C}{W}$——灰水比。

(5)确定单方混凝土水泥用量($C$)

$$C_0 = W_0\left(\frac{C}{W}\right) \tag{3.46}$$

(6)确定砂、石材料用量($S,G$)　砂、石用量可采用假设密度法和绝对体积法计算,计算方法同以立方体抗压强度为设计目标的混凝土配合比设计。

3)基准配合比、实验室配合比和施工配合比的调整

以弯拉强度为设计目标的混凝土配合比设计的基准配合比调整、实验室配合比调整、施工配合比调整同以立方体抗压强度为设计目标的混凝土配合比设计。

### 3.2.3 混凝土配合比设计实例

【原始资料】

某桥梁工程上部结构预制预应力T梁用C40混凝土,坍落度为30~50 mm,混凝土强度标准差为5.0 MPa,结构物无冻害影响。原材料选用如下:

①水泥:P·O42.5,密度为3 050 $kg/m^3$,28 d实测抗压强度为45.7 MPa。

②碎石:5~25石灰岩碎石,堆积密度为1 460 $kg/m^3$,表观密度为2 700 $kg/m^3$,其他性能满足规范要求。

③砂:天然中砂,细度模数2.6,堆积密度为1 440 $kg/m^3$,表观密度为2 680 $kg/m^3$,其他性能满足规范要求。

④水:自来水,满足混凝土拌和用水要求。

【设计要求】

①确定计算配合比;

②试拌,混凝土坍落度偏小,加入5%水泥浆后工作性满足要求,确定试拌配合比;

③$\frac{W}{C}\pm 0.05$,成型混凝土立方体试件并测试3组混凝土28 d抗压强度,回归$f_{cu}$-$\frac{C}{W}$关系式(或作$f_{cu}$-$\frac{C}{W}$关系曲线),得到与配制强度对应的$\frac{W}{C}$为0.48,确定实验室配合比;

④混凝土实测湿密度为2 460 $kg/m^3$,请确定单方混凝土材料用量;

⑤现场实测砂、石含水率分别为3.0%,1.0%,确定施工配合比。

【设计步骤】

1)配合比计算

(1)确定混凝土配制强度$f_{cu,0}$

$$f_{cu,0} = f_{cu,k} + 1.645\sigma = 40\ \text{MPa} + 1.645 \times 5.0\ \text{MPa} = 48.2\ \text{MPa}$$

(2)确定单方混凝土用水量($W$)

按表3.22,单方混凝土用水量取190 $kg/m^3$。

(3)计算水灰比$\left(\frac{W}{C}\right)$

$$\frac{C}{W}=\frac{f_{cu,0}}{a_a\times f_{ce}}+a_b=\frac{48.2}{0.53\times 45.7}+0.20=2.19\Rightarrow\frac{W}{C}=0.46$$

按表3.23,耐久性要求的最大水灰比为0.60,因此按强度计算的$\frac{W}{C}$满足耐久性要求,水灰比按0.46进行以下计算。

(4)确定单方混凝土水泥用量($C$)

$$C=W_0\left(\frac{C}{W}\right)=190\ kg/m^3\times 2.19=416\ kg/m^3$$

按表3.23,耐久性要求的最小水泥用量为250 $kg/m^3$,按强度要求计算的水泥用量满足耐久性要求,单方混凝土水泥用量按416 $kg/m^3$ 进行以下计算。

(5)确定砂率($\beta_s$)

按表3.24,选取砂率为32%。

(6)确定砂、石材料用量($S,G$)

砂、石材料用量计算可采用假设密度法或绝对体积法,实际计算时两种方法任选其一。

①假设密度法:假设混凝土湿密度 $\rho_s=2\ 400\ kg/m^3$,则

$$\begin{cases}C+W+S+G=\rho_s=2\ 400\ kg/m^2\\ \frac{S}{S+G}=S_P=0.32\end{cases}$$

解得:$S=574\ kg/m^3$,$G=1\ 220\ kg/m^3$

由此得混凝土计算配合比为:$C_0:S_0:G_0:W_0=416:574:1\ 220:190=1:1.38:2.93:0.46$

②绝对体积法:

解得:$S=572\ kg/m^3$,$G=1\ 215\ kg/m^3$

由此得混凝土计算配合比为:$C_0:S_0:G_0:W_0=416:572:1\ 215:190=1:1.38:2.92:0.46$

2)试拌配合比调整

(1)试拌混凝土

按计算所得配合比,试拌15 L,则拌和材料用量为:

水泥:416 $kg/m^3\times 0.015\ m^3=6.24$ kg　　水:190 $kg/m^3\times 0.015\ m^3=2.85$ kg

砂:572 $kg/m^3\times 0.015\ m^3=8.58$ kg　　石:1 215 $kg/m^3\times 0.015\ m^3=18.23$ kg

(2)调整混凝土拌合物工作性

按计算配合比试拌,坍落度小于设计要求坍落度,加入5%水泥浆后工作性满足要求,则调整后材料用量为:

水泥:6.24 kg×(1+0.05)=6.55 kg　　水:2.85 kg×(1+0.05)=2.99 kg

砂:8.58 kg　　石:18.23 kg

(3)确定试拌配合比

混凝土试拌配合比为:$C_1:S_1:G_1:W_1=437:572:1\ 215:200=1:1.31:2.78:0.46$

3)实验室配合比调整

保持基准配合比用水量不变,$\frac{W}{C}\pm 0.05$,即改变水泥用量,相应调整砂、石用量,得对应于

水灰比为0.41,0.46,0.51的3组混凝土配合比。分别试拌并制成混凝土立方体试件,测试标准养护28 d立方体抗压强度。根据水灰比定则,原材料一定时,$f_{cu}$与$\frac{C}{W}$呈线性关系。根据实测结果,作$f_{cu}$-$\frac{C}{W}$关系曲线或回归$f_{cu}$-$\frac{C}{W}$关系式,得到与混凝土配制强度对应的$\frac{W}{C}$为0.48。则满足混凝土配制强度要求的材料用量为:

水:200 kg/m³　　水泥:200÷0.48=417 kg/m³

按绝对体积法计算得:

砂:568 kg/m³　　石:1 208 kg/m³

混凝土计算湿密度:200 kg/m³+417 kg/m³+568 kg/m³+1 208 kg/m³=2 393 kg/m³

则混凝土密度调整系数 $K=\frac{\text{混凝土实测湿密度}}{\text{混凝土计算湿密度}}=\frac{2\ 460}{2\ 393}=1.03$

按密度调整单方混凝土材料用量得:

水泥:417 kg/m³×1.03=430 kg/m³　　水:200 kg/m³×1.03=206 kg/m³

砂:568 kg/m³×1.03=585 kg/m³　　石:1 208 kg/m³×1.03=1 244 kg/m³

由此得混凝土实验室配合比为:$C_2:S_2:G_2:W_2$=430:585:1 244:206=1:1.36:2.89:0.48

4)施工配合比调整

根据现场砂、石含水率实测值,调整砂、石及水用量,则得到施工配合比:

水泥:430 kg/m³

砂:585 kg/m³×(1+3%)=603 kg/m³

石:1 244 kg/m³×(1+1%)=1 256 kg/m³

水:206 kg/m³-(585 kg/m³×3%+1 244 kg/m³×1%)=176 kg/m³

## 3.3 其他水泥混凝土简介

随着现代混凝土技术的发展,混凝土材料已经由单一的工程结构材料向多功能发展,为更好地满足不同工程结构的要求,出现了与普通混凝土相比性能更加优越的混凝土。

### 3.3.1 高强混凝土

随着土木工程设计和施工技术的发展,大跨度、超高结构物的设计与施工越发普遍,对混凝土强度的要求也日益提高。强度等级C60以上的高强混凝土(high strength concrete)在国内外已广泛应用于大中型桥梁、城市立交桥、高层建筑等。高强混凝土的应用可以减小结构物断面,减轻结构物自重,减少混凝土材料用量,因此已成为混凝土发展的一种趋势。高强混凝土的应用还会对工程经济产生直接影响。

实现混凝土高强度的途径:

①采用高强度等级的优质水泥;

②采用高效减水剂和优质矿物外加剂双掺技术;

③集料粒型良好、坚实,最大粒径不宜过大;

④提高混凝土浇筑及养护技术。

### 3.3.2 高性能混凝土

高性能混凝土(high performance concrete)在保证混凝土力学性能的同时,更加强调混凝土材料在施工过程中的和易性以及混凝土的耐久性。与高强混凝土不同,高性能混凝土性能保证的重点转向了在特定环境下的其他性能,如耐久性、体积稳定性、工作性、高弹性模量、低热应变、低渗透性、高抗有害介质腐蚀等。

配制高性能混凝土应遵循以下原则:

①采用较低的水胶比。较低的水胶比可以减少或避免混凝土内部毛细孔的产生,提高混凝土的抗渗性,从而减少环境介质对混凝土的渗透侵蚀作用,提高混凝土的耐久性。

②采用高效减水剂和优质矿物外加剂双掺技术。通过高效减水剂降低混凝土水胶比,并使混凝土具有较大的流动性和保塑性,保证施工和浇筑时混凝土的密实性,是获得高性能混凝土途径的一方面。通过超细粉在混凝土中的应用,改善骨料与水泥石的界面结构,改善水泥石的孔结构,提高混凝土的抗渗性、耐久性、强度,这是获得高性能混凝土途径的另一方面。高效减水剂和矿物超细粉是混凝土高性能化的物质基础。

③减少单位用水量。在水胶比一定的前提下,单位用水量的降低意味着水泥浆总量的减少,有利于得到体积稳定、经济性好的混凝土。

④减少胶凝材料用量和最小水泥用量。在满足混凝土强度和耐久性要求的条件下,减少胶凝材料用量和水泥用量,有利于降低混凝土温升,提高混凝土抗侵蚀能力,提高混凝土体积稳定性和经济性等。

⑤最小砂率。在减小胶凝材料用量且集料颗粒实现紧密堆积的条件下,使用满足工作性要求的最小砂率,有利于提高混凝土的弹性模量,降低混凝土的收缩和徐变等。

### 3.3.3 绿色混凝土

绿色混凝土(green concrete)中绿色的含义主要包括以下3个方面:一是最大限度地减少能耗大、污染严重的熟料水泥的生产与使用,充分利用工业废渣及其他资源;二是简化加工,尽量降低使用工业废料及其他资源时的干净能源消耗;三是提高利用工业废渣和其他资源的科学水平。

目前,国内外都在加紧绿色混凝土方面的研究与实践,已有的大量资料表明:

①冶金矿渣作为集料代替天然砂石材料应用于混凝土,既可有效减少冶金矿渣堆放对环境带来的压力,又可减少由于天然砂石材料开采对自然生态的严重破坏。

②作为固体工业废料,磨细矿渣、粉煤灰、硅灰是配制高强高性能混凝土必不可少的活性掺合材,粉煤灰在混凝土中的掺量一般可达到20% ~30%,甚至可达到70% ~80%,磨细矿

渣、硅灰的掺入可显著提高混凝土的强度。因此，活性混合材潜在活性的充分发挥，可有效减少水泥用量以及减少混凝土生产对自然资源的消耗和对环境的破坏。

③燃烧垃圾生产生态水泥用于混凝土的配制不仅是垃圾无害化处理的有效新途径，也是减少能源消耗的有力措施。较之填埋、焚烧等方法，用水泥回转窑处置城市垃圾等有害废弃物并生产水泥是最清洁的处理方法，它绝对不产生二噁英等有害气体，不产生灰烬等可能二次污染的废弃物，并可把有害人体健康的铅、铬、镉、汞等重金属固定在水泥矿物中，真正实现零排放和零污染。

④建筑拆除物的再生利用也越来越受到重视。随着城市建设速度的加快及城市建设规模的不断扩大，建筑结构物不断增加，建筑材料用量也相应增大，旧建筑物解体量也随之不断增加，解体后的混凝土经破碎加工后可用作再生集料部分取代天然骨料配制再生混凝土，也可用于地基回填、挡土墙透水层、公路路基处理等。

随着人口数量的不断增加，人类对生存空间的需求也日益增加，地球生态负荷日益加重。为保证人类生存的可持续环境，在构筑人类生活空间的同时，首先应该考虑自然生态的保护。因此，加大废弃材料的应用力度，提高其应用水平，不仅可以有效利用资源，减少环境负荷，还可以大大改善混凝土材料的技术性能，为实现城市建设可持续发展提供有力保证。

### 3.3.4 生态混凝土

在绿色混凝土保护自然生态的基础上，生态混凝土更强调混凝土与自然生态环境的协调，同时也考虑自然循环、生态保护、景观保护等生态学问题，其目标是不仅仅将混凝土作为结构材料构筑人类的生活空间，而且能够调节生态平衡，美化环境景观，实现人类与自然的融合，保护自然和生态平衡。生态混凝土的发展起源于20世纪80年代，我国从20世纪90年代开始涉足这方面的研究，它主要包括透水性混凝土、生物适应型混凝土、绿化景观混凝土三大类。

与普通密实性混凝土相比，透水性混凝土具有较大的连通孔隙率，能使雨水迅速渗入地表还原成地下水，保证水资源的自然循环，保持土壤湿度以利植物生长，同时地表水的快速渗透还可减少地表积水，保证行人及行车安全，减少城市排水及污水处理设施的运行费用。与土壤层连通的孔隙还能自动调节空气湿度及地表温度，减少城市中心“热岛”现象的发生，混凝土中的连通孔隙对降低城市噪声也具有积极的作用。透水性混凝土可应用于城市中心广场、步行街、公园内道路、轻量级车道、停车场以及体育场等。在欧美及日本等发达国家，透水性混凝土已得到广泛应用，1998年日本80%以上人行道和广场铺设材料均采用了透水性材料。

绿化混凝土是指能够适应绿色植物生长、进行绿色植被的混凝土。绿化混凝土包括孔洞型绿化混凝土块体材料、多孔连续型绿化混凝土及孔洞型多层结构绿化混凝土块体材料，利用混凝土内部孔洞，填入土壤、肥料及种子，从而保证植物的生长。绿化混凝土可广泛应用于城市公共绿地、居民小区、城市道路及高速公路中央隔离带、道路两侧护坡、建筑屋顶等，不仅能改善由于使用单一普通混凝土材料导致的城市空间颜色灰暗、城市景观单调呆板、缺乏生机的缺陷，还能吸收噪声及粉尘，对城市景观及生态平衡起到积极的调节作用。

随着人们对人居环境的日益重视，对环境保护意识的不断加强，生态混凝土在城市建设中的应用将会越来越广泛。

### 3.3.5 智能混凝土

智能混凝土是驱使放进混凝土中的微细材料和装置能发挥“传感器功能”“处理机功能”和“执行机构功能”的混凝土。美国布法罗大学的研究人员发现,在混凝土中添加混凝土总体积0.2% ~0.5%的碳纤维成分,混凝土电阻就会按外加应力和压力变化而作出相应改变。当受外在压力等的作用而发生变形后,混凝土内部的碳纤维与水泥浆之间的接触程度会受到影响,从而导致其电阻变化,这一机制使得“智能混凝土”可充当灵敏度非常高的压力和应力探测器,由此可使混凝土具有损伤自诊断功能,应用于大型混凝土结构物的重要部位可建立结构物自预警系统,可有效避免严重的灾难性事故发生,避免给社会造成难以挽回的经济损失。

仿生自愈合混凝土是在混凝土传统组分中添加特殊组分(如含黏结剂的液芯纤维或胶囊),在混凝土内部形成智能型仿生自愈合神经网络系统。当混凝土材料出现裂缝时,部分液芯纤维或胶囊破裂,黏结液流出并深入裂缝使混凝土裂缝重新愈合,对提高结构物使用安全性,延长结构物使用寿命具有积极的作用。使用微小石蜡封入缓凝剂,可以有效地控制水泥的水化反应速度,达到控制混凝土升温速度和最高温度的目的,减少由于水化热而造成的温度裂缝。使用树脂加固碳纤维和玻璃纤维的纤维束复合材料埋入混凝土中,可以察觉混凝土结构物损伤,当结构物变形增大时,电阻值增加,由此建立的监控系统可应用于银行金库等。

### 3.3.6 纤维混凝土

由于混凝土的脆性特点,混凝土结构的裂缝产生一直是困扰工程界的一个难题。在混凝土中加入纤维增强材料,可以提高混凝土的抗裂性、耐久性、抗冲击磨损、疲劳负荷寿命及其他性能。目前常用的纤维增强材料主要有钢纤维、玻璃纤维、天然纤维、合成纤维(聚丙烯纤维、碳纤维、聚酯纤维等)。

### 3.3.7 补偿收缩混凝土

补偿收缩混凝土是通过改变配合组分以使混凝土在凝结后及硬化早期产生一定的体积膨胀,在适当的限制条件下,膨胀会在增强材料中产生张应力,从而在混凝土基体中产生压应力。混凝土在随后的收缩中仅会减小先前的膨胀应变,而不会产生张应力而开裂。可以通过掺入膨胀剂或膨胀水泥生产补偿收缩混凝土。补偿收缩混凝土主要用于混凝土板、路面、后浇带、大体积混凝土等,以及需要进行收缩补偿的结构中。

### 3.3.8 碾压道路混凝土

碾压道路混凝土是由集料、胶凝材料、水拌和而成的超干硬性混凝土,经振动压路机等机械碾压密实成型。这种混凝土具有强度高、密度大、耐久性好、节约水泥等优点。碾压道路混凝土广泛应用于工矿专用道路、停车场、城市街道、次级公路等。

### 3.3.9 大体积混凝土

大体积混凝土是指混凝土结构物实体最小尺寸大于或等于1 m,或预计会因水泥水化热引起混凝土内外温差过大而导致裂缝的混凝土。

大体积混凝土应尽量降低混凝土温升,控制混凝土降温速度。用于大体积混凝土的水泥应选用水化热低和凝结时间长的水泥,如低热和中热矿渣硅酸盐水泥、矿渣硅酸盐水泥、粉煤灰硅酸盐水泥、火山灰质硅酸盐水泥等。当采用硅酸盐水泥和普通硅酸盐水泥时,应采取相应措施延缓水化热的释放,应掺用缓凝剂、减水剂和减少水泥水化放热的掺合料,并在保证混凝土强度和坍落度要求的前提下,提高掺合料及骨料含量,以降低单方混凝土水泥用量。

### 3.3.10 活性粉末混凝土

以水泥和矿物掺合料等活性粉末材料、细骨料、外加剂、高强度微细钢纤维和(或)有机合成纤维、水等原材料生产的超高强增韧混凝土。

近年来,活性粉末混凝土成为研究热点,其力学性能、耐久性能显著优于普通混凝土和高性能混凝土,在桥面铺装等工程中得到了应用。

①活性粉末混凝土的力学性能等级应符合表3.29的规定。

表3.29 活性粉末混凝土力学性能等级

| 等 级 | 抗压强度/MPa | 抗折强度[a]/MPa | 弹性模量/GPa |
|---|---|---|---|
| RPC100 | ≥100 | ≥12 | ≥40 |
| RPC120 | ≥120 | ≥14 | ≥40 |
| RPC140 | ≥140 | ≥18 | ≥40 |
| RPC160 | ≥160 | ≥22 | ≥40 |
| RPC180 | ≥180 | ≥24 | ≥40 |

注:[a]当对混凝土的韧性或延性有特殊要求时,混凝土的等级可由抗折强度决定,抗压强度不应低于100 MPa。

②活性粉末混凝土的耐久性能应符合表3.30的规定。

表3.30 活性粉末混凝土的耐久性能

| 抗冻性(快冻法) | 抗氯离子渗透性(电量法)[a]/C | 抗硫酸盐侵蚀性 |
|---|---|---|
| ≥F500 | Q≤100 | ≥KS120 |

注:[a]采用电量法测试活性混凝土的抗氯离子渗透性时,试件不应掺加钢纤维等导电介质。

### 3.3.11 其他功能混凝土

功能性混凝土包括热工混凝土、夜间导向发光混凝土、装饰混凝土、灭菌混凝土等。

热工混凝土包括加气混凝土、轻集料混凝土、泡沫混凝土等,这些混凝土内部存在大量封闭孔,具有良好的隔热保温功能,是建筑节能化设计墙体材料的优选材料。热工混凝土在节能建筑中可大大提高建筑物的功能舒适性,同时显著降低空调的运行费用,减少由此而产生的电源消耗和大气污染,是建筑节能的有效途径。

# 3.4 建筑砂浆

建筑砂浆是由水泥基胶凝材料、细骨料、水以及根据性能确定的其他组分按适当比例配合、拌制并经硬化而成的工程材料。胶凝材料有水泥、石灰、石膏等,细骨料主要是砂。建筑砂浆按胶凝材料不同,可分为水泥砂浆、石灰砂浆、混合砂浆等;按用途可分为砌筑砂浆、抹灰砂浆、保温砂浆、吸声砂浆等;按工艺可分为预拌砂浆(湿拌砂浆或干混砂浆)和现拌砂浆。

## 3.4.1 砌筑砂浆

用于砌筑砖、石、砌块等砌体的砂浆统称为砌筑砂浆。砌筑砂浆起黏结、衬垫和传力的作用。砌筑砂浆分为现场配制砂浆和预拌砂浆。

1)*砌筑砂浆的技术性能*

(1)新拌砂浆的工作性　新拌砂浆的工作性包括流动性和保水性两个方面。

①流动性。新拌砂浆的流动性用稠度表示,稠度用砂浆稠度仪测定。砂浆的稠度与胶凝材料组成及用量、用水量、外加剂品种及掺量、砂的级配及用量等有关。砂浆流动性应根据砌体种类、施工方法、气候条件等选择,也可参考表3.31选用。

**表3.31　砌筑砂浆的施工稠度(JGJ/T 98—2010)**

| 砌体种类 | 施工稠度/mm |
| --- | --- |
| 烧结普通砖砌体、粉煤灰砖砌体 | 70~90 |
| 混凝土砖砌体、普通混凝土小型空心砌块砌体、灰砂砖砌体 | 50~70 |
| 烧结空心砖砌体<br>烧结多孔砖砌体<br>轻集料混凝土小型空心砌块砌体<br>蒸压加气混凝土砌块砌体 | 60~80 |
| 石砌体 | 30~50 |

②保水性。砂浆的保水性用保水率表示,水泥砂浆保水率应不低于80%,水泥混合砂浆保水率应不低于84%,预拌砂浆保水率应不低于88%。

(2)硬化后砂浆的力学性能　砌筑砂浆的强度是以边长为70.7 mm的立方体试件,经标准养护至28 d龄期测得的极限抗压强度。水泥砂浆及预拌砂浆的强度等级分为M5,M7.5,M10,M15,M20,M25,M30共7个等级;水泥混合砂浆的强度等级可分为M5,M7.5,M10,M15共4个等级。

2)砌筑砂浆的组成材料

(1)水泥　宜采用通用硅酸盐水泥或砌筑水泥。水泥强度等级应根据砂浆品种和强度等级的要求选择。M15及以下强度等级的砂浆宜选用32.5级通用硅酸盐水泥或砌筑水泥;M15以上强度等级的砂浆宜选用42.5级通用硅酸盐水泥。

(2)掺合材　为节约水泥,改善砂浆的和易性,砂浆中可以掺入粉煤灰、石灰(膏)、电石膏等掺合材配制混合砂浆。

(3)外加剂　为使砂浆满足不同施工特点的要求,在配制砂浆时可以加入早强剂、膨胀剂、防水剂、保水增稠剂等外加剂。外加剂需要在使用前进行试验验证,并有完整的型式检验报告。

(4)细集料　用于砌筑砂浆的砂宜采用中砂,并应全部通过4.75 mm筛孔,不得含有草根等杂物。其质量应符合《普通混凝土用砂、石质量及检验方法标准》(JGJ 52—2006)的规定。

3)砌筑砂浆的配合比设计

砌筑砂浆配合比依据《砌筑砂浆配合比设计规程》(JGJ/T 98—2010)进行设计。现场配制的水泥砂浆材料用量可按表3.32选用,水泥粉煤灰砂浆材料用量可按表3.33选用。

**表3.32　每立方米水泥砂浆材料用量**　　单位:$kg/m^3$

| 强度等级 | 水　泥 | 砂 | 用水量 |
|---|---|---|---|
| M5 | 200 ~ 230 | 砂的堆积密度值 | 270 ~ 330 |
| M7.5 | 230 ~ 260 | | |
| M10 | 260 ~ 290 | | |
| M15 | 290 ~ 330 | | |
| M20 | 340 ~ 400 | | |
| M25 | 360 ~ 410 | | |
| M30 | 430 ~ 480 | | |

注:①M15及M15以下强度等级水泥砂浆,水泥强度等级为32.5;M15以上强度等级水泥砂浆,水泥强度等级为42.5。

②当采用细砂或粗砂时,用水量分别取上限或下限。

③稠度小于70 mm时,用水量可小于下限。

④施工现场气候炎热或干燥季节,可酌量增加用水量。

**表3.33　每立方米水泥粉煤灰砂浆材料用量**　　单位:$kg/m^3$

| 强度等级 | 水泥和粉煤灰总量 | 粉煤灰 | 砂 | 用水量 |
|---|---|---|---|---|
| M5 | 210 ~ 240 | 粉煤灰掺量可占胶凝材料总量的15% ~25% | 砂的堆积密度值 | 270 ~ 330 |
| M7.5 | 240 ~ 270 | | | |
| M10 | 270 ~ 300 | | | |
| M15 | 300 ~ 330 | | | |

注:①表中水泥强度等级为32.5;

②当采用细砂或粗砂时,用水量分别取上限或下限;

③稠度小于70 mm时,用水量可小于下限;

④施工现场气候炎热或干燥季节,可酌量增加用水量。

(1)水泥混合砂浆配合比计算

①砂浆的配制强度($f_{m,0}$)。砂浆的配制强度按式(3.47)计算。

$$f_{m,0} = kf_2 \tag{3.47}$$

式中 $f_{m,0}$——砂浆的配制强度,MPa,应精确至0.1 MPa;

$f_2$——砂浆强度等级值,MPa,应精确至0.1 MPa;

$k$——系数,有统计资料时可计算获得,无统计资料可按表3.34取用。

**表3.34 砂浆强度标准差 $\sigma$ 及 $k$ 值**

| 施工水平 | 砂浆强度标准差 $\sigma$/MPa | | | | | | | $k$ |
|---|---|---|---|---|---|---|---|---|
| | M5.0 | M7.5 | M10 | M15 | M20 | M25 | M30 | |
| 优良 | 1.00 | 1.50 | 2.00 | 3.00 | 4.00 | 5.00 | 6.00 | 1.15 |
| 一般 | 1.25 | 1.88 | 2.50 | 3.75 | 5.00 | 6.25 | 7.50 | 1.20 |
| 较差 | 1.50 | 2.25 | 3.00 | 4.50 | 6.00 | 7.50 | 9.00 | 1.25 |

②计算水泥用量($Q_c$)。每立方米砂浆中的水泥用量按式(3.48)计算。

$$Q_c = \frac{1\,000(f_{m,0} - \beta)}{\alpha \cdot f_{ce}} \tag{3.48}$$

式中 $Q_c$——每立方米砂浆中的水泥用量,kg;

$f_{m,0}$——砂浆的试配强度,MPa;

$f_{ce}$——水泥的实测强度,MPa。

$\alpha,\beta$——砂浆的特征系数,其中 $\alpha$ 取3.03,$\beta$ 取15.09。各地区也可以根据本地区试验资料确定 $\alpha,\beta$ 值,统计用的试验数据不少于30组。

无法取得水泥的实测强度值时,可按经验公式 $f_{ce} = \gamma_c f_{ce,k}$ 计算,$f_{ce,k}$ 为水泥强度等级;富余系数 $\gamma_c$ 按实际统计资料确定,无统计资料时可取1.10。

③计算掺合料的用量($Q_D$)。水泥混合砂浆中的掺合料用量按式(3.49)计算。

$$Q_D = Q_A - Q_C \tag{3.49}$$

式中 $Q_D$——每立方米砂浆中掺合料用量,kg;

$Q_C$——每立方米砂浆中的水泥用量,kg;

$Q_A$——每立方米砂浆中水泥与掺合料的总量,kg,可为350 kg。

④确定砂的用量。砂浆中的水、胶结料和掺合料用于填充砂子的空隙,因此,1 $m^3$ 干燥状态的砂子的装填密度值也就是1 $m^3$ 砂浆所用的干砂用量。必须以砂子的干燥状态为基准进行计算。

⑤确定砂浆中的用水量。砂浆中用水量可根据稠度等要求选用210~330 $kg/m^3$。混合砂浆中的用水量按表3.33选用,不包括石灰膏或黏土膏中的水。当施工现场气候炎热或在干燥季节,可酌情增加用水量。

(2)水泥砂浆的配合比确定

若按照水泥混合砂浆配合比设计方法计算水泥砂浆配合比,由于水泥强度太高,而砂浆强度低,使得水泥计算用量偏少,因此通过计算得到的配合比不太合理。实际中,水泥砂浆的配合比可以根据工程类别及砌体部位等确定砂浆的设计强度等级,按表3.32选用。

(3)砂浆配合比试配、调整与确定

①按计算或查表所得的配合比进行试拌时,应测定其拌合物的稠度和保水率,当不能满足要求时,应调整材料用量,直到符合要求为止,然后确定为试配时的砂浆基准配合比。

②试配时至少应采用3个不同的配合比,其中一个是基准配合比,另外两个配合比的水泥用量应按基准配合比分别增加或减少10%。在保证稠度和保水率合格的条件下,可将用水量或掺加料用量作相应调整。对3个不同的配合比进行调整后,按照规定方法成型试件,测定砂浆强度,然后选定符合试配强度要求的且水泥用量最低的配合比作为砂浆的设计配合比。

③当砂浆的实际表观密度与理论表观密度之差的绝对值不超过理论值的2%时,可按试配配合比确定为砂浆设计配合比;当超过2%时,应将试配配合比中每项材料用量均乘以校正系数后,确定为砂浆设计配合比。

## 3.4.2 抹灰砂浆

大面积涂抹于建筑物墙、顶棚、柱等表面的砂浆,包括水泥抹灰砂浆、水泥粉煤灰抹灰砂浆、水泥石灰抹灰砂浆、掺塑化剂水泥抹灰砂浆、聚合物水泥抹灰砂浆及石膏抹灰砂浆等。抹灰砂浆的品种宜根据使用部位或基体种类按表3.35选用。

**表3.35 抹灰砂浆的品种选用(JGJ/T 220—2010)**

| 作用部位或基体种类 | 抹灰砂浆品种 |
|---|---|
| 内　墙 | 水泥抹灰砂浆、水泥石灰抹灰砂浆、水泥粉煤灰抹灰砂浆、掺塑化剂水泥抹灰砂浆、聚合物水泥抹灰砂浆、石膏抹灰砂浆 |
| 外墙、门窗洞口外侧壁 | 水泥抹灰砂浆、水泥粉煤灰抹灰砂浆 |
| 温(湿)度较高的车间和房屋、地下室、屋檐、勒脚等 | 水泥抹灰砂浆、水泥粉煤灰抹灰砂浆 |
| 混凝土板和墙 | 水泥抹灰砂浆、水泥石灰抹灰砂浆、聚合物水泥抹灰砂浆、石膏抹灰砂浆 |
| 混凝土顶棚、条板 | 聚合物水泥抹灰砂浆、石膏抹灰砂浆 |
| 加气混凝土砌块(板) | 水泥石灰抹灰砂浆、水泥粉煤灰抹灰砂浆、掺塑化剂水泥抹灰砂浆、聚合物水泥抹灰砂浆、石膏抹灰砂浆 |

抹灰砂浆的施工稠度宜按表3.36选取。聚合物水泥抹灰砂浆的施工稠度宜为50~60 mm,石膏抹灰砂浆的施工稠度宜为50~70 mm。抹灰砂浆层的分层度宜为10~20 mm。

**表3.36 抹灰砂浆的施工稠度**

| 抹灰层 | 底　层 | 中　层 | 面　层 |
|---|---|---|---|
| 施工稠度/mm | 90~110 | 70~90 | 70~80 |

抹灰砂浆的配合比依据《抹灰砂浆技术规程》(JGJ/T 220—2010)进行设计。工程常用的水泥抹灰砂浆、水泥粉煤灰抹灰砂浆、水泥石灰抹灰砂浆配合比的材料用量可按表3.37、表

3.38 和表 3.39 选用。

表 3.37　水泥抹灰砂浆配合比的材料用量　　单位:kg/m³

| 强度等级 | 水　泥 | 砂 | 水 | 备　注 |
|---|---|---|---|---|
| M15 | 330～380 | 1 m³ 砂的堆积密度值 | 250～300 | 砂浆保水率不宜小于 82%;拉伸黏结强度不应小于 0.20 MPa |
| M20 | 380～450 | | | |
| M25 | 400～450 | | | |
| M30 | 460～530 | | | |

表 3.38　水泥粉煤灰抹灰砂浆配合比的材料用量　　单位:kg/m³

| 强度等级 | 水　泥 | 粉煤灰 | 砂 | 水 | 备　注 |
|---|---|---|---|---|---|
| M5 | 250～290 | 内掺,等量取代水泥量的 10%～30% | 1 m³ 砂的堆积密度值 | 270～320 | 砂浆保水率不宜小于 82%;拉伸黏结强度不应小于 0.15 MPa |
| M10 | 320～350 | | | | |
| M15 | 350～400 | | | | |

表 3.39　水泥石灰抹灰砂浆配合比的材料用量　　单位:kg/m³

| 强度等级 | 水　泥 | 石灰膏 | 砂 | 水 | 备　注 |
|---|---|---|---|---|---|
| M2.5 | 200～230 | (350～400)－C | 1 m³ 砂的堆积密度值 | 180～280 | 砂浆保水率不宜小于 88%;拉伸黏结强度不应小于 0.15 MPa |
| M5 | 230～280 | | | | |
| M7.5 | 280～330 | | | | |
| M10 | 330～380 | | | | |

注:$C$ 为水泥用量。

### 3.4.3　预拌砂浆

预拌砂浆是指由专业化厂家生产的,用于建设工程中的各种砂浆拌合物,是我国近年发展起来的一种新型建筑材料,按类型可分为湿拌砂浆或干混砂浆。其特点是健康环保、质量稳定、节能舒适等。

1)湿拌砂浆

湿拌砂浆是指水泥、细骨料、矿物掺合料、外加剂、添加剂和水,按一定比例,在专业生产厂经计量、搅拌后,运至使用地点,并在规定时间内使用的拌合物。湿拌砂浆按用途分为湿拌砌筑砂浆、湿拌抹灰砂浆、湿拌地面砂浆和湿拌防水砂浆,其代号见表 3.40。湿拌抹灰砂浆按施工方法分为普通抹灰砂浆和机喷抹灰砂浆,按强度等级、抗渗等级、稠度和保塑时间的分类见表 3.41。湿拌砂浆的性能应符合表 3.42 的规定。

表 3.40 湿拌砂浆的品种和代号

| 品 种 | 湿拌砌筑砂浆 | 湿拌抹灰砂浆 | 湿拌地面砂浆 | 湿拌防水砂浆 |
|---|---|---|---|---|
| 代号 | WM | WP | WS | WW |

表 3.41 湿拌砂浆分类(GB/T 25181—2019)

| 项 目 | 湿拌砌筑砂浆 | 湿拌抹灰砂浆 | | 湿拌地面砂浆 | 湿拌防水砂浆 |
|---|---|---|---|---|---|
| | | 普通抹灰砂浆(G) | 机喷抹灰砂浆(S) | | |
| 强度等级 | M5,M7.5,M10,M15,M20,M25,M30 | M5,M7.5,M10,M15,M20 | | M15,M20,M25 | M15,M20 |
| 抗渗等级 | — | — | | — | P6,P8,P10 |
| 稠度[a]/mm | 50,70,90 | 70,90,100 | 90,100 | 50 | 50,70,90 |
| 保塑时间/h | 6,8,12,24 | 6,8,12,24 | | 4,6,8 | 6,8,12,24 |

注:[a] 可根据现场气候条件或施工要求确定。

表 3.42 湿拌砂浆性能指标(GB/T 25181—2019)

| 项 目 | | 湿拌砌筑砂浆 | 湿拌抹灰砂浆 | | 湿拌地面砂浆 | 湿拌防水砂浆 |
|---|---|---|---|---|---|---|
| | | | 普通抹灰砂浆 | 机喷抹灰砂浆 | | |
| 保水率/% | | ≥88.0 | ≥88.0 | ≥92.0 | ≥88.0 | ≥88.0 |
| 压力泌水率/% | | — | — | <40 | — | — |
| 14 d 拉伸黏结强度/MPa | | — | M5:≥0.15<br>>M5:≥0.20 | ≥0.20 | — | ≥0.20 |
| 28 d 收缩率/% | | — | ≤0.20 | | — | ≤0.15 |
| 抗冻性[a] | 强度损失率/% | ≤25 | | | | |
| | 质量损失率/% | ≤5 | | | | |

注:[a] 有抗冻性要求时,应进行抗冻性试验。

2)干混砂浆

干混砂浆是胶凝材料、干燥细骨料、添加剂以及根据性能确定的其他组分,按一定比例,在专业生产厂经计量、混合而成的干态混合物,在使用地点按规定比例加水或配套组分拌和使用。随着工程质量、环保要求及文明施工要求的不断提高,施工现场拌制砂浆的缺点及局限性越来越突出。传统砂浆的缺点很难满足文明施工和环保要求,首先是各种原材料(包括水泥、砂子、石灰膏等)的存放场地会对周围环境造成影响;其次原材料的质量波动大,难以保证施工质量;再次现拌砂浆品种单一,无法满足各种新型建材对砂浆的不同要求。

干混砂浆的优势:

①生产质量有保证,场所固定,有成套的设备,计量精确,有完善的质量控制体系。

②施工性能与质量优越,干混砂浆根据产品种类及性能要求,特定设计配合比并添加多种外加剂进行改性,施工层厚度降低,节约材料。

③产品种类齐全,满足各种不同工程要求。干混砂浆生产企业可以根据不同的基体材料和功能要求设计配方,亦可满足多种功能性要求,如保温、抗渗、灌浆、修补、装饰等。据不完全统计,干混砂浆的种类已有50多种。

④干混砂浆是工厂预拌的材料,只需在工地加水搅拌均匀即可使用,且扬尘极少,更环保。

干混砂浆的品种和代号见表3.43,部分干混砂浆的分类见表3.44,部分干混砂浆的性能指标见表3.45。

**表3.43　干混砂浆的品种和代号(GB/T 25181—2019)**

| 品种 | 干混砌筑砂浆 | 干混抹灰砂浆 | 干混地面砂浆 | 干混普通防水砂浆 | 干混陶瓷砖黏结砂浆 | 干混界面砂浆 |
|---|---|---|---|---|---|---|
| 代号 | DM | DP | DS | DW | DTA | DIT |
| 品种 | 干混聚合物水泥防水砂浆 | 干混自流平砂浆 | 干混耐磨地坪砂浆 | 干混填缝砂浆 | 干混饰面砂浆 | 干混修补砂浆 |
| 代号 | DWS | DSL | DFH | DTG | DDR | DRM |

**表3.44　部分干混砂浆分类(GB/T 25181—2019)**

| 项目 | 干混砌筑砂浆 | | 干混抹灰砂浆 | | | 干混地面砂浆 | 干混普通防水砂浆 |
|---|---|---|---|---|---|---|---|
| | 普通砌筑砂浆(G) | 薄层砌筑砂浆(T) | 普通抹灰砂浆(G) | 薄层抹灰砂浆(T) | 机喷抹灰砂浆(S) | | |
| 强度等级 | M5,M7.5,M10,M15,M20,M25,M30 | M5,M10 | M5,M7.5 M10,M15,M20 | M5,M7.5,M10 | M5,M7.5 M10,M15,M20 | M15,M20,M25 | M15,M20 |
| 抗渗等级 | — | — | — | — | — | — | P6,P8,P10 |

**表3.45　部分干混砂浆性能指标(GB/T 25181—2019)**

| 项目 | | 干混砌筑砂浆 | | 干混抹灰砂浆 | | | 干混地面砂浆 | 干混普通防水砂浆 |
|---|---|---|---|---|---|---|---|---|
| | | 普通砌筑砂浆 | 薄层砌筑砂浆 | 普通抹灰砂浆 | 薄层抹灰砂浆 | 机喷抹灰砂浆 | | |
| 防水率/% | | ≥88.0 | ≥99.0 | ≥88.0 | ≥99.0 | ≥92.0 | ≥88.0 | ≥88.0 |
| 凝结时间/h | | 3~12 | — | 3~12 | — | — | 3~9 | 3~12 |
| 2 h稠度损失率/% | | ≤30 | — | ≤30 | — | ≤30 | ≤30 | ≤30 |
| 压力泌水率/% | | — | — | — | — | <40 | — | — |
| 14 d拉伸黏结强度/MPa | | — | — | M5:≥0.15<br>>M5:≥0.20 | ≥0.30 | ≥0.20 | — | ≥0.20 |
| 28 d收缩率/% | | — | — | ≤0.20 | | | — | ≤0.15 |
| 抗冻性[a] | 强度损失率/% | ≤25 | | | | | | |
| | 质量损失率/% | ≤5 | | | | | | |

注:[a] 有抗冻性要求时,应进行抗冻性试验。

# 试验3 水泥混凝土试验

本节试验根据《普通混凝土拌合物性能试验方法标准》(GB/T 50080—2016)、《混凝土物理力学性能试验方法标准》(GB/T 50081—2019)等相关规范,测试混凝土拌合物工作性、湿密度、立方体抗压强度、劈裂抗拉强度、抗折强度。

## 1. 水泥混凝土拌合物的制备

1)一般规定

(1)材料 试验环境相对湿度不宜小于50%,温度应保持在(20±5)℃;所用材料、试验设备、容器及辅助设备的温度宜与实验室温度保持一致,砂、石集料质量以干燥状态为基准。

(2)配料精度 实验室搅拌混凝土时,材料用量应以质量计。骨料的称量精度应为±0.5%;水泥、掺合料、水、外加剂的称量精度均应为±0.2%。

(3)器具准备 拌制混凝土所用各种用具(拌和机、拌和铁板、铁铲、抹刀等)应预先用水湿润,使用完毕必须清理干净,不得有混凝土残渣。试验设备使用前应经过校准。

2)仪器设备

实验室用混凝土拌和机;拌板,1 500 mm×1 500 mm、厚度不小于3 mm的金属板;电子天平的最大量程应为50 kg,感量不应大于10 g;量筒、铁铲、容器等。

3)混凝土拌和

(1)人工拌制 现行国标取消了人工拌和方法,行标《公路工程水泥及水泥混凝土试验规程》(JTG E30—2005)还有人工拌制的相关规定。

(2)机械拌制

①混凝土拌合物应采用搅拌机搅拌,搅拌前应将搅拌机冲洗干净,并预拌少量同种混凝土拌合物或水胶比相同的砂浆,搅拌机内壁挂浆后将剩余料卸出。

②称好的粗骨料、胶凝材料、细骨料和水应依次加入搅拌机,难溶和不溶的粉状外加剂宜与胶凝材料同时加入搅拌机,液体和可溶外加剂宜与拌和水同时加入搅拌机。

③混凝土拌合物宜搅拌2 min以上,直至搅拌均匀。

④混凝土拌合物一次搅拌量不宜少于搅拌机公称容量的1/4,不应大于搅拌机公称容量,且不应少于20 L。

⑤实验室搅拌混凝土时,材料用量应以质量计。骨料的称量精度应为±0.5%;水泥、掺合料、水、外加剂的称量精度均应为±0.2%。

## 2. 水泥混凝土拌合物工作性试验

混凝土拌合物工作性的测试方法有坍落度法与坍落扩展度法和维勃稠度法。拌合物工作性的测试结果,用于评价混凝土的工作性,并作为调整配合比和控制混凝土质量的依据。

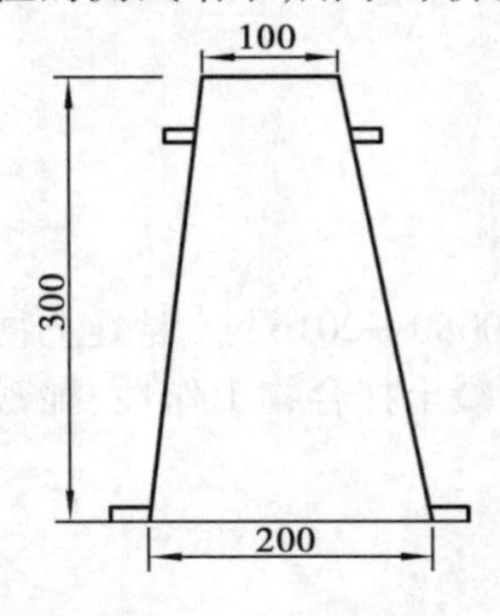

图 3.20　坍落度筒

坍落度试验方法适用于骨料最大粒径不大于 40 mm,坍落度值不小于 10 mm 的混凝土拌合物工作性测试;维勃稠度试验方法适用于最大粒径不大于 40 mm、维勃稠度在 5 ~30 s 的混凝土拌合物工作性测定。

1)坍落度试验

(1)仪器设备　坍落度筒(构造和尺寸如图 3.20 所示,壁厚应不小于 1.5 mm)、捣棒(直径 16 mm、长约 600 mm、半球形端头的钢质圆棒)、小铲、钢尺、喂料斗、拌板等。

(2)试验方法与步骤

①坍落度筒内壁和底板应润湿无明水;底板应放置在坚实水平面上,并把坍落度筒放在底板中心,然后用脚踩住两边的脚踏板,坍落度筒在装料时应保持在固定的位置。

②混凝土拌合物试样应分 3 层均匀地装入坍落度筒内,每装一层混凝土拌合物,应用捣棒由边缘到中心按螺旋形均匀插捣 25 次,捣实后每层混凝土拌合物试样高度约为筒高的 1/3。

③插捣底层时,捣棒应贯穿整个深度;插捣第二层和顶层时,捣棒应插透本层至下一层的表面。

④顶层混凝土拌合物装料应高出筒口,插捣过程中,混凝土拌合物低于筒口时,应随时添加。

⑤顶层插捣完后,取下装料漏斗,应将多余混凝土拌合物刮去,并沿筒口抹平。

⑥清除筒边底板上的混凝土后,应垂直平稳地提起坍落度筒,并轻放于试样旁边。当试样不再继续坍落或坍落时间达 30 s 时,用钢尺测量出筒高与坍落后混凝土试体最高点之间的高度差,作为该混凝土拌合物的坍落度值。

⑦坍落度筒的提离过程宜控制在 3 ~7 s。从开始装料到提坍落度筒的整个过程应连续进行,并应在 150 s 内完成。将坍落度筒提起后,混凝土发生一边崩坍或剪坏现象时,应重新取样另行测定;第二次试验仍出现一边崩坍或剪坏现象,应予记录说明。

⑧混凝土拌合物坍落度值测量应精确至 1 mm,结果应修约至 5 mm。

2)维勃稠度试验

(1)仪器设备　维勃稠度仪(图 3.21)、秒表等。

(2)试验方法与步骤

①维勃稠度仪应放置在坚实水平面上,容器、坍落度筒内壁及其他用具应润湿无明水。

②喂料斗应提到坍落度筒上方扣紧,校正容器位置,应使其中心与喂料中心重合,然后拧紧固定螺钉。

③混凝土拌合物试样应分 3 层均匀地装入坍落度筒内,捣实后每层高度应约为筒高的 1/3。每装一层,应用捣棒在筒内由边缘到中心按螺旋形均匀插捣 25 次。插捣底层时,捣棒应贯穿整个深度;插捣第二层和顶层时,捣棒应插透本层至下一层的表面。顶层混凝土装料应高出筒口,插捣过程中,混凝土低于筒口,应随时添加。

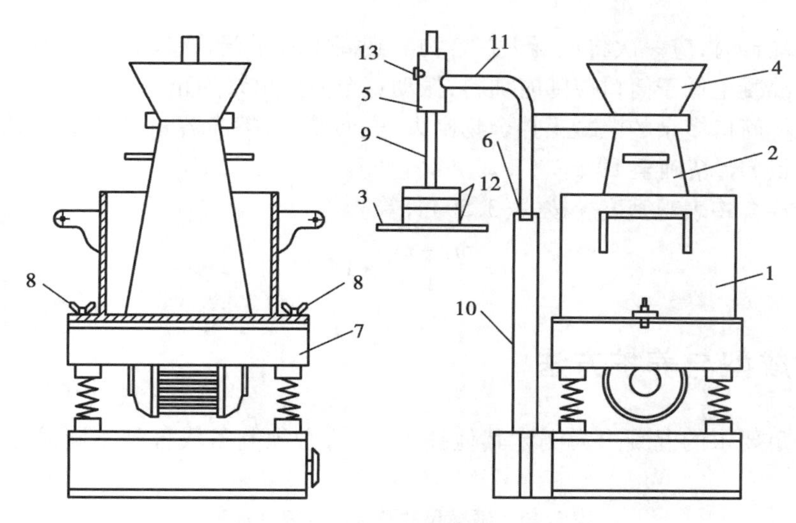


图 3.21 维勃稠度仪

1—容器;2—坍落度筒;3—圆盘;4—漏斗;5—套筒;6—定位器;7—振动台;
8—固定螺钉;9—测杆;10—支柱;11—旋转架;12—砝码;13—测杆螺钉

④顶层插捣完应将喂料斗转离,沿坍落度筒口刮平顶面,垂直地提起坍落度筒,不应使混凝土拌合物试样产生横向的扭动。

⑤将透明圆盘转到混凝土圆台体顶面,放松测杆螺钉,应使透明圆盘转至混凝土锥体上部,并下降至与混凝土顶面接触。

⑥拧紧定位螺钉,开启振动台,同时用秒表计时,当振动到透明圆盘的整个底面与水泥浆接触时应停止计时,并关闭振动台。秒表所记录的时间即为混凝土拌合物维勃稠度时间(精确至1 s)。

维勃稠度时间小于5 s或大于30 s时,说明此混凝土稠度超出适用范围。

## 3. 混凝土拌合物表观密度试验

测定混凝土拌合物捣实后的表观密度,作为混凝土配合比调整的依据。

1)仪器设备

容量筒、电子天平(最大量程应为50 kg,感量不应大于10 g)、振动台、捣棒等。

2)试验方法及步骤

①标定容量筒体积 $V$(L)。

②用湿布把容量筒内外擦干净,称出容量筒质量 $m_1$(kg),精确至10 g。

③装填并捣实混凝土。坍落度不大于90 mm的混凝土用振动台振实为宜,大于90 mm的混凝土用捣棒捣实为宜。

a. 采用捣棒捣实,应根据容量筒大小决定分层与插捣次数。用5 L容量筒时,混凝土拌合物分两层装入,每层插捣25次;用大于5 L容量筒时,每层混凝土高度不大于100 mm,每层插捣次数应按每10 000 $mm^2$ 截面不小于12次。每层捣完后用橡皮锤轻轻沿容器外壁敲打5~10次,直至拌合物表面插捣孔消失并不见大气泡。

b. 采用振动台时,应一次将混凝土拌合物灌到高出容量筒口,装料时可用捣棒稍加插捣,振动过程中如混凝土低于筒口应随时加料,振动直至表面出浆为止。

④用刮尺将筒口多余的混凝土拌合物刮去,表面填平,擦净容量筒外壁,称量混凝土试样与容量筒总质量 $m_2$,精确至 10 g。

⑤混凝土拌合物表观密度 $\rho$ 按式(3.50)计算。

$$\rho=\frac{m_2-m_1}{V}\times 1\ 000 \tag{3.50}$$

## 4. 试件成型与养护方法

工作性满足要求的混凝土为测定其他技术性质,必须制备成各种不同尺寸的试件,见表 3.46。

**表 3.46　试模尺寸及强度换算系数表**

<table>
<tr><th>试验名称</th><th colspan="2">试模内部尺寸/mm</th><th>强度换算系数</th></tr>
<tr><td rowspan="3">立方体抗压强度</td><td>标准试件</td><td>150×150×150</td><td>1.0</td></tr>
<tr><td rowspan="2">非标准试件</td><td>200×200×200</td><td>1.05</td></tr>
<tr><td>100×100×100</td><td>0.95</td></tr>
<tr><td rowspan="2">立方体劈裂抗拉强度</td><td>标准试件</td><td>150×150×150</td><td>1.0</td></tr>
<tr><td>非标准试件</td><td>100×100×100</td><td>0.85</td></tr>
<tr><td rowspan="2">抗弯拉强度</td><td>标准试件</td><td>150×150×600(550)</td><td>1.0</td></tr>
<tr><td>非标准试件</td><td>100×100×400</td><td>0.85</td></tr>
<tr><td rowspan="3">轴心抗压强度</td><td>标准试件</td><td>150×150×300</td><td>1.0</td></tr>
<tr><td rowspan="2">非标准试件</td><td>200×200×400</td><td>1.05</td></tr>
<tr><td>100×100×300</td><td>0.95</td></tr>
</table>

注:强度等级≥C60 时,宜采用标准试件,使用非标准试件时,尺寸换算系数应由试验确定。

将试模内部涂一薄层矿物质油脂或其他不与混凝土反应的脱模剂,然后将拌好的混合料装入试模中密实成型。宜根据混凝土拌合物的稠度或试验目的确定适宜的成型方法,混凝土应充分密实,避免分层离析。检验现浇混凝土或预制构件的混凝土试件,其成型方法宜与实际浇筑方法相同。

1)试件成型

(1)成型前的准备　混凝土拌合物在入模前应保证其均匀性,取样或拌制好的混凝土拌合物一般用铁锹再来回拌和 3 次。

(2)试件成型

①振动法:将混凝土拌合物一次装入试模,装料时应用抹刀沿试模壁插捣,并使混凝土拌合物高出试模口。试模应附着或固定在振动台上,振动时试模不得有任何跳动,振动应持续到表面出浆为止,不得过振。刮除试模上口多余的混凝土,待混凝土临近初凝时,用抹刀抹平。

②人工插捣法:混凝土拌合物分两层装入试模,每层的装料厚度大致相等,插捣应按螺旋

方向从边缘向中心均匀进行。插捣底层混凝土时，捣棒应达到试模底部；插捣上层时，捣棒应贯穿上层后插入下层20～30 mm。插捣时捣棒应保持垂直，不得倾斜。然后用抹刀沿试模内壁插拔数次。每层插捣次数按每10 000 mm$^2$截面积内不少于12次，插捣后用橡皮锤轻轻敲击试模四周，直至插捣棒留下的空洞消失为止。刮除试模上口多余的混凝土，待混凝土临近初凝时，用抹刀抹平。

2）试件养护

试件成型后应立即用不透水的薄膜覆盖表面。采用标准养护的试件，试件成型后应在温度为（20±5）℃、相对湿度大于50%的室内静置1～2 d，然后编号、拆模。拆模后应立即放入温度（20±2）℃、相对湿度大于95%的标准养护室中养护，或在温度为（20±2）℃的不流动$Ca(OH)_2$饱和溶液中养护。标准养护室内的试件应放在支架上，彼此间隔10～20 mm，试件表面应保持潮湿，但不得被水直接冲淋。

同条件养护试件的拆模时间可与实际构件的拆模时间相同，拆模后，试件仍需保持同条件养护。

至规定试验龄期时，自养护室中取出试件，并继续保持其湿度不变。

## 5. 混凝土立方体抗压强度试验

测定混凝土立方体抗压强度，是为进行混凝土力学性能评价、配合比调整提供依据。

1）仪器设备

压力试验机或万能试验机。压力试验机的上、下承压板应有足够的刚度，其中一个承压板上应有球形支座。试验机上、下承压板的平面度公差不应大于0.04 mm，平行度公差不应大于0.05 mm，表面硬度不应小于55 HRC；板面应光滑、平整，表面粗糙度*Ra*不应大于0.80 μm。压力机精度±1%，具有加荷速度指示装置或加荷速度控制装置，并能均匀、连续地加荷。压力机应进行定期检查，以确保压力机读数的准确性。试件破坏荷载应大于压力机全量程的20%，且小于压力机全量程的80%。混凝土强度等级≥C60时，试件周围应设防崩裂网罩。

2）试验方法与步骤

①取出试件，检查其尺寸及形状，试件的边长和高度宜采用游标卡尺进行测量，应精确至0.1 mm；试件各边长、直径和高的尺寸公差不得超过1 mm，试件承压面的平面度公差不得超过0.000 5$d$，$d$为试件边长；试件相邻面间的夹角应为90°，其公差不得超过0.5°。在破型前，保持试件原有湿度。将试件表面与上下承压板面擦干净。

②将试件安放在试验机的下压板或垫板上，以试件成型时的侧面为承压面，试件的中心应与试验机下压板中心对准。开动试验机，试件表面与上、下承压板或钢垫板应均匀接触。

③在试验过程中应连续均匀地加荷，混凝土强度等级<C30时，加荷速度为0.3～0.5 MPa/s；混凝土强度等级≥C30且<C60时，加荷速度为0.5～0.8 MPa/s；混凝土强度等级≥C60时，加荷速度为0.8～1.0 MPa/s。

④当试件接近破坏开始急剧变形时，应停止调整试验机油门，直至破坏，然后记录破坏荷载。

3)结果计算

①混凝土立方体抗压强度应按式(3.51)计算。

$$f_{cc}=\frac{F}{A} \tag{3.51}$$

式中 $f_{cc}$——混凝土立方体试件抗压强度,MPa,精确至0.1 MPa;

$F$——试件破坏荷载,N;

$A$——试件承压面积,$mm^2$。

②强度值的确定应符合下列规定:

a.3个试件为一组,取3个试件测试值的算术平均值为该组试件的强度代表值(精确至0.1 MPa)。

b.若3个测试值中的最大值或最小值与中间值的差值超过中间值的±15%时,则取中间值作为该组试件的立方体抗压强度值。

c.若最大值和最小值与中间值的差均超过中间值的±15%,则该组试件的试验结果无效。

d.立方体抗压强度的标准试件尺寸为150 mm×150 mm×150 mm,采用非标准试件时,尺寸换算系数按表3.46取值。

对于抗压强度测试,当混凝土强度等级不小于C60时,宜采用标准试件;当使用非标准试件,混凝土强度等级不大于C100时,其尺寸换算系数宜由试验确定,在未进行试验确定的情况下,对100 mm×100 mm×100 mm试件其尺寸换算系数可取为0.95;混凝土强度等级大于C100时,其尺寸换算系数应经试验确定。

## 6.水泥混凝土抗折强度试验

水泥混凝土抗折强度是水泥混凝土路面、桥面、机场跑道设计的重要参数。这类工程的混凝土配合比设计强度为抗折强度,因此施工时也必须按规定测试其抗折强度。

1)仪器设备

试验机要求同立方体抗压强度试验。抗折试验装置如图3.22所示。试件的支座和加荷头应采用直径为20~40 mm、长度不小于($b$+10)mm的硬钢圆柱,支座立脚点为固定铰支,其他应为滚动支点。

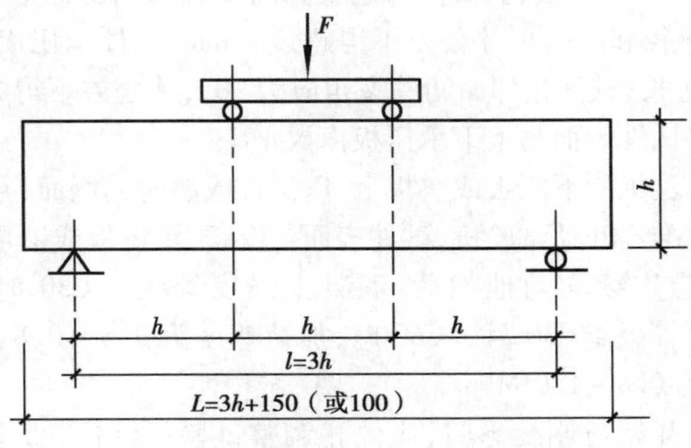


图3.22　混凝土抗折强度试验装置

2)试验方法与步骤

①试件从养护地点取出后应及时进行试验。试件尺寸偏差与混凝土抗压强度要求相同。

②按图3.22装置试件,安装尺寸偏差不得大于1 mm。试件的承压面应为试件成型时的侧面。支座及承压面与圆柱的接触面应平稳、均匀,否则应垫平。

③施加荷载应保持均匀、连续。混凝土强度等级 < C30时,加荷速度为0.02 ~ 0.05 MPa/s;混凝土强度等级≥C30且 < C60时,加荷速度为0.05 ~ 0.08 MPa/s;混凝土强度等级≥C60时,加荷速度为0.08 ~ 0.1 MPa/s。至试件接近破坏时,应停止调整试验机油门。

④记录试件破坏时荷载及试件下边缘断裂位置。

3)结果计算

①抗折强度$f_{cf}$(以MPa计)按式(3.52)计算。

$$f_{cf} = \frac{FL}{bh^2} \tag{3.52}$$

式中 $F$——极限荷载,N;

$L$——支座间距离,标准试件$L = 450$ mm,断面为100 mm×100 mm的非标准试件$L = 300$ mm;

$b$——试件宽度,mm;

$h$——试件高度,mm。

②强度值的确定应符合下列规定:

a.3个试件为一组,当折断面发生在两个加荷点之间时,取3个试件测试值的算术平均值作为该组试件的抗折强度值(精确至0.1 MPa);若3个测试值中的最大值或最小值与中间值的差值超过中间值的±15%,则取中间值作为该组试件的抗折强度值;若最大值和最小值与中间值的差均超过中间值的±15%,则该组试件的试验结果无效。

b.3个试件中若有一个折断面位于两个集中荷载之外,则混凝土抗折强度值按另两个试件的试验结果计算。若这两个测值的差值不大于这两个测值的较小值的15%时,则该组试件的抗折强度值按这两个测值的平均值计算,否则该组试件的试验无效。若有两个试件的下边缘断裂位置位于两个集中荷载作用线之外,则该组试件试验无效。

c.抗折强度的标准试件尺寸为150 mm×150 mm×600(或550)mm,采用非标准试件时,其尺寸换算系数按表3.46取值。

## 7.水泥混凝土轴心抗压强度试验

测定混凝土轴心抗压强度,以提供混凝土结构设计参数和静力抗压弹性模量试验荷载标准。

1)仪器设备

试验机,其要求同立方体抗压强度试验。

2)试验方法及步骤

①试件从养护地点取出后用干毛巾将表面与上下承压板面擦干净。在准备过程中,应保持试件湿度不变,并及时进行试验。

②将试件直立放置在试验机的下压板或钢垫板上,并使试件轴心与下压板中心对准。

③开启试验机,试件表面与上、下承压板或钢垫板应均匀接触。

④应连续均匀地加荷,不得有冲击。加荷速度同立方体抗压强度试验。试件接近破坏而开始急剧变形时,应停止调整试验机油门,直至破坏。然后记录破坏荷载。

3)结果计算

①混凝土轴心抗压强度$f_{cp}$(以 MPa 计)按式(3.53)计算。

$$f_{cp}=\frac{F}{A} \tag{3.53}$$

式中 $F$——破坏荷载,N;

$A$——试件承压面积,$mm^2$。

②强度值的确定应符合下列规定:

a. 3 个试件为一组,取 3 个试件测试值的算术平均值作为该组试件的强度值(精确至0.1 MPa)。

b. 若 3 个测试值中的最大值或最小值与中间值的差值超过中间值的 ±15% 时,则取中间值作为该组试件的轴心抗压强度值。

c. 若最大值和最小值与中间值的差均超过中间值的 ±15%,则该组试件的试验结果无效。

d. 轴心抗压强度的标准试件尺寸为 150 mm×150 mm×300 mm,采用非标准试件时,其尺寸换算系数按表 3.46 取值。

## 8. 水泥混凝土劈裂抗拉强度试验

测定混凝土劈裂抗拉强度,是为混凝土结构抗裂性验算等提供依据。

1)仪器设备

试验机,其要求同立方体抗压强度试验;钢制弧形垫块,其横截面尺寸如图 3.23 所示,垫块长度与试件相同;垫条,由 3 层胶合板制成,宽度为 20 mm,厚度为 3 ~ 4 mm,长度不小于试件长度,垫条不得重复使用;钢支架(图 3.24)。

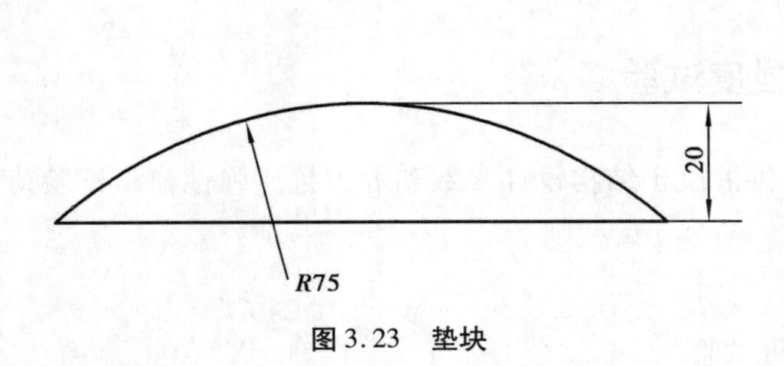


图 3.23 垫块

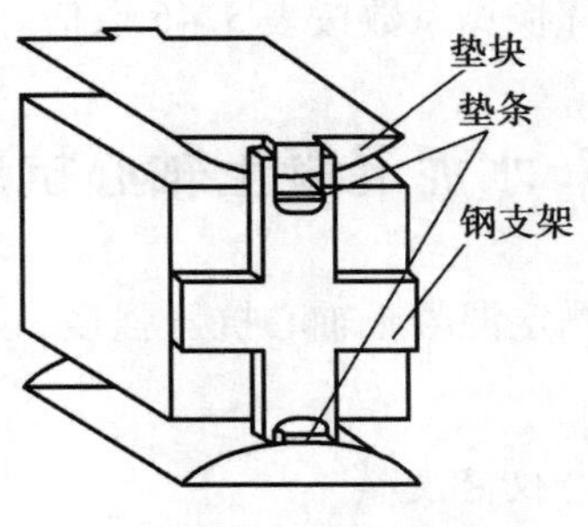


图 3.24 钢支架

2)试验方法与步骤

①试件从养护地点取出后应及时进行试验,将试件表面与上下承压板面擦干净。

②将试件放在试验机下压板的中心位置,劈裂承压面和劈裂面应与试件成型时的顶面垂直。在上、下压板与试件之间垫以圆弧形垫块及垫条各一条,垫块与垫条应与试件上、下面的中心线对准并与成型时的顶面垂直。宜把垫条及试件安装在定位架上。

③开启试验机,试件表面与上、下承压板或钢垫板应均匀接触。加荷应连续均匀,当混凝土强度等级<C30时,加荷速度取0.02~0.05 MPa/s;当混凝土强度等级≥C30且<C60时,加荷速度取0.05~0.08 MPa/s;当混凝土强度等级≥C60时,加荷速度取0.08~0.10 MPa/s。至试件接近破坏时,应停止调整试验机油门,直至试件破坏,然后记录破坏荷载。

3)结果计算

①混凝土劈裂抗拉强度$f_{ts}$(以MPa计)按式(3.54)计算。

$$f_{ts}=\frac{2F}{\pi A}=0.637\frac{F}{A} \tag{3.54}$$

式中 $F$——破坏荷载,N;

$A$——试件承压面积,$mm^2$。

②强度值的确定应符合下列规定:

a.3个试件为一组,取3个试件测试值的算术平均值作为该组试件的劈裂抗拉强度值,应精确至0.01 MPa。

b.若3个测试值中的最大值或最小值与中间值的差值超过中间值的±15%时,则取中间值作为该组试件的劈裂抗拉强度值。

c.若最大值和最小值与中间值的差均超过中间值的±15%,则该组试件的试验结果无效。

d.劈裂抗拉强度的标准试件尺寸为150 mm×150 mm×150 mm,采用非标准试件时,其尺寸换算系数按试表3.46取值。

## 9.水泥混凝土静压受力弹性模量试验

1)仪器设备

试验机(要求同立方体抗压强度试验)、微变形测量仪。

2)试验方法与步骤

①静压受力弹性模量试验共6个棱柱体试件。试件从养护地点取出后先将试件表面与上下承压板面擦干净。

②取3个试件测定混凝土的轴心抗压强度($f_{cp}$),另3个试件用于测定混凝土的弹性模量。

③在测定混凝土弹性模量时,变形测量仪应安装在试件两侧的中线上并对称于试件的两端。

④仔细调整试件在压力试验机上的位置,使其轴心与下压板的中心线对准。开启试验机,试件表面与上、下承压板或钢垫板应均匀接触。

⑤应加荷至基准应力为0.5 MPa的初始荷载值$F_0$，保持恒载60 s，并在以后的30 s内记录每测点的变形读数$\varepsilon_0$。应立即连续均匀地加荷至应力为轴心抗压强度$f_{cp}$的$\frac{1}{3}$时的荷载值$F_a$，保持恒载60 s，并在以后的30 s内记录每一测点的变形读数$\varepsilon_a$。所用的加荷速度同立方体抗压强度试验。

⑥当试件两侧变形值之差与它们的平均值之比大于20%时，应对中试件后重复以上试验。如果无法使其减少到低于20%时，则此次试验无效。

⑦以与加荷速度相同的速度卸荷至基准应力0.5 MPa($F_0$)，恒载60 s。然后用同样的加荷和卸荷速度以及60 s的保持恒载($F_0$及$F_a$)至少进行两次反复预压。在最后一次预压完成后，应在基准应力0.5 MPa($F_0$)持荷60 s，并在以后的30 s内记录每一测点的变形读数$\varepsilon_0$。再用同样的加荷速度加荷至$F_a$，持荷60 s，并在以后的30 s内记录每一测点的变形读数$\varepsilon_a$。

⑧卸除变形测量仪，应以同样的速度加荷至破坏，记录破坏荷载。当测定弹性模量之后的试件的抗压强度与$f_{cp}$之差超过$f_{cp}$的20%时，应在报告中注明。

3）结果计算

①混凝土静压受力弹性模量值应按式(3.55)计算。

$$E_c = \frac{F_a - F_0}{A} \cdot \frac{L}{\Delta n} \tag{3.55}$$

式中 $E_c$——混凝土静压受力弹性模量，MPa；

$F_a$——应力为1/3轴心抗压强度时的荷载，N；

$F_0$——应力为0.5 MPa时的初始荷载，N；

$A$——试件承压面积，$mm^2$；

$L$——测量标距，mm；

$\Delta n$——最后一次从$F_0$加荷至$F_a$时试件两侧变形的平均值，mm。

混凝土静力受压弹性模量计算精确至100 MPa。

②静力受压弹性模量值的确定应符合以下规定：应按3个试件测值的算术平均值计算。当其中有一个试件在测定弹性模量后的轴心抗压强度值，与用于确定检验控制荷载的轴心抗压强度值相差超过后者的20%时，则弹性模量值按另两个试件测值的算术平均值计算。如有两个试件超过上述规定时，则此次试验无效。

# 本章小结

本章主要介绍了普通水泥混凝土的工作性能、力学性能、变形性能、耐久性能及其性能评价方法，并在此基础上介绍了混凝土配合比设计的方法。

混凝土拌合物的工作性采用坍落度法、维勃稠度法测试。影响混凝土拌合物工作性的内因包括原材料及其比例，外因有时间、温度、湿度等。混凝土力学性能包括抗压强度、抗折强度、抗拉强度,影响混凝土强度的主要因素是水泥石质量、集料品质及集料与水泥石的界面黏结质量。混凝土的变形包括非荷载下的变形和荷载作用下的变形。混凝土的耐久性主要包括抗渗性、抗冻性、耐磨性、抗化学侵蚀性、碱-集料反应等方面。

混凝土配合比设计的基本要求是通过选择合理的原材料,并确定其比例,使混凝土拌合物的工作性,硬化后混凝土的力学性能、耐久性能、变形性能满足不同的应用和施工环境要求。配合比设计分为计算配合比计算、试拌配合比调整、实验室配合比调整和施工配合比调整4个步骤。

本章还介绍了水泥混凝土拌合物工作性和力学性能的试验。

# 复习思考题

3.1 简述混凝土拌合物工作性的含义。混凝土拌合物工作性测试可采用哪些方法?

3.2 影响混凝土拌合物工作性的因素有哪些?什么是合理砂率?

3.3 当混凝土拌合物工作性不满足设计要求(如流动性偏大或偏小、流浆、离析等)时,应如何处理?

3.4 测试混凝土立方体抗压强度时,为什么要采用标准尺寸试件?

3.5 影响混凝土力学性能的因素有哪些?可以通过哪些措施提高混凝土强度?

3.6 混凝土耐久性包括哪些方面的内容?如何提高混凝土的耐久性能?

3.7 混凝土中加入集料的作用是什么?

3.8 简述普通混凝土配合比设计的步骤。

3.9 请设计某桥墩(有冻害影响)用C40混凝土配合比,要求混凝土拌合物坍落度为50~90 mm,混凝土标准差为6.0 MPa。原材料及相关原始资料如下:

①各强度等级的5种硅酸盐水泥均可供应,水泥强度富余系数按1.13考虑,密度为3.0 g/cm$^3$,各项技术性能指标均符合水泥规范要求;

②石灰岩碎石为5~25连续级配,表观密度为2.70 g/cm$^3$,现场含水率为1.5%,其他各项技术性能指标均符合规范要求;

③采用天然河砂,表观密度为2.68 g/cm$^3$,细度模数为2.5,现场含水率为2.5%,其他各项技术性能指标均符合规范要求;

④拌和用水符合混凝土拌和用水质量要求;

⑤萘系减水剂推荐掺量为1.0%,减水率为15%;

⑥S95磨细矿渣粉,表观密度为2.8 g/cm$^3$,其他各项技术性能指标均符合规范要求;

⑦Ⅱ级粉煤灰表观密度为2.2 g/cm$^3$,其他各项技术性能指标均符合规范要求。

设计要求:

①确定原材料组合方案;

②确定计算配合比;

③试拌,加入5%水泥浆后拌合物工作性满足要求,试确定试拌配合比;

④在试拌配合比所用水胶比基础上，水胶比加减0.05，制作混凝土试件并测试28 d立方体抗压强度，作图，与配制强度对应的水胶比为0.42，混凝土实测密度为2 480 kg/m³，试确定实验室配合比；

⑤根据现场砂石含水率确定施工配合比。

3.10　请对表3.47所列C40混凝土检验批进行强度评定。

**表3.47　C40混凝土检验批测试值**

| 编　号 | 1 | 2 | 3 | 4 | 5 | 6 | 7 | 8 | 9 | 10 | 11 |
|---|---|---|---|---|---|---|---|---|---|---|---|
| 测试值/MPa | 48.2 | 45.5 | 51.0 | 49.6 | 45.6 | 38.6 | 48.1 | 44.6 | 48.5 | 39.7 | 42.2 |
| | 48.5 | 48.2 | 52.1 | 48.7 | 49.3 | 37.9 | 48.1 | 45.5 | 46.8 | 39.9 | 43.5 |
| | 44.6 | 43.5 | 42.7 | 44.9 | 48.7 | 39.5 | 46.3 | 44.8 | 47.9 | 41.2 | 46.8 |
| 代表值/MPa | | | | | | | | | | | |

# 第4章 沥青材料

**内容提要**

本章重点介绍石油沥青的组成、结构、技术性能和技术标准,并简单介绍乳化沥青、改性沥青、煤沥青等的技术性能。通过本章学习,读者应掌握石油沥青的化学组分及胶体结构、技术性能及评价指标,并掌握石油沥青的工程应用。

沥青材料(bituminous material)是由极其复杂的高分子碳氢化合物及其非金属衍生物组成的有机混合物,在常温下呈褐色至黑色的固体、半固体或液体,能溶解于汽油、煤油、柴油、三氯乙烯、二硫化碳、苯、氯仿等有机溶剂,具有良好的黏结性、黏弹塑性、憎水性、不导电性,对酸、碱、盐等侵蚀性物质具有良好的稳定性,在土木建筑工程中主要用作胶结材料、防水防潮材料、防腐材料等。

沥青按其在自然界中获得的方式可分为地沥青和焦油沥青两大类。

1)地沥青(asphalt)

地沥青包括天然沥青和石油沥青。天然沥青(natural asphalt)是原油在自然条件下长时间经受地球物理因素作用形成的产物,如湖沥青、岩沥青;石油沥青(petroleum asphalt)是石油经加工提炼轻质油品后的残渣,经再加工得到的产品。

2)焦油沥青(tar)

煤、泥炭、木材等有机物经干馏得到焦油,再经加工而得到的沥青称为焦油沥青,如煤沥青、木沥青等。

页岩沥青(shale tar)的技术性能与石油沥青相近,生产工艺则与焦油沥青接近,目前暂将其归为焦油沥青。

在土木建筑工程中常用的是石油沥青和煤沥青。

## 4.1 石油沥青

石油沥青按其生产方法分为直馏沥青、溶剂脱沥青、氧化沥青、调和沥青、乳化沥青、泡沫沥青、改性沥青、混合沥青等。

①直馏沥青(straight-run asphalt)是原油经常压蒸馏、减压蒸馏提取汽油、煤油、柴油、润滑油等后得到的残留渣油,常温下为黏稠液体或半固体。

②溶剂脱沥青(solvent deasphalted asphalt)是减压渣油经溶剂沉淀法提取高级润滑油原料及催化裂化原料后得到的脱油沥青产品,常温下为半固体或固体。

③氧化沥青(oxidied asphalt)是渣油经不同深度氧化后得到的不同稠度的沥青产品,常温下为半固体或固体。

④调和沥青(blened asphalt)是按照沥青质量要求,采用硬沥青与软沥青(黏稠沥青与慢凝液体沥青)以适当的比例调配得到的不同稠度的沥青。按不同的比例可得到黏稠沥青或液体沥青。

⑤乳化沥青(emulsified asphalt)是将沥青分散于有乳化剂的水中形成的沥青乳液。

⑥泡沫沥青(foamed asphalt)是将热沥青和水在专门的发泡装置内混合、膨胀,形成的含有大量均匀分散气泡的沥青材料。

⑦改性沥青(modified asphalt)是用橡胶、树脂等高分子材料与石油沥青混合均匀得到的稳定胶体。

⑧混合沥青(pitch-asphalt)是以适当比例的石油沥青与煤沥青混合均匀得到的稳定胶体。

### 4.1.1 组成石油沥青的化学元素

石油沥青是由极其复杂的高分子碳氢化合物及其非金属衍生物组成的混合物,主要化学组成元素为碳(C)和氢(H)。此外,还含有少量的非金属元素硫(S)、氮(N)、氧(O)等及一些金属元素如钠、镍、铁、镁和钙等。

在石油沥青中,碳和氢的含量占98%~99%,其中,碳的含量为83%~87%,氢为10%~15%。C/H的比例可以在很大程度上反映沥青的化学成分,C/H越大,表明沥青的环状结构,尤其是芳香环结构越多。

### 4.1.2 石油沥青的化学组分

由于沥青的组成极其复杂,有机化合物的同分异构现象也带来了化学结构的复杂性。目前,单纯的沥青化学元素的含量与沥青性能之间尚不能建立起直接的联系,许多化学元素组成相似的沥青其性质却相差甚远。人们在研究沥青化学元素组成的同时,利用沥青在不同溶剂中的选择性溶解及在不同吸附剂上的选择性吸附,将沥青按分子大小、极性或分子构型分离成若干个化学成分和物理性质相似的化合物集,这些化合物集被称为沥青的组分。沥青中各组分的相对含量及性质与沥青的黏滞性、感温性、黏附性等技术性能有直接的联系。

对于沥青化学组分的分析,许多研究者曾提出不同的分析方法,将石油沥青分为二组分、三组分、四组分、五组分。我国现行规范《公路工程沥青及沥青混合料试验规程》(JTG E20—2011)推荐三组分和四组分两种分析方法。

1)三组分分析

三组分分析是将石油沥青分离为油分(oil)、树脂(resin)和沥青质(asphaltene)3个组分。

因为我国的石油多为石蜡基和中间基石油，在油分中常含有蜡（paraffin），所以在分析时还应将油、蜡分离。

三组分分析沿用国际上常用的马卡森法，它是一种典型的溶剂吸附法。该方法的分析流程是：将沥青全组分用正庚烷沉淀，不溶分即为沥青质；可溶分用活化硅胶吸附后，用正庚烷抽提出油蜡，再用苯-乙醇混合液抽提出树脂；将油蜡用脱蜡溶剂甲乙酮-苯，在 −20 ℃条件下冷冻过滤分离油、蜡，如图 4.1 所示。

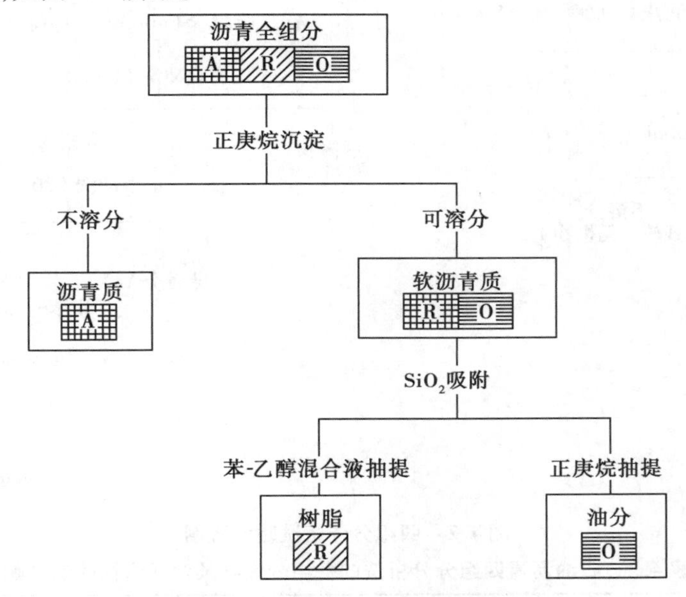


图 4.1　沥青三组分分析试验流程图

石油沥青三组分分析法的各组分性状见表 4.1。

表 4.1　石油沥青三组分分析法的各组分性状

| 组　分 | 外观特征 | 平均分子量（$M_w$） | 碳氢比 | 相对密度 | 物化特征 |
|---|---|---|---|---|---|
| 油　分 | 淡黄色透明液体 | 200 ~ 700 | 0.5 ~ 0.7 | 0.910 ~ 0.925 | 几乎可溶解于大部分有机溶剂，具有光学活性，常发现有荧光 |
| 树　脂 | 红褐色黏稠半固体 | 800 ~ 3 000 | 0.7 ~ 0.8 | ≈1.000 | 温度敏感性高，熔点低于 100 ℃ |
| 沥青质 | 深褐色固体末状微粒 | 1 000 ~ 5 000 | 0.8 ~ 1.0 | >1.000 | 加热不熔化，分解为硬焦炭，使沥青呈黑色 |

2）四组分分析

四组分分析是将沥青分离为饱和分（Saturates，简写为 S）、芳香分（Aromatics，简写为 Ar）、胶质（Resins，简写为 R）、沥青质（Asphaltenes，简写为 As）。四组分分析试验流程如图 4.2 所示。石油沥青四组分分析法的各组分性状及对沥青性能的影响见表 4.2。

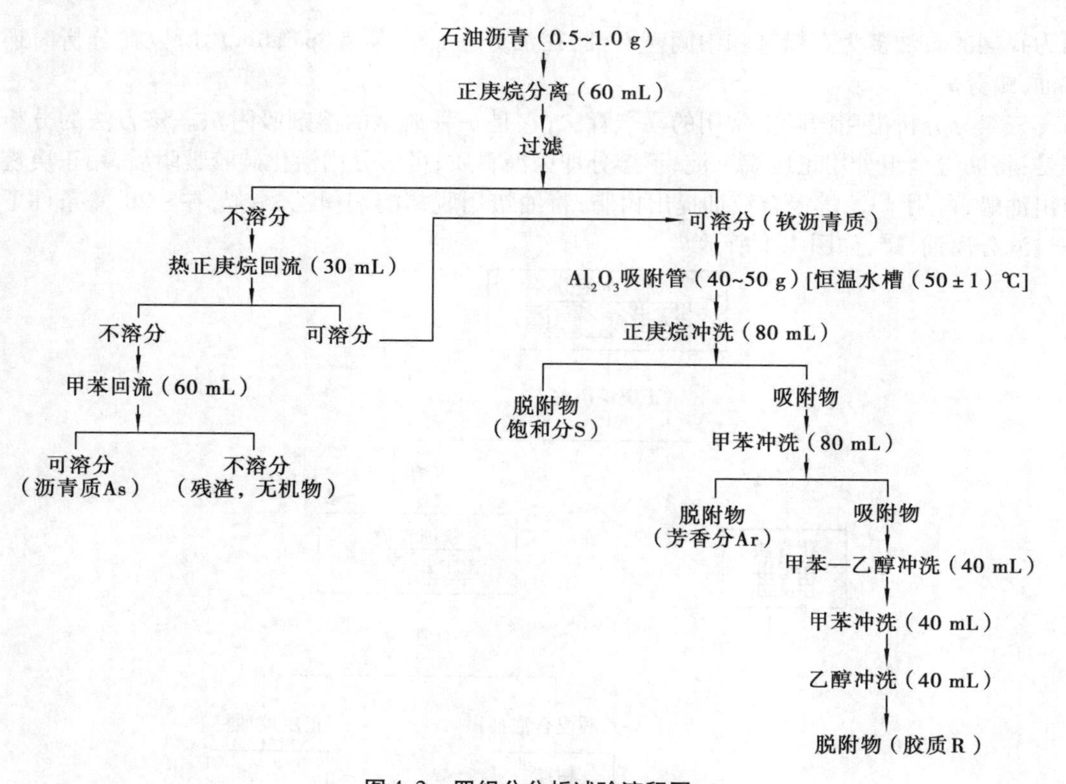


图 4.2　四组分分析试验流程图

表 4.2　石油沥青四组分分析法的各组分性状及对沥青性能的影响

| 组　分 | 外观特征 | 平均分子量($M_w$) | 相对密度 | 对沥青性能的影响 |
|---|---|---|---|---|
| 饱和分 | 无色液体 | 300～1 000 | 0.89 | 赋予沥青流动性 |
| 芳香分 | 黄色至红色液体 | | 0.99 | |
| 胶　质 | 棕色黏稠液体 | 500～1 000 | 1.09 | 赋予沥青胶体稳定性,提高黏附性、塑性,也带给沥青感温性 |
| 沥青质 | 深棕色至黑色固体 | 1 000～5 000 | 1.15 | 提高沥青热稳定性;在有一定数量胶质存在的前提下,提高沥青黏滞性 |

3)蜡

从理论上讲,油蜡多以直链烷烃结构为主,在特定温度下,液态者为油,固态者为蜡。蜡的形态与数量与油蜡分离方法有关。四组分分析所得饱和分和芳香分,分别进行油蜡分离得到饱和蜡和芳香蜡。饱和蜡主要为正、异构烷烃及环烷烃结构,呈细小针状晶粒;芳香蜡主要为带侧链的芳香环结构,晶粒更细小,呈雪花状。

已有的研究表明,沥青中蜡的存在,在高温时使沥青软化,导致沥青路面高温稳定性降低而产生车辙;低温时易结晶析出,使沥青变得脆硬,减少沥青分子间的结合力,沥青延展性降低,导致沥青路面低温开裂。蜡的存在会降低沥青与矿料界面的黏结力,在水的作用下使矿料颗粒产生剥落而造成路面损坏。此外,含蜡沥青还会使沥青路面抗滑性降低而影响行车安全。

### 4.1.3 沥青的胶体结构

沥青中各组分的相对含量多少,将直接影响沥青的技术性能及工程应用。现代胶体理论研究认为,沥青是以沥青质为分散相,胶质为胶溶剂,饱和分和芳香分为分散介质形成的胶体结构。强极性的沥青质分子吸附强极性的胶质形成以沥青质为核心的胶团,胶质吸附在沥青质周围形成中间过渡相。由于胶质的胶溶剂作用使胶团分散在分子量较小、极性较弱的芳香分和饱和分组成的分散介质中,形成稳定的沥青胶体。在沥青胶体结构中,从沥青质、胶质到芳香分、饱和分,极性逐步递变,没有明显的分界线。当各组分的化学组成和相对含量相匹配时,才能形成稳定的胶体。

根据沥青中各组分的相对含量不同,可以形成不同结构类型的胶体。

1)溶胶型(sol type)结构

当沥青质分子量较小且相对含量较低,而油分和胶质足够多时,沥青质形成的胶团数量较少,胶团间相距较远,相互吸引力小(甚至没有),胶团能在分散介质的黏度许可范围内自由运动,这种沥青称为溶胶型沥青,如图 4.3(a)所示。

这类沥青在荷载作用下几乎没有弹性效应,具有较好的自愈合性和低温变形能力,但高温下易流淌,温度稳定性差。液体沥青、大部分直馏沥青都属于溶胶型沥青。

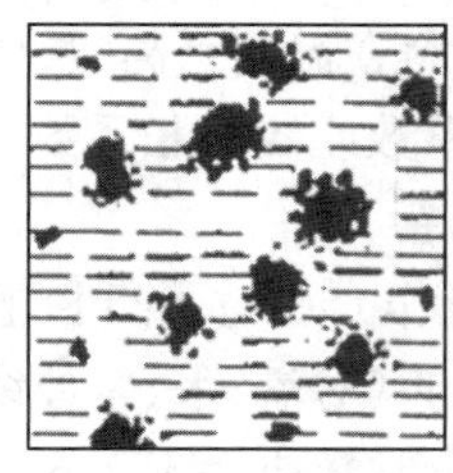
(a)溶胶型结构

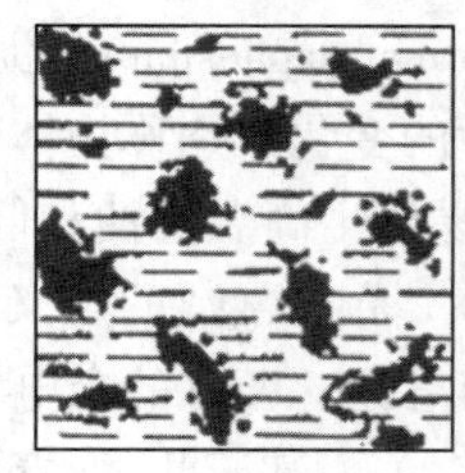
(b)溶-凝胶型结构

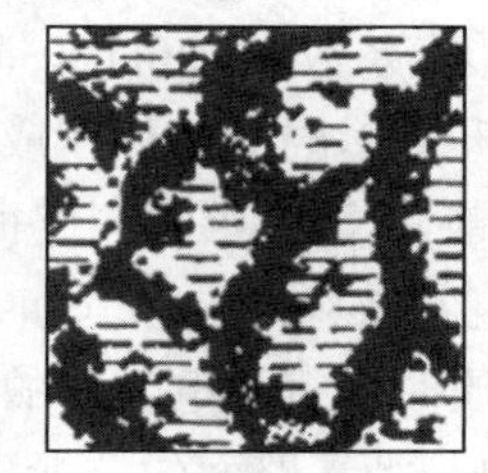
(c)凝胶型结构

图 4.3　沥青胶体结构示意图

2)凝胶型(gel type)结构

当沥青中沥青质含量高且有足够数量胶质时,形成的胶团数量多,胶团浓度相对增加,相互之间靠拢形成不规则的网络结构,胶团间相互作用力增强,移动比较困难。饱和分和芳香分在胶团的网络中成为分散相,连续的胶团为分散介质,这种胶体结构的沥青称为凝胶型沥青,如图 4.3(c)所示。

这类沥青在外力作用时间短或外力小时具有明显的弹性,当应力超过屈服值后则表现为黏-弹性。凝胶型结构的沥青高温稳定性好,但低温变形能力较差。

3)溶-凝胶型(sol-gel type)结构

沥青中的沥青质含量适当并有较多的芳香度较高的胶质,形成的胶团数量较多,胶团间有一定的吸引力,介于溶胶与凝胶结构之间,这种胶体结构的沥青称为溶-凝胶型沥青,如图

4.3(b)所示。

溶-凝胶型结构的沥青在高温时具有较好的稳定性,低温时具有较好的变形能力。路用沥青即属于这一胶体结构类型。

沥青的胶体结构类型从化学角度分析是困难的,通常根据胶体的流变性质来评价,以沥青的针入度指数值(PI)来划分其胶体结构类型:PI < -2,溶胶型结构;PI = -2 ~ +2,溶-凝胶型结构;PI > +2,凝胶型结构。

## 4.1.4 石油沥青的技术性能

1)物理性能

(1)密度(density) 沥青密度是在规定温度(15 ℃或25 ℃)条件下单位体积的质量,单位为 $kg/m^3$ 或 $g/cm^3$。密度是沥青的基本参数,在沥青储运和沥青混合料设计时都要用到。沥青的密度也可用相对密度表示,相对密度是指在规定温度下,沥青密度与同温度的水的密度的比值。

沥青的密度约等于1.00 $g/cm^3$,随沥青的化学成分不同,密度有所差别。许多研究表明,沥青密度与其芳香族有机物含量有关,芳香族含量越高,沥青密度越大。沥青密度也与各组分之间的比例有关,沥青质含量越高,其密度越大。沥青密度还与含蜡量有关,由于蜡的密度较低,故含蜡量高的沥青其密度也低。沥青中硫的含量对其密度亦有一定影响,硫的含量增加,沥青的密度随之增大。

(2)热膨胀系数(coefficient of thermal expansion) 沥青材料在温度升高时,体积将发生膨胀。温度上升1 ℃时沥青体积或长度的变化分别称为体膨胀系数或线膨胀系数。沥青材料的热膨胀系数越大,沥青混合料路面越易发生高温泛油和低温开裂。

(3)介电常数(dielectric constant) 介电常数的定义:沥青作介质时平行板电容器的电容与真空作介质时平行板电容器的电容之比。沥青的介电常数与其对氧、水、紫外线等的耐老化性能有关,也与沥青路面的抗滑阻力有关。基于此,沥青的介电常数应大于2.65。

2)黏滞性(viscosity)

黏滞性是指沥青材料在外力作用下,沥青粒子间产生相对位移时抵抗变形的能力。

在两平行金属板间夹一沥青层,将下板固定(即下板运动速度为0),对上板施以力 $F$,使上板产生恒定速度为 $v$ 的水平运动。由于沥青胶团间的作用力与反作用力,位于金属板间的沥青在垂直于两金属板的 $y$ 方向产生自上而下的速度梯度,即剪变率。该剪变率与由 $F$ 产生的剪力大小有关,也与沥青胶体内部胶团间的作用力(沥青黏度)有关。如图4.4所示,按牛顿内摩擦定律:

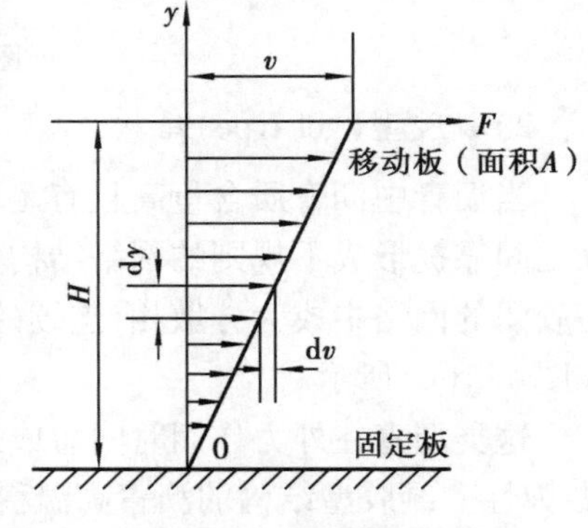


图4.4 沥青黏度参数

$$\dot{\gamma} = \frac{\tau}{\eta} \tag{4.1}$$

式中 $\dot{\gamma}$——剪变率,$\dot{\gamma}=\frac{dv}{dy}$,$s^{-1}$;

$\tau$——剪应力,$\tau=\frac{F}{A}$,$N/m^2$;

$A$——沥青层面积,$m^2$;

$\eta$——沥青内摩擦系数(即沥青动力黏度),Pa·s。

在运动状态下,测定沥青黏度时,考虑到密度的影响,沥青黏度还可以用运动黏度描述。沥青的运动黏度是沥青在某一温度条件下,动力黏度与同温度下沥青密度之比,运动黏度的单位为 $m^2/s$。

黏滞性是沥青材料作为有机胶结材料最为重要的技术性能之一。其评价方法有两种,即绝对黏度和条件黏度。前者由基本单位导出,后者由一些经验方法确定。

(1)绝对黏度(absolute viscosity) 沥青黏滞性用黏度 $\eta$ 表示,基本单位为 Pa·s,以此单位测量的黏度称为绝对黏度。采用的仪器有毛细管黏度计、旋转圆筒黏度计等。

①毛细管法(capillary-tube method)。

我国现行《公路工程沥青及沥青混合料试验规程》(JTG E20—2011)采用毛细管法测定黏稠石油沥青、液体石油沥青及其蒸馏后残留物的运动黏度。通常采用坎芬式(Cannon-Fenske)逆流毛细管黏度计,如图4.5所示。在严格控温条件下,在规定的温度(非经注明,黏稠石油沥青为135 ℃,液体石油沥青为60 ℃)下,通过选定型号的毛细管黏度计,测定流经规定体积所需的时间,按式(4.2)计算运动黏度:

$$v_T = Ct \tag{4.2}$$

式中 $v_T$——在温度 $T$ 测定的运动黏度,$mm^2/s$;

$C$——黏度计标定常数,$mm^2/s^2$;

$t$——流经规定体积的时间,s。

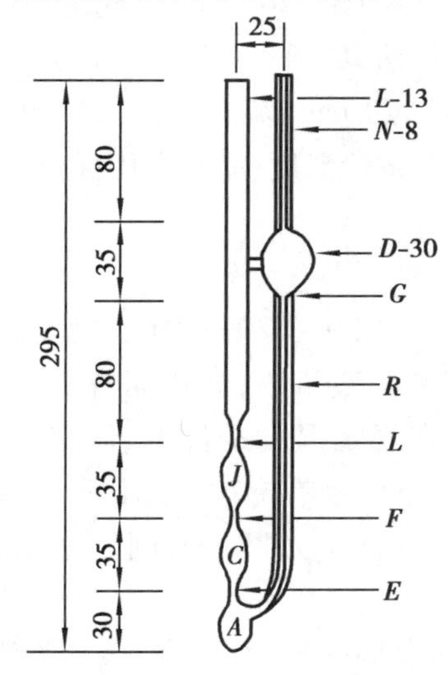


图4.5 坎芬式逆流毛细管黏度计

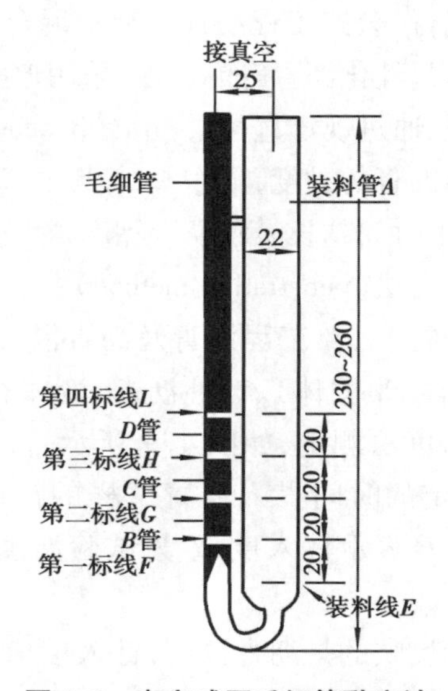


图4.6 真空减压毛细管黏度计

沥青的运动黏度是一些国家划分黏稠石油沥青及液体石油沥青标号的一个指标。

②真空减压毛细管黏度计法(vacuum capillary viscometer method)。

我国现行《公路工程沥青及沥青混合料试验规程》(JTG E20—2011)采用真空减压毛细管法(图4.6)测定黏稠石油沥青的动力黏度。该方法是沥青试样在严密控制的真空装置内(真空度40 kPa),保持一定的温度(通常为60 ℃),通过规定型号的毛细管黏度计,测定流经规定体积所需的时间(以s计),按式(4.3)计算沥青的动力黏度。

$$\eta_T = kt \tag{4.3}$$

式中 $\eta_T$——在温度 $T$ 测定的动力黏度,Pa·s;

$k$——黏度计常数,(Pa·s)/s;

$t$——沥青流经规定体积的时间,s。

③布氏旋转黏度计法(Brookfield rotational viscometer method)。

上述两种方法所测温度范围相对较窄,要测定沥青从较低温度到较高温度范围内的黏度,则需采用布洛克菲尔德(Brookfield)黏度计,也称布氏旋转黏度计,如图4.7所示。用此方法测定不同温度下的黏度曲线,不仅可以做不同沥青在不同温度下的黏滞性比较,更可用于确定各种沥青的适宜施工温度。例如,当采用石油沥青时,宜以黏度为(0.17±0.02)Pa·s时的温度作为拌和温度范围,以黏度为(0.28±0.03)Pa·s时的温度作为压实成型温度范围。

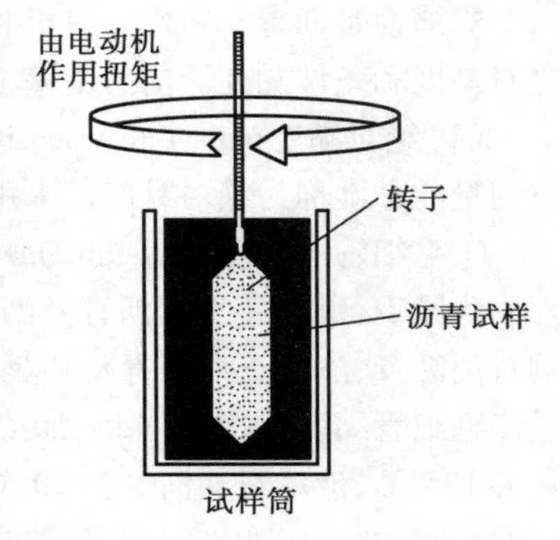


图4.7 布氏旋转黏度计示意图

(2)条件黏度(specific viscosity) 沥青的条件黏度由一些经验方法确定,常用的仪器有针入度仪、道路标准黏度计、恩格拉黏度计、赛波特重质油黏度计等。

①道路标准黏度计法(road standard viscometer method)。

我国现行《公路工程沥青及沥青混合料试验规程》(JTG E20—2011)规定,测定液体石油沥青、煤沥青、乳化沥青等的黏度,采用道路标准黏度计法,如图4.8所示。该方法是以在规定温度条件下,通过规定直径(一般有3 mm,4 mm,5 mm,10 mm)流孔,流出50 mL体积沥青所需时间表示沥青的黏度,记作 $C_{T,d}$,其中 $C$ 为黏度,$T$ 为试验温度,$d$ 为流孔直径。在相同试验条件下,流出时间越长表示沥青黏度越大。

②针入度法(penetration method)。

我国现行《公路工程沥青及沥青混合料试验规程》(JTG E20—2011)规定,道路黏稠石油沥青(固体/半固体)、改性沥青、液体石油沥青蒸馏后残留物,乳化沥青蒸发后残留物的稠度用针入度法测定,如图4.9所示。该方法是以在规定温度条件下,规定质量的标准试针,经过规定的时间贯入沥青试样的深度(以1/10 mm为单位计)表示沥青的稠度,记作 $P_{T,m,t}$,其中 $P$ 表示针入度,$T$ 为试验温度,$m$ 为试针质量,$t$ 为贯入时间。常用的试验条件为 $P_{25\ ℃,100\ g,5\ s}$。

针入度反映的是沥青稠度,针入度值越小表示沥青稠度越大;反之,表示沥青稠度越小。一般来说,稠度越大,沥青的黏度越大。交通部《公路沥青路面施工技术规范》(JTG F40—2004)对道路石油沥青,按常温针入度划分标号。由于沥青材料结构复杂,到目前为止将针入度换算为黏度并未得到良好的相关性，所以近年来美国及欧洲一些国家已将沥青按针入度分级改为按黏度分级。

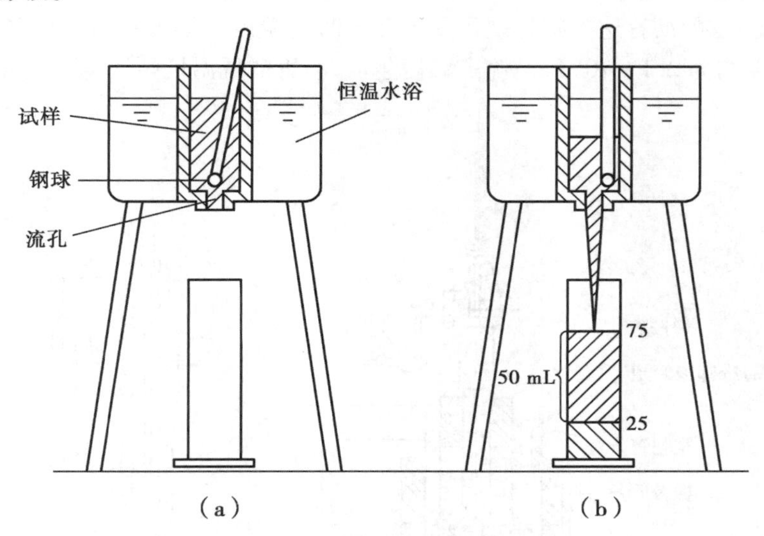


图4.8　道路标准黏度计示意图

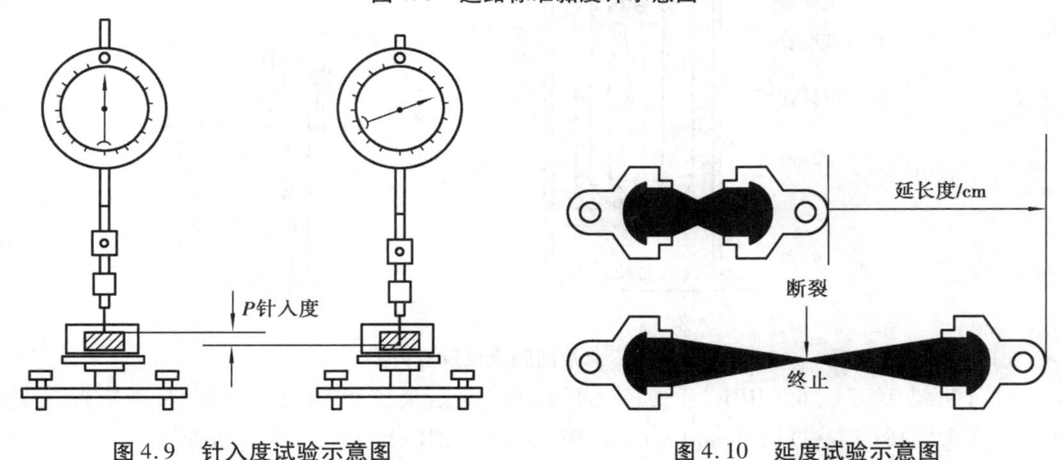


图4.9　针入度试验示意图

图4.10　延度试验示意图

3)变形性能

沥青材料的变形性能是指其在外力作用下产生变形而不断裂的性能。沥青材料的变形性能，特别是低温变形性能与沥青路面低温抗裂性密切相关。

(1)延性(ductility)　沥青的延性是指在外力拉伸作用下所能承受的塑性变形的总能力，通常用延度表示。延度采用延度仪测试。延度是指将沥青试样制作成标准的"∞"形试件，在规定温度和规定拉伸速度条件下水平拉伸至断裂时的长度，如图4.10所示。

沥青的延度特别是低温延度越大，表明沥青的柔韧性和抗裂性越好。沥青的延性与其流变特性、胶体结构、化学组分等有关，当沥青化学组分不协调、胶体结构不均匀、含蜡量增加时，都会使沥青的延性降低。

(2)脆性(brittleness)　沥青材料在低温下受瞬时荷载作用时常表现为脆性破坏。沥青的脆性采用弗拉斯脆点仪(图 4.11)测定。沥青薄膜在规定降温速度和弯曲条件下产生断裂时的温度,即弗拉斯脆点,简称脆点(breaking point)。脆点实质上是反映沥青由黏弹性体转变为弹脆性体的温度,也即沥青达到临界硬化发生开裂时的温度。沥青材料达到脆点时的针入度值约为 1.2,劲度约为 $2.1\times10^9$ Pa。脆点温度越低,沥青的低温抗裂性越好。

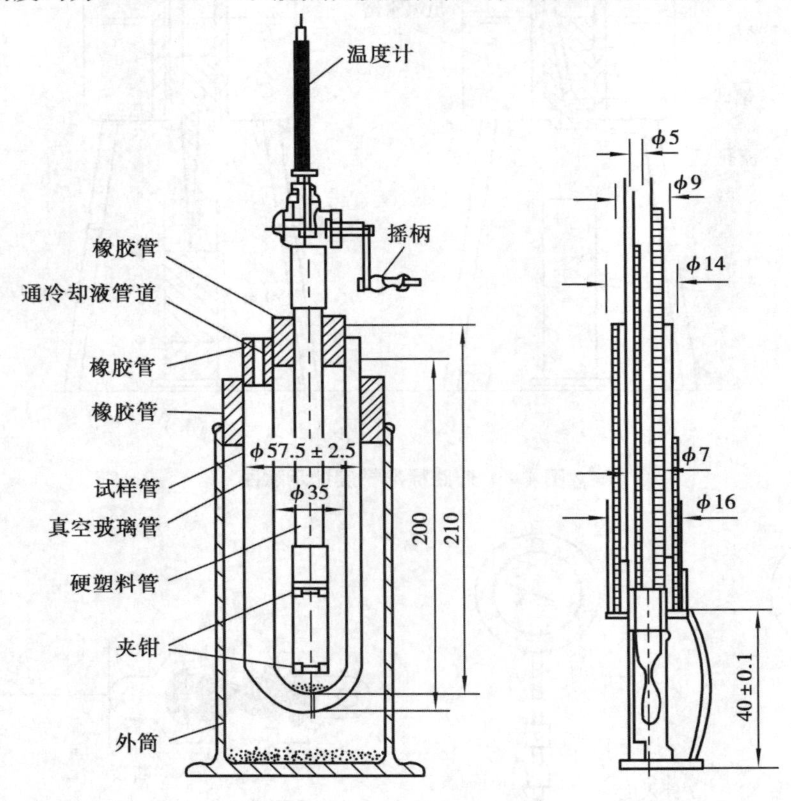


图 4.11　弗拉斯脆点仪及弯曲器

(3)弯曲梁流变试验(BBR)　沥青的低温劲度是反映低温抗裂性的重要指标。美国 SHRP 采用弯曲梁流变试验(Bending Bean Rheometer, BBR)测定小梁式沥青试件在蠕变荷载作用下的蠕变劲度模量和蠕变速率。用蠕变荷载模拟温度下降时路面中产生的应力。

弯曲梁流变试验示意图如图 4.12 所示。沥青小梁试件尺寸为 127 mm × 12.7 mm × 6.35 mm,试验温度控制在路面最低温度以上 10 ℃范围内,对试件施加(980 ± 50)*m* N 荷载并保持 240 s,记录试件跨中挠度,计算蠕变劲度模量 $S(t)$ 和 $m$ 值。

$$S(t)=\frac{PL^3}{4bh^3\delta(t)} \tag{4.4}$$

式中　$S(t)$——时间等于 60 s 时的蠕变劲度模量,MPa;

$P$——荷载,(980 ± 50)*m* N;

$L$——梁支承间距,102 mm;

$b$——梁的宽度,12.7 mm;

$h$——梁的高度,6.35 mm;

$\delta(t)$——时间等于60 s时的挠度,mm。

沥青材料的蠕变劲度模量越大,则脆性越大,路面开裂倾向越大,因此要求沥青蠕变劲度模量不大于300 MPa。$m$表征沥青低温劲度随时间的变化率,$m$值越大,表明当温度降低时沥青蠕变劲度模量相应降低,沥青材料中产生的拉应力相应减小,开裂倾向降低,即蠕变曲线的斜率$m$值越大抗裂性越好,因此要求$m$不小于0.3。蠕变劲度模量与时间关系示意图如图4.12所示。

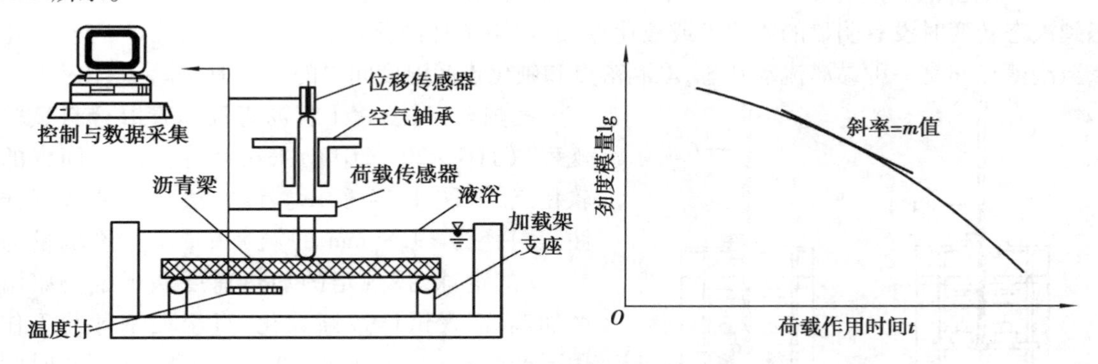


图4.12 弯曲梁流变试验示意图及蠕变劲度与时间关系示意图

(4)直接拉伸试验(DTT) 直接拉伸试验(Direct Tensile Testing)用于测试沥青在低温时的极限拉伸应力,如图4.13所示。制作哑铃状试件,试验温度为设计最低温度以上10 ℃,拉伸速度为1 mm/min,测试试件拉伸断裂时的荷载和伸长变形,计算试件的应力和应变。

$$应力=\frac{最大荷载}{试件截面积}$$

$$应变=\frac{长度变化(\Delta L)}{有效标准长度(27\ \mathrm{mm})}$$

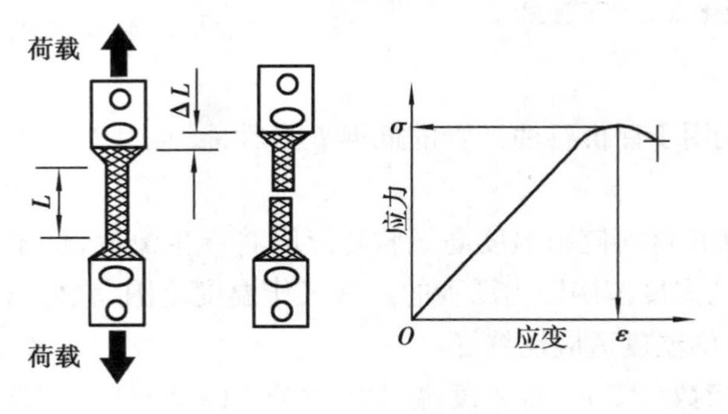


图4.13 直接拉伸试验示意图

4)感温性(temperature susceptibility)

沥青材料的黏滞性、黏弹塑性等随温度的变化而变化的性能称为沥青材料的温度感应性,简称感温性。

石油沥青中含有大量的高分子非晶态热塑性物质,当温度升高时,这些非晶态热塑性物质间逐渐发生相对滑动,使沥青由固态或半固态逐渐软化,乃至产生黏性流动,呈现为黏流态。

当温度降低时,沥青又逐渐从黏流态凝固为半固态或固态,表现出一定的弹性。随着温度的进一步降低,低温下的沥青会变得像玻璃一样又硬又脆(也称玻璃态)。这种变化的快慢反映出沥青的黏滞性和黏弹塑性随温度升降而变化的特性,亦即感温性。沥青的感温性对其施工和使用都有重要影响。

对于沥青感温性的评价,主要有以下指标:

(1)软化点(softening point)　沥青是一种非晶质高分子混合物,它从液态到固态或由固态到液态转变时没有明显的固化点或液化点,通常用条件硬化点和滴落点表示。沥青在硬化点至滴落点间是一种黏滞流动状态,取滴落点和硬化点间温度间隔的87.21%作为软化点。

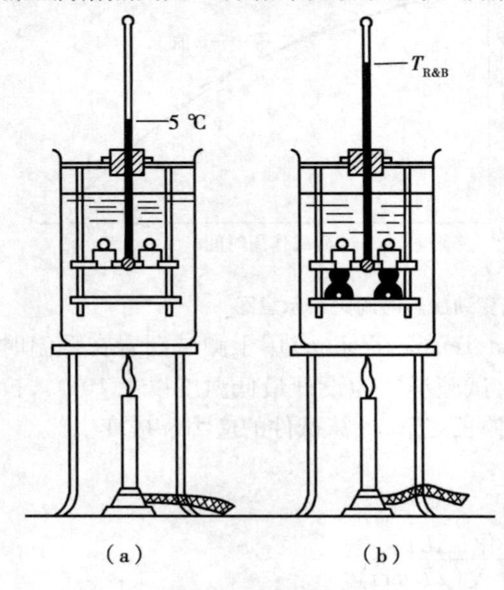


图4.14　沥青软化点试验示意图

我国现行《公路工程沥青及沥青混合料试验规程》(JTG E20—2011)采用环球法测定沥青的软化点,如图4.14所示。该方法是将沥青试样注入内径为19.8 mm的铜环中,环上置质量为3.5 g的钢球,按规定的加热速度从规定起始温度加热,沥青试样逐渐软化,直至在钢球荷重作用下产生25.4 mm垂度(即接触下底板),此时的温度即为软化点。

已有研究表明,沥青达到软化点时黏度约为1 200 Pa·s,针入度值约为800(1/10 mm),可以认为软化点是给定的"等黏点"。由此可见,针入度是在一定条件下的黏度,软化点则是达到一定黏度时的温度。软化点既反映沥青材料的热稳定性,也是对沥青黏度的一种评价。

针入度、延度、软化点通常称为石油沥青的三大技术指标。

(2)脆点　脆点既用于评价石油沥青的低温变形性能,也是对沥青材料低温感应性的一种度量。

(3)温度范围　沥青材料使用温度高于软化点时将产生流淌,低于脆点时会产生脆性断裂。软化点与脆点间的温度范围即为沥青的正常工作温度范围,软化点温度越高而脆点温度越低,则表明沥青材料的温度适应性越好。

(4)针入度-温度指数(PTI)　针入度-温度指数按式(4.5)计算,PTI越大则沥青的感温性越大。

$$\begin{cases} \mathrm{PTI}_1 = \dfrac{P_{46.1\,℃,50\,g,5\,s}}{P_{25\,℃,100\,g,5\,s}} \\ \mathrm{PTI}_2 = \dfrac{P_{25\,℃,100\,g,5\,s}}{P_{0\,℃,200\,g,60\,s}} \\ \mathrm{PTI}_3 = \dfrac{P_{46.1\,℃,50\,g,5\,s} - P_{0\,℃,200\,g,60\,s}}{P_{25\,℃,100\,g,5\,s}} \end{cases} \tag{4.5}$$

(5)针入度-温度感应性系数(Penetration-Temperature Susceptibility,PTS) 普费和范·杜尔马尔等人的研究认为,沥青的黏度随温度的变化而变化,其关系如式(4.6):

$$\lg P = AT + K \tag{4.6}$$

式中 $P$——沥青在温度 $T$ 时的针入度,1/10 mm;

$T$——与针入度对应的温度,℃;

$K$——回归系数;

$A$——针入度-温度感应性系数,由回归得到。

测定沥青在不同温度条件下的针入度,通过线性回归,则可确定回归系数 $A$,$K$。常采用的温度为5 ℃,15 ℃,25 ℃,30 ℃。针入度-温度感应性系数也可通过测定沥青在25 ℃时的针入度 $P_{25}$ 和软化点温度 $T_{R\&B}$,按式(4.7)计算得到。

$$A = \frac{\lg 800 - \lg P_{25}}{T_{R\&B} - 25} \tag{4.7}$$

$A$ 越大,则沥青对温度的敏感性越强,对温度的稳定性越弱。

由回归线性关系式可计算与 $P = 1.2$,$P = 800$ 对应的温度,此温度称为当量脆点和当量软化点。

(6)针入度指数(Penetration Index,PI) 普费等人在制定针入度指数时,假定感温性最小的沥青其针入度指数为20,感温性最大的沥青其针入度指数为 -10,则针入度指数(PI)与针入度-温度感应性系数($A$)间有如下关系:

$$\frac{20 - \text{PI}}{10 + \text{PI}} \times \frac{1}{50} = A \tag{4.8}$$

$$\text{PI} = \frac{30}{1 + 50A} - 10 \tag{4.9}$$

图4.15为普费针入度指数诺谟图,图4.16为当量软化点、当量脆点、针入度指数壳牌诺谟图。针入度指数PI越大,表示沥青的感温性越弱,其温度稳定性越强。PI值也是划分沥青胶体结构的依据(见图4.3沥青胶体结构示意图)。

(7)针入度-黏度指数(Penetration-Viscosity Number,PVN) 针入度指数(PI)通常只能表征沥青在软化点以下的感温性,对其高于软化点的感温性,麦克里奥德提出了针入度-黏度指数法。此方法应用沥青25 ℃时的针入度值和135 ℃(或60 ℃)时的黏度值与温度的关系来计算沥青的感温性。

①已知25 ℃时的针入度值 $P$ 和135 ℃时的运动黏度值 $\upsilon$,按式(4.10)计算PVN:

$$(\text{PVN})_1 = \left(\frac{10.2580 - 0.7967 \lg P - \lg \upsilon}{1.0500 - 0.2234 \lg P}\right) \times (-1.5) \tag{4.10}$$

②已知25 ℃时的针入度值 $P$ 和60 ℃绝对黏度值 $\eta$,按式(4.11)计算PVN:

$$(\text{PVN})_2 = \left(\frac{5.489 - 1.590 \lg P - \lg \eta}{1.0500 - 0.2234 \lg P}\right) \times (-1.5) \tag{4.11}$$

针入度-黏度指数PVN越大,表示沥青的感温性越低。根据麦克里奥德公式计算得到的PVN值,可按表4.3评价沥青的感温性。

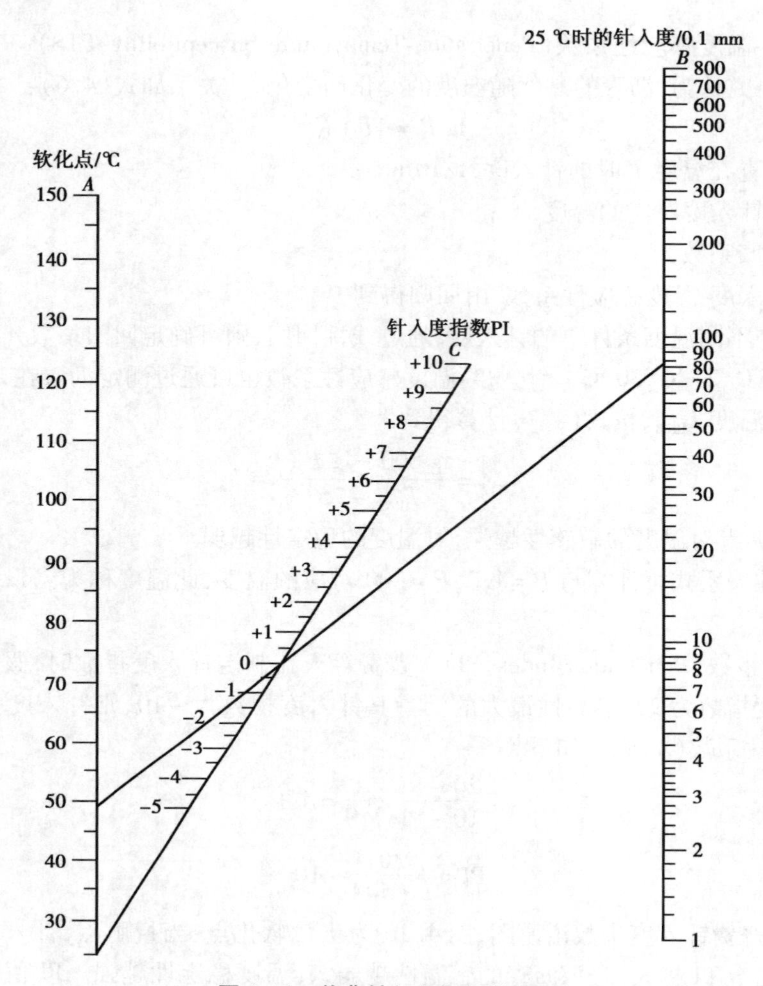


图 4.15　普费针入度指数诺谟图

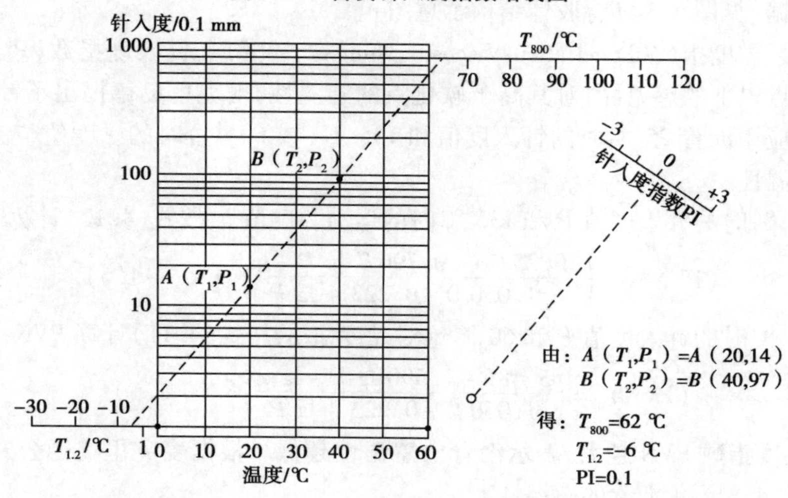


图 4.16　当量软化点、当量脆点、针入度指数壳牌诺谟图

表 4.3 沥青感温性分类

| 针入度-黏度指数(PVN) | 0 ~ -0.5 | -0.5 ~ -1.0 | -1.0 ~ -1.5 |
|---|---|---|---|
| 沥青感温性分类 | 低感温性沥青 | 中感温性沥青 | 高感温性沥青 |

5)耐久性(durability)

沥青材料在光、热、氧、水等因素的综合作用下,产生不可逆的化学变化,导致技术性能逐渐劣化,这种变化的过程称为沥青的老化。

沥青在贮运、加热拌和、摊铺、碾压、使用的过程中,受光、热、氧、水等因素的综合作用,发生蒸发、脱氧、脱氢、氧化、缩合、聚合等物理和化学变化,小分子量的油分逐渐减少,沥青中羟基、羧基、碳氧基等基团增加,芳香分转变为胶质,胶质以更快的速度转变为沥青质,使沥青组分中的沥青质和沥青碳等脆性成分增加。老化的结果是沥青的塑性降低,软化点和脆点升高,与矿料颗粒黏附性变差,黏滞性先升高,随后逐渐降低,技术性能劣化。

我国现行《公路工程沥青及沥青混合料试验规程》(JTG E20—2011)主要对沥青的热致老化性进行评价,采用的试验方法包括蒸发损失试验、薄膜加热试验(Thin-Film Oven Test, TFOT)(图 4.17)和旋转薄膜加热试验(Rolling Thin-Film Oven Test, RTFOT)(图 4.18)。试验是将沥青试样装入规定的器皿中加热到规定的温度并恒温规定的时间,以试样加热前后的针入度比、加热后的质量变化及加热后试样残渣的延度值,作为沥青材料热致老化的评价指标。

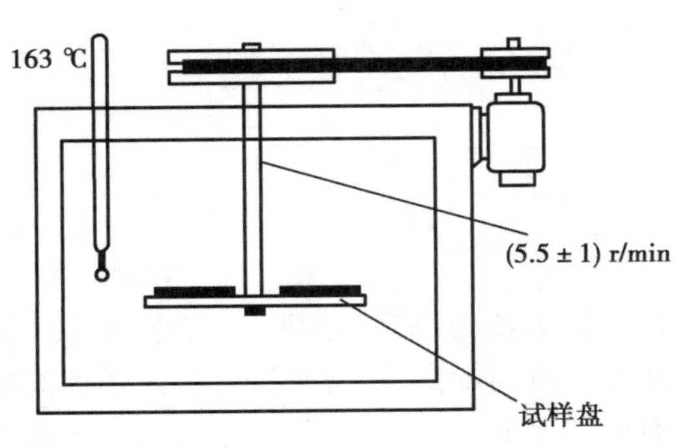


图 4.17 沥青薄膜烘箱加热试验

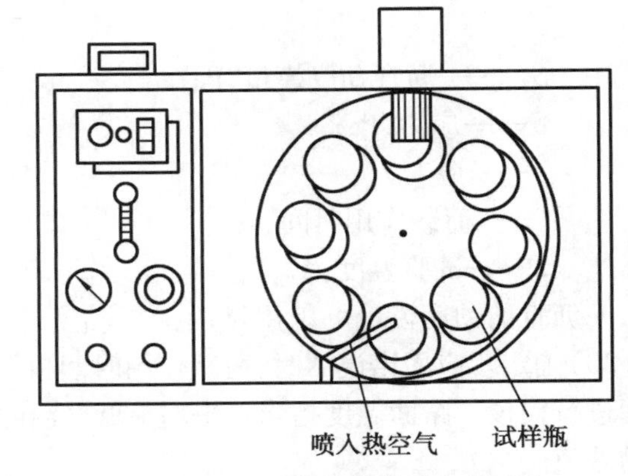


图 4.18 沥青旋转薄膜加热试验

以上试验方法是模拟沥青混合料拌和过程中的老化条件,属于短期老化。为模拟沥青在使用过程中的长期老化,美国 Superpave 提出了压力老化试验(Pressure Aging Vessel, PAV),如图 4.19 所示。将旋转薄膜烘箱试验后的沥青残渣倒入 PAV 盘中,放入压力老化容器中再老化 20 h。试验温度由道路所在地区的气候条件决定,一般为 90 ~ 110 ℃,容器中压力为2.1 MPa。然后进行沥青动态剪切流变试验、蠕变试验、直接拉伸试验等来评价沥青的耐老化性能。

6)黏弹性

路用沥青为溶-凝胶型结构,在低温时表现为弹性,高温时表现为黏性,在相当宽的温度范围内表现为黏性和弹性并存,是典型的黏-弹性体。在外力作用下产生变形,但变形滞后于作

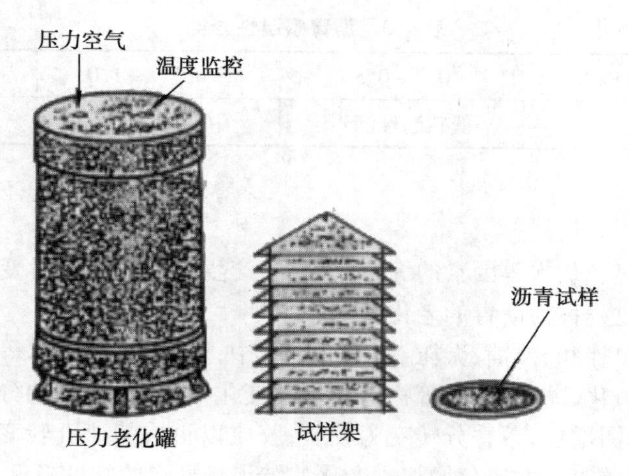


图 4.19　压力老化示意图

用力，作用力卸除后，变形经过一段时间后才逐渐恢复，表现为复杂的黏弹性性质，蠕变和松弛就是其黏弹性的表现。

黏弹性物体在应力保持不变的情况下，应变随时间而增加的现象称为蠕变。在应变保持不变的条件下，应力随时间而逐渐减小的现象称为松弛。

(1)沥青的劲度模量($S_{T,t}$)　劲度模量表征沥青在一定温度和荷载作用时间的条件下其应力-应变的关系，是反映沥青黏性-弹性联合效应的指标。

$$S_{T,t}=\left(\frac{\sigma}{\varepsilon}\right)_{T,t} \tag{4.12}$$

式中　$S_{T,t}$——沥青劲度模量，Pa；

$\sigma$——应力，Pa；

$\varepsilon$——应变；

$t$——荷载作用时间，s；

$T$——试验温度，℃。

沥青的劲度模量可以用微膜滑板黏度计、微弹性仪等仪器测定，也可以通过诺谟图(图4.20)确定。应用诺谟图时，荷载作用时间根据交通作用时间确定，通常采用停车站的停车时间进行校核。路面温度指当地平均最低气温时路面面层以下 5 cm 深度的温度与沥青软化点的差值。

(2)沥青动态剪切流变试验(DSR)　动态剪切流变试验是通过测定沥青材料的复数剪切模量($G^*$)和相位角($\delta$)来表征沥青材料的黏弹性。动态剪切流变仪(图 4.21)由一固定板和一个能左右振荡的振荡板组成，中间夹以沥青。根据试验时温度的不同，振荡板的直径有两种尺寸：当试验温度约为 45 ℃时，采用直径为 8 mm 的振荡板，沥青膜厚度为 2 mm，用于测试压力老化后的沥青试样；当试验温度高于 45 ℃时，采用直径为 25 mm 的振荡板，其沥青膜厚度为 1 mm，用于原样沥青和薄膜烘箱或旋转薄膜烘箱老化后的沥青试样。

工作时，振荡板从 $A$ 点→$B$ 点→$A$ 点→$C$ 点→$A$ 点形成一个循环周期。振荡板的频率为 10 rad/s，约等于 1.59 Hz，相当于公路上车辆的行驶速度为 88 km/h。传感器记录沥青的应变。动态剪切流变试验曲线如图 4.21 所示。

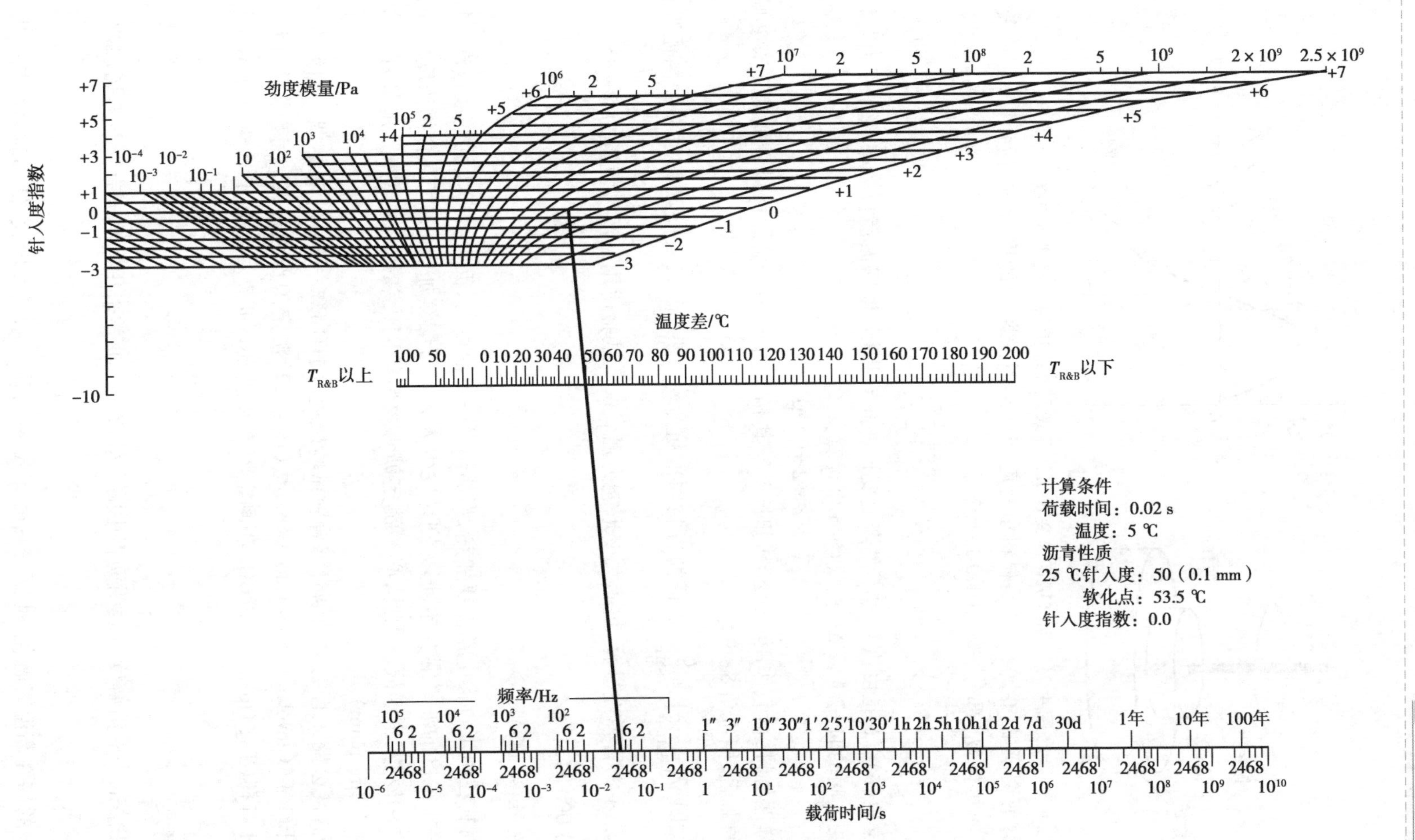


图4.20 沥青劲度模量诺谟图

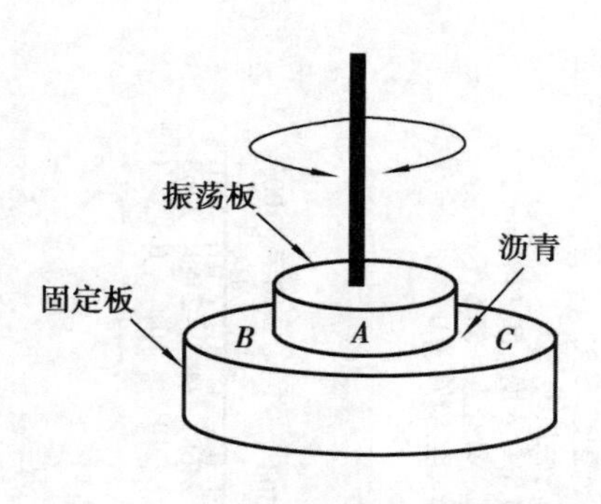


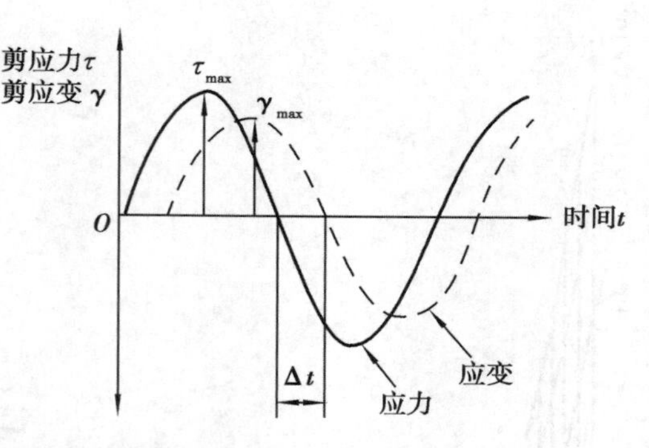


图 4.21　动态剪切流变仪工作原理及动态剪切流变试验曲线

①复数剪切模量($G^*$)。$G^*$是材料重复剪切变形时总阻力的度量,包括弹性(可恢复)部分和黏性(不可恢复)部分,按式(4.13)计算:

$$G^* = \frac{\tau_{max} - \tau_{min}}{\gamma_{max} - \gamma_{min}} \tag{4.13}$$

②相位角(δ)。δ是可恢复与不可恢复变形的相对指标,根据振荡板频率$f$、作用力与由其产生的应变之间的时间滞后$\Delta t$,按式(4.14)计算:

$$\delta = 2\pi f \cdot \Delta t \tag{4.14}$$

对于弹性材料,荷载作用时,变形同时产生,其相位角$\delta = 0°$;黏性材料在加载和应变响应间有较大的滞后,相位角$\delta \approx 90°$。

③车辙因子$\left(\frac{G^*}{\sin\delta}\right)$。$\frac{G^*}{\sin\delta}$表征沥青材料的抗永久变形能力,反映沥青材料的高温性能。$\frac{G^*}{\sin\delta}$值大,表示沥青弹性显著,抗永久变形能力强。这一试验适用的温度范围为5~85 ℃,$G^*$为0.1~10 000 kPa。

7)安全性(safety)

沥青材料在施工过程中常需要加热,当加热至一定温度时,沥青中挥发性的油蒸汽与周围空气形成一定浓度的油气混合体,遇火则易发生闪火。若继续加热,油气混合物浓度增加,遇火极易燃烧,引发安全事故。因此,必须测定沥青材料的闪火和燃烧的温度,亦即闪点(flash point)和燃点(fire point)。

我国现行《公路工程沥青及沥青混合料试验规程》(JTG E20—2011)对黏稠石油沥青采用克利夫兰开口杯(Cleveland Open Cup,COC)法(图4.22)测定闪点和燃点,对液体石油沥青采用泰格式开口杯(Tag Open Cup,TOC)法测定闪点和燃点。沥青材料施工加热温度不应超过闪点。

8)溶解度

沥青在溶剂中的溶解度可表明沥青中的有效成分。通常采用的溶剂有三氯乙烯、苯等。

9)含蜡量

沥青中的蜡在高温时融化,使沥青黏度降低,对温度的敏感性增大;低温时易结晶析出,减

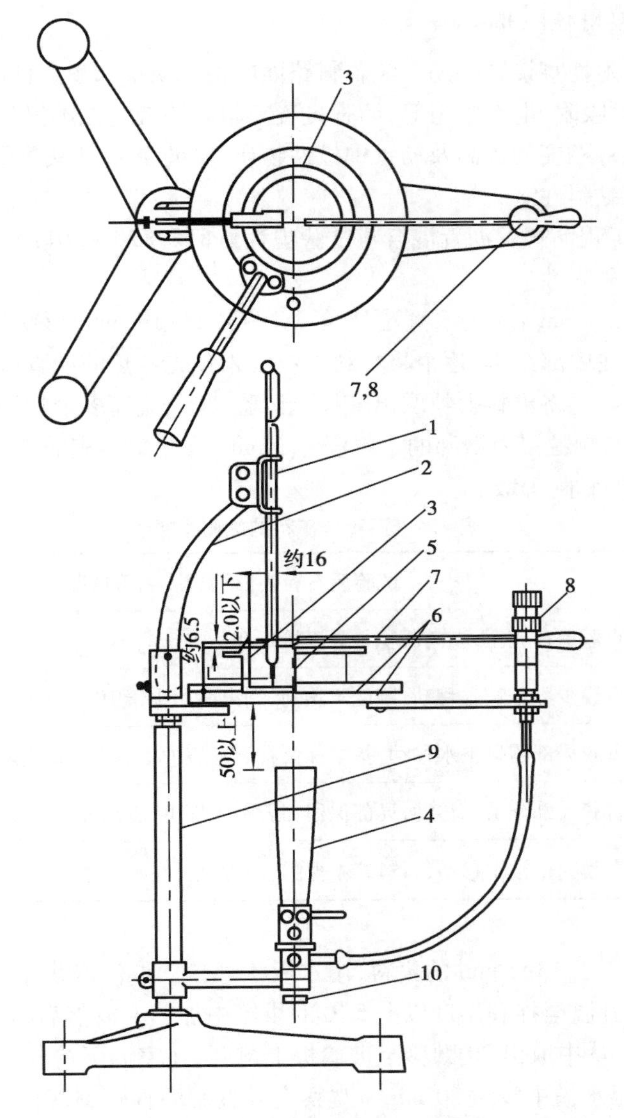


**图 4.22 克利夫兰开口杯式闪点仪**

1—温度计;2—温度计支架;3—金属试验杯;4—加热器具;5—试验标准球;

6—加热板;7—试验火焰喷嘴;8—试验火焰调节开关;9—加热板支架;10—加热器调节器

少沥青分子间的结合力,降低低温延展性。蜡含量的测定是以蒸馏法馏出油分后,在规定的溶剂及低温下结晶析出的蜡含量,以质量的百分率表示。国外测定蜡含量的方法有很多,如各种蒸馏法、硫酸法、组成分析等,用于析出蜡的溶剂也不同,如乙醚-乙醇、苯-甲乙酮、甲醇-丙酮、丙烷-丁烷等。不同的测定方法及不同的冷冻溶剂测试结果不同,这实际上涉及对蜡含量的定义。我国现行《公路工程沥青及沥青混合料试验规程》(JTG E20—2011)采用蒸馏法,所用的冷冻溶剂为乙醚-乙醇。

10)沥青与矿料黏附性(adhesiveness)

沥青与矿料的黏附性直接影响沥青混合料路面的使用质量和耐久性。沥青与矿料交互后将产生物理吸附、化学吸附、电性吸附等,沥青裹覆集料后的抗水性不仅与沥青性质有关,也与集料的性质有关。沥青稠度的提高及沥青中极性物质(沥青酸及其酸酐等)含量的增加,有利于提高沥青与矿料的黏附性。

我国现行《公路工程沥青及沥青混合料试验规程》(JTG E20—2011)采用水煮法和水浸法来评价沥青与矿料的黏附性。

对于粒径大于13.2 mm者,用水煮法评价。取13.2~19 mm,形状接近立方体的集料5颗,洗净烘干,用细线在中部系牢,逐个将集料颗粒浸入预先加热的沥青试样中45 s,使集料表面完全被沥青膜裹覆。再将集料颗粒取出悬挂于试验架上,流掉多余的沥青,并在室温下冷却15 min。逐个提起集料颗粒浸入微沸的水中浸煮3 min,观察集料表面沥青膜剥落程度并按表4.4评价沥青与矿料的黏附等级。

表4.4　沥青与矿料的黏附等级

| 黏附等级 | 试验后石料表面沥青膜剥落情况 |
|---|---|
| 5 | 沥青膜保存完全,剥离面积百分率接近0 |
| 4 | 沥青膜少部分被水移动,厚度不均匀,剥离面积少于10% |
| 3 | 沥青膜局部明显被水移动,基本保留在石料表面上,剥离面积少于30% |
| 2 | 沥青膜大部分被水移动,局部保留在石料表面上,剥离面积大于30% |
| 1 | 沥青膜完全被水移动,石料基本裸露,沥青全浮在水面上 |

对于粒径小于或等于13.2 mm的集料,用水浸法评价。取洗净烘干的9.5~13.2 mm集料颗粒100 g,放入已升温至拌和温度以上5 ℃的烘箱中加热1 h;然后与(5.5±0.2)g沥青在规定温度下拌和均匀,从中取出20颗移至玻璃板上摊开,在室温下冷却1 h;再连同玻璃板一起浸入(80±1)℃恒温水槽中浸泡30 min。观察集料表面沥青膜剥落程度并按表4.4评价沥青与矿料的黏附等级。

此外,沥青与矿料的黏附性还可用光电分光光度法评价。

## 4.1.5　石油沥青的技术标准

1)路用石油沥青的技术要求

《公路沥青路面施工技术规范》(JTG F40—2004)按25 ℃针入度划分道路石油沥青标号,并根据沥青所适用的气候分区、路面结构层次,对路用石油沥青的技术性能提出了要求,见表4.5。

表4.5 道路石油沥青技术要求(JTG F40—2004)

| 指标 | 单位 | 等级 | 沥青标号 | | | | | | | | | | | | | | | | | 试验方法[①] |
|---|---|---|---|---|---|---|---|---|---|---|---|---|---|---|---|---|---|---|---|---|
| | | | 160号[④] | 130号[④] | 110号 | | | 90号 | | | | | 70号[③] | | | | | 50号[③] | 30号[④] | |
| 针入度(25 ℃,100 g,5 s) | 0.1 mm | | 140~200 | 120~140 | 100~120 | | | 80~100 | | | | | 60~80 | | | | | 40~60 | 20~40 | T0604 |
| 适用的气候分区[⑥] | | | 注[④] | 注[④] | 2-1 | 2-2 | 3-2 | 1-1 | 1-2 | 1-3 | 2-2 | 2-3 | 1-3 | 1-4 | 2-2 | 2-3 | 2-4 | 1-4 | 注[④] | 附录A[⑥] |
| 针入度指数PI[②] | | A | -1.5~+1.0 | | | | | | | | | | | | | | | | | T0604 |
| | | B | -1.8~+1.0 | | | | | | | | | | | | | | | | | |
| 软化点(R&B) 不小于 | ℃ | A | 38 | 40 | 43 | | | 45 | | | 44 | | 46 | | 45 | | | 49 | 55 | T0606 |
| | | B | 36 | 39 | 42 | | | 43 | | | 42 | | 44 | | 43 | | | 46 | 53 | |
| | | C | 35 | 37 | 41 | | | 42 | | | | | 43 | | | | | 45 | 50 | |
| 60 ℃动力黏度[②] 不小于 | Pa·s | A | — | 60 | 120 | | | 160 | | | 140 | | 180 | | 160 | | | 200 | 260 | T0620 |
| 10 ℃延度[②] 不小于 | cm | A | 50 | 50 | 40 | | | 45 | 30 | 20 | 30 | 20 | 20 | 15 | 25 | 20 | 15 | 15 | 10 | T0605 |
| | | B | 30 | 30 | 30 | | | 30 | 20 | 15 | 20 | 15 | 15 | 10 | 20 | 15 | 10 | 10 | 8 | |
| 15 ℃延度 不小于 | cm | A,B | 100 | | | | | | | | | | | | | | | 80 | 50 | |
| | | C | 80 | 80 | 60 | | | 50 | | | | | 40 | | | | | 30 | 20 | |
| 蜡含量(蒸馏法) 不大于 | % | A | 2.2 | | | | | | | | | | | | | | | | | T0615 |
| | | B | 3.0 | | | | | | | | | | | | | | | | | |
| | | C | 4.5 | | | | | | | | | | | | | | | | | |
| 闪点 不小于 | ℃ | | 230 | | | | | 245 | | | | | 260 | | | | | | | T0611 |
| 溶解度 不小于 | % | | 99.5 | | | | | | | | | | | | | | | | | T0607 |
| 密度(15 ℃) | $g/cm^3$ | | 实测记录 | | | | | | | | | | | | | | | | | T0603 |

续表

| 指　标 | 单位 | 等级 | 沥青标号 | | | | | | | 试验方法[①] |
|---|---|---|---|---|---|---|---|---|---|---|
| | | | 160号[④] | 130号[④] | 110号 | 90号 | 70号[③] | 50号[③] | 30号[④] | |
| TFOT(或RTFOT)后[⑤] | | | | | | | | | | T0610或T0609 |
| 质量变化　不大于 | % | | ±0.8 | | | | | | | |
| 残留针入度比(25 ℃)不小于 | % | A | 48 | 54 | 55 | 57 | 61 | 63 | 65 | T0604 |
| | | B | 45 | 50 | 52 | 54 | 58 | 60 | 62 | |
| | | C | 40 | 45 | 48 | 50 | 54 | 58 | 60 | |
| 残留延度(10 ℃)　不小于 | cm | A | 12 | 12 | 10 | 8 | 6 | 4 | — | T0605 |
| | | B | 10 | 10 | 8 | 6 | 4 | 2 | — | |
| 残留延度(15 ℃)　不小于 | cm | C | 40 | 35 | 30 | 20 | 15 | 10 | — | T0605 |

注：①试验方法按现行《公路工程沥青及沥青混合料试验规程》(JTG E20—2011)规定方法执行。用于仲裁试验求取PI时,5个温度的针入度的相关系数不得小于0.997。

②经建设单位同意,表中PI值、60 ℃动力黏度、10 ℃延度可作为选择性指标,也可不作为施工质量检验指标。

③70号沥青可根据需要要求供应商提供针入度范围为60~70或70~80的沥青,50号沥青可要求提供针入度范围为40~50或50~60的沥青。

④30号沥青仅适用于沥青稳定基层,130号和160号沥青除寒冷地区可直接在中低级公路上应用外,通常用作乳化沥青、稀释沥青、改性沥青的基质沥青。

⑤老化试验以TFOT为准,也可以RTFOT代替。

⑥气候分区见第5章相关内容,第一个数字代表高温分区,第二个数字代表低温分区。

⑦A级沥青适用于各个等级公路的任何场合和各层次;B级沥青适用于高速公路、一级公路沥青下面层及以下层次,二级及二级以下公路的各层次,用作改性沥青、乳化沥青、改性乳化沥青、稀释沥青的基质沥青;C级沥青适用于三级及三级以下公路的各个层次。

表 4.6 Superpave 沥青胶结料 PG 等级的技术要求(ASTM D6373)

| 沥青使用性能等级 | PG46 | | | PG52 | | | | | | | PG58 | | | | | PG64 | | | | | | PG70 | | | | | | PG76 | | | | | PG82 | | | | |
|---|---|---|---|---|---|---|---|---|---|---|---|---|---|---|---|---|---|---|---|---|---|---|---|---|---|---|---|---|---|---|---|---|---|---|---|---|---|
| | -34 | -40 | -46 | -10 | -16 | -22 | -28 | -34 | -40 | -46 | -16 | -22 | -28 | -34 | -40 | -10 | -16 | -22 | -28 | -34 | -40 | -10 | -16 | -22 | -28 | -34 | -40 | -10 | -16 | -22 | -28 | -34 | -10 | -16 | -22 | -28 | -34 |
| 7 d 平均最高设计温度[1]/℃ | <46 | | | <52 | | | | | | | <58 | | | | | <64 | | | | | | <70 | | | | | | <76 | | | | | <82 | | | | |
| 最低设计温度/℃ | > -34 | > -40 | > -46 | > -10 | > -16 | > -22 | > -28 | > -34 | > -40 | > -46 | > -16 | > -22 | > -28 | > -34 | > -40 | > -10 | > -15 | > -22 | > -28 | > -34 | > -40 | > -10 | > -16 | > -22 | > -28 | > -34 | > -40 | > -10 | > -16 | > -22 | > -28 | > -34 | > -10 | > -16 | > -22 | > -28 | > -34 |
| 原样沥青 | | | | | | | | | | | | | | | | | | | | | | | | | | | | | | | | | | | | | |
| 闪点(ASTM D92)/℃ | ≥230 | | | | | | | | | | | | | | | | | | | | | | | | | | | | | | | | | | | | |
| 黏度[2](ASTM D4402),最大值 3 Pa·s,试验温度/℃ | 135 | | | | | | | | | | | | | | | | | | | | | | | | | | | | | | | | | | | | |
| 动态剪切[3](AASHTO T345-02)$G^*/\sin\delta$,最小值 1.00 kPa@10 rad/s,试验温度/℃ | 46 | | | 52 | | | | | | | 58 | | | | | 64 | | | | | | 70 | | | | | | 76 | | | | | 82 | | | | |
| 旋转薄膜烘箱试验 RTTOT(ASTM D2872)残留沥青 | | | | | | | | | | | | | | | | | | | | | | | | | | | | | | | | | | | | | |
| 质量损失/% | ≤1.0 | | | | | | | | | | | | | | | | | | | | | | | | | | | | | | | | | | | | |
| 动态剪切[3](AASHTO T315-02)$G^*/\sin\delta$,最小值 2.20 kPa@10 rad/s,试验温度/℃ | 46 | | | 52 | | | | | | | 58 | | | | | 64 | | | | | | 70 | | | | | | 76 | | | | | 82 | | | | |
| PAV 残留沥青(ASTM D6521—00) | | | | | | | | | | | | | | | | | | | | | | | | | | | | | | | | | | | | | |
| PAV 老化温度[4]/℃ | 90 | | | 90 | | | | | | | 100 | | | | | 100 | | | | | | 100(110) | | | | | | 100(110) | | | | | 100(110) | | | | |
| 动态剪切[3](AASHTO T315-02)$G^*\cdot\sin\delta$,最大值 5.0 MPa@10 rad/s,试验温度/℃ | 10 | 7 | 4 | 25 | 22 | 19 | 16 | 13 | 10 | 7 | 25 | 22 | 19 | 16 | 13 | 31 | 28 | 25 | 22 | 19 | 16 | 34 | 31 | 28 | 25 | 22 | 19 | 37 | 34 | 31 | 28 | 25 | 40 | 37 | 34 | 31 | 28 |
| 蠕变劲度[5](ASTM D6648-01)$S$ 最大值 300 MPa;$m$ 最小值 0.300@60 s,试验温度/℃ | -24 | -30 | -36 | 0 | -6 | -12 | -18 | -24 | -30 | -36 | -6 | -12 | -18 | -24 | -30 | 0 | -6 | -12 | -18 | -24 | -30 | 0 | -6 | -12 | -18 | -24 | -30 | 0 | -6 | -12 | -18 | -24 | 0 | -6 | -12 | -18 | -24 |
| 直接拉伸(ASTM D6723-02)破坏应变,最小值 1.0%@1.0 mm/min,试验温度/℃ | -24 | -30 | -36 | 0 | -6 | -12 | -18 | -24 | -30 | -36 | -6 | -12 | -18 | -24 | -30 | 0 | -6 | -12 | -18 | -24 | -30 | 0 | -6 | -12 | -18 | -24 | -30 | 0 | -6 | -12 | -18 | -24 | 0 | -6 | -12 | -18 | -24 |

注:[1]设计温度由大气温度按式(4.15)、式(4.16)计算,也可由指定机构提供。

[2]如果供应商能保证在所有认为安全的温度下,沥青结合料都能很好地泵送或拌和,此要求可由指定机构确定放弃。

[3]为控制非改性沥青结合料产品的质量,在试验温度下测定原样沥青结合料黏度,可以取代测定动态剪切的 $G^*/\sin\delta$,在此温度下,沥青多处于牛顿流体状态,任何测定黏度的标准试验方法均可使用。

[4]PAV 老化温度为模拟气候条件温度,从 90 ℃,100 ℃,110 ℃中选择一个温度,高于 PG64 时为 100 ℃,沙漠条件下为 110 ℃。

[5]若蠕变劲度小于 300 MPa,直接拉伸试验可不要求;如果蠕变劲度在 300 ~ 600 MPa,直接拉伸试验的破坏应变要求可代替蠕变劲度的要求。$m$ 值在这两种情况下都应满足。

2）美国 Superpave 沥青胶结料的技术要求

美国SHRP成果的Superpave沥青胶结材料分级体系中，沥青等级以PG$x$-$y$表示，PG为Performance Grade的词首，表示路用性能等级；$x$代表路面设计最高温度（7 d最高平均路面温度）；$y$代表路面设计最低温度（年极端最低温度）。按路面设计温度将沥青分为7个高温等级及相应的低温亚级。高温等级的温度范围52～82 ℃，每6 ℃为一级；低温亚级的温度范围为-10～-46 ℃，每-6 ℃为一级。如PG52-28表示该沥青适用于最高路面设计温度不超过52 ℃，最低路面设计温度不低于-28 ℃的地区。

Superpave沥青材料路用性能标准见表4.6。

路面最高设计温度和最低设计温度按式（4.15）和式（4.16）计算：

$$T_{20\ \mathrm{mm}}=(T_{\mathrm{air,max}}-0.006\ 18L_{\mathrm{a}}^2+0.228\ 9L_{\mathrm{a}}+42.2)\times 0.954\ 5-17.78 \tag{4.15}$$

$$T_{\min}=0.859T_{\mathrm{air,min}}+1.7 \tag{4.16}$$

式中 $T_{20\ \mathrm{mm}}$——位于20 mm深处的最高路面温度，℃；

$T_{\mathrm{air,max}}$——7 d平均最高气温，℃；

$L_{\mathrm{a}}$——地理纬度，(°)；

$T_{\min}$——最低路面设计温度，℃；

$T_{\mathrm{air,min}}$——平均最低气温，℃。

### 4.1.6 建筑石油沥青

建筑石油沥青主要用于制作建筑防水卷材、防水涂料、冷底子油和沥青嵌缝油膏等防水材料。建筑石油沥青技术要求见表4.7。

表4.7 建筑石油沥青技术要求（GB/T 494—2010）

| 项目 | | 质量指标 | | | 试验方法 |
|---|---|---|---|---|---|
| | | 10号 | 30号 | 40号 | |
| 针入度(25 ℃,100 g,5 s)/(1/10 mm) | | 10～25 | 26～35 | 36～50 | GB/T 4509 |
| 针入度(46 ℃,100 g,5 s)/(1/10 mm) | | 报告[①] | 报告[①] | 报告[①] | |
| 针入度(0 ℃,200 g,5 s)/(1/10 mm) | 不小于 | 3 | 6 | 6 | |
| 延度(25 ℃,5 cm/min)/cm | 不低于 | 1.5 | 2.5 | 3.5 | GB/T 4508 |
| 软化点(环球法)/℃ | 不小于 | 95 | 75 | 60 | GB/T 4507 |
| 溶解度(三氯乙烯)/% | 不小于 | 99.0 | | | GB/T 11148 |
| 蒸发后质量变化(163 ℃,5 h)/% | 不大于 | 1 | | | GB/T 11964 |
| 蒸发后25 ℃针入度比[②]/% | 不小于 | 65 | | | GB/T 4509 |
| 闪点(开口杯法)/℃ | 不低于 | 260 | | | GB/T 267 |

注：[①]报告应为实测值。

[②]测定蒸发损失后样品的25 ℃针入度与原25 ℃针入度之比乘以100后所得的百分比，称为蒸发后针入度比。

# 4.2 乳化沥青

乳化沥青(emulsified asphalt)是黏稠沥青经热融和机械作用,以微滴状态分散于含有乳化剂、稳定剂的水中形成的水包油型沥青乳液。

乳化沥青不仅可用于路面的维修与养护、旧沥青路面的冷再生与防尘处理,还可用于表面处治、贯入式、沥青碎石、乳化沥青混凝土等各种结构形式的路面及基层,也可用作透层油、黏层油,用于各种稳定基层的养护。此外,乳化沥青还可用作防水、防潮、防腐材料。

乳化沥青的优点主要有:

①可冷态施工,节约能源,减少环境污染。

②常温下具有较好的流动性,能保证洒布的均匀性,提高路面修筑质量。

③采用乳化沥青,扩展了沥青路面的类型,如稀浆封层等。

④乳化沥青与矿料表面具有良好的工作性和黏附性,可节约沥青并保证施工质量。

⑤可延长施工季节,低温多雨季节对乳化沥青施工影响较小。

## 4.2.1 乳化沥青的组成材料

乳化沥青由沥青、水和乳化剂组成,需要时还可加入少量添加剂。

1)沥青

沥青是乳化沥青的主要组成材料,选择沥青时首先要求沥青应有易乳化性。一般来说,相同油源和工艺的沥青,针入度大者易乳化性较好。针入度的选择应根据乳化沥青的用途,通过试验确定。

2)水

水是沥青分散的介质,水的硬度和离子对乳化沥青具有一定影响,水中存在的镁、钙或碳酸氢根离子分别对阴离子乳化剂或阳离子乳化剂有不同影响。应根据乳化剂类型的不同,确定对水质的要求。

3)乳化剂

乳化剂是乳化沥青形成的关键材料,乳化剂均为表面活性剂。从化学结构来看,乳化剂的分子均包括两个基团:一个为亲水基,另一个为亲油基。亲油基部分一般由长链烷基构成,结构差别较小;亲水基则种类繁多,结构差异大。沥青乳化剂的分类以亲水基结构为依据,如图4.23所示。

- 乳化剂
  - 离子型
    - 阴离子型(主要的亲水基团有:—COONa,—$OSO_3Na$,—$SO_3Na$等)
    - 阳离子型(主要有季铵盐类、烷基胺类、酰胺类、咪唑啉类、环氧乙烷二胺类、胺化木质素类等)
    - 两性离子型(主要有氨基酸型、甜菜型、咪唑啉型等)
  - 非离子型(主要有醚基类、酯基类、酰胺类、多元醇类、杂环类等)

图4.23 沥青乳化剂分类

4)稳定剂

稳定剂的作用是改善沥青乳液在储存、施工过程中的稳定性。稳定剂可分为有机稳定剂和无机稳定剂两类。常用的有机稳定剂主要有淀粉、明胶、聚乙二醇、聚乙烯醇、聚丙烯酰胺、羧甲基纤维素钠等,这类稳定剂能在沥青微粒表面形成保护膜,有利于微粒的分散,可与各类阳离子和非离子乳化剂配合使用,用于提高沥青乳液的储存稳定性和施工稳定性。常用的无机稳定剂主要有氯化钙、氯化镁、氯化铵、氯化镉等,用于提高沥青乳液的储存稳定性。

## 4.2.2 乳化沥青的形成机理

乳化沥青制备工艺流程图如图4.24所示。

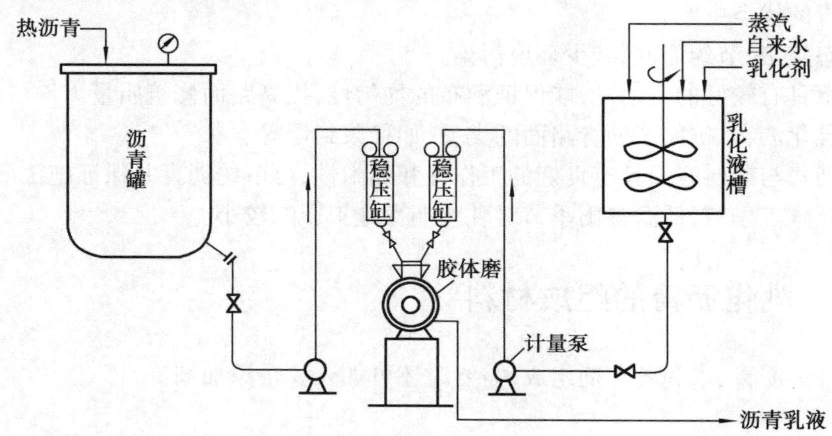


图4.24 乳化沥青制备工艺流程图

乳化沥青的制备过程包括:

①将水、乳化剂、稳定剂按一定比例配制形成乳化剂溶液。

②基质沥青加热,加热温度根据沥青品种、牌号、施工季节和地区等确定,一般温度为120~150 ℃。

③将乳化剂溶液和沥青按一定比例加入乳化设备(如胶体磨等),完成沥青的分散乳化。

由于沥青与水两种物质的表面张力相差较大,将沥青分散于水中,表面张力的作用会使已分散的沥青颗粒重新聚集成团。为使已分散的沥青微滴均匀悬浮在水中,必须使用乳化剂来降低沥青与水的表面张力差。乳化剂的作用主要包括以下几个方面:

①降低沥青表面张力。乳化剂是表面活性剂,在沥青-水体系中,其亲油端定向吸附在沥青微粒表面,亲水端指向水,在沥青微粒表面形成定向吸附层(图4.25),降低了沥青微粒表面张力,从而降低沥青与水间的表面张力差。

②增强界面膜的保护作用。沥青微粒表面的乳化剂定向吸附膜具有一定的强度,对沥青微粒起保护作用,使其在相互碰撞时不易聚结。

③双电层稳定作用。常用的沥青乳化剂为阳离子表面活性剂,沥青微粒表面吸附乳化剂后,表面形成带正电荷的吸附层,对乳化剂溶液中的负电荷产生电性吸附而形成扩散双电层,吸附层与扩散层间产生动电 $\xi$ 电位,$\xi$ 电位越高,乳化沥青越稳定,如图4.26所示。

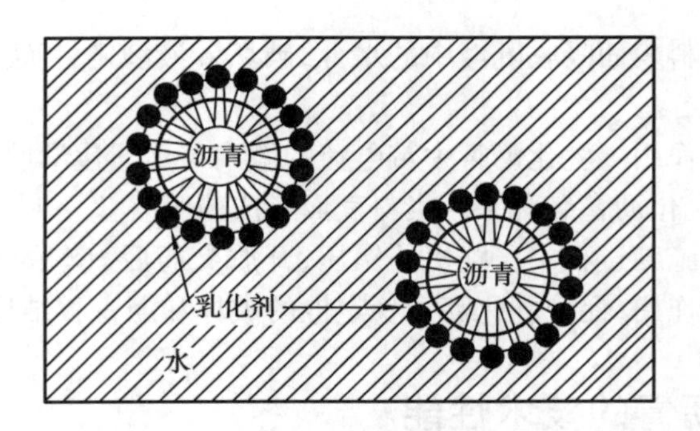


图 4.25 乳化剂在沥青微滴表面定向排列形成界面膜

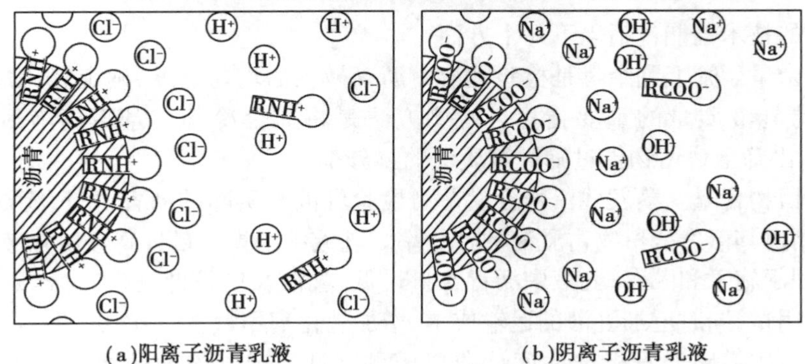


(a)阳离子沥青乳液　　(b)阴离子沥青乳液

图 4.26 沥青乳液中沥青-水界面上的电荷层

## 4.2.3 乳化沥青的破乳

乳化沥青在路面施工时,为发挥其黏结功能,沥青液滴必须从乳液中分裂出来,聚集在集料表面形成连续的沥青薄膜,这一过程称为“破乳”,如图 4.27 所示。乳化沥青的破乳主要取决于以下因素:

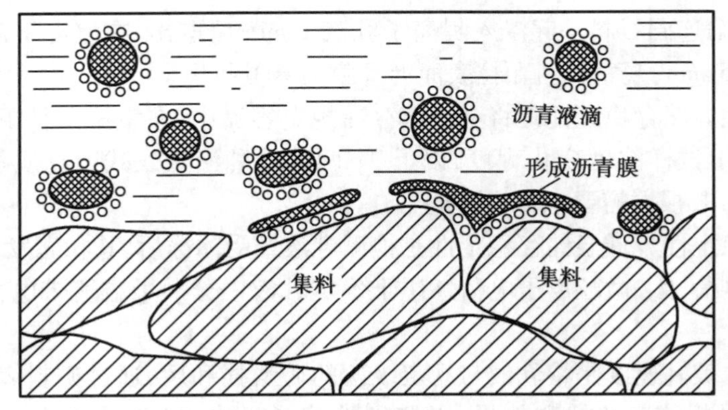


图 4.27 沥青微滴形成薄膜的过程示意图

①水的蒸发。由于路面施工时气温、相对湿度、风等因素的影响,乳液中水的蒸发,破坏了乳液稳定性而造成破乳。

②集料的吸附。集料表面吸收乳液中的水分,破坏乳液稳定性而造成乳化沥青破乳并在集料表面形成薄膜。

③集料的物理化学作用。乳化沥青中带电荷的微滴与不同化学性质的集料接触后产生复杂的物理化学作用,使乳化沥青破乳并在集料表面形成薄膜。

④机械激波作用。施工过程中压路机的碾压、开放交通后汽车的行驶以及各种机械力对路面的震颤而产生激波作用,促使乳化沥青稳定性的破坏和沥青膜结构的形成。

### 4.2.4 乳化沥青的技术性能

乳化沥青的技术性能包括以下几个方面:

①筛上剩余量。筛上剩余量是检验乳液中沥青微粒的均匀程度,确定乳化剂及乳化机械性能好坏、沥青乳液质量的重要指标。检测方法是将完全冷却或基本消泡后的乳液通过1.18 mm筛,求出筛上残留物占过筛乳液质量的百分率。

②蒸发残留物含量。蒸发残留物含量是为检验乳液中实际的沥青含量,将沥青乳液加热至蒸发脱水,测出其蒸发残留物占乳液的百分率。乳液中沥青含量过高会使乳液黏度变大,稳定性不好,不利于施工和贮存;乳液中沥青含量过低,乳液黏度较低,施工时容易流失,不能保证要求的沥青用量,同时增加乳液的运输成本,增加乳化剂用量。

③黏度。采用道路沥青标准黏度计或恩氏黏度计测定乳液的黏度。测试条件为:温度60 ℃,流孔直径3 mm。

④黏附性。乳化沥青与矿料的黏附性是在规定条件下,受水侵蚀后乳液呈薄膜状态黏附于石料表面的稳定程度,以沥青在石料表面裹覆面积表示,用于评价乳化沥青与矿料的黏附性及抗水剥落性能。

阳离子乳化沥青的黏附性是将洁净烘干的19.0~31.5 mm石料在水中浸泡1 min后,再放入乳液中浸泡1 min,取出后置于空气中存放20 min,然后放入水中摆洗3 min,观察石料颗粒表面沥青膜的裹覆面积。阴离子乳化沥青是将洁净烘干的13.2~19.0 mm碎石约50 g排列在滤筛上,将滤筛连同石料一起浸入阴离子乳液1 min后取出,在室温下放置24 h,然后在40 ℃温水中浸泡5 min,观察石料颗粒表面沥青膜的裹覆面积。

⑤储存稳定性。储存稳定性是将乳液储存在规定容器中,在室温条件下放置规定的时间后,检测竖直方向上试样浓度变化程度,以上、下两部分乳液蒸发残留物质量百分率差表示。一般储存时间为5 d,根据需要也可为1 d。

⑥低温储存稳定性。低温储存稳定性是检测乳液经受冰冻后,其状态发生的变化程度。

⑦微粒离子电荷性。微粒离子电荷性用于确定乳液中分散微粒所带电荷的性质,以确定乳液的类型。

⑧破乳速度。破乳速度是将乳液与规定级配的矿料拌和后,通过矿料表面被乳液薄膜裹覆的均匀程度来判断乳液的拌和效果,以鉴别乳液属于快裂(RS)、中裂(MS)或慢裂(SS)类型。

⑨水泥拌和试验。该试验用于评价慢裂乳化沥青与水泥拌和过程中乳液的凝结情况。其凝结性对水泥与乳化沥青综合稳定材料来说,是一项重要的施工性能。测试沥青乳液与普通

硅酸盐水泥在规定条件下的拌和均匀程度，以混合料过筛后的残留物质量占水泥与沥青总质量的百分率表示。

⑩乳化沥青与矿料的拌和试验。该试验是将沥青乳液与规定级配混合料在室温条件下拌和后，以矿料裹覆乳液均匀状态来判断乳液的破乳类型，同时也检验沥青乳液的拌和稳定性。

## 4.2.5 乳化沥青的技术标准

按施工方法，将阳离子型乳化沥青(代号C)、阴离子型乳化沥青(代号A)及非离子型乳化沥青(代号N)分为两类：一类为喷洒型乳化沥青(代号P)，主要用于透层、黏层、表面处治、贯入式沥青碎石；另一类为拌和型乳化沥青(代号B)，主要用于沥青碎石或沥青混合料。

我国《公路沥青路面施工技术规范》(JTG F40—2004)中对道路用乳化沥青提出了如表4.8所示的技术要求。

表4.8 道路用乳化沥青技术要求(JTG F40—2004)

| 试验项目 | | 单位 | 品种及代号 | | | | | | | | | |
|---|---|---|---|---|---|---|---|---|---|---|---|---|
| | | | 阳离子 | | | | 阴离子 | | | | 非离子 | |
| | | | 喷洒用 | | | 拌和用 | 喷洒用 | | | 拌和用 | 喷洒用 | 拌和用 |
| | | | PC-1 | PC-2 | PC-3 | BC-1 | PA-1 | PA-2 | PA-3 | BA-1 | PN-2 | BN-1 |
| 破乳速度 | | — | 快裂 | 慢裂 | 快裂或中裂 | 慢裂或中裂 | 快裂 | 慢裂 | 快裂或中裂 | 慢裂或中裂 | 慢裂 | 慢裂 |
| 粒子电荷 | | — | 阳离子(+) | | | | 阴离子(-) | | | | 非离子 | |
| 筛上残留物(1.8 mm筛) | | % | ≤0.1 | | | | ≤0.1 | | | | ≤0.1 | |
| 黏度 | 恩格拉黏度计$E_{25}$ | — | 2~10 | 1~6 | 1~6 | 2~30 | 2~10 | 1~6 | 1~6 | 2~30 | 1~6 | 2~30 |
| | 道路标准黏度计$C_{25,3}$ | s | 10~25 | 8~20 | 8~20 | 10~60 | 10~25 | 8~20 | 8~20 | 10~60 | 8~20 | 10~60 |
| 蒸发残留物 | 残留分含量 | % | ≥50 | ≥50 | ≥50 | ≥55 | ≥50 | ≥50 | ≥50 | ≥55 | ≥50 | ≥55 |
| | 溶解度 | % | ≥97.5 | | | | | | | | | |
| | 针入度(25 ℃) | 0.1 mm | 50~200 | 50~300 | 45~150 | | 50~200 | 50~300 | 45~150 | | 50~300 | 60~300 |
| | 延度(15 ℃) | cm | 40 | | | | 40 | | | | 40 | |
| 与粗集料黏附性，裹覆面积 | | — | ≥2/3 | | | — | ≥2/3 | | | — | ≥2/3 | — |
| 与粗、细粒式集料拌和试验 | | — | — | | | 均匀 | — | | | 均匀 | — | 均匀 |
| 水泥拌和试验的筛上剩余 | | % | — | | | | — | | | | — | ≤3 |
| 常温贮存稳定性：1 d | | % | ≤1 | | | | ≤1 | | | | ≤1 | |
| 5 d | | % | ≤5 | | | | ≤5 | | | | ≤5 | |

# 4.3 改性沥青

随着现代化工程技术和沥青应用的不断发展,无论是作为防水防腐材料还是作为路面胶结材料,对沥青的使用性能和耐久性能均提出了更高的要求,包括高温抗变形性、低温抗裂性、抗老化、黏附性等。普通的石油沥青已难以同时满足这些技术性能的要求。通过在石油沥青中加入天然或人工的有机或无机材料,熔融、分散在沥青中得到的具有良好综合技术性能的石油沥青,即为改性沥青(modified asphalt)。

## 4.3.1 改性剂分类

加入石油沥青中改良其技术性能的材料称为改性剂。改性剂按其对沥青性能的改善作用可分为以下几类:

1)*改善沥青流变性*

(1)高聚物类改性剂　这类改性剂主要有:树脂类,如聚乙烯 PE、乙烯-醋酸乙烯共聚物 EVA、无规聚丙烯 APP、聚氯乙烯 PVC、聚酰胺 PA、环氧树脂 EP 等;橡胶类,如天然橡胶 NR、丁苯橡胶 SBR、氯丁橡胶 CR、丁二烯橡胶 BR、乙丙橡胶 EPDM、异戊二烯 IR、丙烯腈丁二烯共聚物 ABR、异丁烯异戊二烯共聚物 IIR、苯乙烯异戊二烯橡胶 SIR、硅橡胶 SR、氟橡胶 FR 等;热塑性橡胶类,如苯乙烯-丁二烯嵌段共聚物 SBS、苯乙烯-异戊二烯嵌段共聚物 SIS、苯乙烯-聚乙烯/丁基-聚乙烯嵌段共聚物 SE/BS 等。

这类改性剂可提高沥青在高温时的稳定性,降低低温时的脆性,提高耐久性等。其中,热塑性橡胶类高聚物既具有橡胶的弹性性质,又具有树脂的热塑性性质,对沥青的温度稳定性、低温弹性和塑性变形能力都有很好的改善作用,是目前用得最多的沥青改性剂。另外,丁苯橡胶也是广泛应用的改性剂之一。

(2)纤维类改性剂　常用的纤维类改性剂有各种人工合成纤维(如聚乙烯纤维、聚酯纤维等)和矿质石棉纤维等。纤维材料的加入将对沥青的高温稳定性和低温抗拉强度产生影响。

(3)硫磷类改性剂　硫在沥青中的硫桥作用能提高沥青的高温抗变形能力,磷能使芳环侧链成为链桥,从而改善沥青的流变性能。

2)*改善沥青与矿料的黏附性*

(1)无机类　采用水泥、石灰、电石渣等预处理集料表面或将这类材料直接加入沥青中,可提高沥青与矿料的黏附性。

(2)有机酸类　沥青中最具活性的组分为沥青酸及其酸酐,沥青中加入各类合成高分子有机酸可起到与沥青酸及酸酐相似的效果,从而提高沥青活性。

(3)金属皂类　常用的有皂脚铁、环烷铝酸皂等,加入沥青中可降低沥青与集料界面的张力，从而改善沥青与集料的黏附性。

3）高效抗剥离剂

醚胺、醇胺、烷基胺、酰胺等人工合成高效抗剥离剂，一般用于对沥青与矿料黏附要求高的高等级路面沥青混合料，来提高沥青与矿料黏结界面的抗剥离性能。

4）改善沥青耐久性

常用的沥青耐久性改性剂主要有受阻酚、受阻胺、炭黑、硫黄、木质素纤维等。

## 4.3.2 改性沥青的技术性能评价

改性沥青的技术性能评价除采用针入度、软化点、延度、黏度等指标外，还采用了以下几项与石油沥青不同的评价试验。

1）聚合物改性沥青离析试验

该试验适用于测定聚合物改性沥青的离析性，以评价改性剂与基质沥青的相容性。

聚合物改性沥青在停止搅拌、冷却过程中，聚合物可能从沥青中离析。将SBS，SBR类聚合物改性沥青试样置于规定条件的盛样管中，并在163 ℃烘箱中放置48 h，然后从聚合物改性沥青的顶部和底部分别取样，测定其环球法软化点之差来评价其离析程度。对PE，EVA类聚合物改性沥青，其离析程度用改性沥青在135 ℃下存放24 h过程中结皮、凝聚在容器表面及四壁的情况来判定。

2）沥青弹性恢复试验

该试验适用于评价热塑性橡胶类聚合物改性沥青的弹性恢复性能。我国现行《公路工程沥青及沥青混合料试验规程》（JTG E20—2011）参照ASTM试验方法，采用图4.28直线延度试模，在25 ℃、(5 ± 0.25) cm/min拉伸速度条件下将沥青试样拉伸至(10 ± 0.25) cm，立即用剪刀在中间将沥青试样剪断，然后将剪断的试样保持在恒温水浴中1 h，测量其弹性恢复率。

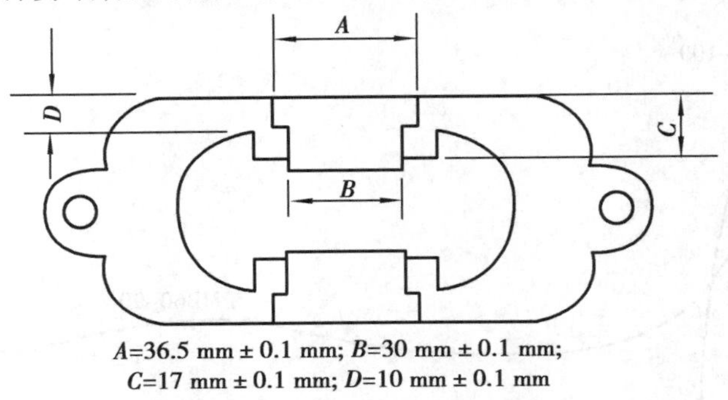


图4.28 弹性恢复试验用直线延度试模

3）沥青黏韧性试验

黏韧性试验是测定沥青在规定温度条件下高速拉伸时与金属半球的黏韧性（toughness）及韧性（tenacity）。非经注明，试验温度为25 ℃，拉伸速度为500 mm/min。拉伸到300 mm时结束，记录荷载及拉伸变形，如图 4.29 所示。在荷载-变形曲线图上，将曲线 $BC$ 下降的直线部分延长至 $E$，用虚线表示，分别量取曲线 $ABCE$ 及 $CDFE$ 所包围的面积 $A_1$ 和 $A_2$，试验的黏韧性 $T_0=A_1+A_2$，韧性 $T_e=A_2$。

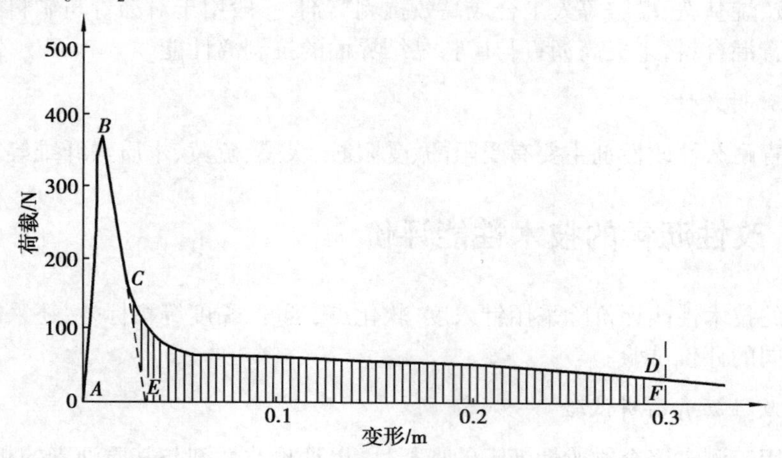


图 4.29　黏韧性试验荷载-变形曲线

4）测力延度试验

测力延度试验是在普通延度仪上附加测力传感器，试验用的试模与沥青弹性恢复试验相同。试验温度通常为 5 ℃，拉伸速度为 5 cm/min，传感器最大负荷≥100 kgf（≐1 kN）。记录拉力-变形曲线，如图 4.30 所示。图中显示了改性沥青试验曲线的峰值荷载和拉力-变形曲线下面的面积。一般情况下，低温时脆性越大的沥青，延度越小而峰值力越大，而表示黏韧性的拉力-变形曲线下的全面积越小。

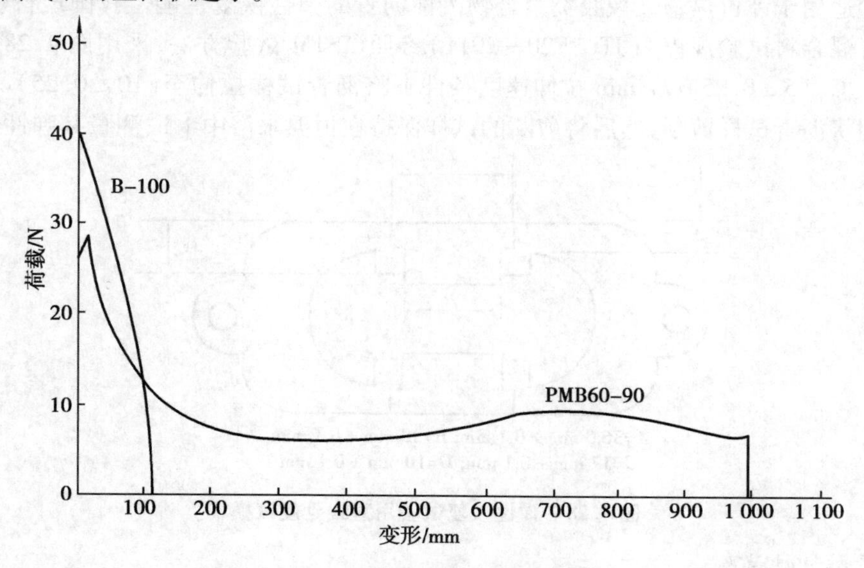


图 4.30　测力延度的拉力-变形曲线

### 4.3.3 改性沥青的技术要求

在参考国外标准,特别是美国 ASTM 标准的基础上,我国《公路沥青路面施工技术规范》(JTG F40—2004)规定了改性沥青的技术标准。对聚合物改性沥青的技术要求见表4.9。

表4.9 聚合物改性沥青技术要求

| 技术指标 | 单位 | SBS(Ⅰ类) | | | | SBR(Ⅱ类) | | | EVA,PE(Ⅲ类) | | | |
|---|---|---|---|---|---|---|---|---|---|---|---|---|
| | | Ⅰ-A | Ⅰ-B | Ⅰ-C | Ⅰ-D | Ⅱ-A | Ⅱ-B | Ⅱ-C | Ⅲ-A | Ⅲ-B | Ⅲ-C | Ⅲ-D |
| 针入度25 ℃,100 g,5 s | 0.1 mm | >100 | 80~100 | 60~80 | 40~60 | >100 | 80~100 | 60~80 | >80 | 60~80 | 40~80 | 30~40 |
| 针入度指数PI | cm | ≥-1.2 | ≥-0.8 | ≥-0.4 | 0 | ≥-1.0 | ≥-0.8 | ≥-0.6 | ≥-1.0 | ≥-0.8 | ≥-0.6 | ≥-0.4 |
| 延度5 ℃,5 cm/min | cm | ≥50 | ≥40 | ≥30 | ≥20 | ≥60 | ≥50 | ≥40 | — | | | |
| 软化点 | ℃ | ≥45 | ≥50 | ≥55 | ≥60 | ≥45 | ≥48 | ≥50 | ≥48 | ≥52 | ≥56 | ≥60 |
| 运动黏度135 ℃ | Pa·s | ≤3 | | | | | | | | | | |
| 闪点 | ℃ | ≥230 | | | | ≥230 | | | ≥230 | | | |
| 溶解度 | % | ≥99 | | | | ≥99 | | | — | | | |
| 储存稳定性离析,48 h软化点差 | ℃ | ≤2.5 | | | | — | | | 无改性剂明显析出、凝聚 | | | |
| 弹性恢复25 ℃ | % | ≥55 | ≥60 | ≥65 | ≥75 | — | | | — | | | |
| 黏韧性 | N·m | — | | | | ≥5 | | | — | | | |
| 韧性 | N·m | — | | | | ≥2.5 | | | — | | | |
| TFOT(或RTFOT)后残留物 | | | | | | | | | | | | |
| 质量变化 | % | ≤±1.0 | | | | | | | | | | |
| 针入度比25 ℃ | % | ≥50 | ≥55 | ≥60 | ≥65 | ≥50 | ≥55 | ≥60 | ≥50 | ≥55 | ≥58 | ≥60 |
| 延度5 ℃ | cm | ≥30 | ≥25 | ≥20 | ≥15 | ≥30 | ≥20 | ≥10 | — | | | |

## 4.4 煤沥青

煤沥青(coal tar)是由煤干馏的产品煤焦油再加工得到的有机胶凝材料。其主要化学组成是芳香族碳氢化合物及其氧、硫、氮的衍生物的混合物。煤沥青的元素组成特点是碳氢比较石油沥青大,其化学结构主要由高度缩聚的芳核及其含氧、氮和硫的衍生物,在环结构上带有侧链,但侧链很短。与石油沥青相比,煤沥青具有温度稳定性较差、与矿质材料黏附性好、气候稳定性差等特点。

## 4.4.1 煤沥青的化学组分

与石油沥青化学组分分析方法相似，采用不同溶剂对煤沥青组分的选择性溶解，将煤沥青分为化学性能相近、与技术性能相关的组分，即油分(oil)、树脂(resin)、游离碳(free carbon)。

1)油分

油分是液态碳氢化合物，与其他组分相比结构最简单。油分中含有的萘、蒽、酚等均为有害物质。

2)树脂

树脂为环形含氧碳氢化合物，分为软树脂(赤褐色黏-塑性物质，溶于氯仿，类似于石油沥青中的树脂)和硬树脂(类似于石油沥青中的沥青质)。

3)游离碳

游离碳又称为自由碳，是高分子有机化合物的固态碳质微粒，不溶于苯等有机溶剂，加热不溶，高温分解。煤沥青中游离碳含量增加可提高黏度和温度稳定性，但低温脆性也随之增加。

## 4.4.2 煤沥青的技术标准

道路用煤沥青的代号为T，根据道路标准黏度分为9个标号，其技术要求见表4.10。

表4.10 道路用煤沥青技术要求(JTG F40—2004)

| 试验项目 | | T-1 | T-2 | T-3 | T-4 | T-5 | T-6 | T-7 | T-8 | T-9 |
|---|---|---|---|---|---|---|---|---|---|---|
| 黏度/s | $C_{30,5}$ | 5~25 | 26~70 | | | | | | | |
| | $C_{30,10}$ | | | 5~25 | 26~50 | 51~120 | 121~200 | | | |
| | $C_{50,10}$ | | | | | | | 10~75 | 76~200 | |
| | $C_{60,10}$ | | | | | | | | | 35~65 |
| 蒸馏试验，馏出量/% | 170 ℃前 | ≤3.0 | ≤3.0 | ≤3.0 | ≤2.0 | ≤1.5 | ≤1.5 | ≤1.0 | ≤1.0 | ≤1.0 |
| | 270 ℃前 | ≤20 | ≤20 | ≤20 | ≤15 | ≤15 | ≤15 | ≤10 | ≤10 | ≤10 |
| | 300 ℃前 | ≤15~35 | ≤15~35 | ≤30 | ≤30 | ≤25 | ≤25 | ≤20 | ≤20 | ≤15 |
| 300 ℃蒸馏残留物软化点(环球法)/℃ | | 30~45 | 30~45 | 35~65 | 35~65 | 35~65 | 35~65 | 40~70 | 40~70 | 40~70 |
| 水分/% | | ≤1.0 | ≤1.0 | ≤1.0 | ≤1.0 | ≤1.0 | ≤0.5 | ≤0.5 | ≤0.5 | ≤0.5 |
| 甲苯不溶物/% | | ≤20 | | | | | | | | |
| 萘含量/% | | ≤5 | ≤5 | ≤5 | ≤4 | ≤4 | ≤3.5 | ≤3 | ≤2 | ≤2 |
| 焦油酸含量/% | | ≤4 | ≤4 | ≤3 | ≤3 | ≤2.5 | ≤2.5 | ≤1.5 | ≤1.5 | ≤1.5 |

# 试验4 沥青材料试验

针入度、延度、软化点是黏稠沥青最主要的技术指标,通常称为三大技术指标。本节试验介绍我国《公路工程沥青及沥青混合料试验规程》(JTG E20—2011)中关于沥青三大指标的测试方法。

## 1. 针入度试验

沥青的针入度是在规定温度条件下,规定质量的试针在规定的时间贯入沥青试样的深度,以0.1 mm为单位。针入度试验适用于测定道路石油沥青、聚合物改性沥青、液体石油沥青蒸馏或乳化沥青蒸发后残留物的针入度,用于评价其条件黏度。

1)仪具与材料

(1)针入度仪　针入度试验宜采用能够自动计时的针入度仪进行测定,要求针和针连杆必须在无明显摩擦下垂直运动,针的贯入深度必须准确至0.1 mm。针和针连杆组合件总质量为(50 ±0.05)g,另附(50 ±0.05)g砝码一只,试验时总质量为(100 ±0.05)g,当采用其他试验条件时应在试验结果中注明。仪器设有调节水平的装置,针连杆应与平台相垂直。仪器设有针连杆制动按钮,使针连杆可自由下落。针连杆易于装拆以便检查其质量。针入度仪有手动和自动两种。

标准针由硬化回火的不锈钢制成,洛氏硬度HRC54~60,表面粗糙度Ra0.2~0.3 μm,针及针杆总质量为(2.5 ±0.05)g,针杆上应打印号码标志并定期检验。

(2)盛样皿　盛样皿为金属制,圆柱形平底。小盛样皿内径55 mm,深35 mm(适用于针入度小于200的试样);大盛样皿内径70 mm,深45 mm(适用于针入度200~350的试样);针入度大于350的试样需使用特殊盛样皿,深度不小于60 mm,容积不小于125 mL。

(3)恒温水槽　恒温水槽容量不少于10 L,控温的准确度为0.1 ℃。水槽中应设一带孔搁架,位于水面下不少于100 mm,距水槽底不少于50 mm。

(4)平　玻璃皿　平底玻璃皿容量不少于1 L,深度不小于80 mm,内设一不锈钢三脚架,能使盛样

(5　分度0.1 ℃;秒表:分度0.1 s;盛样皿盖:平板玻璃,直径不小于盛样皿开口尺　烯等;电炉或砂浴;石棉网;金属锅等。



2

(

①按试验要求将恒温水槽调节到要求的试验温度25 ℃,15 ℃,30 ℃或5 ℃,并保持稳定。

②将脱水并经0.6 mm滤筛过滤后的沥青注入盛样皿中,试样深度应超过预计针入度值10 mm,盖上盛样皿盖以防灰尘。盛有试样的盛样皿在15~30 ℃室温中冷却不少于1.5 h(小

盛样皿）、2 h（大盛样皿）或3 h（特殊盛样皿）后，移入保持规定试验温度 ±0.1 ℃的恒温水槽中，并应保温不少于1.5 h（小盛样皿）、2 h（大盛样皿）或2.5 h（特殊盛样皿）。

③调整针入度仪使之水平，检查针连杆和导轨以确认无水和其他外来物，垂直运动时无明显摩擦阻力作用。用三氯乙烯或其他溶剂清洗标准针并拭干，将标准针插入针连杆，固紧，按试验条件加上砝码。

(2)试验方法

①取出达到恒温的盛样皿，并移入水温控制在试验温度 ±0.1 ℃（可用恒温水槽中的水）的平板玻璃皿中的三脚支架上，水面高出试样表面不小于10 mm。

②将盛有试样的平底玻璃皿置于针入度仪平台上，慢慢放下针连杆，用适当位置的反光镜或灯光反射观察，使针尖恰好与试样表面接触。拉下刻度盘拉杆使与针连杆顶端轻轻接触，调节刻度盘或位移指示器的指针指示为零。

③启动秒表，在指针正指5 s的瞬间用手压紧按钮，使标准针自动下落贯入试样。经规定时间停压按钮，使标准针停止移动。拉下刻度盘拉杆与针连杆顶端接触，读取刻度盘指针或位移指示器读数，准确至0.1 mm即为针入度。若采用自动针入度仪，计时与标准针落下贯入试样同时开始，在设定的时间自动停止。

④同一试样平行试验至少3次，各测点间及与盛样皿边缘的距离不应小于10 mm。每次试验后应将盛有盛样皿的平底玻璃皿放入恒温水槽，每次试验应换一根干净标准试针，或将标准针取下用蘸有三氯乙烯溶剂的棉花或布揩净，再用干棉花或布擦干。

⑤测定针入度指数PI时，按同样的方法在15 ℃，25 ℃，30 ℃（或5 ℃）3个温度条件下分别测定沥青针入度，计算针入度指数、当量软化点、当量脆点。

3）试验结果

①同一试样3次平行试验结果的最大值和最小值之差在表4.11允许范围内时，计算3次试验结果的平均值，取整数作为针入度试验结果，以0.1 mm为单位。

表4.11 针入度试验允许偏差范围

| 针入度/0.1 mm | 0～49 | 50～149 | 150～249 | 250～500 |
|---|---|---|---|---|
| 允许误差/0.1 mm | 2 | 4 | 12 | 20 |

②当试验结果小于50（0.1 mm）时，重复性试验的允许差为2（0.1 mm），再现性试验的允许差为4（0.1 mm）；当试验结果等于或大于50（0.1 mm）时，重复性试验的允许差为平均值的4%，再现性试验的允许差为平均值的8%。

## 2. 延度试验

沥青的延度是在规定温度条件下，规定形状的试样按规定的拉伸速度水平拉伸至断裂时的长度，以cm表示。通常的试验温度为25 ℃，15 ℃，10 ℃，5 ℃，拉伸速度为（5 ±0.25）cm/min，当低温采用（1 ±0.05）cm/min拉伸速度时应在报告中注明。延度试验适用于测定道路石油沥青、聚合物改性沥青、液体石油沥青蒸馏或乳化沥青蒸发后残留物的延度。

1)仪具与材料

(1)延度仪　延度仪的测量长度不宜大于 150 cm,仪器应有自动控温、控速系统。将试件浸没于水中,能保持规定的试验温度,并能按规定拉伸速度拉伸试件,且试验时无明显振动的延度仪均可使用。其组成及形状如图 4.31 所示。

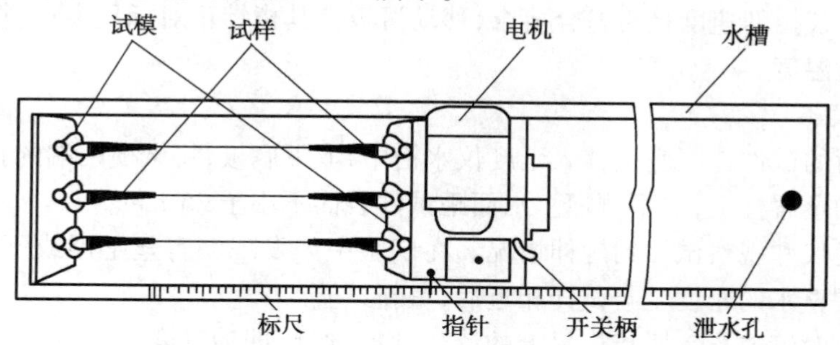


图 4.31　沥青延度仪示意图

(2)试模　试模为黄铜制,由两个端模和两个侧模组成,其形状和尺寸如图 4.32 所示。试模内侧表面粗糙度 Ra0.2 μm。

试模底板为玻璃板或磨光铜板、不锈钢板,表面粗糙度 Ra0.2 μm。

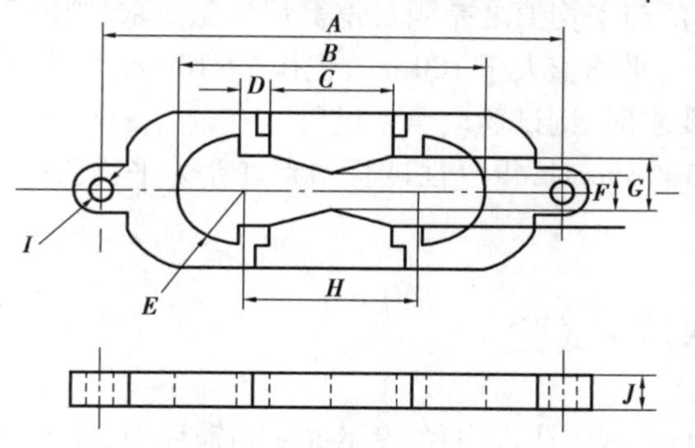


图 4.32　沥青延度仪试模尺寸(单位:mm)

*A*—两端模环中心点距离 111.5 ~ 113.5 mm;*B*—试件总长 74.5 ~ 75.5 mm;*C*—端模间距 29.7 ~ 30.3 mm;*D*—肩长 6.8 ~ 7.2 mm;*E*—半径 15.75 ~ 16.25 mm;*F*—最小横断面宽 9.9 ~ 10.1 mm;*G*—端模口宽 19.8 ~ 20.2 mm;*H*—两半圆心间距离 42.9 ~ 43.1 mm;*I*—端模孔直径 6.5 ~ 6.7 mm;*J*—厚度 9.9 ~ 10.1 mm

(3)恒温水槽　恒温水槽容量不少于 10 L,控制温度的准确度为 0.1 ℃。水槽中应设带孔搁架,搁架距水槽底不少于 50 mm。试件浸入水中的深度不小于 100 mm。

(4)甘油滑石粉隔离剂　甘油:滑石粉 = 2:1(质量比)。

(5)其他　温度计:量程 0 ~ 50 ℃,分度值 0.1 ℃;砂浴或其他加热炉具;平刮刀;石棉网;酒精;食盐等。

2)方法与步骤

(1)准备工作

①将隔离剂拌和均匀,涂于清洁干燥的试模底板和两个侧模的内表面,并将试模在底板上装妥。

②将脱水并经0.6 mm滤筛过滤后的沥青自试模一端至另一端往返数次缓缓注入试模中,最后略高出试模,灌注时应注意勿使空气混入。

③试件在室温中冷却不少于1.5 h,然后用热刮刀刮除高出试模的沥青,使沥青面与试模面齐平。将试模连同底板再放入规定试验温度的水槽中保温1.5 h。

④检查延度仪拉伸速度是否符合要求,移动滑板使其指针正对标尺零点,将延度仪注水并达到规定的试验温度。

(2)试验方法

①将保温后的试件连同底板移入延度仪水槽中,取下底板,将试模两端的孔分别套在滑板及槽端固定板的金属柱上,取下侧模。水面距试件表面不小于25 mm。

②开动延度仪并观察试样的延伸情况。在试验中如发现沥青丝上浮或下沉,应在水中加入酒精或食盐调整水的密度至与试样相近后,重新试验。

③试件拉断时读取指针所指标尺上的读数,以cm计,即为延度。

3)试验结果

①同一试样每次平行试验不少于3个,如3个测定结果均大于100 cm,试验结果记作">100 cm",特殊需要时也可分别记录实测值。3个测定结果中,当有一个以上的测定值小于100 cm,若最大值或最小值与平均值之差满足重复性试验要求,则取3个测定结果的平均值的整数作为延度试验结果,若平均值大于100 cm,记作">100 cm";若最大值或最小值与平均值之差不符合重复性试验要求时,则试验应重新进行。

②当试验结果小于100 cm时,重复性试验的允许差为平均值的20%,再现性试验的允许误差为平均值的30%。

## 3. 软化点(环球法)试验

沥青的软化点是将沥青试样注入内径19.8 mm的铜环中,环上置质量3.5 g钢球,在规定起始温度并按规定升温速度加热条件下加热,直至沥青试样逐渐软化并在钢球荷重作用下产生25.4 mm垂度(即接触下底板),此时的温度即为软化点。环球法试验适用于测定道路石油沥青、煤沥青、液体石油沥青蒸馏或乳化沥青蒸发后残留物的软化点,用于评价其感温性能。

1)仪具与材料

(1)软化点试验仪　软化点试验仪如图4.33所示。

(2)钢球　钢球直径9.53 mm,质量(3.5±0.05)g。

(3)试验环　试验环由黄铜或不锈钢制成,如图4.34所示。

(4)钢球定位环　钢球定位环由黄铜或不锈钢制成。

(5)金属支架　金属支架由两个主杆和3层平行的金属板组成。上层为圆盘,直径略大于烧杯直径,中间有一圆孔用于插温度计;中层板上有两孔用于放置金属环,中间一小孔用于支持温度计测温端部;下板距环底面25.4 mm,下板距烧杯底不小于12.7 mm,也不大于19 mm。

(6)耐热烧杯　耐热烧杯容量800~1 000 mL,直径不小于86 mm,高不小于120 mm。

(7)其他　温度计:量程0~100 ℃,分度值0.5 ℃;环夹:薄钢条制成;电炉或其他加热炉具:可调温;试样底板:金属板或玻璃板;恒温水槽;平直刮刀;甘油滑石粉隔离剂;蒸馏水;石棉网等。

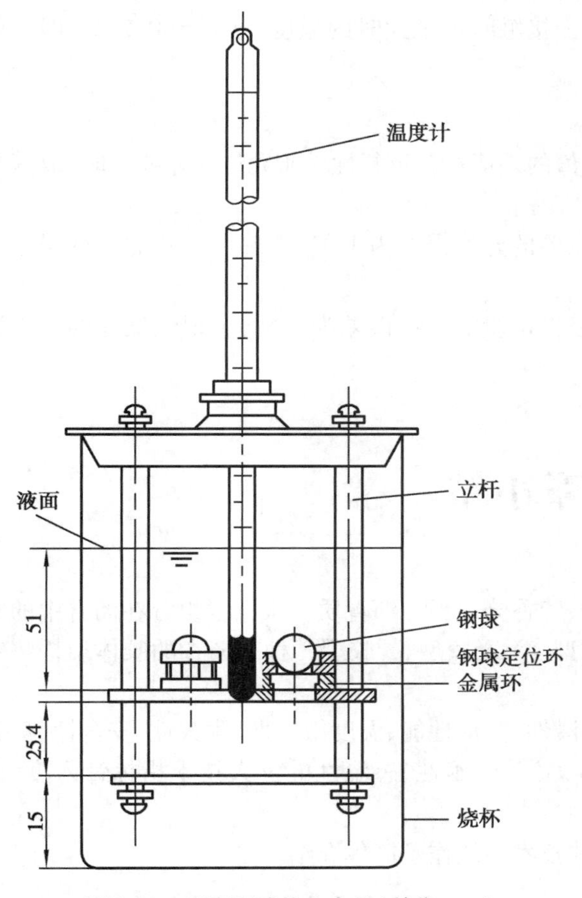


图4.33 沥青环球软化点仪(单位:mm)

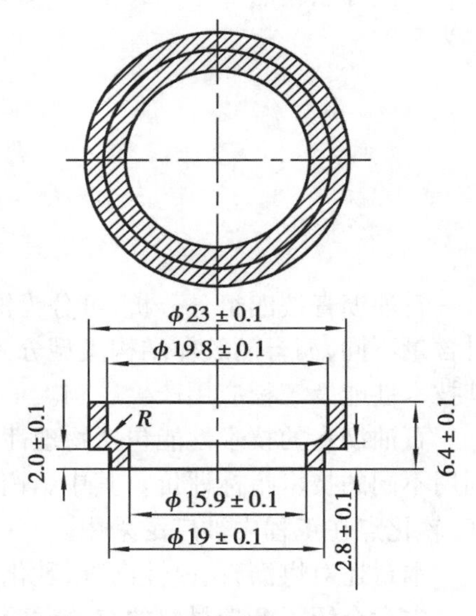


图4.34 试样环(单位:mm)

2)方法与步骤

(1)准备工作

①将试样环置于涂有甘油滑石粉隔离剂的试样底板上,将脱水并过筛的沥青试样徐徐注入试样环内至略高于环面为止。

②试样在室温冷却30 min后,用环夹夹着试样环并用热刮刀刮平环面上的试样,使其与环面齐平。

(2)试验方法

①试样软化点在80 ℃以下者采用水浴加热,起始温度为(5±0.5)℃;试样软化点在80 ℃以上者采用甘油浴加热,起始温度为(32±1)℃。

②将装有试样的试样环连同试样底板置于(5±0.5)℃水或(32±1)℃甘油的恒温槽中至少15 min,金属支架、钢球、钢球定位环等亦置于恒温槽中。

③烧杯中注入5 ℃的蒸馏水或32 ℃甘油,液面略低于立杆上的深度标记。

④从恒温槽中取出试样环放置在支架的中层板上,套上定位环和钢球,并将环架放入烧杯

中,调整液面至深度标记,插入温度计并与试样环下面齐平。

⑤加热,并在3 min内调节至每分钟升温(5 ±0.5)℃。

⑥试样受热软化逐渐下坠,当与下板表面接触时记录此时的温度,准确至0.5 ℃,即为软化点。

3)试验结果

①同一试样平行试验两次,当两次测定值的差值符合重复性试验允许误差要求时,取其平均值作为软化点试验结果,准确至0.5 ℃。

②当试样软化点小于80 ℃时,重复性试验的允许误差为1 ℃,再现性试验的允许误差为4 ℃。

③试样软化点等于或大于80 ℃时,重复性试验的允许误差为2 ℃,再现性试验的允许误差为8 ℃。

# 本章小结

石油沥青按四组分分析,可分为饱和分、芳香分、胶质、沥青质。根据各组分在沥青中的相对含量不同,沥青的胶体结构类型分为溶胶型、溶-凝胶型、凝胶型3种。沥青的胶体结构将对其技术性能及工程应用产生影响。

石油沥青的技术性能包括物理性能、黏滞性、变形性能、温度敏感性、耐久性、安全性等,分别用不同的技术指标评价。其中,评价沥青黏滞性、延性、感温性的三大技术指标针入度、延度、软化点在工程中被广泛采用。

本章还对煤沥青、改性沥青、乳化沥青的技术性能作了简单介绍。

本章介绍了沥青材料的有关试验。

# 复习思考题

4.1　按四组分分析,石油沥青有哪几种化学组分?其对沥青的胶体结构和性能有何影响?

4.2　石油沥青的主要技术性能有哪些?分别用什么技术指标评价?

4.3　道路石油沥青划分标号的依据是什么?针入度、延度、软化点三大指标测试时应严格控制哪些条件?

4.4　乳化沥青有哪些优点?其主要的组成材料是什么?

4.5　简述乳化沥青的形成和破乳机理。

4.6　为什么要对沥青进行改性?改性沥青的技术性能如何评价?

# 第5章 沥青混合料

**内容提要**

本章主要介绍沥青混合料的组成结构、技术性能及技术标准，热拌沥青混合料组成设计方法，并对SMA等其他沥青混合料作了介绍。通过本章的学习，读者应掌握沥青混合料的技术性能及评价指标、技术标准及工程应用，并根据工程要求进行沥青混合料组成设计。

## 5.1 沥青混合料的分类与组成结构

沥青混合料(asphalt mixtures)是由矿质混合料与沥青结合料拌和而成的混合料的总称。作为重要的路面材料，沥青混合料被广泛应用于高速公路及各等级公路中。沥青混合料具有以下特点：

①具有良好的力学性能和适当的变形性能，铺筑的路面平整无接缝，吸声减震，行车舒适；

②黑色且具有一定粗糙度的路表面不会产生眩光，有利于行车安全；

③机械化施工程度高，有利于施工质量控制；

④开放交通迅速，分期修建、局部修补方便，可再生利用。

按照沥青路面的修筑工艺，沥青混合料路面包括沥青表面处治、沥青贯入式、沥青混凝土、沥青碎石等。

### 5.1.1 沥青混合料的分类

沥青混合料的分类如图5.1所示。

密级配沥青混合料(dense-graded asphalt mixtures)：由按密实级配原理设计组成的各种粒径矿料与沥青结合料拌和而成，可以设计空隙率较小的密实式沥青混凝土混合料(AC)和密实式沥青稳定碎石混合料(ATB)。按关键筛孔通过率的不同又分为细型和粗型密级配沥青混凝土混合料。

开级配沥青混合料(open-graded asphalt mixtures)：矿料级配主要由粗集料嵌挤组成，细集料及填料较少，设计空隙率大于18%。

半开级配沥青碎石混合料(half-open-graded asphalt mixtures):由适当比例粗集料、细集料及少量填料(或不加填料)与沥青拌和而成,经马歇尔标准击实成型试验的剩余空隙率在6% ~12%的半开级配沥青碎石混合料(AM)。

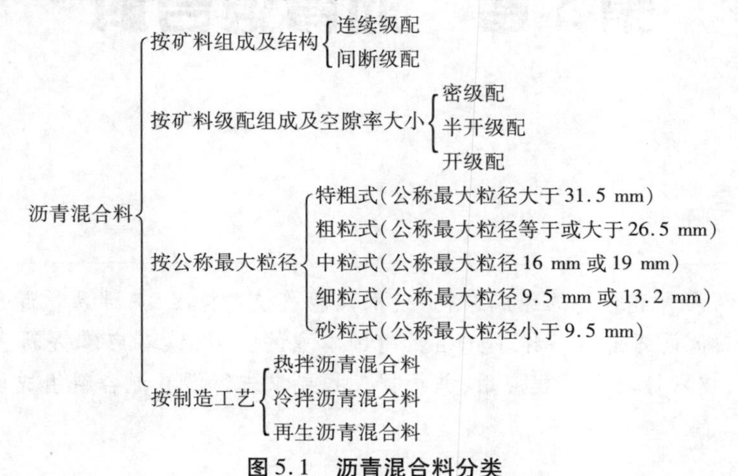


**图5.1　沥青混合料分类**

间断级配沥青混合料(gap-graded asphalt mixtures):矿料级配中缺少一个或几个粒径档次(或用量很少)而形成的沥青混合料。

沥青稳定碎石混合料(asphalt-treated permeable base):简称沥青碎石,由矿料和沥青组成的具有一定级配要求的混合料,按空隙率、集料粒径、添加矿粉数量的多少,分为密级配沥青稳定碎石(ATB)、开级配沥青碎石(OGFC表面层和ATPB基层)、半开级配沥青碎石(AM)。

沥青玛蹄脂碎石混合料(Stone Matrix Asphalt):由沥青结合料与少量纤维稳定剂、细集料以及较多的填料(矿粉)组成的沥青玛蹄脂,填充于间断级配的粗集料骨架间隙组成一体的沥青混合料,简称SMA。

## 5.1.2　沥青混合料的组成结构

胶浆理论认为沥青混合料可以看成多级分散体系,粗集料分散在沥青砂浆中,沥青砂浆由细集料分散在沥青胶浆中,沥青胶浆由填料分散在沥青中。表面理论认为沥青混合料由粗集料、细集料、填料组成具有一定级配的矿质骨架,沥青分布在矿料表面将矿料黏结成具有一定强度的整体。

各组成材料的相对比例不同,压实后沥青混合料表现出不同的内部颗粒分布状态、剩余空隙率等结构特征,沥青混合料也因此表现出不同的技术性能。按矿质混合料的级配特点,沥青混合料有以下几种结构类型。

1)悬浮-密实型

采用连续密级配矿质混合料。上级粒径颗粒间具有较大的颗粒间距以保证次级粒径颗粒的填充,各级粒径颗粒均被下级粒径颗粒隔开,不能直接接触形成骨架,有如悬浮在次级颗粒中;另外,由于次级颗粒的逐级填充,矿质混合料具有较大的密实度,如图5.2(a)所示。密实式沥青混凝土混合料(AC)即为这类结构类型。

悬浮-密实型沥青混合料经压实后，具有较高的黏聚力 $c$，但内摩擦角 $\varphi$ 较小。其优点是密实度高、水稳定性好、低温抗裂性好、耐久性好。但这种沥青混合料的结构强度受沥青性质影响较大，高温稳定性较差。

2）骨架-空隙型

采用连续开级配矿质混合料。大粒径颗粒相互接触、嵌挤形成骨架，较细颗粒数量相对较少，不足以充分填充骨架空隙，压实后的沥青混合料空隙率较高，如图 5.2(b)所示。半开级配沥青碎石混合料（AM）、开级配沥青碎石混合料（OGFC）等均属此类结构类型。

骨架-空隙型沥青混合料经压实后，具有较大的内摩擦角 $\varphi$，但黏聚力 $c$ 较小。这种结构的沥青混合料中，粗集料的嵌挤力对沥青混合料的强度和稳定性起着重要作用，结构受沥青性质的影响相对较小，因此高温稳定性好。因空隙率较大，使用中环境介质、水等易进入混合料内部，故耐久性是混合料设计中应考虑的重要方面。

3）密实-骨架型

采用间断密级配矿质混合料拌和而成的沥青混合料中既有足够数量的粗集料形成受力骨架，又有足够数量的细颗粒填充空隙，如图 5.2(c)所示。沥青玛蹄脂碎石（SMA）就是典型的密实-骨架型结构。

密实-骨架型沥青混合料压实后具有较大的内摩擦角 $\varphi$ 和黏聚力 $c$。这种结构具有以上两种结构的优点，密实度高，强度、高温稳定性、耐久性、低温抗裂性均较好，是较理想的结构类型。

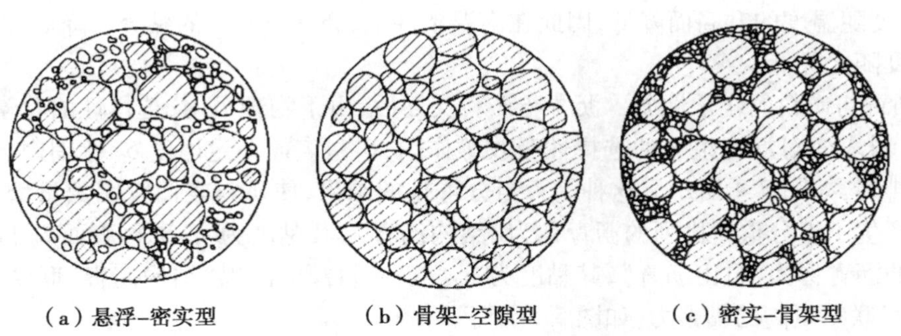


图 5.2　沥青混合料结构类型

## 5.1.3　沥青混合料的强度构成及影响因素

1）沥青混合料的强度构成

沥青混合料的强度由矿料颗粒间嵌锁力（内摩擦阻力，用内摩擦角 $\varphi$ 表示）及沥青与矿料交互作用产生的黏聚力（$c$）构成。通过三轴试验，在规定条件下对沥青混合料施加外力使其产生侧向应力，测试法向应力，得到一组摩尔应力圆，其公切线为摩尔-库仑包络线，即抗剪强度曲线（图 5.3），由此得出沥青混合料抗剪强度为：

$$\tau = c + \sigma \tan \varphi \tag{5.1}$$

式中 $\tau$——沥青混合料抗剪强度,MPa;

$\varphi$——沥青混合料内摩擦角;

$c$——沥青与矿料交互作用产生的黏聚力,MPa;

$\sigma$——试验时的正应力,MPa。

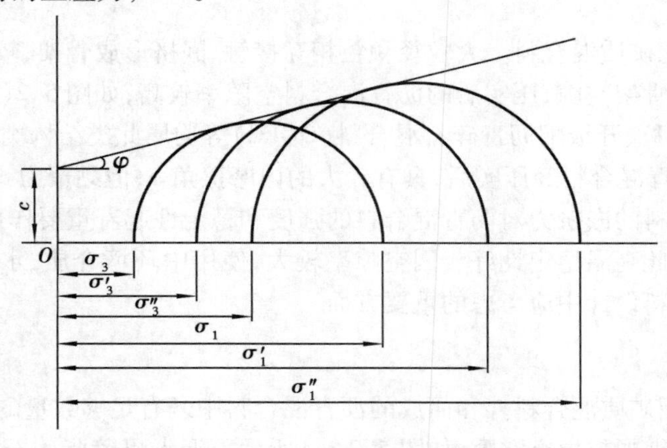


图 5.3 沥青混合料三轴试验摩尔-库仑包络线图

2)影响沥青混合料强度的因素

(1)沥青黏度 随着沥青黏度的增大,沥青与矿料交互作用产生的黏聚力 $c$ 增大,沥青混合料抗剪强度提高,抗变形能力提高。沥青黏度对内摩擦角的影响较小。由于沥青材料的感温性,其黏度随温度的升高而降低,因此在高温条件下,沥青与矿料的黏聚力降低,沥青混合料的抗剪强度随之降低。

(2)沥青与矿料的化学性质 沥青与矿料交互后,由于物理吸附、选择性的化学吸附和电性吸附、矿料表面对沥青组分的选择性吸收等作用,矿料表面一定厚度 $\delta_0$ 范围内出现沥青组分的重新排列,如图 5.4 所示。这种沥青组分重排的结果,使矿料表面胶团数量增加,沥青黏度增加。产生了组分重新排列的沥青称为“结构沥青”,其黏度为 $\eta$;矿料表面 $\delta_0$ 厚度以外未重新排列的沥青称为“自由沥青”,其黏度为 $\eta_0$。当矿料颗粒间以“结构沥青”联结时,具有比“自由沥青”联结更高的黏聚力,如图 5.5 所示。

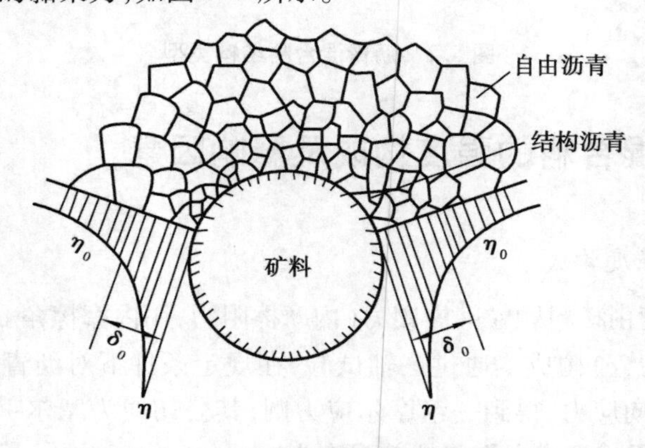


图 5.4 沥青与矿料交互作用示意图

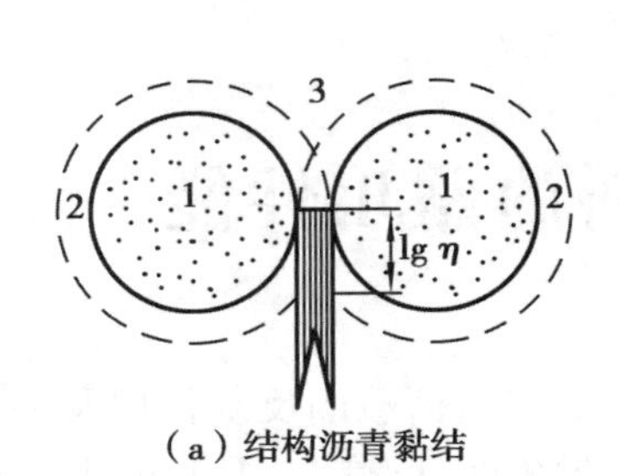


(a)结构沥青黏结

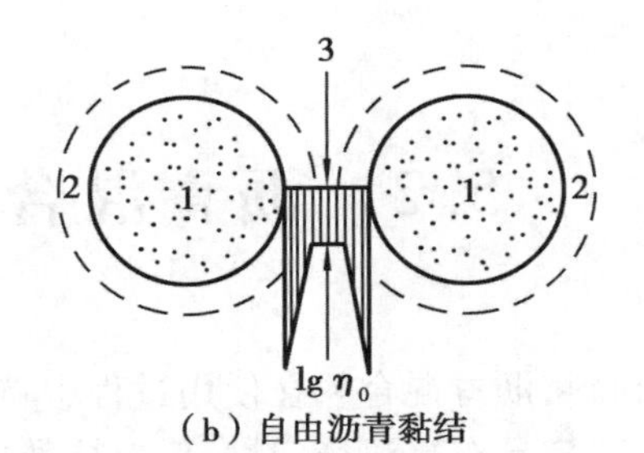


(b)自由沥青黏结

**图5.5　沥青膜厚度对沥青与矿料黏聚力的影响**

1—矿料;2—结构沥青;3—自由沥青

不同性质的矿料对沥青组分的重排作用不同,形成的“结构沥青”组成结构和厚度也不同。碱性石灰岩矿料表面对沥青组分的重排作用较酸性石英岩矿料强(图5.6)。当采用碱性矿料时,可以使沥青获得发育更好的结构沥青膜,使沥青混合料具有更高的强度。

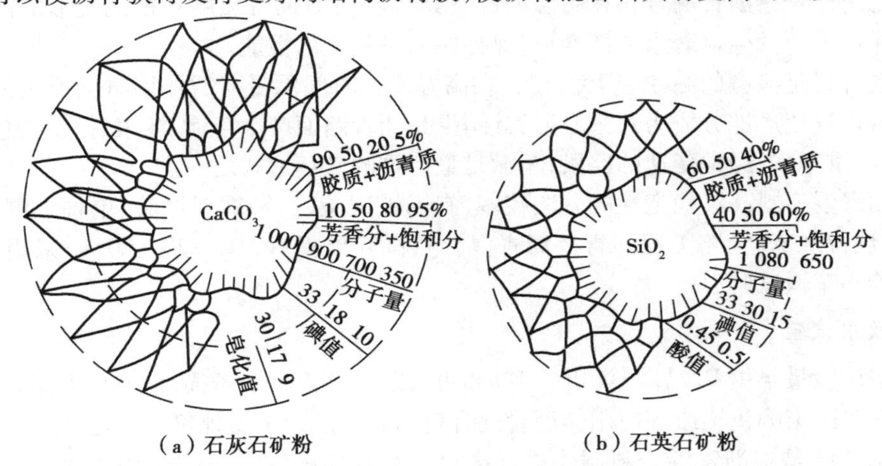


(a)石灰石矿粉　　(b)石英石矿粉

**图5.6　矿粉化学性质对沥青化学组分重排的影响**

(3)矿质混合料的物理性能　矿质混合料的级配、粒度、形状、表面粗糙度等对沥青混合料的内摩擦角产生影响,从而影响沥青混合料的强度。粗颗粒比例高、粒径较大、颗粒接近正方体、表面粗糙的矿质混合料,具有较高的内摩擦力,形成的沥青混合料具有较高的抗剪强度。

(4)沥青用量及矿料的比表面积　当矿料一定时,随着沥青用量的增加,结构沥青膜逐渐形成,沥青与矿料交互产生的黏聚力增大,但内摩擦角有所降低,沥青混合料的强度提高。但随着沥青用量的进一步增大,沥青膜厚度增加,当矿料颗粒间以自由沥青联结时,沥青混合料的强度降低。

当沥青用量一定时,随着矿料比表面积增大,沥青膜厚度减薄,结构沥青比例增大,在保证矿料颗粒以结构沥青膜黏结的条件下,沥青与矿料交互产生的黏聚力增大,沥青混合料强度提高。这也是在沥青混合料中加入适量矿粉的原因。

(5)其他外部因素　对沥青混合料强度影响的外部因素主要有温度和荷载条件。随着温度的升高,沥青黏度降低,沥青混合料强度降低。在其他条件相同的情况下,沥青的黏度随变形速率增大而提高,沥青与矿料交互作用产生的黏聚力 $c$ 值随变形速率增大而提高,沥青混合料强度也随之提高。温度和变形速率对内摩擦角的影响较小。

# 5.2 沥青混合料的路用性能

作为路面材料,沥青混合料在使用过程中将承受车辆荷载的反复作用及环境因素的长期作用,沥青混合料应具有高温稳定性、低温抗裂性、耐久性、抗滑性、施工和易性等技术性能,以保证沥青混合料路面的施工质量,使其具有优良的服务性能。

## 5.2.1 高温稳定性

高温稳定性是指沥青混合料在高温条件下具有较高的抗剪强度和抵抗变形的能力,在车辆的反复作用下不发生显著永久性变形,保持路面平整度的性能。

沥青混合料是典型的黏-弹-塑性材料,在高温或长时间承受荷载作用时会产生显著变形,其中的不可恢复变形部分成为永久变形,其结果是沥青路面产生车辙、波浪、推挤拥包等病害。在交通量大、重车多、经常变速的路段,车辙是最严重的破坏形式之一。

评价沥青混合料高温稳定性的方法较多,有三轴试验、三轴蠕变试验、单轴无侧限蠕变试验等,我国现行规范《公路工程沥青及沥青混合料试验规程》(JTG E20—2011)采用的方法是马歇尔试验和车辙试验。

1)马歇尔试验

马歇尔试验最早由B.马歇尔(Brue Marshall)提出,该方法设备简单、操作方便,从1948年开始就被许多国家的机构或部门用作沥青混合料高温性能的主要评价方法之一。

马歇尔试验是将沥青混合料制作成标准尺寸圆柱体试件,在高温(60 ℃)下用马歇尔稳定度测定仪(图5.7)测定在规定加载速率条件下,试件破坏时的最大荷载,即马歇尔稳定度(MS),单位为kN;与最大荷载对应的变形即为流值(FL),以mm计。马歇尔模数 $T=\frac{MS}{FL}$(kN/mm)。马歇尔试验曲线如图5.8所示。

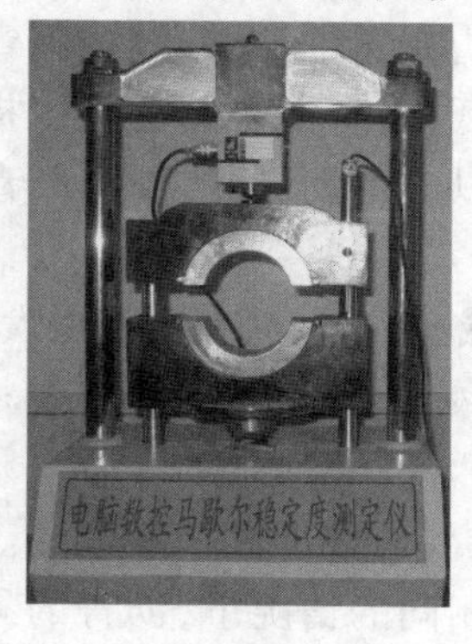


图5.7 马歇尔稳定度测定仪

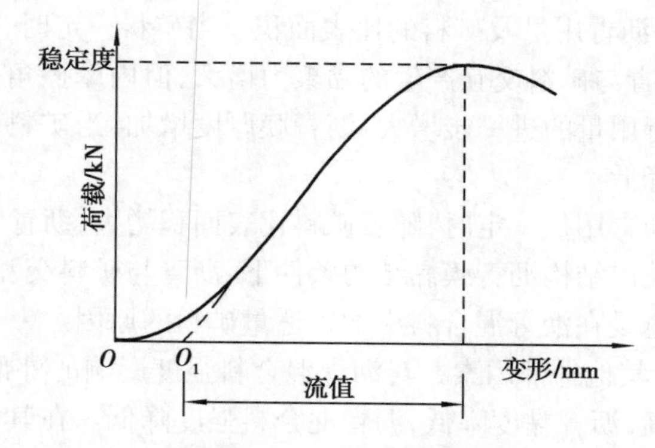


图5.8 马歇尔试验曲线

目前,在我国沥青路面工程中,马歇尔稳定度和流值既是沥青混合料配合比设计的主要设

计指标,也是沥青路面施工质量控制的重要检验项目。

2)车辙试验

各国的试验研究和实践证明,采用马歇尔稳定度和流值不能确切地反映沥青混合料永久性变形,与路面的抗车辙能力相关性不好。英国道路研究所(TRRL)开发的车辙试验是评价沥青混合料在规定温度条件下抵抗塑性流动变形能力的方法。车辙试验自动记录的变形曲线如图5.9所示。该方法简单,试验结果直观,因此得到了广泛应用。

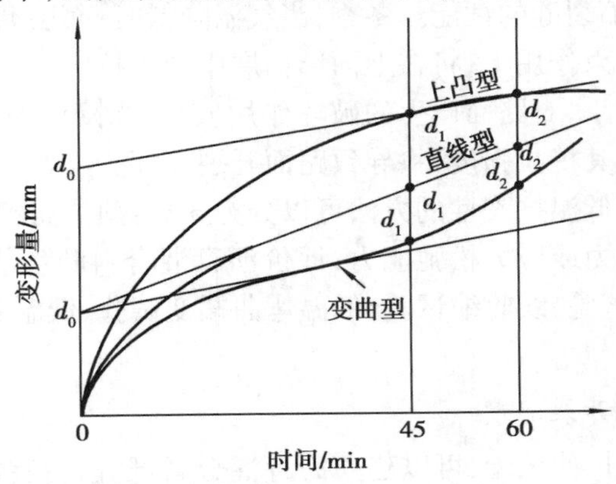


图5.9　车辙试验自动记录的变形曲线

我国目前的车辙试验采用轮碾成型方法,成型长300 mm、宽300 mm、厚50 mm或长300 mm、宽300 mm、厚100 mm的沥青混合料板块状试件,根据工程需要也可采用其他尺寸试件。非经注明,试验温度为60 ℃,轮压为0.7 MPa。根据需要,如在寒冷地区也可采用45 ℃,在高温条件下试验温度可采用70 ℃等,对重载交通的轮压可增加至1.4 MPa,但应在报告中注明。测试试验轮沿试件表面同一轨迹反复行走产生单位车辙深度变形时车轮行走的次数,即动稳定度(DS),单位为次/mm。

$$DS=\frac{(t_2-t_1)N}{d_2-d_1}C_1C_2 \tag{5.2}$$

式中　DS——沥青混合料动稳定度,次/mm;

$d_1,d_2$——对应于时间$t_1,t_2$的变形量,mm;

$N$——试验轮行走频率,42次/min;

$C_1$——试验机修正系数,曲柄连杆驱动试件的变速行走方式为1.0;

$C_2$——试件系数,实验室制备的宽300 mm试件为1.0。

3)高温稳定性的影响因素

矿质集料颗粒间的嵌锁作用和高温时沥青与集料间的黏聚力,是影响沥青混合料高温稳定性的主要因素。

在沥青混合料中,矿质材料的性质对沥青混合料的高温性能影响至关重要。采用粒径较大、表面粗糙、多棱角、粒形接近正方体的碎石集料可以增大沥青混合料内摩擦角,使集料颗粒形成有效的嵌挤作用,有利于提高沥青混合料的高温稳定性。沥青的黏度(特别是高温条件下的黏度)对沥青与矿料的黏聚力产生影响,提高黏度,降低沥青材料感温性等对提高沥青混合料高温稳定性有益。沥青的用量对高温稳定性也有影响,随着沥青用量的增加,矿料表面沥青膜厚度增加,自由沥青比例增加,沥青混合料高温抗变形能力降低。

## 5.2.2 低温抗裂性

沥青混合料的低温抗裂性是指其在低温条件下,具有较低的劲度、较高的抗拉强度和适应变形的能力,抵抗低温收缩裂缝的性能。冬季,当气温降低时,面层沥青混合料产生收缩,在周围材料及下层结构等的约束作用下,将在上面结构层中产生拉应力。当降温速度较慢时,所产生的温度应力随时间而减小,对路面产生的破坏作用较小;当降温速度较快时,沥青混合料结构层内部的温度应力超过其抗拉强度,将导致路面开裂损坏。

目前评价沥青混合料低温抗裂性的方法可以分为3类:预估沥青混合料的开裂温度;评价沥青混合料的低温变形能力或应力松弛能力;评价沥青混合料断裂能。相关的试验主要包括直接拉伸试验、间接拉伸试验、线收缩试验、低温弯曲蠕变试验、低温劈裂蠕变试验及低温弯曲试验等。

1)预估沥青混合料的开裂温度

通过直接拉伸或间接拉伸试验,可以建立沥青混合料低温抗拉强度与温度的关系。由沥青混合料劲度模量、温度收缩系数、降温幅度,可以建立沥青混合料内部的拉应力与温度的关系。由此可预估沥青混合料的开裂温度。开裂温度越低,说明沥青混合料的低温抗裂性越好。

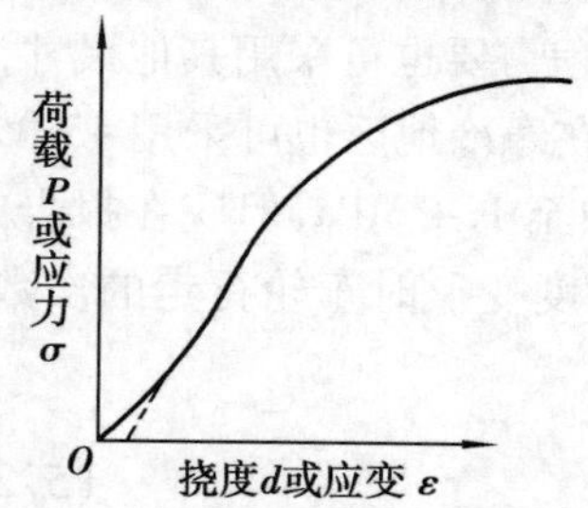

图5.10 荷载-跨中挠度曲线

2)低温弯曲试验

低温弯曲试验是评价沥青混合料低温拉伸能力的常用方法之一。我国《公路工程沥青及沥青混合料试验规程》(JTG E20—2011)规定,在温度-10 ℃、加载速率50 mm/min条件下,对规定尺寸的小梁试件跨中施加集中荷载至断裂破坏,记录试件跨中荷载与挠度的关系曲线(图5.10),按下面各式计算,即可得到沥青混合料低温抗弯拉强度、最大弯拉应变及弯曲劲度模量。

$$R_B = \frac{3P_B L}{2bh^2} \tag{5.3}$$

$$\varepsilon_B = \frac{6hd}{L^2} \tag{5.4}$$

$$S_B = \frac{R_B}{\varepsilon_B} \tag{5.5}$$

式中 $R_B$——试件破坏时的抗弯拉强度,MPa;

$\varepsilon_B$——试件破坏时的最大弯拉应变,με;

$S_B$——试件破坏时的弯曲劲度模量,MPa;

$b$——跨中断面试件宽度,mm;

$h$——跨中断面试件高度,mm;

$L$——试件跨径,mm;

$P_B$——试件破坏时的最大荷载,N;

$d$——试件破坏时的跨中挠度,mm。

沥青混合料低温破坏时弯拉应变越大,劲度模量越小,低温柔韧性越好,抗裂性越好。

3)弯曲蠕变试验

低温条件下的弯曲蠕变试验用于评价沥青混合料在低温下的变形能力和松弛能力。根据我国《公路工程沥青及沥青混合料试验规程》(JTG E20—2011),在规定温度条件(一般为0 ℃,试验高温性能时宜采用30~40 ℃),对规定尺寸的沥青混合料小梁试件跨中施加恒定集中荷载(荷载的大小取弯曲试验破坏荷载的10%),测定试件随时间而增长的蠕变变形,如图5.11所示。蠕变变形曲线分为3个阶段,第一阶段为蠕变迁移阶段,第二阶段为蠕变稳定阶段,第三阶段为蠕变破坏阶段。

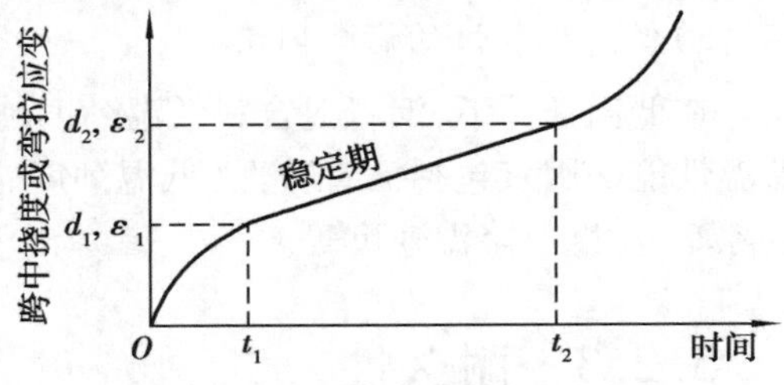


图5.11 试验时间-跨中挠度曲线

按式(5.6)至式(5.10)计算蠕变弯拉应力$\sigma_0$、梁底弯拉应变$\varepsilon(t)$、弯曲蠕变劲度模量$S(t)$、弯曲蠕变柔量$J(t)$、弯曲蠕变速率$\varepsilon_s$。此组公式不适用于温度高于20 ℃的情况 。

$$\sigma_0 = \frac{3LF_0}{2bh^2} \times 10^{-6} \tag{5.6}$$

$$\varepsilon(t) = \frac{6hd(t)}{L^2} \tag{5.7}$$

$$S(t) = \frac{\sigma_0}{\varepsilon(t)} \tag{5.8}$$

$$J(t) = \frac{1}{S(t)} \tag{5.9}$$

$$\varepsilon_s = \frac{\varepsilon_2 - \varepsilon_1}{t_2 - t_1} \cdot \frac{1}{\sigma_0} \tag{5.10}$$

式中 $\sigma_0$——蠕变弯拉应力,MPa;

$\varepsilon(t)$——梁底弯拉应变;

$S(t)$——弯曲蠕变劲度模量,MPa;

$J(t)$——弯曲蠕变柔量,1/MPa;

$\varepsilon_s$——弯曲蠕变速率,变形等速增长稳定期单位时间增加的应变值,1/(s · MPa);

$t_1, t_2$——蠕变稳定期直线段起点和终点的时间,s;

$\varepsilon_1, \varepsilon_2$——对应于时间$t_1, t_2$时的蠕变应变;

$b, h$——跨中断面试件宽度和高度,m;

$L$——试件跨径,m;

$F_0$——试件在试验加载过程中承受的荷载,N;

$d(t)$——试件加载过程中随时间$t$变化的跨中挠度,m。

弯曲蠕变劲度模量越小,弯曲蠕变柔量越大,弯曲蠕变速率越大,沥青混合料低温下变形能力越强,松弛能力越大,低温抗裂性越好。

4)低温劈裂试验

低温劈裂试验是间接评价沥青混合料低温抗裂性的一种方法。我国《公路工程沥青及沥青混合料试验规程》(JTG E20—2011)在-10 ℃、1 mm/min加载速率条件下,通过圆弧形加载压条对规定尺寸的圆柱形试件劈裂直至破坏,通过测定沥青混合料的劈裂抗拉强度、泊松比、破坏拉伸应变及破坏时的劲度模量评价其低温抗裂性能。

5)低温抗裂性的影响因素

在低温条件下,沥青混合料低温劲度越小,变形能力越强,抗裂性越好。影响沥青混合料低温性能的因素包括沥青特性(低温劲度、稠度、温度敏感性等)、集料类型及级配、沥青含量、空隙率、温度及降温速度等。

### 5.2.3 耐久性

沥青混合料在路面中长期受到自然因素(如空气中氧、水、紫外线等)和重复车辆荷载的作用,为保证路面具有较长的使用年限,沥青混合料必须具有良好的耐久性。沥青混合料的耐久性有多方面的含义,其中较为重要的是耐老化性、水稳定性和耐疲劳性能。

1)沥青混合料的耐老化性

耐老化性是沥青混合料抵抗由于各种人为和自然因素作用而逐渐丧失变形能力、柔韧性等优良品质的能力。

沥青混合料的老化主要取决于沥青的老化,另外还与外界环境因素、施工工艺、沥青用量、压实空隙率等有关。沥青混合料在使用过程中,由于沥青的老化,沥青对矿料的黏附性降低,塑性变形能力降低,致使沥青混合料变脆易裂,路面出现开裂。

提高沥青混合料的耐老化性,可选择耐老化性好的沥青,适当增加沥青用量,采用较小的残留空隙率,严格控制加热温度和加热时间等。

(1)短期老化的方法　根据要求的矿料级配和沥青用量,加热矿料和沥青,用小型沥青混合料拌和机在标准条件下拌和混合料。将沥青混合料均匀摊铺在搪瓷盘中,松铺厚度为21~22 kg/m$^2$,将混合料放入(135±3)℃的烘箱中,在强制通风条件下加热4 h±5 min,每小时用铲在试样盘中翻拌混合料一次。加热4 h后,从烘箱中取出混合料,供试验使用。

(2)长期老化的方法　在实验室拌和沥青混合料或在施工现场取样,对松散混合料进行短期老化,然后按要求的试件尺寸和成型方法制作试件。将试件连同试模一起置于室温条件下冷却不少于16 h,然后脱模。将试件放置于试样架上并送入(85±3)℃烘箱中,在强制通风条件下连续加热5 d(120 h±0.5 h)。在恒温过程中直至冷却前不得触摸试件和移动试件。5 d后关闭烘箱,打开烘箱门,经自然冷却不少于16 h至室温。取出试件,测试相关指标。

2)沥青混合料的水稳定性

水稳定性是沥青混合料抵抗水侵蚀而逐渐产生沥青膜剥离、松散、坑槽等破坏的能力。当沥青混合料压实后空隙率较大、沥青路面排水系统不完善时,滞留于路面结构中的水长期浸泡沥青混合料,加上行车引起的动水压力对沥青产生剥离作用,将加剧沥青路面的"水损害"。

沥青与矿料的黏附性是保证沥青混合料水稳定性的前提。评价沥青与矿料的黏附性,采用的方法有水煮法、水浸法。这类方法是将沥青裹覆在矿料表面，通过水的作用，根据矿料表面沥青膜的剥离情况判断沥青与矿料的黏附性（见第4章石油沥青的技术性能）。

沥青混合料水稳定性评价的方法包括：

(1)浸水试验及真空饱水试验　浸水试验是通过测试沥青混合料试件浸水前后性能的变化来评价其对水的稳定性能，一般情况下，浸水温度为60 ℃，浸水时间为48 h。浸水试验包括浸水马歇尔试验、浸水车辙试验、浸水劈裂强度试验等，分别以浸水后与浸水前的马歇尔稳定度（浸水残留稳定度）比、车辙深度比、劈裂强度比来评价混合料对水的稳定性，比值越大则对水的稳定性越好。

为使沥青混合料试件内部充分饱水，将试件放入真空装置中抽真空，再让其吸水饱和并在60 ℃水中浸泡48 h，测试浸水后与浸水前沥青混合料的性能变化，即为真空饱水试验。

(2)冻融劈裂试验　冻融劈裂试验检验沥青混合料抗水损害的能力，试验条件比一般浸水试验更苛刻。按《公路工程沥青及沥青混合料试验规程》(JTG E20—2011)的规定，在冻融劈裂试验中，将沥青混合料试件随机分为两组，一组在25 ℃条件下测定劈裂强度($R_{T1}$)；另一组试件先真空(真空度97.3～98.7 kPa)饱水，然后置于-18 ℃冷冻16 h，再在60 ℃水中浸泡24 h，最后在25 ℃条件下测定劈裂强度($R_{T2}$)。冻融劈裂强度比按式(5.11)计算。

$$\mathrm{TSR}=\frac{R_{T2}}{R_{T1}}\times 100\% \tag{5.11}$$

TSR越高则沥青混合料的水稳定性越好。沥青混合料的水稳定性与沥青和矿料的黏附性有关，另外还受沥青混合料压实后空隙率大小、沥青膜厚度、成型方法等影响。

3)沥青混合料的耐疲劳性能

疲劳是材料在荷载重复作用下产生不可恢复的强度衰减积累所引起的一种现象。通常把材料出现疲劳破坏的重复应力值称为疲劳强度，相应的应力重复作用次数称为疲劳寿命。

评价沥青混合料的耐疲劳性能可采用车辆作用环道疲劳破坏试验、足尺路面结构模拟车辆荷载疲劳试验、四点弯曲疲劳寿命试验、二点弯曲疲劳试验（梯形梁）。沥青混合料疲劳寿命与荷载历史、加载速率、施加应力或应变波谱形式、荷载间隙时间、试验方法等有关，也与沥青混合料劲度、沥青用量、混合料空隙率、集料特征等有关。

在相同荷载作用次数下，疲劳强度下降幅度越小或疲劳强度变化率越小，沥青混合料耐疲劳性能越好，从使用寿命看，路面耐久性能越好。

### 5.2.4　抗滑性

沥青路面应具有足够的抗滑能力，以保证在最不利的情况下车辆能高速安全行驶，且在外界因素作用下其抗滑能力不至于很快降低。路面的抗滑性取决于路面的宏观和微观构造，这两种构造的发达程度与材料组成和材料特性有关。材料组成主要表现在集料的级配、粗细集料的含量控制等；材料特性主要指粗集料的颗粒形状、表面粗糙程度及力学性能指标等。

从材料特性控制沥青混合料抗滑性，要求高速公路、一级公路所用粗集料磨光值潮湿地区不小于42，磨耗率不大于30%；要求石油沥青含蜡量A级不大于2.2%、B级不大于3%、C级不大于4.5%。

沥青混合料抗滑性的评价分为两类:一类是测定路表面纹理构造发达程度,采用铺砂法和激光构造深度仪测定沥青混合料表面构造深度;另一类是测定路表面的摩擦系数和摩擦力,采用摆式仪测路表面摩擦系数、横向力系数测定车测定路面横向力系数。

我国现行规范采用铺砂法测试沥青混合料表面构造深度。将25 mL、粒径0.15~0.3 mm的干砂倒在试件表面,用底面粘有橡胶片的推平板由里向外重复做摊铺运动,使砂填入凹凸不平的试件表面的空隙中,尽可能将砂摊成圆形,并不得在表面留有浮动余砂。用钢板尺测量所构成圆的两个垂直方向的直径并取平均值,沥青混合料表面构造深度按式(5.12)计算。

$$\mathrm{TD}=\frac{1\ 000\ V}{\frac{\pi D^2}{4}}=\frac{31\ 831}{D^2} \tag{5.12}$$

式中 TD——沥青混合料表面构造深度,mm;

$V$——砂的体积,25 $cm^3$;

$D$——摊平砂的平均直径,mm。

高速公路、一级公路摩擦系数和构造深度的检测值应满足设计要求。

## 5.2.5 施工和易性

沥青混合料的施工和易性是指在拌和、摊铺、碾压过程中,集料颗粒保持分布均匀,表面被沥青膜完整裹覆,无花白料、结团、离析等现象,并能被压实到规定密度的性能。影响沥青混合料施工和易性的因素有组成材料的技术性能、沥青混合料配合比、施工条件等。例如,当组成材料确定以后,矿料级配和沥青用量都会对施工和易性产生一定影响。如果采用间断级配的矿料,当粗细颗粒的尺寸相差过大,缺乏中间尺寸颗粒时,沥青混合料就容易离析。当沥青用量过少时,则混合料疏松且不易压实;但当沥青用量过多时,则容易使混合料黏结成团,不易摊铺。另一个影响施工和易性的因素是施工条件,如施工温度控制,若温度不够,沥青混合料就难以拌和充分,而且不易达到所需的压实度;若温度偏高,则会引起沥青老化,严重时将会显著影响沥青混合料的路用性能。

对沥青混合料施工和易性的评价目前尚无直接评价的方法,一般通过合理选择组成材料、控制施工条件、试拌试铺等措施来保证沥青混合料的施工和易性。

## 5.2.6 沥青路面使用性能气候分区

沥青及沥青混合料具有感温性,其技术性能随温度而变化。选择沥青结合料标号和等级、沥青混合料配合比设计和检验,应适应道路环境条件的需要,能承受高温、低温、雨(雪)水的考验。

气候分区以高温、低温、雨量三级区划指标进行分区。气候分区的高温区划指标为最近30年内年最热月的平均日最高气温的平均值,见表5.1;低温区划指标为最近30年内的极端最低气温的最小值 $T_{min}$,见表5.2;雨量区划指标为最近30年内的年降水量的平均值,见表5.3。

表5.1 高温分区(JTG F40—2004)

| 高温气候区 | 1 | 2 | 3 |
|---|---|---|---|
| 气候区名称 | 夏炎热区 | 夏热区 | 夏凉区 |
| 最热月平均最高气温/℃ | >30 | 20~30 | <20 |

表5.2 低温分区(JTG F40—2004)

| 低温气候区 | 1 | 2 | 3 | 4 |
|---|---|---|---|---|
| 气候区名称 | 冬严寒区 | 冬寒区 | 冬冷区 | 冬温区 |
| 极端最低气温/℃ | -37.0 | -37.0 ~ -21.5 | -21.5 ~ -9.0 | > -9.0 |

表5.3 降雨量分区(JTG F40—2004)

| 雨量气候区 | 1 | 2 | 3 | 4 |
|---|---|---|---|---|
| 气候区名称 | 潮湿区 | 湿润区 | 半干区 | 干旱区 |
| 年降雨量/mm | >1 000 | 1 000~500 | 500~250 | <250 |

# 5.3 热拌沥青混合料

## 5.3.1 热拌沥青混合料种类

热拌沥青混合料(HMA)是由矿料与黏稠沥青在专用设备中加热拌和,保温运输至施工现场并在热态下进行摊铺和压实的混合料,适用于各种等级公路的沥青路面。其种类按集料公称最大粒径、矿料级配、空隙率划分,见表5.4。

表5.4 热拌沥青混合料种类

| 混合料类型 | 密级配 | | | 开级配 | | 半开级配 | 公称最大粒径/mm | 最大粒径/mm |
|---|---|---|---|---|---|---|---|---|
| | 连续级配 | | 间断级配 | 间断级配 | | | | |
| | 沥青混凝土 | 沥青稳定碎石 | 沥青玛蹄脂碎石 | 排水式沥青磨耗层 | 排水式沥青碎石基层 | 沥青碎石 | | |
| 特粗式 | — | ATB-40 | — | — | ATPB-40 | — | 37.5 | 53.0 |
| 粗粒式 | — | ATB-30 | — | — | ATPB-30 | — | 31.5 | 37.5 |
| | AC-25 | ATB-25 | — | — | ATPB-25 | — | 26.5 | 31.5 |

续表

<table>
<tr><td rowspan="3">混合料类型</td><td colspan="3">密级配</td><td colspan="2">开级配</td><td>半开级配</td><td rowspan="3">公称最大粒径/mm</td><td rowspan="3">最大粒径/mm</td></tr>
<tr><td colspan="2">连续级配</td><td>间断级配</td><td colspan="2">间断级配</td><td rowspan="2">沥青碎石</td></tr>
<tr><td>沥青混凝土</td><td>沥青稳定碎石</td><td>沥青玛蹄脂碎石</td><td>排水式沥青磨耗层</td><td>排水式沥青碎石基层</td></tr>
<tr><td rowspan="2">中粒式</td><td>AC-20</td><td>—</td><td>SMA-20</td><td>—</td><td>—</td><td>AM-20</td><td>19.0</td><td>26.5</td></tr>
<tr><td>AC-16</td><td>—</td><td>SMA-16</td><td>OGFC-16</td><td>—</td><td>AM-16</td><td>16.0</td><td>19.0</td></tr>
<tr><td rowspan="2">细粒式</td><td>AC-13</td><td>—</td><td>SMA-13</td><td>OGFC-13</td><td>—</td><td>AM-13</td><td>13.2</td><td>16.0</td></tr>
<tr><td>AC-10</td><td>—</td><td>SMA-10</td><td>OGFC-10</td><td>—</td><td>AM-10</td><td>9.5</td><td>13.2</td></tr>
<tr><td>砂粒式</td><td>AC-5</td><td>—</td><td>—</td><td>—</td><td>—</td><td>—</td><td>4.75</td><td>9.5</td></tr>
<tr><td>设计空隙率/%</td><td>3 ~ 5</td><td>3 ~ 6</td><td>3 ~ 4</td><td>>18</td><td>>18</td><td>6 ~ 12</td><td>—</td><td>—</td></tr>
</table>

注:设计空隙率可按配合比设计要求作适当调整。

沥青面层集料的最大粒径宜从上至下逐渐增大,并应与压实层厚度相匹配。对热拌热铺密级配沥青混合料,沥青层的压实厚度不宜小于集料公称最大粒径的 2.5 ~ 3 倍,对 SMA 和 OGFC 等嵌挤型混合料不宜小于公称最大粒径的 2 ~ 2.5 倍,以减少离析,便于压实。

沥青混合料的厚度与公称最大粒径见表 5.5。

**表 5.5　不同粒径沥青混合料厚度**

<table>
<tr><td rowspan="2">沥青混合料类型</td><td colspan="6">以下集料公称最大粒径沥青混合料的厚度/mm,不小于</td></tr>
<tr><td>4.75</td><td>9.5</td><td>13.2</td><td>16.0</td><td>19.0</td><td>26.5</td></tr>
<tr><td>连续级配沥青混合料</td><td>15</td><td>25</td><td>35</td><td>40</td><td>50</td><td>75</td></tr>
<tr><td>沥青玛蹄脂碎石</td><td>—</td><td>30</td><td>40</td><td>50</td><td>60</td><td>—</td></tr>
<tr><td>开级配沥青混合料</td><td>—</td><td>20</td><td>25</td><td>30</td><td>—</td><td>—</td></tr>
</table>

### 5.3.2　组成材料及质量要求

1)沥青

作为沥青混合料中的胶结材料,沥青的性能直接影响沥青混合料的技术性能。沥青路面所用沥青的品种和标号应根据气候条件、沥青混合料类型、道路等级、交通性质、施工条件等选择。通常,较热气候条件、较繁重交通、细粒式或砂粒式应选用标号较低的沥青,反之则选用标号较高的沥青。沥青的技术性能应符合要求。

2)粗集料

沥青混合料用粗集料包括碎石、破碎砾石、筛选砾石、钢渣、矿渣等,但高速公路和一级公路不得采用筛选砾石和矿渣。粗集料的最大粒径主要根据路面结构层厚度确定,同时考虑沥青混合料的高温、低温性能及耐久性能等。粗集料应洁净、干燥、表面粗糙,其质量应满足表 5.6 的要求。

表5.6　沥青混合料用粗集料质量技术要求(JTG F40—2004)

| 指　标 | 高速公路及一级公路 | | 其他等级公路 |
|---|---|---|---|
| | 表面层 | 其他层次 | |
| 石料压碎值/% | ≤26 | ≤28 | ≤30 |
| 洛杉矶磨耗损失/% | ≤28 | ≤30 | ≤35 |
| 表观相对密度 | ≥2.60 | ≥2.50 | ≥2.45 |
| 吸水率/% | ≤2.0 | ≤3.0 | ≤3.0 |
| 坚固性/% | ≤12 | ≤12 | — |
| 针片状颗粒含量(全部混合料)/%<br>其中粒径大于9.5 mm的含量/%<br>其中粒径小于9.5 mm的含量/% | ≤15<br>≤12<br>≤18 | ≤18<br>≤15<br>≤20 | ≤20<br>—<br>— |
| 水洗法<0.075 mm颗粒含量/% | ≤1 | ≤1 | ≤1 |
| 软石含量/% | ≤3 | ≤5 | ≤5 |

高速公路、一级公路沥青路面表面层或磨耗层的粗集料磨光值应符合表5.7的要求。除SMA和OGFC路面外,允许在硬质粗集料中掺加部分较小粒径的磨光值达不到要求的粗集料,其最大掺量由磨光值试验确定。

表5.7　粗集料与沥青黏附性、磨光值的技术要求(JTG F40—2004)

| 雨量气候区 | | 1 潮湿区 | 2 湿润区 | 3 半干区 | 4 干旱区 |
|---|---|---|---|---|---|
| 年降雨量/mm | | >1 000 | 1 000～500 | 500～250 | <250 |
| 粗集料磨光值PSV,不小于(高速公路、一级公路表面层) | | 42 | 40 | 38 | 36 |
| 粗集料与沥青的黏附性,不小于 | 高速公路、一级公路表面层 | 5 | 4 | 4 | 3 |
| | 高速公路、一级公路的其他层次及其他等级公路的各个层次 | 4 | 4 | 3 | 3 |

3)细集料

细集料应洁净、干燥、无风化、无杂质,并有适当的颗粒级配,其质量应符合表5.8、表5.9和表5.10的要求。细集料的洁净程度,天然砂以小于0.075 mm颗粒含量百分数表示,石屑和机制砂以砂当量(适用于0～4.74 mm)或亚甲蓝值(适用于0～2.36 mm或0～0.15 mm)表示。热拌密级配沥青混合料中天然砂的用量通常不宜超过集料总量的20%,SMA和OGFC混合料不宜使用天然砂。

表5.8　沥青混合料用细集料质量要求(JTG F40—2004)

| 项　目 | 高速公路、一级公路 | 其他等级公路 |
|---|---|---|
| 表观相对密度 | ≥2.50 | ≥2.45 |
| 坚固性(>0.3 mm部分)/% | ≥12 | — |

续表

| 项　目 | 高速公路、一级公路 | 其他等级公路 |
| --- | --- | --- |
| 含泥量(小于0.075 mm颗粒含量)/% | ≤3 | ≤5 |
| 砂当量/% | ≥60 | ≥50 |
| 亚甲蓝值/($g \cdot kg^{-1}$) | ≤25 | — |
| 棱角性(流动时间)/s | ≥30 | — |

**表5.9　沥青混合料用天然砂规格(JTG F40—2004)**

| 筛孔尺寸/mm | 通过各孔筛的质量百分率/% | | |
| --- | --- | --- | --- |
| | 粗　砂 | 中　砂 | 细　砂 |
| 9.5 | 100 | 100 | 100 |
| 4.75 | 90~100 | 90~100 | 90~100 |
| 2.36 | 65~95 | 75~90 | 85~100 |
| 1.18 | 35~65 | 50~90 | 75~100 |
| 0.6 | 15~30 | 30~60 | 60~84 |
| 0.3 | 5~20 | 8~30 | 15~45 |
| 0.15 | 0~10 | 0~10 | 0~10 |
| 0.075 | 0~5 | 0~5 | 0~5 |

**表5.10　沥青混合料用机制砂或石屑规格(JTG F40—2004)**

| 规格 | 公称粒径/mm | 水洗法通过各孔筛的质量百分率/% | | | | | | | |
| --- | --- | --- | --- | --- | --- | --- | --- | --- | --- |
| | | 9.5 | 4.75 | 2.36 | 1.18 | 0.6 | 0.3 | 0.15 | 0.075 |
| S15 | 0~5 | 100 | 90~100 | 60~90 | 40~75 | 20~55 | 7~40 | 2~20 | 0~10 |
| S16 | 0~3 | — | 100 | 80~100 | 50~80 | 25~60 | 8~45 | 0~25 | 0~15 |

注:当生产石屑采用喷水抑制扬尘工艺时,应特别注意含粉量不得超过表中要求。

4)*矿粉*

沥青混合料的矿粉必须采用石灰岩或岩浆岩中强基性岩石等憎水性石料经磨细得到的矿粉,原石料中的泥土杂质应除净。矿粉应干燥、洁净,质量应符合表5.11的要求。

**表5.11　沥青混合料用矿粉质量要求(JTG F40—2004)**

| 项　目 | 高速公路、一级公路 | 其他等级公路 |
| --- | --- | --- |
| 表观密度/($t \cdot m^{-3}$) | ≥2.50 | ≥2.45 |
| 含水量/% | ≤1 | ≤1 |

续表

| 项　目 | | 高速公路、一级公路 | 其他等级公路 |
|---|---|---|---|
| 粒度范围/% | <0.6 mm | 100 | 100 |
| | <0.15 mm | 90~100 | 90~100 |
| | <0.075 mm | 75~100 | 70~100 |
| 外观 | | 无团粒结块 | — |
| 亲水系数 | | <1 | |
| 塑性指数/% | | <4 | |
| 加热安定性 | | 实测记录 | |

粉煤灰作填料时用量不得超过填料总量的50%，粉煤灰烧失量应小于12%，与矿粉混合后塑性指数应小于4%，其余质量要求与矿粉相同。高速公路、一级公路的沥青面层不宜采用粉煤灰作填料。

5）纤维稳定剂

沥青混合料中掺加的纤维稳定剂宜选用木质素纤维、矿物纤维等。纤维稳定剂的掺量比例以沥青混合料总质量的百分率计算，通常情况下用于SMA路面的木质素纤维不宜低于0.3%，矿物纤维不宜低于0.4%，必要时可适当增加纤维用量。用于沥青混合料中的木质素纤维质量应符合表5.12的技术要求。

表5.12　木质素纤维质量技术要求(JTG F40—2004)

| 项　目 | 指　标 | 试验方法 |
|---|---|---|
| 纤维长度/mm | ≤6 | 水溶液用显微镜观测 |
| 灰分含量/% | 18±5 | 高温590~600 ℃燃烧后测定残留物 |
| pH值 | 7.5±1.0 | 水溶液用pH试纸或pH计测定 |
| 吸油率 | ≥纤维质量的5倍 | 用煤油浸泡后放在筛上经振敲后称量 |
| 含水率(以质量计)/% | ≤5 | 105 ℃烘箱烘2 h后冷却称量 |

## 5.3.3　密级配沥青混合料

密级配沥青混合料(dense-graded asphalt mixtures)包括密级配沥青混凝土混合料(Asphalt Concrete，AC)和密级配沥青稳定碎石混合料(Asphalt-treated Permeable Base，APB)。

1）密级配沥青混凝土混合料技术标准

密级配沥青混合料技术标准见表5.13至表5.17。

表 5.13　密级配沥青混凝土混合料马歇尔试验技术标准(JTG F40—2004)

(本表适用于公称最大粒径≤26.5 mm 的密级配沥青混凝土混合料)

<table>
<tr><td colspan="2" rowspan="3">试验指标</td><td colspan="4">高速公路、一级公路</td><td rowspan="3">其他等级公路</td><td rowspan="3">行人道路</td></tr>
<tr><td colspan="2">夏炎热区<br>(1-1,1-2,1-3,1-4 区)</td><td colspan="2">夏热区及夏凉区<br>(2-1,2-2,2-3,2-4,3-2 区)</td></tr>
<tr><td>中轻交通</td><td>重载交通</td><td>中轻交通</td><td>重载交通</td></tr>
<tr><td colspan="2">击实次数(双面)/次</td><td colspan="4">75</td><td>50</td><td>50</td></tr>
<tr><td colspan="2">试件尺寸/mm</td><td colspan="6">$\phi 101.6 \times 63.5$</td></tr>
<tr><td rowspan="2">空隙率 VV/%</td><td>深约 90 mm 以内</td><td>3 ~ 5</td><td>4 ~ 6</td><td>2 ~ 4</td><td>3 ~ 5</td><td>3 ~ 6</td><td>2 ~ 4</td></tr>
<tr><td>深约 90 mm 以下</td><td colspan="2">3 ~ 6</td><td>2 ~ 4</td><td>3 ~ 6</td><td>3 ~ 6</td><td>—</td></tr>
<tr><td>稳定度 MS/kN</td><td>不小于</td><td colspan="4">8</td><td>5</td><td>3</td></tr>
<tr><td colspan="2">流值 FL/mm</td><td>2 ~ 4</td><td>1.5 ~ 4</td><td>2 ~ 4.5</td><td>2 ~ 4</td><td>2 ~ 4.5</td><td>2 ~ 5</td></tr>
<tr><td rowspan="7">矿料间隙率 VMA/%,不小于</td><td rowspan="2">设计空隙率/%</td><td colspan="6">相应于以下公称最大粒径(mm)的最小 VMA 及 VFA 技术要求/%</td></tr>
<tr><td>26.5</td><td>19</td><td>16</td><td>13.2</td><td>9.5</td><td>4.75</td></tr>
<tr><td>2</td><td>10</td><td>11</td><td>11.5</td><td>12</td><td>13</td><td>15</td></tr>
<tr><td>3</td><td>11</td><td>12</td><td>12.5</td><td>13</td><td>14</td><td>16</td></tr>
<tr><td>4</td><td>12</td><td>13</td><td>13.5</td><td>14</td><td>15</td><td>17</td></tr>
<tr><td>5</td><td>13</td><td>14</td><td>14.5</td><td>15</td><td>16</td><td>18</td></tr>
<tr><td>6</td><td>14</td><td>15</td><td>15.5</td><td>16</td><td>17</td><td>19</td></tr>
<tr><td colspan="2">沥青饱和度 VFA/%</td><td>55 ~ 70</td><td colspan="3">65 ~ 75</td><td colspan="2">70 ~ 85</td></tr>
</table>

注:气候分区见表 5.1、表 5.2 和表 5.3。

表 5.14　密级配沥青稳定碎石混合料马歇尔试验配合比设计技术标准(JTG F40—2004)

<table>
<tr><td rowspan="2">试验指标</td><td colspan="2">公称最大粒径/mm</td><td rowspan="2">试验指标</td><td colspan="4">公称最大粒径/mm</td></tr>
<tr><td>26.5</td><td>≥31.5</td><td colspan="2">26.5</td><td colspan="2">≥31.5</td></tr>
<tr><td>马歇尔试件尺寸/mm</td><td>$\phi 101.6 \times 63.5$</td><td>$\phi 152.4 \times 95.3$</td><td>沥青饱和度 VFA/%</td><td colspan="4">55 ~ 70</td></tr>
<tr><td>击实次数(双面)/次</td><td>75</td><td>112</td><td rowspan="4">矿料间隙率 VMA/%</td><td>设计空隙率/%</td><td>ATB-40</td><td>ATB-30</td><td>ATB-25</td></tr>
<tr><td>空隙率 VV/%</td><td colspan="2">3 ~ 6</td><td>≥4</td><td>≥11</td><td>≥11.5</td><td>≥12</td></tr>
<tr><td>稳定度 MS/kN</td><td>≥7.5</td><td>≥15</td><td>≥5</td><td>≥12</td><td>≥12.5</td><td>≥13</td></tr>
<tr><td>流值 FL/mm</td><td>1.5 ~ 4</td><td>实测</td><td>≥6</td><td>≥13</td><td>≥13.5</td><td>≥14</td></tr>
</table>

注:干旱地区空隙率可适当放宽到 8%。

**表5.15 沥青混合料车辙试验动稳定度技术要求(JTG D50—2017)**

| 气候条件与技术指标 | 相应于下列气候分区所要求的动稳定度/(次·mm$^{-1}$) | | | | | | | | |
|---|---|---|---|---|---|---|---|---|---|
| 7月平均最高气温/℃及气候分区 | >30 | | | | 20~30 | | | | <20 |
| | 1.夏炎热区 | | | | 2.夏热区 | | | | 3.夏凉区 |
| | 1-1 | 1-2 | 1-3 | 1-4 | 2-1 | 2-2 | 2-3 | 2-4 | 3-2 |
| 普通沥青混合料 | ≥800 | | ≥1 000 | | ≥600 | ≥800 | | | ≥600 |
| 改性沥青混合料 | ≥2 800 | | ≥3 200 | | ≥2 000 | ≥2 400 | | | ≥1 800 |
| SMA混合料 非改性 | ≥1 500 | | | | | | | | |
| SMA混合料 改性 | ≥3 000 | | | | | | | | |
| OGFC混合料 | 1 500(一般交通路段),3 000(重交通量路段) | | | | | | | | |

注:①在特殊情况下,对钢桥面铺装、重载车特别多或纵坡较大的长距离上坡路段、厂矿专用道路,可酌情提高动稳定度的要求。

②对炎热地区或特重及以上交通荷载等级公路,可根据气候条件和交通状况适当提高试验温度或增加试验荷载。

**表5.16 沥青混合料水稳定性检验技术要求(JTG F40—2004)**

| 气候条件与技术指标 | 相应于下列气候分区所要求的技术要求/% | | | |
|---|---|---|---|---|
| 年降雨量/mm及气候分区 | >1 000 | 500~1 000 | 250~500 | <250 |
| | 1.潮湿区 | 2.湿润区 | 3.半干区 | 4.干旱区 |
| 浸水马歇尔试验残留稳定度/% | | | | |
| 普通沥青混合料 | ≥80 | | ≥75 | |
| 改性沥青混合料 | ≥85 | | ≥80 | |
| SMA混合料 普通沥青 | ≥75 | | | |
| SMA混合料 改性沥青 | ≥80 | | | |
| 冻融劈裂试验的残留强度比/% | | | | |
| 普通沥青混合料 | ≥75 | | ≥70 | |
| 改性沥青混合料 | ≥80 | | ≥75 | |
| SMA混合料 普通沥青 | ≥75 | | | |
| SMA混合料 改性沥青 | ≥80 | | | |

**表5.17 沥青混合料低温弯曲试验破坏应变技术要求(JTG F40—2004)**

| 气候条件与技术指标 | 相应于下列气候分区所要求的破坏应变/με | | | | | | | | |
|---|---|---|---|---|---|---|---|---|---|
| 年极端最低气温/℃及气候分区 | <-37.0 | | -21.5~-37.0 | | | -9.0~-21.5 | | >-9.0 | |
| | 1.冬严寒区 | | 2.冬寒区 | | | 3.冬冷区 | | 4.冬温区 | |
| | 1-1 | 2-1 | 1-2 | 2-2 | 3-2 | 1-3 | 2-3 | 1-4 | 2-4 |
| 普通沥青混合料 | ≥2 600 | | ≥2 300 | | | ≥2 000 | | | |
| 改性沥青混合料 | ≥3 000 | | ≥2 800 | | | ≥2 500 | | | |

2)沥青混凝土混合料配合比设计

沥青混合料的配合比设计分为目标配合比设计、生产配合比设计、生产配合比验证3个阶段。

实验室内目标配合比设计通过优选矿料级配,采用马歇尔试验法确定最佳沥青用量,配制的沥青混合料应满足表5.13至表5.17的技术性能要求,确定的目标配合比供拌和机确定各冷料仓的供料比例、进料速度及试拌使用。热拌沥青混合料目标配合比设计宜按图5.12进行。

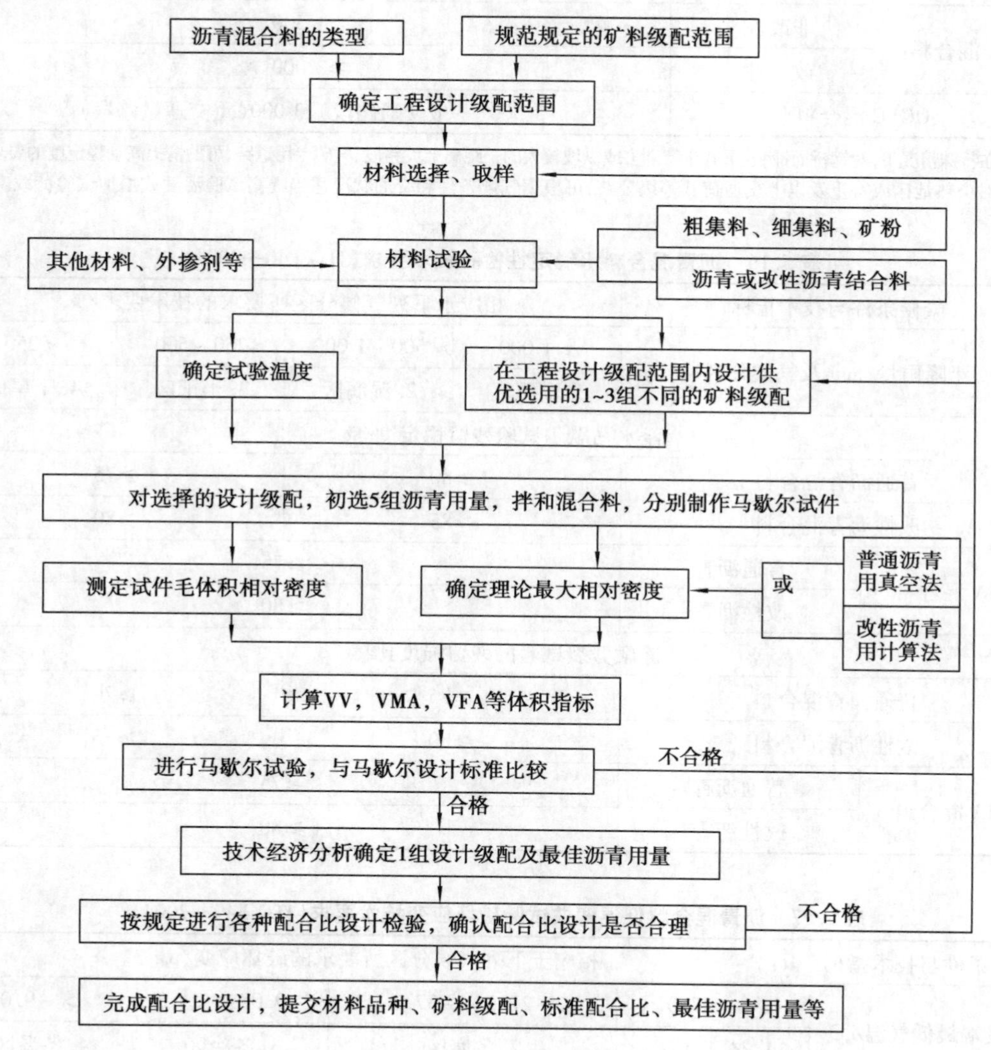


图5.12　密级配沥青混合料目标配合比设计流程图

生产配合比设计按规定方法取样并测试各热料仓材料级配,确定各热料仓配合比,供拌和机控制室使用。在操作前,首先根据级配类型选择振动筛的筛号,使几个热料仓的材料不致相差太大。最大筛孔应保证能使超粒径料排出,使最大粒径筛孔通过量符合设计范围要求。取目标配合比设计的最佳沥青用量 OAC,OAC ±0.3% 共 3 个沥青用量进行马歇尔试验,并由拌和机取样试验,综合确定生产配合比最佳沥青用量。

生产配合比验证按生产配合比结果进行试拌、试铺并取样进行马歇尔试验,同时从路上钻芯取样观察空隙率大小、级配和油石比。还应进行浸水马歇尔试验和车辙试验,以进行水稳定性和高温稳定性检验。按照规范规定的试验段铺设要求进行各种试验,当全部满足要求时,可进入正常生产、大批量拌和摊铺阶段。

以下介绍实验室内目标配合比设计。

(1)确定沥青混合料类型和设计矿料级配范围　沥青路面工程的沥青混合料类型和设计级配范围由工程设计文件或招标文件规定,密级配沥青混合料的设计级配宜在表 5.18 规定的级配范围内。

(2)原材料选择及检测　根据沥青混合料路面的结构层次、交通性质、气候条件、施工条件等选择并检测原材料,沥青材料质量应符合表 4.5 的要求;矿质材料质量应符合表 5.6 至表 5.11 的质量要求,并对各矿质材料进行筛分试验。

(3)矿料组成设计　矿料组成设计即是确定各组成矿料的比例 $X_i$,使合成级配满足设计矿料级配范围要求。根据各组成矿料的筛分结果,得方程组:

$$\sum_{i=1}^{n} P_{i,j} X_i = P_j \tag{5.13}$$

式中　$P_{i,j}$——第 $i$ 种矿料在第 $j$ 号筛上的通过百分率(筛分试验结果),%;

$X_i$——第 $i$ 种矿料在矿质混合料中所占比例,$\sum_{i=1}^{n} X_i = 100\%$;

$P_j$——矿质混合料在第 $j$ 号筛上的通过百分率,应符合级配范围要求,%。

对高速公路和一级公路,宜在工程设计级配范围内计算 1 ~ 3 组粗细不同的配合比,绘制设计级配曲线,分别位于设计级配范围的上方、中值及下方。设计合成级配不得有太多的锯齿形交错,且在 0.3 ~ 0.6 mm 范围内不出现“驼峰”。根据当地实践经验选择适宜的沥青用量,分别制作几组级配的马歇尔试件,测沥青混合料试件的矿料间隙率(VMA),初选一组满足或接近设计要求的级配作为设计级配。

(4)计算体积特征参数

①计算矿料的合成毛体积相对密度 $\gamma_{sb}$。

$$\gamma_{sb} = \frac{100}{\dfrac{X_1}{\gamma_1} + \dfrac{X_2}{\gamma_2} + \cdots + \dfrac{X_n}{\gamma_n}} \tag{5.14}$$

式中　$X_1, X_2, \cdots, X_n$——各种矿料在矿质混合料中的比例,其和为 100;

$\gamma_1, \gamma_2, \cdots, \gamma_n$——各种矿料的毛体积相对密度,无量纲。

②计算矿料的合成表观相对密度 $\gamma_{sa}$。

$$\gamma_{sa} = \frac{100}{\dfrac{X_1}{\gamma_1'} + \dfrac{X_2}{\gamma_2'} + \cdots + \dfrac{X_n}{\gamma_n'}} \tag{5.15}$$

式中　$\gamma_1', \gamma_2', \cdots, \gamma_n'$——各种矿料的表观相对密度。

表 5.18　密级配沥青混凝土/沥青稳定碎石混合料矿料级配范围(JTG F40—2004)

| 级配类型 | | 通过下列筛孔(mm)的质量百分率/% | | | | | | | | | | | | | | |
|---|---|---|---|---|---|---|---|---|---|---|---|---|---|---|---|---|
| | | 53 | 37.5 | 31.5 | 26.5 | 19 | 16 | 13.2 | 9.5 | 4.75 | 2.36 | 1.18 | 0.6 | 0.3 | 0.15 | 0.075 |
| 粗粒式 | AC-25 | | | 100 | 90~100 | 75~90 | 65~83 | 57~76 | 45~65 | 24~52 | 16~42 | 12~33 | 8~24 | 5~17 | 4~13 | 3~7 |
| 中粒式 | AC-20 | | | | 100 | 90~100 | 78~92 | 62~80 | 50~72 | 26~56 | 16~44 | 12~33 | 8~24 | 5~17 | 4~13 | 3~7 |
| | AC-16 | | | | | 100 | 90~100 | 76~92 | 60~80 | 34~62 | 20~48 | 13~36 | 9~26 | 7~18 | 5~14 | 4~8 |
| 细粒式 | AC-13 | | | | | | 100 | 90~100 | 68~85 | 38~68 | 24~50 | 15~38 | 10~28 | 7~20 | 5~15 | 4~8 |
| | AC-10 | | | | | | | 100 | 90~100 | 45~75 | 30~58 | 20~44 | 13~32 | 9~23 | 6~16 | 4~8 |
| 砂粒式 | AC-5 | | | | | | | | 100 | 90~100 | 55~75 | 35~55 | 20~40 | 12~28 | 7~18 | 5~10 |
| 特粗式 | ATB-40 | 100 | 90~100 | 75~92 | 65~85 | 49~71 | 43~63 | 37~57 | 30~50 | 20~40 | 15~32 | 10~25 | 8~18 | 5~14 | 3~10 | 2~6 |
| | ATB-30 | | 100 | 90~100 | 70~90 | 53~72 | 44~66 | 39~60 | 31~51 | 20~40 | 15~32 | 10~25 | 8~18 | 5~14 | 3~10 | 2~6 |
| 粗粒式 | ATB-25 | | | 100 | 90~100 | 60~80 | 48~68 | 42~62 | 32~52 | 20~40 | 15~32 | 10~25 | 8~18 | 5~14 | 3~10 | 2~6 |

③预估沥青混合料的适宜油石比 $P_a$ 或沥青含量 $P_b$：

$$P_a = \frac{P_{a1}\gamma_{sb1}}{\gamma_{sb}} \times 100 \tag{5.16}$$

$$P_b = \frac{P_a}{100 + P_a} \times 100 \tag{5.17}$$

式中 $P_a$——预估的油石比（沥青质量占矿质混合料质量的百分率），%；

$P_b$——预估的沥青含量（沥青质量占沥青混合料质量的百分率），%；

$P_{a1}$——已建类似工程沥青混合料的标准油石比，%；

$\gamma_{sb1}$——已建类似工程集料的合成毛体积相对密度。

④确定矿料的有效相对密度 $\gamma_{se}$：对非改性沥青混合料，以预估的沥青含量 $P_b$ 拌和两组混合料，采用真空法实测最大相对密度，取平均值 $\gamma_t$，则

$$\gamma_{se} = \frac{100 - P_b}{\frac{100}{\gamma_t} - \frac{P_b}{\gamma_b}} \tag{5.18}$$

式中 $\gamma_b$——沥青相对密度（25 ℃/25 ℃）。

对改性沥青及SMA混合料，$\gamma_{se}$ 直接由矿料合成毛体积相对密度 $\gamma_{sb}$ 与合成表观相对密度 $\gamma_{sa}$ 按式（5.19）计算，其中沥青吸收系数 $C$ 根据材料吸水率 $w_x$ 由式（5.20）求得，材料吸水率按式（5.21）计算。

$$\gamma_{se} = C\gamma_{sa} + (1 - C)\gamma_{sb} \tag{5.19}$$

$$C = 0.033w_x^2 - 0.293\,6w_x + 0.933\,9 \tag{5.20}$$

$$w_x = \left(\frac{1}{\gamma_{sb}} - \frac{1}{\gamma_{sa}}\right) \times 100 \tag{5.21}$$

⑤制作马歇尔试件，测定毛体积相对密度 $\gamma_f$：以预估沥青用量为中值，按一定间隔（沥青混凝土一般为0.5%，沥青碎石一般为0.3%～0.4%）取5个或5个以上不同沥青用量分别制作马歇尔试件，按JTG E20—2011要求测定沥青混合料试件毛体积相对密度。

⑥确定沥青混合料最大理论相对密度 $\gamma_{ti}$。

$$\gamma_{ti} = \frac{100 + P_{ai}}{\frac{100}{\gamma_{se}} + \frac{P_{ai}}{\gamma_b}} = \frac{100}{\frac{P_{si}}{\gamma_{se}} + \frac{P_{bi}}{\gamma_b}} \tag{5.22}$$

式中 $\gamma_{ti}$——相对于计算沥青用量 $P_{bi}$ 时沥青混合料的最大理论相对密度；

$P_{ai}$——所计算的沥青混合料中的油石比，%；

$P_{bi}$——所计算的沥青混合料中的沥青含量，%；

$P_{si}$——所计算的沥青混合料的矿料含量，$P_{si} = 100 - P_{bi}$，%。

⑦计算沥青混合料试件空隙率VV、矿料间隙率VMA、有效沥青饱和度VFA。

$$VV = \left(1 - \frac{\gamma_f}{\gamma_t}\right) \times 100 \tag{5.23}$$

$$VMA = \left(1 - \frac{\gamma_f}{\gamma_{sb}}\frac{P_s}{100}\right) \times 100 \tag{5.24}$$

$$VFA = \frac{VMA - VV}{VMA} \times 100 \tag{5.25}$$

式中 $\gamma_f$——测定的沥青混合料试件毛体积相对密度，无量纲；

$\gamma_t$——沥青混合料的最大理论相对密度，按式(5.22)计算或实测得到，无量纲；

$P_s$——所计算的沥青混合料的矿料含量，$P_s = 100 - P_b$，%。

(5)确定最佳沥青用量

沥青用量有两种表示方法：一为油石比 $P_a$，是指沥青占矿质混合料质量的百分率；二为沥青含量 $P_b$，是指沥青占沥青混合料质量的百分率。

①确定最佳沥青用量 $OAC_1$。以沥青用量为横坐标，以马歇尔试验各项指标为纵坐标作图(图5.13)，确定符合表5.13和表5.14规定的沥青混合料技术标准的沥青用量范围 $OAC_{min}$ ~ $OAC_{max}$，并根据试验曲线按下列方法确定最佳沥青用量 $OAC_1$。

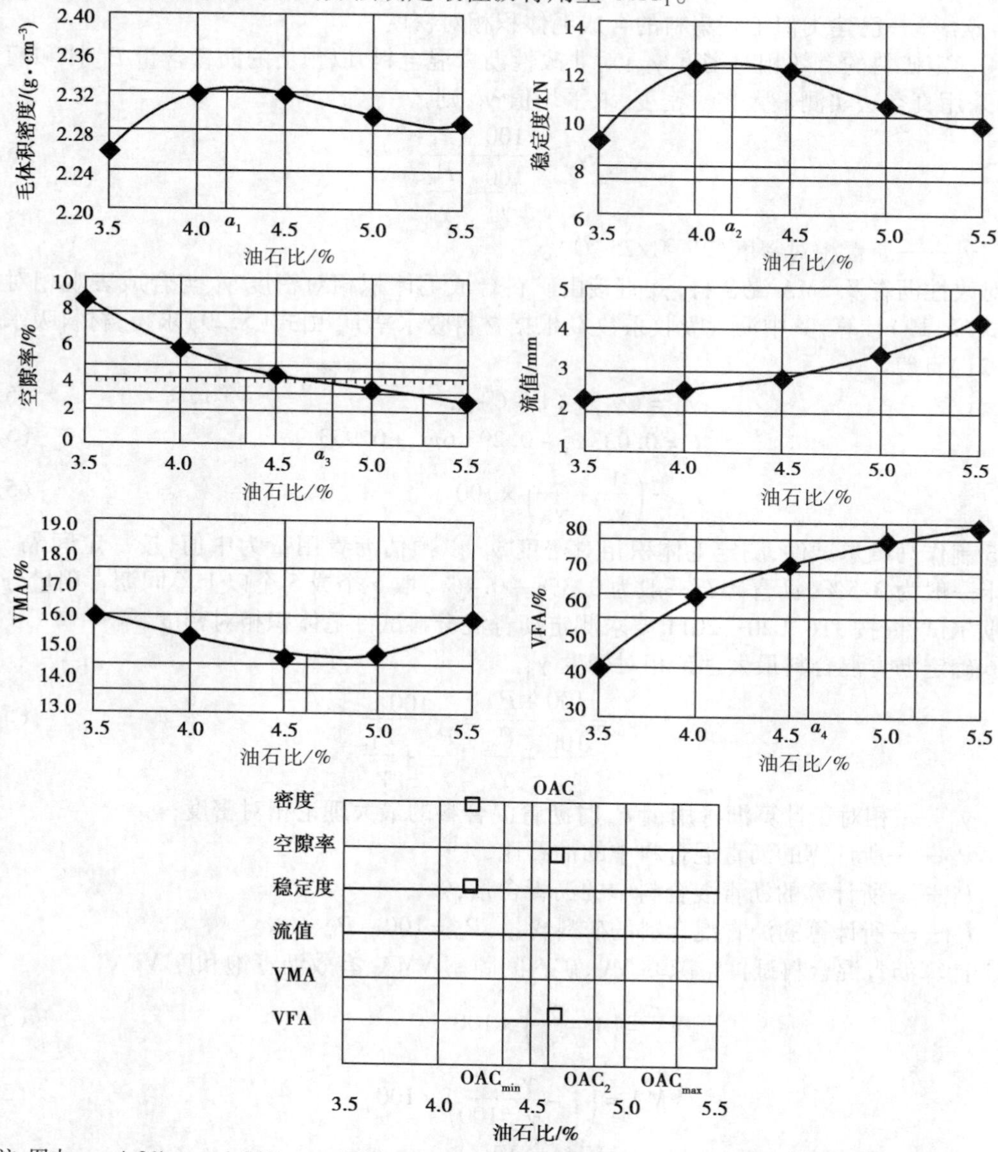


注：图中 $a_1 = 4.2\%$，$a_2 = 4.25\%$，$a_3 = 4.8\%$，$a_4 = 4.7\%$，$OAC_1 = 4.49\%$(由4个平均值确定)，$OAC_{min} = 4.3\%$，$OAC_{max} = 5.3\%$，$OAC_2 = 4.8\%$，$OAC = 4.64\%$。此例中相对于空隙率4%的油石比为4.6%。

图5.13 马歇尔试验结果示例

在图5.13上求取对应于密度最大值、稳定度最大值、目标空隙率(或中值)、沥青饱和度范围中值的沥青用量$a_1$、$a_2$、$a_3$、$a_4$,则$OAC_1=(a_1+a_2+a_3+a_4)/4$。

若所选择的沥青用量范围未涵盖沥青饱和度的要求范围,则$OAC_1=(a_1+a_2+a_3)/3$。

若所选择的沥青用量范围内密度或稳定度未出现峰值时,可直接以目标空隙率所对应的沥青用量$a_3$作为$OAC_1$,但$OAC_1$必须介于$OAC_{min}$~$OAC_{max}$范围内,否则应重新进行配合比设计。

②确定最佳沥青用量$OAC_2$。取$OAC_{min}$~$OAC_{max}$的中值作为$OAC_2$。

③确定最佳沥青用量OAC。通常情况下取$OAC_1$及$OAC_2$的平均值为计算的最佳沥青用量OAC,即$OAC=(OAC_1+OAC_2)/2$。然后检验OAC对应的VMA及各项指标是否符合表5.13和表5.14的技术性能要求。

④根据实践经验、公路等级、气候条件、交通情况等调整OAC。对炎热地区、交通繁重的高速公路和一级公路、长大坡度路段等预计可能产生较大车辙时,宜在空隙率符合要求的条件下,在最佳沥青用量OAC基础上减小0.1%~0.5%作为设计沥青用量;寒区及交通量较小的路段,最佳沥青用量可在OAC基础上增加0.1%~0.3%。

⑤计算沥青结合料被集料吸收的比例及有效沥青含量。

$$P_{ba}=\frac{\gamma_{se}-\gamma_b}{\gamma_{se}\gamma_{sb}}\gamma_b\times 100 \tag{5.26}$$

$$P_{be}=P_b-\frac{P_{ba}}{100}P_s \tag{5.27}$$

式中 $P_{ba}$——沥青混合料中被集料吸收的沥青结合料比例,%;

$P_{be}$——沥青混合料中的有效沥青含量,%;

$\gamma_{se}$——矿料的有效相对密度,按式(5.18)计算;

$\gamma_{sb}$——矿料的合成毛体积相对密度,按式(5.14)计算;

$\gamma_b$——沥青相对密度(25 ℃/25 ℃);

$P_b$——沥青含量,%;

$P_s$——各种矿料占沥青混合料总质量的百分率之和,即$P_s=100\%-P_b$,%。

⑥检验最佳沥青用量时的粉胶比和有效沥青膜厚度。

按式(5.28)计算沥青混合料粉胶比,宜符合0.6~1.6的要求;对常用的公称最大粒径为13.2~19 mm的密级配沥青混合料,粉胶比宜控制在0.8~1.2。

$$FB=\frac{P_{0.075}}{P_{be}} \tag{5.28}$$

式中 FB——粉胶比;

$P_{0.075}$——矿料级配中0.075 mm的通过率(水洗法),%;

$P_{be}$——有效沥青含量,%。

按式(5.29)计算集料比表面积,按式(5.30)估算沥青混合料的沥青膜有效厚度,各集料粒径的表面积系数按表5.19取值。

$$SA=\sum(P_i FA_i) \tag{5.29}$$

$$DA = \frac{P_{be}}{\gamma_b SA} \times 10 \quad (5.30)$$

式中 SA——集料比表面积，$m^2/kg$；

$P_i$——各种粒径的通过百分率，%；

$FA_i$——相应于各种粒径的集料的表面积系数，见表5.19；

DA——沥青膜有效厚度，μm；

$P_{be}$——有效沥青含量，%；

$\gamma_b$——沥青相对密度(25 ℃/25 ℃)。

表5.19　集料的表面积系数计算示例

| 筛孔尺寸/mm | 19 | 16 | 13.2 | 9.5 | 4.75 | 2.36 | 1.18 | 0.6 | 0.3 | 0.15 | 0.075 | 集料比表面积总和 SA /($m^2 \cdot kg^{-1}$) |
|---|---|---|---|---|---|---|---|---|---|---|---|---|
| 表面积系数 $FA_i$ | 0.004 1 | — | — | — | 0.004 1 | 0.008 2 | 0.016 4 | 0.028 7 | 0.061 4 | 0.122 9 | 0.327 7 | |
| 通过百分率 $P_i$/% | 100 | 92 | 85 | 76 | 60 | 42 | 32 | 23 | 16 | 12 | 6 | |
| 比表面积 $FA_i \times P_i$ /($m^2 \cdot kg^{-1}$) | 0.41 | — | — | — | 0.25 | 0.34 | 0.52 | 0.66 | 0.98 | 1.47 | 1.97 | 6.60 |

注：各种公称最大粒径混合料中大于4.75 mm集料的表面积系数FA均为0.004 1，且只计算一次，4.75 mm以下部分的$FA_i$见表5.19，该例$SA = 6.60\ m^2/kg$；若混合料有效沥青含量为4.65%，沥青相对密度为1.03，则沥青膜厚度为$DA = 4.65/(1.03 \times 6.60) \times 10 = 6.83$(μm)。

(6)配合比设计检验　对计算确定的最佳沥青用量OAC配制的沥青混合料进行车辙试验、水稳定性试验、低温抗裂性检验，满足表5.15至表5.17技术性能要求方可确定为目标配合比，否则必须更换材料或重新进行配合比设计。

## 热拌沥青混合料配合比设计示例

【原始资料】

试设计某高速公路沥青路面上面层沥青混合料配合比。

①该路面为两层式结构，上面层设计厚度为4 cm。

②路面所在地气候分区为1-4-1。

③沥青材料：A级50号或70号道路石油沥青，相对密度1.016(25 ℃/25 ℃)，各项技术指标均符合要求。

④矿质材料：集料采用石灰岩石轧制，岩石抗压强度120 MPa，洛杉矶磨耗率12%，与沥青黏附等级5级。碎石、石屑、砂毛体积相对密度分别为2.75，2.72，2.70，矿粉表观相对密度为2.68。筛分结果见表5.20，各项技术指标均符合要求。

【设计要求】

①根据道路等级、路面结构层次确定沥青混合料类型，并进行矿质混合料组成设计。

②确定最佳沥青用量。

③根据沥青混合料要求检验水稳定性和抗车辙能力。

表5.20 矿质混合料级配

| 材料名称 | 通过下列筛孔(mm)的质量百分率/% | | | | | | | | | |
|---|---|---|---|---|---|---|---|---|---|---|
| | 16 | 13.2 | 9.5 | 4.75 | 2.36 | 1.18 | 0.6 | 0.3 | 0.15 | 0.075 |
| 碎石 A | 100 | 93 | 17 | 0 | | | | | | |
| 石屑 B | | | 100 | 84 | 14 | 8 | 4 | 0 | | |
| 砂 C | | | | 100 | 92 | 82 | 42 | 21 | 11 | 4 |
| 矿粉 D | | | | | | | | 100 | 96 | 87 |
| AC-13 级配范围 | 100 | 90~100 | 68~85 | 38~68 | 24~50 | 15~38 | 10~28 | 7~20 | 5~15 | 4~8 |
| 合成级配 | 100 | 97.2 | 71.3 | 60.84 | 39.92 | 34.96 | 20.32 | 12.14 | 8.54 | 5.71 |

【设计步骤】

(1)矿质混合料组成设计

①确定沥青混合料类型及矿质混合料级配范围。根据设计原始资料,选择 AC-13 沥青混合料,设计级配范围及中值见表5.20。

②矿质混合料组成设计。设 A,B,C,D 4 种矿料在矿质混合料中的比例分别为 $X_i$,以级配范围中值为设计目标级配,根据各组成矿料的筛分结果,得方程组,见式(5.13)。

根据式(5.13),解得:$X_1=35\%$,$X_2=26\%$,$X_3=34\%$,$X_4=5\%$。矿质混合料合成级配见表5.20。

(2)沥青混合料马歇尔试验及结果分析

①试件成型。取油石比为4.0%,4.5%,5.0%,5.5%,6.0%,与设计的矿质混合料拌制沥青混合料。

②试件物理、力学性能指标测定。各组沥青混合料物理、力学试验结果见表5.21。

表5.21 沥青混合料体积特征参数及力学性能测定结果

| 油石比/% | 技术指标 | | | | | | |
|---|---|---|---|---|---|---|---|
| | 最大理论相对密度 | 毛体积相对密度 | 空隙率/% | 矿料间隙率/% | 有效沥青饱和度/% | 稳定度/kN | 流值/mm |
| 4.0 | 2.471 | 2.328 | 5.8 | 17.9 | 62.5 | 8.7 | 2.1 |
| 4.5 | 2.462 | 2.346 | 4.7 | 17.6 | 69.8 | 9.7 | 2.3 |
| 5.0 | 2.442 | 2.354 | 3.6 | 17.4 | 77.5 | 10.3 | 2.5 |
| 5.5 | 2.423 | 2.353 | 2.9 | 17.7 | 80.2 | 10.2 | 2.8 |
| 6.0 | 2.408 | 2.348 | 2.5 | 18.4 | 83.5 | 9.8 | 3.7 |
| 技术标准 | — | — | 3~6 | ≥13 | 65~75 | ≥8 | 1.5~4 |

③绘制沥青用量与物理、力学性能指标关系图,如图5.14所示。

(3)确定最佳沥青用量(油石比)

①确定最佳沥青用量初始值($OAC_1$)。从图5.14中得出与密度最大值、稳定度最大值、目标空隙率4%、沥青饱和度中间值对应的沥青用量,则

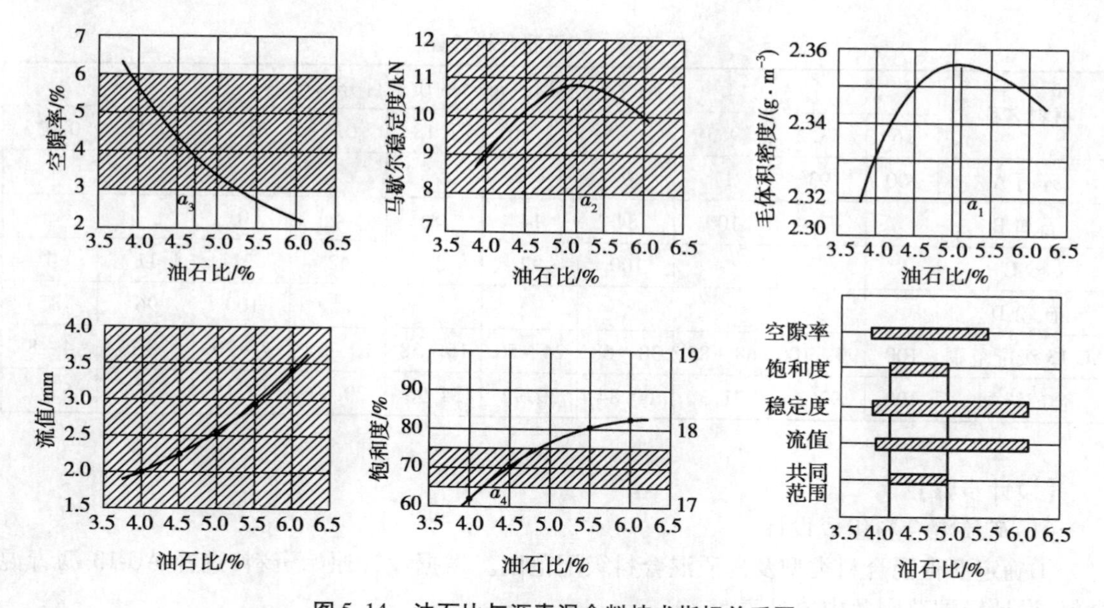


图 5.14 油石比与沥青混合料技术指标关系图

$$OAC_1=\frac{5.15\%+5.10\%+4.75\%+4.45\%}{4}=4.86\%$$

②确定最佳沥青用量初始值($OAC_2$)。由图 5.14 可知,各项指标均满足技术指标要求的沥青用量范围 $OAC_{min}\sim OAC_{max}=4.20\%\sim4.80\%$,则

$$OAC_2=\frac{4.20\%+4.80\%}{2}=4.50\%$$

③综合确定最佳沥青用量(OAC)。

$$OAC=\frac{OAC_1+OAC_2}{2}=\frac{4.86\%+4.50\%}{2}=4.68\%$$

按最佳沥青用量检验 VMA 及各项技术指标,均满足表 5.13 的要求,取 OAC =4.68%。

④最佳沥青用量粉胶比、动稳定度、水稳定性检验。沥青用量为 4.68% 时的粉胶比符合 0.8~1.2范围,动稳定度、水稳定性满足表 5.15 和表 5.16 的要求,综合取最佳油石比为 4.68%。

# 5.4 沥青玛蹄脂碎石混合料

由沥青结合料与少量纤维稳定剂、细集料及较多量的填料(矿粉)组成的沥青玛蹄脂,填充于间断级配的粗集料骨架间隙组成的沥青混合料,称为沥青玛蹄脂碎石混合料(Stone Matrix Asphalt,SMA)。

沥青玛蹄脂混合料的材料组成表现为三多一少,即粗集料含量多,矿粉含量多,沥青用量多,细集料含量少。SMA 沥青混合料的结构类型属密实-骨架型。除常用材料种类外,还可根据需要掺入沥青改性剂、纤维稳定剂等。

### 5.4.1 SMA 的性质及影响因素

SMA 采用间断级配集料,在混合料中高含量的粗集料颗粒间虽然有沥青-填料胶浆黏结,但黏结膜较薄,粗颗粒间几乎直接接触、相互嵌挤构成承担荷载的受力骨架。混合料中的细集料数量相对较少,其用量控制在只填充粗集料空隙而不对粗集料颗粒间接触造成干扰的程度。细集料与沥青-填料胶浆黏结形成玛蹄脂,由玛蹄脂填充粗集料骨架空隙。在填充的同时,玛蹄脂也相应产生较强的黏结作用,从而使整个粗细分散系形成密实-骨架结构沥青混合料,压实后的空隙率保持在较小的范围内。

SMA 的性质主要受粗集料骨架性能、玛蹄脂性能及二者相对比例的影响,对粗集料骨架、沥青玛蹄脂性能产生影响的因素均对 SMA 混合料的性质产生影响。

1)粗集料骨架的性质

粗集料骨架的性质主要受矿质集料综合力学性质、颗粒形状、表面几何特性的影响。力学强度高的粗集料构成的骨架力学性能不易衰减,沥青混合料承载能力高;有棱角、近似正方体、表面粗糙的粗集料相互间有较强的嵌挤作用,构成的骨架稳定性高,混合料抗变形能力强,不易产生车辙。

2)沥青玛蹄脂的性质

沥青玛蹄脂的性质主要受沥青化学性质及其黏度、填料化学性质及其用量、掺加的纤维材料性质及其用量的影响。

①沥青与填料的化学性质影响二者交互作用形成的玛蹄脂中结构沥青的数量,影响沥青与粗集料的黏附性,并对沥青混合料的水稳定性产生影响。

②沥青的黏度一方面影响沥青玛蹄脂的黏结性与变形性能,另一方面也影响沥青与矿料的黏附性。沥青黏度提高,沥青玛蹄脂受外力作用时抵抗变形的能力越高,与矿料的黏附性提高。

③填料的用量影响沥青与填料的交互作用,影响玛蹄脂的黏结性与变形性能。

④掺加纤维的主要作用是通过改善玛蹄脂的性能来改善 SMA 混合料的性能,纤维的加筋作用、吸附稳定沥青作用改善了玛蹄脂的性能,其性质和用量对沥青的流动性和玛蹄脂的力学性能产生影响。

### 5.4.2 SMA 的路用性能特点

1)高温抗车辙能力好

SMA 的粗集料形成的良好骨架结构具有较高的承受车轮荷载碾压能力,较高的抗车辙能力是 SMA 最显著的路用性能之一。评价 SMA 高温稳定性采用车辙试验,马歇尔试验的稳定度和流值不是 SMA 混合料配合比设计的主要指标,马歇尔试验的目的是检测试件的各项体积结构参数以确定 SMA 的矿料级配。

2)低温抗裂性好

SMA混合料中起填充和胶结作用的玛蹄脂数量较多,纤维稳定剂的加筋作用和改性沥青对提高SMA混合料的低温抗裂性产生显著影响。SMA混合料低温抗裂性采用低温劈裂试验、直接拉伸试验、蠕变试验、受限试件温度应力试验等方法评价。

3)耐久性好

SMA中较高的沥青含量及较多的矿粉以及细集料、纤维所构成的玛蹄脂对其耐久性产生影响:一是减小了SMA混合料的空隙率,使老化速度、水蚀作用降低;二是改性沥青与纤维的使用提高了沥青与矿料的黏附性,使SMA混合料的耐老化性和水稳定性提高;三是减少了混合料内部的微裂缝并提高了混合料的柔韧性,使应力集中程度降低,变形特性改善,SMA混合料的耐疲劳性能得以提高,使用寿命得以延长。

## 5.4.3 SMA的技术性能

1)SMA的体积参数

SMA混合料中必须具有足够数量的粗集料来形成骨架嵌挤、互不干涉的体积结构,在配合比设计时,首先考虑的应是与集料级配有关的体积结构参数。

(1)粗集料骨架间隙率(VCA) 粗集料骨架间隙率是指粗集料实体之外的空间体积占整个试件体积的百分率,用于评价按照嵌挤原则设计的骨架型沥青混合料的体积特征。

①捣实状态下粗集料骨架的松装间隙率($VCA_{DRC}$)。捣实状态下粗集料松装间隙率是将4.75 mm(或2.36 mm)以上的干燥粗集料按照规定条件在容量筒中捣实,形成的粗集料骨架实体以外的空间体积占容量筒体积的百分率,按式(5.31)计算。

$$VCA_{DRC} = \left(1 - \frac{\gamma_s}{\gamma_{CA}}\right) \times 100 \tag{5.31}$$

式中 $VCA_{DRC}$——粗集料骨架的松装间隙率,%;

$\gamma_{CA}$——粗集料骨架的毛体积相对密度;

$\gamma_s$——粗集料骨架的松方毛体积相对密度。

$$\gamma_{CA} = \frac{P_1 + P_2 + \cdots + P_n}{\frac{P_1}{\gamma_1} + \frac{P_2}{\gamma_2} + \cdots + \frac{P_n}{\gamma_n}} \tag{5.32}$$

式中 $P_1, P_2, \cdots, P_n$——粗集料骨架部分各种集料在全部矿料级配混合料中的配合比;

$\gamma_1, \gamma_2, \cdots, \gamma_n$——各种粗集料相应的毛体积相对密度。

②沥青混合料试件的粗集料骨架间隙率($VCA_{mix}$)。沥青混合料试件的粗集料骨架间隙率是压实沥青混合料试件内粗集料骨架以外的体积占整个试件体积的百分率,用式(5.33)计算。对于SMA-16、SMA-13,粗集料通常指粒径≥4.75 mm的集料;对于SMA-10,粗集料通常指粒径指≥2.36 mm的集料。

$$VCA_{mix} = \left(1 - \frac{\gamma_f}{\gamma_{CA}} \frac{P_{CA}}{100}\right) \times 100 \tag{5.33}$$

式中 $VCA_{mix}$——沥青混合料的粗集料骨架间隙率,%;

$P_{CA}$——沥青混合料中粗集料的比例,即大于 4.75 mm 的颗粒含量,%;

$\gamma_{CA}$——粗集料骨架部分的平均毛体积相对密度;

$\gamma_f$——沥青混合料试件的毛体积相对密度,由表干法测定。

SMA 中,必须符合 $VCA_{mix} < VCA_{DRC}$ 并且 $VMA > 16.5\%$ 的要求,以保证形成粗集料嵌挤骨架。VMA 过小说明粗集料骨架间隙过小,$VCA_{mix} > VCA_{DRC}$ 则说明沥青玛蹄脂过多。

(2)马歇尔试件体积参数　SMA 马歇尔试件体积参数包括矿料间隙率 VMA、沥青饱和度 VFA、压实后 SMA 混合料空隙率 VV。

2)SMA 的力学性能指标

由于马歇尔试验的局限性,在相同试验条件下,与密级配 AC 混合料相比,SMA 混合料表现为马歇尔稳定度低而流值高,试验结果与路面实际情况不符。因此,SMA 混合料的力学性能主要用车辙试验动稳定度作为评价指标。马歇尔试验的目的是检测试件的各项体积参数以确定 SMA 矿料级配。

3)析漏试验和飞散试验

(1)谢伦堡沥青析漏试验　谢伦堡沥青析漏试验用于检测沥青结合料在高温状态下从沥青混合料中析出的数量,是确定 SMA 混合料中沥青用量上限的一种辅助试验方法。谢伦堡沥青析漏试验在施工最高温度下进行,一般非改性沥青混合料试验温度为 170 ℃,改性沥青混合料的试验温度为 185 ℃。将拌和好的沥青混合料试样倒入 800 mL 烧杯中,在规定温度的烘箱中静置 60 min,按式(5.34)计算沥青析漏损失量。

$$\Delta m = \frac{m_2 - m_0}{m_1 - m_0} \times 100 \tag{5.34}$$

式中　$\Delta m$——沥青析漏损失量,%;

$m_0$——烧杯质量,g;

$m_1$——烧杯与试验用沥青混合料总质量,g;

$m_2$——将沥青混合料倒出后,烧杯及黏附在烧杯上的沥青玛蹄脂的质量,g。

沥青析漏损失量随沥青用量增加而增加,根据沥青析漏损失量的多少,可以确定沥青混合料中有无多余自由沥青或过多的沥青玛蹄脂,用于限定 SMA 混合料中的最大沥青用量,以防止 SMA 中沥青玛蹄脂上浮影响路表构造深度,降低混合料高温稳定性,降低路面泛油等病害。沥青析漏损失量的标准取决于运输过程中不发生沥青滴漏的沥青用量上限,也与气候条件有关。

(2)肯塔堡飞散试验　肯塔堡飞散试验是用于检测 SMA 混合料中集料与沥青结合料的黏结力的辅助试验,用于确定最低沥青用量。在压实的沥青 SMA 混合料表面,构造深度较大,粗集料外露,在交通荷载的反复作用下,若混合料中沥青用量不足或沥青与集料的黏结力不足,会引起集料的脱落、掉粒或飞散,进而发展为坑槽,造成路面损坏。

肯塔堡飞散试验采用沥青混合料的马歇尔试件,在洛杉矶磨耗试验机中进行。标准试验温度为 20 ℃,水中养生 20 h。多雨潮湿地区,可进行浸水试验,标准试验温度为 60 ℃,水中养生 48 h。飞散损失以试件在洛杉矶磨耗机中旋转撞击规定次数后试件的损失质量百分率表示,按式(5.35)计算。

$$\Delta S = \frac{m_0 - m_1}{m_0} \times 100 \tag{5.35}$$

式中　$\Delta S$——沥青混合料的飞散损失,%;

$m_0$——磨耗试验前试件的质量,g;

$m_1$——磨耗试验后试件的质量,g。

通过谢伦堡试验和肯塔堡试验,可以得出一个较为合理的沥青用量范围。

## 5.4.4 SMA 的技术性能要求

SMA 的技术性能要求见表 5.22 和表 5.23。

表 5.22 沥青玛蹄脂碎石混合料矿料级配范围(JTG F40—2004)

| 级配类型 | | 通过下列筛孔(mm)的质量百分率/% | | | | | | | | | | | |
|---|---|---|---|---|---|---|---|---|---|---|---|---|---|
| | | 26.5 | 19 | 16 | 13.2 | 9.5 | 4.75 | 2.36 | 1.18 | 0.6 | 0.3 | 0.15 | 0.075 |
| 中粒式 | SMA-20 | 100 | 90~100 | 72~92 | 62~82 | 40~55 | 18~30 | 13~22 | 12~20 | 10~16 | 9~14 | 8~13 | 8~12 |
| | SMA-16 | | 100 | 90~100 | 65~85 | 45~65 | 20~32 | 15~24 | 14~22 | 12~18 | 10~15 | 9~14 | 8~12 |
| 细粒式 | SMA-13 | | | 100 | 90~100 | 50~75 | 20~34 | 15~26 | 14~24 | 12~20 | 10~16 | 9~15 | 8~12 |
| | SMA-10 | | | | 100 | 90~100 | 28~60 | 20~32 | 14~26 | 12~22 | 10~18 | 9~16 | 8~13 |

表 5.23 沥青玛蹄脂碎石混合料技术要求(JTG F40—2004)

| 试验项目 | | 技术要求 | |
|---|---|---|---|
| | | 不使用改性沥青 | 使用改性沥青 |
| 马歇尔试件尺寸/mm | | $\phi$101.6×63.5 | |
| 马歇尔试件击实次数① | | 两面各击实 50 次 | |
| 空隙率 VV②/% | | 3~4 | |
| 矿料间隙率 VMA②/% | | ≥17.0 | |
| 粗集料骨架间隙率 $VCA_{mix}$③ | | ≤捣实状态下粗集料松装间隙率 $VCA_{DRC}$ | |
| 沥青饱和度 VFA/% | | 75~85 | |
| 稳定度④/kN | | ≥5.5 | ≥6.0 |
| 流值/mm | | 2~5 | — |
| 谢伦堡沥青析漏试验的结合料损失/g | | ≤0.2 | ≤0.1 |
| 肯塔堡飞散试验的混合料损失或浸水飞散试验/% | | ≤20 | ≤15 |
| 动稳定度/(次·$mm^{-1}$) | | ≥1 500 | ≥3 000 |
| 水稳定性 | 浸水马歇尔试验残留稳定度/% | ≥75 | ≥80 |
| | 冻融劈裂试验的残留强度比/% | ≥75 | ≥80 |
| 渗水系数/(mL·$min^{-1}$) | | <80 | |

注:①对集料坚硬不易击碎、通行重载交通的路段,击实次数可增加为双面 75 次。

②对高温稳定性要求较高的重交通路段或炎热地区,设计空隙率允许放宽到 4.5%,VMA 允许放宽到 16.5%(SMA-16)或 16%(SMA-19),VFA 允许放宽到 70%。

③试验粗集料骨架间隙率 VCA 的关键性筛孔,对 SMA-19、SMA-16 是指 4.75 mm,对 SMA-13、SMA-10 是指 2.36 mm。

④稳定度难达到要求时,允许放宽到 5.0 kN(非改性)或 5.5 kN(改性),但动稳定度必须合格。

# 5.5 其他路用沥青混合料简介

## 5.5.1 浇筑式沥青混合料

浇筑式沥青混合料是采用较硬的沥青、高剂量矿粉与集料,在高温下经较长时间拌和形成的一种既黏稠又具有良好流动性的沥青混合料。浇筑摊铺后不需要压路机碾压,仅将其刮平,冷却后即形成密实而平整的路面。

浇筑式沥青混合料基本无空隙(空隙率小于1%),是典型的悬浮-密实结构。由于大剂量矿粉的存在,混合料中结构沥青数量多,沥青与矿料的相互作用强,混合料具有较好的高温稳定性。混合料中的自由沥青也因其黏度大,在温度作用下不会成为塑性状态。浇筑式沥青混合料具有高温稳定性好、耐久性能好、耐磨性高、耐腐蚀性好等技术性能特点。浇筑式沥青混合料因其极好的黏韧性和适应变形能力,特别适用于大、中型桥梁的桥面铺装。

## 5.5.2 乳化沥青混合料

乳化沥青混合料是采用乳化沥青为结合料,与具有一定级配的矿质集料拌制的混合料。我国目前常采用的有乳化沥青碎石混合料和沥青稀浆封层。

乳化沥青碎石混合料适用于三级及三级以下的公路、城市道路支线的沥青面层,以及二级公路的罩面面层及各级道路的联结层或整平层。乳化沥青碎石混合料宜采用密级配沥青混合料,矿料级配可参照热拌沥青混合料并根据已有的经验试拌确定。乳液的用量应根据实践经验以及交通量、气候、集料情况、沥青标号、施工机械等条件确定。

沥青稀浆封层混合料简称沥青稀浆封层,是由乳化沥青、石屑或砂、水泥(或石灰、粉煤灰、石粉等)和水等拌制而成的具有一定流动性的沥青混合料。稀浆封层混合料摊铺在路面上,经破乳、析水、蒸发、固化形成封层,厚度一般为3~10 mm。当采用聚合物改性乳化沥青作为结合料时,沥青稀浆封层混合料形成的沥青封层,则称为微表处。

## 5.5.3 再生沥青混合料

需要翻新或废弃的旧沥青路面,经翻挖、回收、破碎、筛分,再与再生剂、新集料、新沥青材料等按一定比例重新拌和,即形成具有一定路用性能的再生沥青混合料,再生沥青混合料可用于铺筑路面面层或基层。

沥青路面的再生利用,能节约大量的沥青、砂石等原材料,同时也有利于处理废料、保护环境,因此具有显著的经济和社会、环保效益。

# 5.6 水工沥青混合料

## 5.6.1 水工沥青混合料的分类

随着沥青路面铺设技术的发展和对沥青性能认识的加深,沥青在水利工程中也得到了推广应用,并逐步发展为较成熟的水工沥青混凝土防渗技术。水工沥青混凝土应用理论研究也在不断地深入和成熟,水工沥青混凝土防渗应用的范围也越来越广泛,具体表现在防渗类型越来越多、防渗结构越来越先进、防渗面积越来越大等方面。

水工沥青混合料包括沥青混凝土、沥青砂浆、沥青玛蹄脂等。本节重点介绍水工沥青混凝土的相关知识。

1)水工沥青混凝土按防渗体的形式划分

水工沥青混凝土按防渗体的形式划分,如图 5.15 所示。

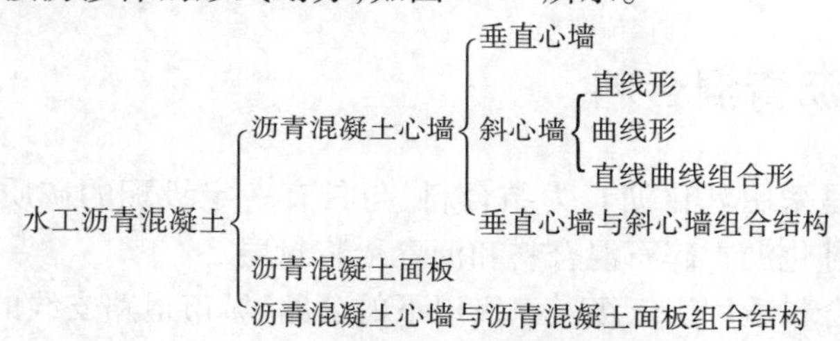


**图 5.15 水工沥青混凝土按防渗体形式分类**

(1)沥青混凝土心墙　沥青混凝土心墙以其较佳的防渗性能、适应变形能力以及在裂缝产生后的自愈能力,正逐步发展成为土石坝防渗主体结构类型。心墙结构选用的材料有混凝土、沥青混凝土(包括渣油混凝土)、浆砌块石、黏土、碎石土、砾石土以及风化砂等。

沥青混凝土心墙是在土石坝中间以沥青混凝土作为防渗体的一种特殊的防渗结构形式。它最显著的特点是沥青混凝土相对于坝体而言,是一个防渗薄壁,在受力方面存在一定的缺陷,必须要靠土石坝坝体来支撑,两者相辅相成。

(2)沥青混凝土面板　沥青混凝土面板是将沥青混凝土通过浇注或碾压的方式,在坝坡表面形成一层防渗层,依靠坝体承担由沥青混凝土传来的外力荷载的一种水工结构形式。

(3)组合结构　沥青混凝土面板与沥青混凝土心墙联合运用,所采用的组合结构通常有两种,分别应用于具有较厚的河床沉积层中修建沥青混凝土面板防渗结构土石坝和沥青混凝土面板防渗工程扩建中。

沥青混凝土心墙与沥青混凝土面板组合应用于土石坝的防渗结构,在实际应用中将会产生更多的结构形式。

2)水工沥青混凝土按施工方法分类

水工沥青混凝土按施工方法分类,如图 5.16 所示。

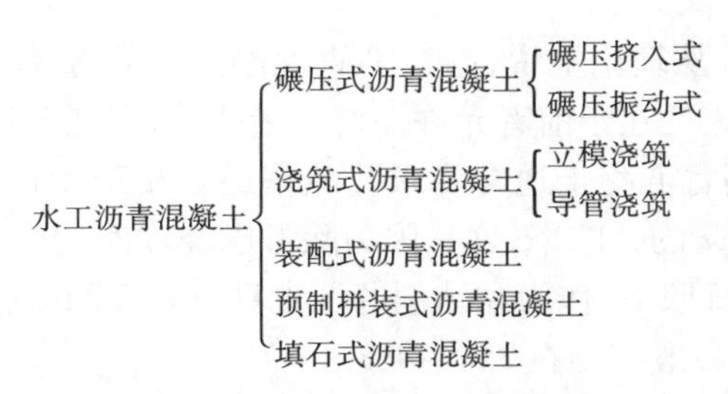


**图5.16 水工沥青混凝土按施工方法分类**

(1)碾压式沥青混凝土　将加热拌和好的沥青混合料摊铺在施工铺筑部位上，然后用适当的压实设备分层碾平成为沥青混凝土的防渗体。按其施工方法又可分为碾压挤入式和碾压振动式两种。

碾压式沥青混凝土心墙沥青用量少(一般为6% ~8%)，拌合物松散，必须借助摊铺压实机械施工以达到要求的防渗透性和强度，发达国家均采用摊铺机进行施工。这是目前最先进、发展较快、使用最广泛的一种施工方法，是沥青混凝土摊铺施工发展的一个方向。

(2)浇筑式沥青混凝土　浇筑式沥青混凝土施工所采用的沥青混合料，必须保持在一定的温度，其沥青材料用量较大，不仅可以充满全部骨料空隙，还会有富余。浇筑后借自重压密而不必碾压，故不需要碾压设备，所需劳动力也较少。这种方法一般适用于坝体高度较小的沥青混凝土心墙，以及坡度很陡的沥青混凝土防渗面板，多用于进行混凝土坝的缺陷修补。

(3)装配式沥青混凝土　该法是将沥青混合料预制成沥青板或沥青席，然后运到现场再装配成沥青防渗体。它一般仅用于表面防渗。这种施工方法简单，在国外不多见，国内应用稍多一些，主要应用于小型的、工程级别较低的水工建筑，如渠道或其他临时建筑物。

(4)预制拼装式沥青混凝土　预制拼装式沥青混凝土是在场外将沥青混凝土预制成块，在施工现场拼装，缝间用热沥青进行胶结的一种施工方法。也有用预制混凝土块，在土石坝体内或迎水侧坡面进行拼装，应用沥青作为胶结材料进行填缝。当然，混凝土与坝体须采取其他措施进行连接，以保证其自身的稳定及坝体的安全。

(5)填石沥青防渗墙　该法是将热拌细颗粒沥青混合料摊铺好，在其上摆放块石，然后用大型振动器将块石振捣沉入混合料中，形成防渗体的一种施工方法。这是沥青混凝土心墙的一种古老的施工方法，目前已经很少使用。

3)水工沥青混凝土按沥青含量分类

水工沥青混凝土的沥青含量一般都在6% ~8%。沥青材料具有很强的流变特性，用量不足会造成施工和易性差，用量过多则会影响沥青混凝土的力学特性。

水工沥青混合料按沥青含量可以分为超量沥青混凝土、致密沥青混凝土、透水沥青混凝土、沥青玛蹄脂、沥青砂浆及沥青乳剂等。

(1)超量沥青混凝土　一般认为沥青混凝土孔隙率等于零即为超量沥青混凝土，通常情况下，它的沥青含量在9%以上。水工沥青混凝土在满足使用要求的前提下，存在一个最优的沥青含量，使沥青材料全部用于骨料的胶结和填充。自由沥青的成分为零，这时的沥青用量称为临界沥青用量，超过临界沥青用量的沥青混凝土成为超量沥青混凝土。

超量沥青混凝土或沥青砂浆大部分用于联结致密沥青混凝土的防渗体与刚性体，具有较好的柔性，同时对面层也具有一定的保护作用。

(2)致密沥青混凝土　从理论上说,超量沥青混凝土的孔隙率应为零。致密沥青混凝土与超量沥青混凝土的不同之处在于前者允许保留少量孔隙,有利于热稳定性,又能保持足够的抗渗性能。一方面,致密沥青混凝土通常要求孔隙率最好小于4%,以保证较高的抗渗性;另一方面,又希望保留大于2%的孔隙率,这是因为除考虑浇注时的热稳定性外,水库建成后,裸露的沥青混凝土在强烈的日照下,作为黏结剂的沥青具有较大的膨胀性。因此,致密沥青混凝土的孔隙率不应大于4%,一般控制在2% ~4%。

(3)透水沥青混凝土　透水沥青混凝土在坝工上具有整平胶结层和排水层两种作用。整平胶结层作为不透水面板的支承面。透水沥青混凝土排水层设置在两层不透水沥青防渗层之间,借以导出渗透水流,避免在防渗面板下形成水压力。

这种透水沥青混凝土应采用12 ~35 mm单一粒径级的石子和2% ~3%的沥青拌和而成。压实后的孔隙率,法国的工程人员认为应保持在30% ~40%,英国的工程人员认为应保持在20% ~30%,为了保证排水通畅,必须保证有20%的孔隙率。

对多孔沥青混凝土材料的要求可适当降低,如可采用多蜡沥青、酸性骨料等,但必须保证骨料有足够的强度和更少的含泥量。只要掺入少量沥青有足够的黏结作用,又有良好的排水作用即可。

(4)沥青玛蹄脂　沥青玛蹄脂亦称沥青胶。它最早是一种用软沥青掺和矿粉的拌合物,有时掺入少量石棉粉或橡胶粉等增塑剂,以改善其塑性。沥青玛蹄脂主要用于封闭沥青混凝土表层,增加表面密度,延缓老化,增大抗渗性能。沥青玛碲脂的配比及使用量,至今尚无统一的标准。沥青玛蹄脂的涂刷厚度,与施工时气温、坝工运用期气温及玛蹄脂本身的稠度等许多因素有关。沥青玛蹄脂在高温时既要有良好的热稳定性,低温时又要有一定的塑性,还要求有较高的抗渗性。

(5)沥青乳剂　沥青乳剂也称乳化沥青或冷底子油。它是用于胶合沥青混凝土与刚性体或各层沥青混凝土的强黏结剂。但沥青乳剂是一种疏水黏结剂,必须使黏结面无水干燥才能起作用。

(6)特殊的沥青拌合物　沥青混凝土与刚性体相比较,具有较大的柔性。在两种物质接触面上,由于变形差异常常成为结构体的薄弱环节,容易形成渗水通道。因此,需要探索一种黏结力更强、柔性更大、脆点更小的防渗材料。山西省水利科学研究所(现山西省水利水电科学研究院)研制了一种煤焦油塑料混凝土,它是以煤焦油、废塑料为主,并加入稳定剂、增塑剂拌和而成的塑性防水材料。

## 5.6.2　水工沥青混凝土的技术性能与技术标准

1)抗渗性

水工沥青混凝土的直接作用是防渗,因此作为防渗层时,其结构必须密实。沥青混凝土的抗渗性用渗透系数来评定。渗透系数常用变水头或常水头渗透试验来测定。防渗用密级配沥青混凝土的渗透系数一般为 $10^{-6}$ ~ $10^{-9}$ mm/s,排水层开级配沥青混凝土的渗透系数可达1.0 ~0.1 mm/s。

随着人们经验的积累,发现沥青混凝土孔隙率控制在3%以内,其抗渗性是有保证的。而孔隙率测试比渗透系数测试容易得多，因此工程界目前更趋向于在配合比设计中用孔隙率作为沥青混凝土抗渗指标选择配合比，渗透系数则作为检验指标进行抗渗性检验。沥青混合料渗透系数与孔隙率如图5.17所示。

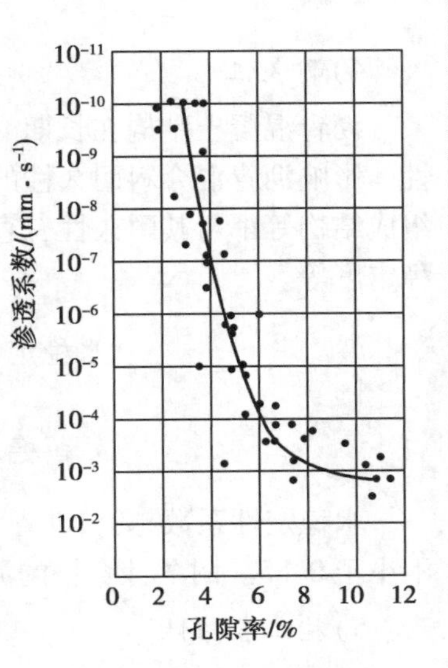


图5.17 沥青混合料渗透系数与孔隙率

2)稳定性

稳定性主要包括结构稳定性、热稳定性和水稳定性。其中，热稳定性是指沥青混凝土在高温条件下及外荷载长期作用下不发生严重变形或流淌的性质，又称高温稳定性。沥青混凝土的稳定性可用高温抗压强度、热稳定性系数、斜坡流淌值、马歇尔试验来评定。

(1)沥青混凝土热稳定性系数　沥青混凝土热稳定性系数按式(5.37)计算。

$$热稳定性系数=\frac{f_{20}}{f_{50}} \tag{5.37}$$

式中　$f_{20}$——20 ℃时沥青混凝土抗压强度值；

$f_{50}$——50 ℃时沥青混凝土抗压强度值。

沥青混凝土热稳定性系数越小，其稳定性越好。

(2)斜坡流淌值　如采用马歇尔试件，每组6个，高度(63.5±1.3)mm；从现场取样，应加工成直径为(100±3)mm、高度(63.5±1.3)mm的试件。圆柱形试件置于与坝体坡度相同的斜坡(一般取1∶1.7)上，在可能达到的最高温度(一般为70 ℃)下保持48 h，测出距试件底部高度为50 mm处的位移(以0.1 mm计)，即为斜坡流淌值。

(3)马歇尔试验　将$\phi$101.6 mm×63.5 mm的圆柱形试件侧放在马歇尔试验机加荷上、下压头间，在规定温度条件下，以(50±5)mm/min的变形速率加荷，试件破坏时达到的最大荷载即为稳定度，试件达到最大荷载时所发生的变形即为流值。

为了提高沥青混凝土的稳定性，应选用软化点较高、温度稳定性较好的沥青，并选用级配良好的碱性岩石的碎石作集料。混合料中沥青用量不能过多，否则将使其稳定性降低，填充料的掺量应适当。

3)抗裂性能

抗裂性能是指沥青混凝土在自重或外力作用下，能适应变形而不产生裂缝的性能。沥青混凝土的抗裂性能可根据工程中的具体情况，采用弯曲试验或拉伸试验测出试件破坏时梁的挠跨比或极限拉伸变形予以评定。

抗裂性能主要取决于沥青的性质和用量、矿质混合料的级配、填充料与沥青用量的比值。提高抗裂性能，应选用针入度较大、低温延伸度较大的沥青，但沥青的软化点必须能保证耐热性的要求。在满足耐热性的前提下，适当提高沥青用量可以增加沥青混合料的抗裂性能。随着沥青用量的增多，沥青混凝土的温度变形要随之增大，受温度影响而产生裂缝的可能性也要增加。连续级配或颗粒偏细的沥青混合料，比间断级配或颗粒偏粗的沥青混合料的抗裂性能好。

4)耐久性

沥青混凝土结构在长期的使用过程中,要经受各种自然因素的影响,必须具有良好的耐久性。影响沥青混合料耐久性的因素有很多,沥青的化学性能、矿料的矿物成分、沥青混合料的组成结构等都与其耐久性有直接关系。评定沥青混凝土耐久性的指标有水稳定性系数和残留稳定度等。

$$水稳定性系数=\frac{真空饱水后沥青混凝土抗压强度}{未浸水的沥青混凝土抗压强度}$$

$$残留稳定度=\frac{浸水饱和后马歇尔稳定度}{未浸水的马歇尔稳定度}$$

水稳定性系数越大,沥青混凝土耐久性越好。水工沥青混凝土防渗层要求水稳定性系数不小于0.85。耐久性合格的沥青混凝土,残留稳定度应不小于0.85。

5)施工和易性

沥青混合料的施工和易性是指它在拌和、运输、摊铺及压实过程中具有与施工条件相适应,既保证质量又便于施工的性能。影响沥青混合料施工和易性的关键因素是矿料的级配,当粗细颗粒尺寸相差过大时,缺乏中间尺寸,混合料容易分离;如果细料太少,沥青层不容易均匀分布包裹粗骨料的表面,会导致密实度降低。

### 5.6.3 水工沥青混凝土的组成设计

水工沥青混凝土的组成设计,是经过合理选材,初步选择配合比参数,然后通过室内和现场试验,选出满足设计提出的各项技术要求且经济合理的配合比。

1)原材料

水工沥青混凝土粗集料的黏附力要求不低于4级,细集料的水稳定性要求不低于4级,填料的亲水系数要求小于1。

2)矿质材料组成设计

(1)矿料级配的选定　初选级配时,碾压式防渗混凝土级配指数可选 $n=0.25\sim0.45$,碾压式整平胶结层沥青混凝土可选 $n=0.65\sim0.1.00$。在碾压式混凝土细集料中,可掺用30%~50%的天然砂,以利于沥青混合料的压实。矿料级配范围可以参照德国《水工沥青工程导则》(EAAW 2007)选用,见表5.24和表5.25。

表5.24　碾压式沥青混凝土矿料级配范围参考值

| 级配类型 | | 筛孔尺寸/mm | | | | | | | |
|---|---|---|---|---|---|---|---|---|---|
| | | 22.0 | 16.0 | 11.0 | 8.0 | 5.0 | 2.0 | 0.125 | 0.063 |
| | | 通过百分率/% | | | | | | | |
| 防渗层 | 面　板 | — | — | 90~100 | 75~89 | 61~76 | 45~60 | 12~21 | 11~16 |
| | | — | 90~100 | 70~90 | 60~80 | 51~70 | 40~60 | 12~20 | 9~14 |
| | 心　墙 | — | 90~100 | 70~90 | 60~80 | 50~70 | 35~55 | 12~20 | 9~14 |

续表

| 级配类型 | 筛孔尺寸/mm | | | | | | | |
|---|---|---|---|---|---|---|---|---|
| | 22.0 | 16.0 | 11.0 | 8.0 | 5.0 | 2.0 | 0.125 | 0.063 |
| | 通过百分率/% | | | | | | | |
| 整平胶结层 | — | — | 90~100 | 60~80 | 40~65 | 25~50 | 7~16 | 4~9 |
| | — | 90~100 | 60~80 | 55~65 | 35~52 | 20~40 | 5~14 | 4~9 |
| 排水层 | — | 90~100 | 50~70 | 30~48 | 20~30 | 15~25 | 4~12 | 2~9 |
| | 90~100 | 58~70 | 35~50 | 26~41 | 20~35 | 15~30 | 4~12 | 2~9 |

注:表中粒径为德国的标准筛孔尺寸。

**表5.25 碾压式沥青混凝土及封闭层玛蹄脂的配合比及孔隙率标准值**

| 类别 | | 最大粒径/mm | 粒径范围/mm | | | | 沥青含量/% | 芯样孔隙率/% |
|---|---|---|---|---|---|---|---|---|
| | | | >16 | >11 | >2 | ≤0.063 | | |
| | | | 含量百分率/% | | | | | |
| 防渗沥青混凝土 | 面板 | 11 | — | — | 40~55 | 11~16 | 6.5~8.0 | ≤3.0 |
| | | 16 | — | — | 40~60 | 9~14 | 6.0~7.5 | ≤3.0 |
| | 心墙 | 16 | — | — | 45~65 | 9~14 | 5.5~7.5 | ≤3.0 |
| 整平胶结层 | | 11 | — | — | 50~75 | 4~9 | 4.5~6.0 | 9~12 |
| | | 16 | — | — | 60~80 | 4~9 | 4.0~6.0 | 9~12 |
| 排水层 | | 16 | — | ≥30 | 75~85 | 2~9 | 3.5~5.5 | 10~25 |
| | | 22 | ≥30 | — | 70~85 | 2~9 | 3.5~5.5 | 10~25 |
| 封闭层 | | — | — | — | — | 70~75 | 25~30 | — |

注:①表中粒径为德国的标准筛孔尺寸。
②采用的沥青等级为70/100,50/70或PmB45/80-50。

为了更好地确定矿料级配,组成设计时可在级配范围内选择几条设计级配曲线,通过对沥青混凝土技术性质的对比试验,找出适宜的矿料级配。

(2)确定各组成矿料在矿质混合料中的比例　沥青混凝土的矿质混合料由粗、细集料及矿粉等按一定比例合成。矿料合成级配的确定,可参照路用沥青混合料矿料组成设计,求得各级矿料的合成比例,使合成级配曲线与设计级配曲线尽量相近。

3)确定沥青用量

(1)沥青用量的初步选择　沥青混凝土的配合比通常以矿料总量为100,沥青用量按其占矿料总重的百分率计。对一定级配的矿料而言,沥青用量成为唯一的配比参数。为了确定沥青用量,对每一种级配的矿料以0.3%为间隔选择不少于5组的沥青用量。表5.25所列沥青含量范围可供参考。

(2)马歇尔试验　将选择的几组沥青用量与矿质混合料拌制沥青混凝土混合料，并制成试件进行马歇尔试验。对于碾压式沥青混凝土，应分别测试表观密度、孔隙率、稳定度、流值等，试验结果如图5.18所示；对于浇筑式沥青混凝土，应测试流动性和分散度、密度及孔隙率等参数；对于面板封闭层沥青玛蹄脂，可直接进行斜坡流淌和低温抗裂试验。综合试验结果，得出同时满足所有技术性能要求的沥青用量范围，如图5.19所示。在此范围内确定一个(或几个)沥青用量作为初选配合比。

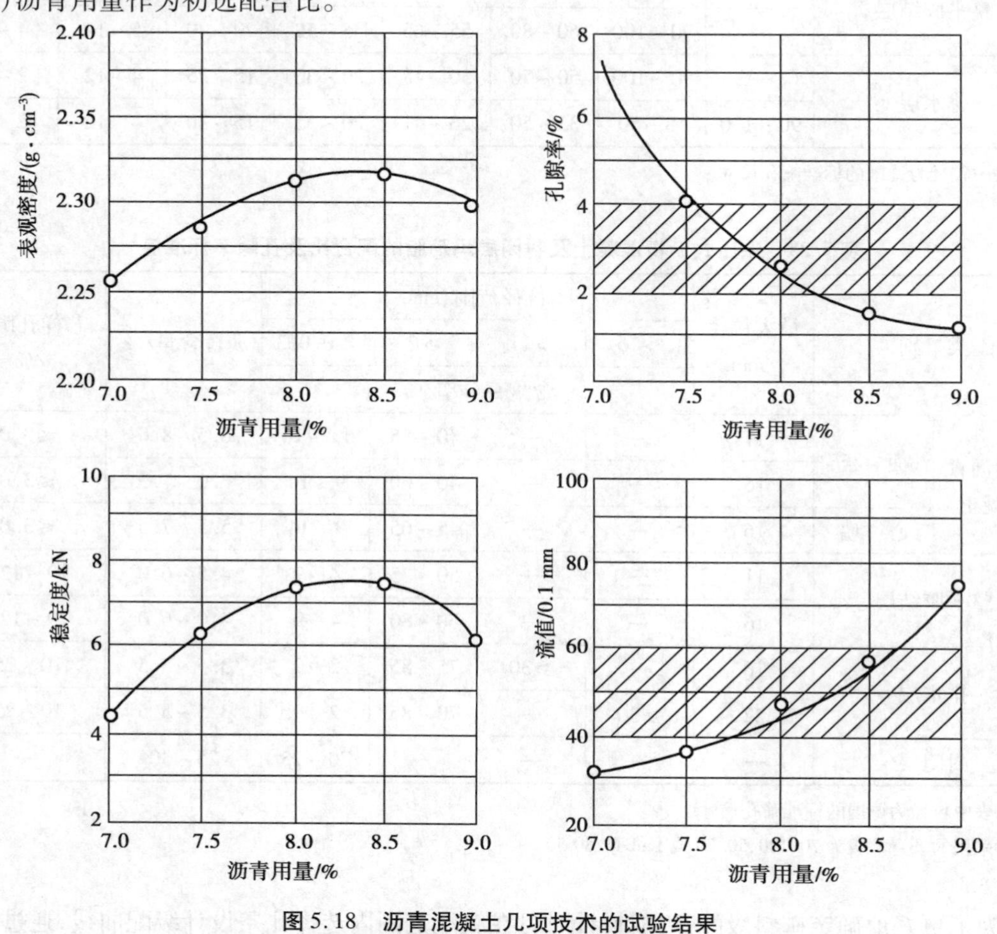


图5.18　沥青混凝土几项技术的试验结果

| 技术指标 | 沥青适宜用量范围 | | | | |
|---|---|---|---|---|---|
| 孔隙率 | | | | | |
| 稳定度 | | | | | |
| 流　值 | | | | | |
| 沥青用量/% | 7.0 | 7.5 | 8.0 | 8.5 | 9.0 |

图5.19　沥青用量的适宜范围

(3)配合比验证试验　对初步选定的配合比，再根据设计规定的技术要求进行全面检验。如果各项技术指标均能满足设计要求，则该配合比即可确定为实验室配合比，否则需另选矿料合成级配及沥青用量进行试验。

(4)配合比现场铺筑试验　实验室所用的原材料和成型条件与现场情况不尽相同。实验室配合比用于施工现场能否达到预期的质量,必须经过现场铺筑试验加以检验,必要时应作适当的调整,最后选出技术性能符合设计要求,又能保证施工质量的配合比,即施工配合比。

# 试验5　沥青混合料试验

本节试验介绍《公路工程沥青及沥青混合料试验规程》(JTG E20—2011)中关于沥青混合料试件制作、密度、马歇尔稳定度、动稳定度及弯曲试验方法。

## 1.沥青混合料试件制作

试件的制作是进行沥青混合料各项性能测试的前提,沥青混合料试件常用的制作方法有击实法和轮碾法。

1)击实法

击实法又分标准击实法和大型击实法,其试件尺寸根据沥青混合料公称最大粒径选择。当集料公称最大粒径小于或等于26.5 mm时,采用标准击实法,适用于标准马歇尔试验、劈裂试验、冻融劈裂试验等所用的$\phi$101.6 mm×63.5 mm圆柱体试件的成型,一组试件的数量不少于4个;当集料公称最大粒径大于26.5 mm时,宜采用大型击实法,适用于大型马歇尔试验等所用的$\phi$152.4 mm×95.3 mm圆柱体试件的成型,一组试件的数量不少于6个。

(1)仪具与材料

①击实仪:由击实锤、压实头、导向棒组成,分为标准击实仪和大型击实仪两种。

②标准击实台:用于固定试模,由硬木墩和钢板组成。自动击实仪是将标准击实锤及标准击实台安装于一体,用电力驱动使击实锤连续击实试件,它具有自动记数、控制仪表、按钮设置、复位及暂停等功能。

③实验室用沥青混合料拌和机:能保证拌和温度并充分拌和均匀,可控制拌和时间,容量不小于10 L,搅拌叶自转速度为70~80 r/min,公转速度为40~50 r/min。

④脱模器:电动或手动,可无破损地推出圆柱体试件,备有标准圆柱体试件和大型圆柱体试件推出环。

⑤试模:由高碳钢或工具钢制成。标准击实仪试模的内径为(101.6±0.2)mm,圆柱形金属筒高87 mm,底座直径约120.6 mm,套筒内径为104.8 mm、高为70 mm。大型圆柱体试模与套筒如图5.20所示。

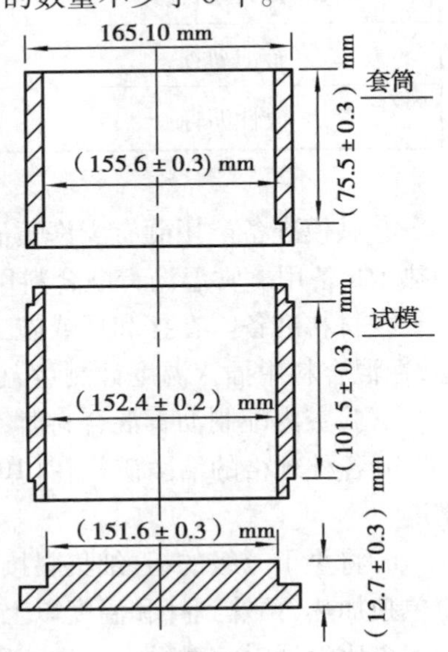


图5.20　大型圆柱体试件试模与套筒

⑥烘箱：大、中型烘箱各一台，装有温度调节器。

⑦其他：天平或电子秤，沥青运动黏度测定设备，毛细管黏度计或赛波特重油黏度计或布洛克菲尔德黏度计，温度计（分度值1 ℃），电炉或煤气炉，沥青熔化锅，拌和铲，标准筛，滤纸，胶布，秒表等。

（2）准备工作

①确定制作沥青混合料试件的拌和温度与试件压实温度。

a.测定沥青的黏度并绘制黏度-温度曲线，按表5.26的要求确定适宜于沥青混合料拌和及压实的等黏温度。

**表5.26　适宜于沥青混合料拌和及压实的沥青等黏温度**

| 沥青结合料种类 | 黏度与测定方法 | 适宜于拌和的沥青结合料黏度 | 适宜于压实的沥青结合料黏度 |
|---|---|---|---|
| 石油沥青 | 表观黏度，T 0625 | (0.17 ±0.02) Pa · s | (0.28 ±0.03) Pa · s |

注：液体沥青混合料的压实成型温度按石油沥青要求执行。

b.缺乏沥青黏度测定条件时，试件的拌和与压实温度可按表5.27选用，并根据沥青品种和标号作适当调整。针入度小、稠度大的沥青取高限，针入度大、稠度小的沥青取低限，一般取中值。改性沥青应根据改性剂的品种和用量，适当提高混合料拌和及压实温度（聚合物改性沥青一般需在普通沥青基础上提高10～20 ℃，掺加纤维时需再提高10 ℃左右）。

c.常温沥青混合料的拌和及压实在常温下进行。

**表5.27　沥青混合料拌和及压实温度参考表**

| 沥青结合料种类 | 拌和温度/℃ | 压实温度/℃ |
|---|---|---|
| 石油沥青 | 140～160 | 120～150 |
| 改性沥青 | 160～175 | 140～170 |

②试模准备。用蘸有少许黄油的棉纱擦净试模、套筒、击实座等，置于100 ℃左右烘箱中加热1 h备用。常温沥青混合料用试模不加热。

③材料准备。在拌和厂或施工现场采集沥青混合料的试样，置于烘箱或加热的砂浴上保温，在混合料中插入温度计测量温度，待混合料温度符合要求后成型。

试验室内配制沥青混合料时，按下列要求准备材料：

a.各种规格的洁净矿料在（105 ±5）℃烘箱中烘干至恒重，并测定不同粒径矿料的各种密度。

b.将烘干分级的粗、细集料按每个试件设计级配要求称其质量，在金属盘中混合均匀，矿粉单独加热，预热到拌和温度以上约15 ℃备用。一般按一组试件（每组4～6个）备料，但进行配合比设计时宜对每个试件分别备料。常温沥青混合料的矿料不应加热。

c.沥青材料用烘箱或油浴或电热套熔化加热至规定的沥青混合料拌和温度备用。

④拌制沥青混合料。

a. 黏稠石油沥青混合料。将沥青混合料拌和机提前预热至拌和温度10 ℃左右备用。将预热的粗、细集料置于拌和机中，然后加入需要数量的已加热至拌和温度的沥青，开动搅拌机拌和1～1.5 min，暂停后加入单独加热的矿粉，继续拌和至均匀，并使沥青混合料保持在要求的拌和温度范围内。标准的总拌和时间为3 min。

b. 液体石油沥青混合料。将每组（或每个）试件的矿料置于已加热至55～100 ℃的沥青混合料拌和机中，注入要求数量的液体沥青，并将混合料边加热边拌和，使液体沥青中的溶剂挥发至50%以下。拌和时间应事先试拌确定。

c. 乳化沥青混合料。将每个试件的粗细集料置于沥青混合料拌和机（不加热，也可用人工炒拌）中，注入计算的用水量（阴离子乳化沥青不加水）后，拌和均匀并使矿料表面完全湿润，再注入设计的沥青乳液用量，在1 min内使混合料均匀，然后加入矿粉后迅速拌和，使混合料拌成褐色为止。

（3）试验方法与步骤

①将拌和好的沥青混合料，用小铲适当拌和均匀，称取一个试件所需的用量。当一次拌和几个试件时，宜将其倒入经预热的金属盘中，用小铲适当拌和均匀后分成几份，分别取用。在试件制作过程中，为防止混合料温度下降应连盘放在烘箱中保温。

②从烘箱中取出预热的试模和套筒，用蘸有少许黄油的棉纱擦拭套筒、底座及击实锤底面，将试模装在底座上，垫一张圆形的吸油性小的纸，按四分法从4个方向用小铲将混合料铲入试模中，用插刀或大螺丝刀沿周边插捣15次，中间10次。插捣后将沥青混合料表面整平。大型马歇尔试件混合料分两层装入，每次插捣次数同上。

③在混合料中心插入温度计，检查混合料温度。

④待混合料温度符合要求的压实温度后，将试模连同底座一起放在击实台上固定。在装好的混合料表面垫一张吸油性小的圆纸，再将装有击实锤及导向棒的压实头插入试模中，击实至规定的次数。试件击实一面后，取下套筒，将试模翻面，装上套筒，用同样的方法击实另一面。

乳化沥青混合料试件在两面击实后，将一组试件在室温下横向放置24 h；另一组试件置温度为（105±5）℃的烘箱中养生24 h。将养生试件取出后再立即两面锤击各25次。

⑤试件击实结束后，立即用镊子取掉上下表面的纸，用卡尺量取试件离试模上口的高度并由此计算试件高度，保证高度符合（63.5±1.3）mm（标准试件）或（95.3±2.5）mm（大型试件）的要求。

如高度不符合要求时，试件作废，并按下式调整试件混合料质量以保证符合试件高度尺寸要求。

$$\text{调整后混合料质量} = \frac{\text{要求试件高度} \times \text{原用混合料质量}}{\text{所得试件的高度}}$$

⑥卸去套筒和底座，将装有试件的试模横向放置冷却至室温后，置于脱模机上脱出试件，并将试件置于干燥洁净的平面上供试验使用。

2）轮碾法

轮碾法适用于长300 mm×宽300 mm×厚（50～100）mm板块状试件的成型。板块状试件还可用切割机切制成棱柱体试件或用取芯机钻取试件。轮碾法成型的板块状试件及棱柱体试件适用于车辙试验、弯曲及低温弯曲试验、线收缩系数试验等。

(1)仪具与材料

①轮碾成型机:具有与钢筒式压路机相似的圆弧形碾压轮,轮宽 300 mm,压实线荷载为 300 N/cm,碾压行程等于试件长度,经碾压后的板块状试件可达到马歇尔试验标准击实密度的(100 ± 1)%。

②实验室用沥青混合料拌和机:能保证拌和温度并充分拌和均匀,可控制拌和时间,宜采用容量大于 30 L 的大型沥青混合料拌和机,也可采用容量大于 10 L 的小型拌和机。

③试模:由高碳钢或工具钢制成,试模尺寸应保证成型后符合要求试件尺寸的规定。实验室制作车辙试验板块状试件的标准试模内部尺寸为长 300 mm × 宽 300 mm × 厚(50 ~ 100) mm。

④切割机:实验室用金刚石锯片锯石机或现场用路面切割机,有淋水冷却装置,其切割厚度不小于试件厚度。

⑤钻孔取芯机:用电力或汽油机、柴油机驱动,有淋水冷却装置。金刚石钻头的直径根据试件直径选择。

⑥烘箱:大、中型各一台,装有温度调节器。

⑦其他:台秤、天平或电子秤,沥青黏度测定设备(布洛克菲尔德黏度计,真空减压毛细管),小型击实锤,温度计,干冰,电炉或煤气炉,沥青熔化锅,拌和铲,标准筛,滤纸,秒表,卡尺等。

(2)准备工作

①按击实法确定沥青混合料的拌和温度及试件压实温度。

②试模准备。将金属试模及小型击实锤等置于 100 ℃左右烘箱中加热 1 h 备用。常温沥青混合料用试模不加热。

③材料准备。在拌和厂或施工现场采集沥青混合料的试样,置于烘箱或加热的砂浴上保温,在混合料中插入温度计测量温度,待混合料温度符合要求后成型。若混合料温度符合要求可直接用于成型。实验室内配制沥青混合料时,按击实法相同的要求准备材料。

④按击实法的方法拌和沥青混合料。混合料质量及各种材料数量由试件的体积按马歇尔标准击实密度乘以 1.03 的系数求得。当采用大容量沥青混合料拌和机时,宜全量一次拌和;当采用小型混合料拌和机时,可分两次拌和。

(3)试验方法

①轮碾成型。

a. 将预热的试模从烘箱中取出,装上试模框架;在试模中铺一张裁好的普通纸(可用报纸),使底面和侧面均被纸隔离;将拌和好的全部沥青混合料(分两次拌和的应倒在一起)用小铲稍加拌和后,均匀地沿试模由边至中按顺序转圈装入试模,中部要略高于四周。

b. 取下试模框架,用预热的小型击实锤由边至中转圈夯实一遍,整平成凸圆弧形。

c. 插入温度计,待混合料冷却至规定的压实温度时,在表面铺一张裁好的普通纸。

d. 用轮碾机碾压时,宜先将碾压轮预热至 100 ℃左右(如不加热,应铺牛皮纸)。将盛有沥青混合料的试模置于轮碾机平台上,轻轻放下碾压轮,调整总荷载为 9 kN(线荷载 300 N/cm)。

e. 启动轮碾机,先在一个方向碾压两个往返(4 次),卸荷并抬起碾压轮,将试件调转方向;再加相同的荷载至马歇尔标准密实度的(100 ± 1)% 为止。试件正式压实前应经试压确定碾压次数,一般 12 个往返(24 次)左右可达要求。

f. 压实成型后，揭去表面的纸，并注明碾压方向。置于室温下冷却至少12 h后脱模。

②切割棱柱体试件。

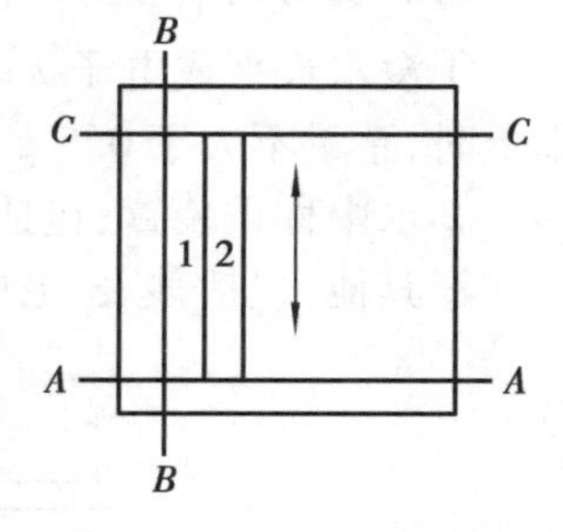

图5.21 切割棱柱体试件的顺序

a. 按试验要求的试件尺寸，在轮碾成型的板块状试件表面规划切割试件的数目，边缘20 mm部分不得使用。

b. 切割顺序如图5.21所示，先沿与轮碾方向垂直的*A*—*A*方向切割第一刀作为基准面，再沿*B*—*B*方向切割第二刀，精确量取试件长度后沿*C*—*C*方向切割第三刀，仔细量取试件切割位置，依次切割使试件宽度符合要求。

c. 锯下的试件应按顺序放在平板玻璃板上排列整齐，然后再切割试件的底面及表面并立即编号。

d. 完全切割好的试件放在玻璃板上，试件间隙不小于10 mm，下垫一层滤纸，并经常挪动位置使其完全风干。在风干的过程中，试件的上下方向及排序不能搞错。

③钻芯法钻取圆柱体试件。

a. 成型的板块状试件厚度应不小于圆柱体试件厚度。

b. 在试件上方作出取样位置标记，板块状试件边缘部分的20 mm内不得使用。根据需要，可选用直径100 mm或150 mm的金刚石钻头。

c. 将板块状试件置于钻机平台上固定，钻头对准取样位置，试块下垫木块等以保护金刚石钻头。

d. 在钻孔位置堆放干冰使试件迅速冷却，没有干冰时可开放冷却水。

e. 提起钻机取出试件，根据需要再切去钻芯试件的一端或两端以达到要求的高度。

f. 按棱柱体试件的方法风干试件。

## 2. 沥青混合料密度试验

沥青混合料的密度试验有4种方法，即表干法、水中重法、蜡封法、体积法。

表干法适用于测定吸水率不大于2%的各种沥青混合料试件，包括密级配沥青混凝土、沥青玛蹄脂碎石混合料(SMA)和沥青稳定碎石等沥青混合料试件的毛体积相对密度和毛体积密度，用于计算沥青混合料试件的空隙率、矿料间隙率等各项体积指标。标准温度为(25±0.5)℃。

水中重法适用于测定吸水率小于0.5%的密实沥青混合料试件的表观相对密度和表观密度。标准温度为(25±0.5)℃。当试件很密实，几乎不存在与外界连通的开口孔隙时，可用表观密度代替表干法测定毛体积相对密度，用于计算沥青混合料试件的空隙率、矿料间隙率等各项体积指标。

蜡封法适用于测定吸水率大于2%的沥青混合料或沥青碎石混合料试件的毛体积相对密度和毛体积密度，用于计算沥青混合料试件空隙率、矿料间隙率等各项体积指标。

体积法仅适用于不能用表干法、蜡封法测定的空隙率较大的沥青碎石混合料及大空隙透水性开级配沥青混合料(OGFC)等试件的毛体积相对密度或毛体积密度，用于计算沥青混合料试件空隙率、矿料间隙率等各项体积指标。

本试验主要介绍表干法测定沥青混合料毛体积相对密度及毛体积密度。

1)仪具与材料

①浸水天平或电子天平:当最大称量在 3 kg 以下时,感量不大于 0.1 g;最大称量在 3 kg 以上时,感量不大于 0.5 g。应有测量水中重的挂钩。

②水中称重装置:包括网篮、溢流水箱、试件悬吊装置等,如图 5.22 所示。

③其他:包括秒表、毛巾、电风扇、烘箱等。

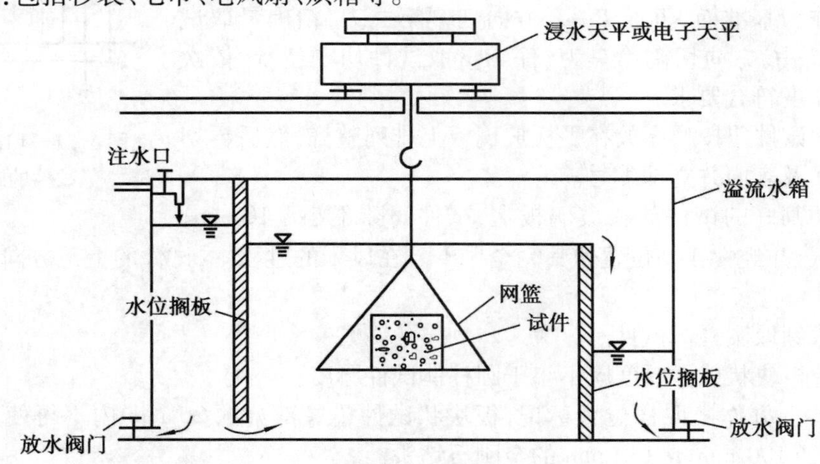


图 5.22 水中称量装置示意图

2)试验方法与步骤

①选择适宜的浸水天平或电子天平,最大称量应不小于试件质量的 1.25 倍且不大于试件质量的 5 倍。

②除去试件表面的浮粒,称取干燥试件在空气中的质量($m_a$)。

③挂上网篮,浸入溢流水箱中,调节水位,将天平调平并复零。把试件置于网篮中浸入水中 3 ~5 min,称取其在水中的质量($m_w$)。若天平读数持续变化,不能很快达到稳定,说明试件吸水较严重,不适用于本法测定,应改用蜡封法。

④取出试件,用洁净、柔软、拧干的湿毛巾轻轻擦去试件的表面水(不得吸走空隙内的水),称取试件的表干质量($m_f$)。

3)结果计算

①试件的吸水率 $S_a$。试件吸水率即试件吸水体积占沥青混合料毛体积的百分率,按式(5.38)计算。

$$S_a = \frac{m_f - m_a}{m_f - m_w} \times 100 \tag{5.38}$$

式中 $S_a$——试件吸水率,%;

$m_f$——试件的表干质量,g;

$m_a$——干燥试件在空气中的质量,g;

$m_w$——试件在水中的质量,g。

②试件的毛体积相对密度和毛体积密度。当试件的吸水率小于 2% 时,毛体积相对密度 $\gamma_f$ 和毛体积密度 $\rho_f$ 按式(5.39)和式(5.40)计算。当吸水率大于 2% 时,应改用蜡封法测定。

$$\gamma_f = \frac{m_a}{m_f - m_w} \tag{5.39}$$

$$\rho_f = \frac{m_a}{m_f - m_w}\rho_w \tag{5.40}$$

式中 $\gamma_f$——用表干法测定的试件毛体积相对密度，无量纲；

$\rho_f$——用表干法测定的试件毛体积密度，$g/cm^3$；

$\rho_w$——常温水的密度，$\approx 1\ g/cm^3$。

③试件体积指标计算。沥青混合料试件空隙率VV、沥青饱和度VFA、矿料间隙率VMA等体积指标的计算参见本章沥青混合料配合比设计相关内容。

## 3. 沥青混合料马歇尔试验

沥青混合料马歇尔稳定度试验及浸水马歇尔稳定度试验用于进行沥青混合料配合比设计或沥青路面施工质量检验。

1）仪具与材料

①马歇尔试验仪：分为自动式和手动式两种。自动马歇尔试验仪应具备控制装置、记录荷载-位移曲线、自动测定荷载与试件的垂直变形、能自动显示和存储或打印试验结果等功能。手动式由人工操作，试验数据通过操作者目测后读取数据。对于高速公路和一级公路的沥青混合料，宜采用自动马歇尔试验仪。

当集料公称最大粒径小于或等于26.5 mm时，宜采用$\phi$101.6 mm×63.5 mm的标准马歇尔试件，马歇尔试验仪最大荷载不得小于25 kN，加载速度应能保持（50±5）mm/min；当集料公称最大粒径大于26.5 mm时，宜采用$\phi$152.4 mm×95.3 mm大型马歇尔试件，马歇尔试验仪最大荷载不得小于50 kN。

②恒温水槽：控温准确度为1 ℃，深度不小于150 mm。

③真空饱水容器：包括真空泵及真空干燥器。

④烘箱。

⑤其他：温度计、卡尺等。

2）准备工作

①击实成型马歇尔试件，每组试件的数量不得少于4个。

②量测试件尺寸。用卡尺测量试件中部的直径，在“十”字对称的4个方向量测离边缘10 mm处的试件高度并以其平均值作为试件高度。若试件高度不符合（63.5±1.3）mm或（95.3±2.5）mm的要求，或两侧高度差大于2 mm时，试件作废。

③测量试件的密度、空隙率、沥青体积百分率等体积指标。

④将恒温水槽调节至要求的试验温度。对黏稠石油沥青或烘箱养生过的乳化沥青混合料，试验温度为（60±1）℃；对煤沥青混合料，试验温度为（33.8±1）℃；对空气养生的乳化沥青或液体沥青混合料，试验温度为（25±1）℃。

3）标准马歇尔试验

①将试件置于已达到规定温度的恒温水槽中，保温时间：标准马歇尔试件为30～40 min，

大型马歇尔试件为 45 ~ 60 min。同时,将马歇尔试验仪的上下压头放入水槽或烘箱中达到相同的温度。

②将马歇尔试验仪上下压头取出并擦拭干净内表面,下压头导棒上涂少许黄油以使上下压头滑动自如。取出试件置于下压头上,盖上上压头,然后装在加载设备上。

③在上压头球座上放妥钢球,并对准荷载测定装置的压头。

④采用自动马歇尔试验仪时,将自动马歇尔试验仪的压力传感器、位移传感器与计算机或 X-Y 记录仪正确连接,调整好适宜的放大比例。调整好计算机程序或将 X-Y 记录仪的记录笔对准原点。

⑤采用压力环和流值计时,将流值计安装在导棒上,使导向套管轻轻地压住压头,同时将流值计读数调零。调整压力环中百分表对零。

⑥启动加载设备,使试件承受荷载,加载速度为(50 ± 5) mm/min。计算机或 X-Y 记录仪自动记录传感器压力和试件变形曲线并将数据自动存入计算机。

⑦当试验荷载达到最大值的瞬间,取下流值计,同时读取压力环中百分表读数及流值计的流值读数。

⑧从恒温水槽中取出试件至测出最大荷载值的时间不得超过 30 s。

4) 浸水马歇尔试验

浸水马歇尔试验方法与标准马歇尔试验方法的不同之处在于试件在恒温水槽中的保温时间为 48 h,其余与标准马歇尔试验相同。

5) 真空马歇尔试验

试件先放入真空干燥器中,关闭进水胶管,开动真空泵,使干燥器真空度达到97.3 kPa (730 mmHg),维持 15 min;然后打开进水胶管,靠负压进入的冷水流使试件全部浸入水中,浸水 15 min 后恢复常压,取出试件再放入已达到规定温度的恒温水槽中保温 48 h,其余与标准马歇尔试验相同。

6) 试验结果

(1) 试件的稳定度及流值

①当采用自动马歇尔试验仪时,将计算机采集的数据绘制成压力和试件变形曲线,或由 X-Y 记录仪自动记录荷载-变形曲线,按图 5.8 所示方法在切线方向延长曲线与横坐标相交于 $O_1$,将 $O_1$ 作为修正原点,从 $O_1$ 起量取相应于荷载最大值时的变形作为流值(FL),以 mm 为单位。最大荷载即为稳定度(MS),以 kN 为单位。

②采用压力环和流值计测定时,根据压力环标定曲线,将压力环中百分表的读数换算为荷载值,或由荷载值测定装置读取的最大值即为试件的稳定度。由流值计及位移传感器测定装置读取的试件垂直变形即为试件的流值。

(2) 马歇尔模数　试件的马歇尔模数 $T$ 按式(5.41)计算。

$$T = \frac{\mathrm{MS}}{\mathrm{FL}} (\mathrm{kN/mm}) \tag{5.41}$$

(3) 浸水残留稳定度　试件的浸水残留稳定度 $\mathrm{MS}_0$ 按式(5.42)计算。

$$\mathrm{MS}_0 = \frac{\text{试件浸水 48 h 后的稳定度 } \mathrm{MS}_1}{\text{试件标准马歇尔稳定度 } \mathrm{MS}} \times 100\% \tag{5.42}$$

(4)真空饱水残留稳定度　试件的真空饱水残留稳定度 $MS_0'$ 按式(5.43)计算。

$$MS_0' = \frac{\text{试件真空饱水后浸水 48 h 后的稳定度 } MS_2}{\text{试件标准马歇尔稳定度 } MS} \times 100\% \tag{5.43}$$

(5)数据处理　当一组测试值中某个测试值与平均值之差大于标准差的 $k$ 倍时,该测试值应予以舍弃,并以其余测试值的平均值作为试验结果。当试件数目 $n$ 为 3,4,5,6 个时,$k$ 值分别为 1.15,1.46,1.67,1.82。

## 4.沥青混合料车辙试验

车辙试验用于测定沥青混合料高温抗车辙能力,供沥青混合料配合比设计时的高温稳定性检验使用,也可用于现场沥青混合料的高温稳定性检验。车辙试验采用轮碾成型的长 300 mm×宽 300 mm×厚(50~100) mm 板块状试件。非经注明,试验温度为 60 ℃,轮压为 0.7 MPa。根据需要,如在寒冷地区也可采用45 ℃,高温条件下采用70 ℃等,对重载交通的轮压可增加到1.4 MPa,但应在报告中注明。

1)仪具与材料

(1)车辙试验机　车辙试验机的构造如图 5.23 所示。其主要组成部分包括:

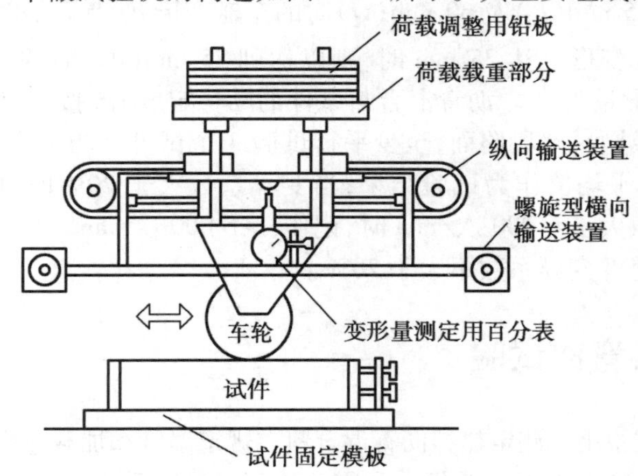


图 5.23　车辙试验机构造示意图

①试验台:可牢固地安装两种宽度(300 mm和 150 mm)规定尺寸试件的试模。

②试验轮:橡胶制的实心轮胎,碾压行走频率为 21 次往返/min(即 42 次/min),允许采用曲柄连杆驱动试验轮(试验台不动)。

③加载装置:通常情况下试验轮与试件的接触压强在 60 ℃时为(0.7±0.05)MPa,施加的总荷载为 780 N 左右,根据需要可以调整接触压强大小。

④试模:钢板制成,由底板及侧板组成。

⑤试件变形测量装置:自动采集车辙变形并记录曲线的装置,通常用 LVDT 位移传感器、电测百分表或非接触位移计。

(2)温度检测装置　自动检测并记录试件表面及恒温室内温度的温度传感器、温度计,精度为±0.5 ℃。

(3)恒温室　车辙试验机必须整机安放在恒温室内,装有加热器、气流循环装置及自动温度控制设备,能保持恒温室内温度为(60 ±1)℃,试件内部温度为(60 ±0.5)℃,根据需要也可为其他试验温度。

2)准备工作

①在 60 ℃条件下调整试验轮接地压强为(0.7 ±0.05) MPa。

②轮碾成型或从路面切割制作车辙试验板块状试件。

③连同试模一起在常温条件下放置时间不少于 12 h。聚合物改性沥青混合料放置时间以 48 h 为宜,但室温放置时间不得长于 1 周。

3)试验方法

①将试件连同试模一起置于已达到试验温度的恒温室中,保温不少于 5 h,也不得超过 12 h。在试件的试验轮不行走部位粘贴热电偶,控制试件温度稳定在规定试验温度。

②将试件连同试模移置于车辙试验机的试验台上,试验轮位于试件中央部位,车轮行走方向须与试件碾压或行车方向一致。

③开动车辙变形自动记录仪,然后启动试验机,使车轮往返行走,时间约 1 h,或最大变形达到 25 mm 时为止。试验时,记录仪自动记录变形曲线(图 5.9)及试件温度。

4)试验结果

从图 5.9 中读取 45 min($t_1$)及 60 min($t_2$)时的车辙变形 $d_1$ 及 $d_2$,准确至 0.01 mm。当变形过大,在未到 60 min 变形已达 25 mm 时,则以达到 25 mm($d_2$)时的时间为 $t_2$,将时间前推 15 min为 $t_1$,此时的变形量为 $d_1$。沥青混合料试件的动稳定度 DS 按式(5.2)计算。

同一沥青混合料或同一路段路面,至少平行试验 3 个试件。当 3 个试件的动稳定度变异系数小于 20% 时,取其平均值作为试验结果;当变异系数大于 20% 时,应分析原因并重新试验。如计算动稳定度值大于 6 000 次/mm 时,记作: >6 000 次/mm。

重复性试验动稳定度变异系数不大于 20%。

## 5.沥青混合料弯曲试验

沥青混合料弯曲试验用于测定热拌沥青混合料在规定温度和加载速率时弯曲破坏的力学性能。试验的温度和加载速率根据有关规定和需要选用。一般采用的试验温度为(15 ±0.5)℃。当用于评价沥青混合料低温拉伸性能时,采用的试验温度为( -10 ±0.5)℃,加载速率宜为 50 mm/min,试验条件应在报告中注明。弯曲试验采用轮碾成型试件切割制成,试件尺寸为(250 ±2.0)mm ×(30 ±2.0)mm ×(35 ±2.0)mm 的棱柱体小梁,其跨径为(200 ±0.5)mm。

1)仪具与材料

①万能材料试验机或压力机:荷载由传感器测定;具有梁式支座,下支座中心距为 200 mm,上压头位置居中,上压头及支座为半径 10 mm 的圆弧形固定钢棒,上压头可活动并与试件紧密接触;应有环境保温箱,控温准确至 ±0.5 ℃,加载速率可选择并在加载过程中速率保持基本不变。

②跨中位移测定装置:LVDT 位移传感器。

③数据采集系统或 X-Y 记录仪:能自动采集传感器及位移计的电测信号,在数据采集系统中储存或在 X-Y 记录仪上绘制荷载与跨中挠度曲线。

④恒温水槽或冰箱、烘箱：用于试件保温，温度范围能满足试验要求，控温准确至±0.5 ℃。当试验温度低于0 ℃时，恒温水槽可采用1:1甲醇水溶液或防冻液作冷媒介质。恒温水槽中的液体应能循环回流。

⑤其他。如卡尺、秒表、温度计、天平、平板玻璃等。

2）准备工作

①将轮碾成型的板块状试件切割成规定尺寸的棱柱体试件。在跨中及两支点断面用卡尺量取试件的尺寸，当两支点断面的高度（或宽度）之差超过2 mm时，试件应作废。跨中断面的宽度为$b$，高度为$h$，取相对两侧的平均值，准确至0.1 mm。

②测量试件的密度、空隙率等物理指标。

③将试件置于规定温度的恒温水槽中保温不少于45 min，直至试件内部温度达到试验温度±0.5 ℃为止。

④使试验机环境保温箱达到要求的试验温度±0.5 ℃。

⑤将试验机梁式试件支座准确安放好，测定支点间距为（200±0.5）mm，使上下压头保持平行，且使两侧等距离，然后将其位置固定。

3）试验方法

①将试件从恒温水槽中取出，立即对称安放在支座上，试件上下方向应与试件成型时方向一致。

②在梁跨下缘正中央安放位移测定装置，支座固定在试验机上。位移计测头置于试件跨中下缘中央或两侧（用两个位移计）。

③将荷载传感器、位移计与数据采集系统或X-Y记录仪连接，以$X$轴为位移，$Y$轴为荷载，选择适宜的量程后调零。跨中挠度可用LVDT位移传感器、电测百分表或类似的位移测定仪测定。

④开动压力机以规定的速率在跨中施加荷载直至试件破坏。记录仪同时记录荷载-跨中挠度曲线，如图5.24所示。

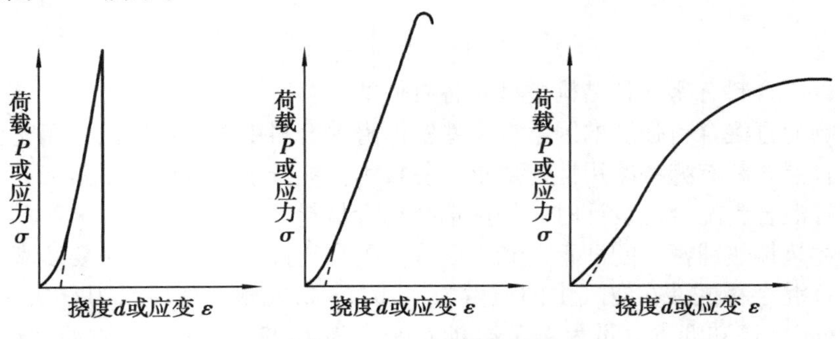


图5.24 荷载-跨中挠度曲线

4）试验结果

①将图5.24中荷载-挠度曲线的直线段按图示方法延长与横坐标相交作为曲线的原点，由图中量取峰值时的最大荷载$P_B$及跨中挠度$d$。

②按式(5.3)、式(5.4)、式(5.5)计算试件破坏时的抗弯拉强度$R_B$、破坏时的梁底最大弯拉应变$\varepsilon_B$及破坏时的弯曲劲度模量$S_B$。

③计算加载过程中任一加载时刻的应力、应变、劲度模量的方法同上,只需读取该时刻的荷载及变形,代替上式中的最大荷载及破坏变形即可。

④当一组测定值中某个数据与平均值之差大于标准差的 $k$ 倍时,该测定值应予舍弃,并以其余测定值的平均值作为试验结果。当试验数目 $n$ 为 3,4,5,6 个时,$k$ 值分别为 1.15,1.46,1.67,1.82。

# 本章小结

沥青混合料按其矿质混合料的级配分为 3 种结构类型,即悬浮-密实型、骨架-空隙型、骨架-密实型,其抗剪强度取决于沥青与矿料交互作用产生的黏滞力及颗粒间的内摩擦力。

路用沥青混合料的技术性能包括高温稳定性、低温抗裂性、抗滑性、耐久性、施工和易性,分别用相应的技术指标评价。高温稳定性用马歇尔稳定度、流值、动稳定度评价;低温抗裂性用低温弯曲试验破坏应变等评价;耐久性用空隙率、沥青饱和度、残留稳定度、冻融劈裂残留强度比等评价;抗滑性用构造深度等评价。沥青混合料配合比设计包括矿质混合料组成设计和确定最佳沥青用量。

水工沥青混凝土的技术性能包括抗渗性、稳定性、柔性、耐久性、施工和易性,分别用相应的技术性能指标评价。水工沥青混凝土配合比设计包括矿质混合料组成设计和确定最佳沥青用量。

本章还介绍了沥青混合料的有关试验。

# 复习思考题

5.1　沥青混合料有哪几种结构类型?各有何特点?

5.2　影响沥青混合料强度的因素有哪些?沥青混合料中加入矿粉的作用是什么?

5.3　沥青混合料有哪些路用性能要求?各技术性能分别用哪些技术指标评价?

5.4　沥青混合料配合比设计时应如何选择沥青材料?

5.5　简述热拌热铺密级配沥青混凝土混合料配合比设计的方法和主要步骤。

5.6　沥青混合料试件在空气中的质量为 1 157.3 g,在水中的质量为 670.0 g,表干密度为1 161.9 g/cm$^3$。已知沥青含量为 4.5%,沥青密度为 1.051 g/cm$^3$,矿质混合料平均表观密度为 2.703 g/cm$^3$。试求该试件的最大理论密度、表观密度、毛体积密度、空隙率、矿料间隙率、沥青饱和度。

5.7　在气候分区为 1-4-1 的地区修建高速公路,路面采用两层式结构,上面层设计厚度为 4 cm。请选择沥青混合料类型,并对原材料技术性能提出要求。

5.8　水工沥青混凝土料有哪些技术性能要求?分别用什么技术指标评价?

# 第6章　建筑钢材

**内容提要**

本章简单介绍钢材的分类，重点阐述了建筑钢材的抗拉性能、冲击韧性、耐疲劳性和冷弯性能等技术性能，并着重介绍了道路桥梁工程常用建筑钢材的技术标准。

建筑钢材是土木建筑工程中应用量最大的金属材料，如型材有角钢、槽钢、工字钢等，板材有厚板、中板、薄板等，钢筋有光圆钢筋和带肋钢筋等。建筑钢材主要应用于钢结构和钢筋混凝土结构中，是重要的建筑材料之一。

钢材组织均匀密实、强度高、弹性模量大、塑性及韧性好、承受冲击荷载和动力荷载的能力强，且便于加工和装配，因此广泛应用在建筑结构中，尤其是大跨度及高层建筑结构中。但是钢材具有易腐蚀、耐火性差、生产能耗大等缺点，因此在应用时应对其进行适当的维护。

## 6.1　钢材的分类及其技术性能

### 6.1.1　钢材的分类

钢是以铁为主要元素，含碳量一般在2%以下，并含有其他元素的材料。我国国家标准《钢分类　第1部分　按化学成分分类》(GB/T 13304.1—2008)和《钢分类　第2部分　按主要质量等级和主要性能或使用特性的分类》(GB/T 13304.2—2008)对钢的分类作了具体规定。标准第1部分规定了按照化学成分对钢进行分类的基本原则，将钢分为非合金钢、低合金钢和合金钢三类；标准第2部分规定了非合金钢、低合金钢和合金钢按主要质量等级、主要性能或使用特性分类的基本原则和要求。

钢的种类繁多，根据不同的需要，可采用不同的分类方法。同一钢材，采用不同的分类方法，可有不同的名称。根据分类目的的不同，常用的分类方法有以下几种。

1)按化学成分分类

按钢的化学成分,可将钢分为非合金钢、低合金钢和合金钢。

(1)非合金钢　非合金钢的性能主要由碳含量决定,习惯上称为碳素钢。碳素钢一般含碳量不大于1.35%,含锰量不大于1.2%,含硅量不大于0.4%,另外含有少量的硫、磷杂质。根据含碳量的多少,碳素钢可分为低碳钢[$w(C)<0.25\%$]、中碳钢[$0.25\%<w(C)<0.6\%$]和高碳钢[$w(C)>0.6\%$]。低碳钢性质软韧,易加工,是建筑工程的主要用钢;中碳钢性质较硬,多用于机械部件;高碳钢性质很硬,是一般工具用钢。

(2)合金钢　合金钢是在炼钢过程中,为改善钢材性能或获得某种特殊性能的钢材,加入一种或多种一定含量的合金元素。常用合金元素有锰、硅、铬、镍、钛、铌等。根据钢中所含主要合金元素的不同,合金钢可分为锰钢、铬钢、铬镍钢、铬镍锰钢等。根据合金元素的含量不同,合金钢可分为低合金钢[$w(Me)<5\%$]、中合金钢[$5\%<w(Me)<10\%$]和高合金钢[$w(Me)>10\%$]。

2)按冶炼方法分类

炼钢的原理是将熔融的生铁进行氧化,并将碳、硅、锰、硫、磷成分降低到预定范围。

①根据钢的冶炼方法和冶炼设备的不同,将钢分为转炉钢、平炉钢和电炉钢三大类。

转炉炼钢根据鼓风的不同分为空气转炉和氧气转炉,目前主要是氧气转炉。氧气转炉炼钢冶炼速度快,生产效率高,质量好,主要用于生产碳素钢和低合金钢。

平炉炼钢利用火焰的氧化作用除去杂质,冶炼时间长,钢质好且稳定,但成本高,主要用于生产碳素钢和低合金钢。

电炉炼钢系利用电热冶炼,温度高,易控制,生产的钢质量最好,但成本高,主要用于生产合金钢和优质碳素钢。

②按钢的脱氧程度和浇注制度的不同,将钢分为沸腾钢、镇静钢。

沸腾钢浇注时不加脱氧剂(如硅、铝等),钢液大量CO气体外逸,引起钢液剧烈沸腾。这类钢的特点是钢中硅含量很低,脱氧不完全,致密程度差,杂质偏析严重,冲击韧性和可焊性差。其优点是钢的收得率高,生产成本低,因此广泛应用于一般建筑结构中。

镇静钢是浇注时钢液平静地冷却凝固,脱氧较完全,所浇钢锭组织致密、密度均匀、气泡少、质量好,但成本高,一般只用于承受冲击荷载的结构或其他重要结构。

3)按用途分类

按用途可将钢分为结构钢、工具钢和特殊性能钢三大类。

结构钢用于制作工程结构及制造机器零件。工程结构用钢包括普通质量的碳素结构钢及普通低合金钢。制造机器零件的钢还可分为渗碳钢、调质钢、弹簧钢及滚动轴承钢等。

工具钢用于制造各种工具。根据用途不同,又可分为刃具钢、模具钢与量具钢。

特殊性能钢是具有特殊的物理、化学及机械性能的钢,如不锈钢、耐热钢、耐酸钢、磁性钢等。

为了满足专门用途的需要,由上述钢类还可派生出各类专门用途的钢,简称专门钢,如桥梁用钢、钢轨钢、船用钢、汽车大梁用钢、锅炉用钢、耐候钢等。

4)按冶金质量分类

主要按钢中的有害杂质磷、硫来分类,可将钢分为普通质量钢[$w(P) \leqslant 0.045\%$, $w(S) \leqslant 0.05\%$]、优质钢[$w(P) \leqslant 0.035\%$, $w(S) \leqslant 0.035\%$]和高级优质钢[$w(P) \leqslant 0.025\%$, $w(S) \leqslant 0.025\%$]。

桥梁建筑用钢材、钢筋混凝土用钢筋,就其用途属于结构钢,就其质量属于普通钢,按碳含量属于低碳钢。因此,桥梁结构用钢和混凝土用钢筋是属于碳素结构钢或低合金结构钢。

## 6.1.2 钢材的技术性能

钢材的技术性能主要包括力学性能和工艺性能两个方面。钢材主要的力学性能有抗拉性能、冲击韧性、耐疲劳性和硬度。其工艺性能则包括冷弯性能和焊接性能。

1)力学性能

钢材是土木建筑工程中广泛应用的结构材料,使用中要承受拉力、压力、弯曲、扭曲等各种静力荷载作用,这就要求钢材应具有一定的强度及抵抗有限变形而不破坏的能力。对于承受动力荷载作用的钢材,还要求具有较高的冲击韧性及抗疲劳断裂性能。

(1)抗拉性能　抗拉性能是建筑钢材最重要的技术性能。建筑钢材的抗拉性能可用低碳钢在拉伸试验中的应力-应变曲线来描述,如图 6.1 所示。根据曲线的特征,低碳钢在受拉过程中经历了弹性、屈服、强化和颈缩 4 个阶段,其力学性能可由屈服强度、极限抗拉强度和伸长率等指标来反映。

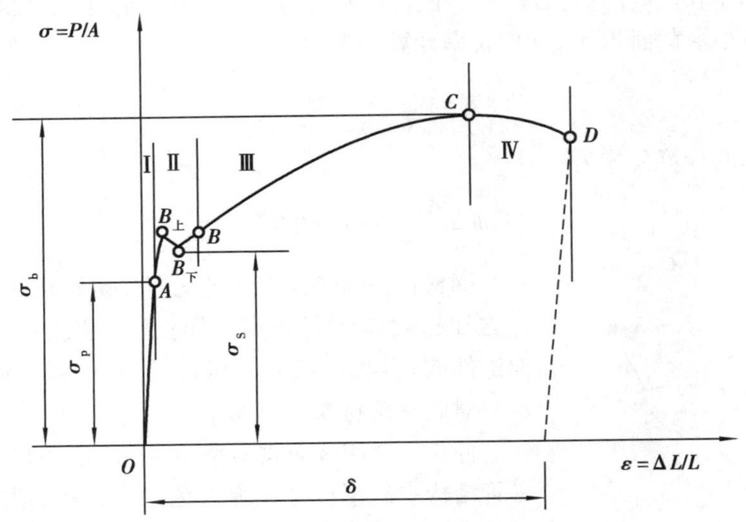


图 6.1　低碳钢受拉时的应力-应变曲线

①弹性模量:在图 6.1 中曲线 $OA$ 段为弹性阶段。该阶段应力与应变成直线关系,随着荷载的增加,应变成比例增加。若卸载,试件可回复原样,称为弹性变形。$A$ 点所对应的应力称为弹性极限,用 $\sigma_p$ 表示。$OA$ 段的应力与应变比值为一常数,称为弹性模量,用 $E$ 表示,即 $E=\sigma/\varepsilon$。弹性模量反映钢材的刚度,即抵抗弹性变形的能力,是钢材在受力条件下计算结构变形

的重要指标。常用低碳钢的弹性模量 $E=(2.0\sim2.1)\times10^5$ MPa，$\sigma_p=180\sim200$ MPa。

②屈服强度：应力超过 $\sigma_p$ 后，应变急剧增加，而应力基本保持不变，这种现象称为屈服，如图6.1所示的$AB$段。在该阶段应力与应变不再成比例变化，应变增加的速度远大于应力增加的速度，若在该阶段卸载，试件的变形将有部分不能恢复，即试件发生了塑性变形。图6.1中 $B_上$ 点是该阶段的应力最高点，称为屈服上限，$B_下$ 点称为屈服下限。一般以 $B_下$ 点对应的应力为屈服强度，用 $\sigma_s$ 表示。钢材受力达到 $\sigma_s$ 后，变形迅速发展，已经不能满足使用要求，故设计中一般用屈服点作为强度取值的依据。常用低碳钢的 $\sigma_s$ 为185~235 MPa。

③抗拉强度：荷载超过 $\sigma_s$ 后，因塑性变形使钢材内部的组织结构发生变化，抵抗变形的能力有所增强，$\sigma$-$\varepsilon$ 曲线出现上升，进入强化阶段，如图6.1的$BC$段。此阶段虽然应力能够增加，表现为承载力提高，但变形速率比应力增加速率大，对应于最高点$C$的应力称为极限抗拉强度，用 $\sigma_b$ 表示。常用低碳钢的 $\sigma_b$ 为375~500 MPa。

钢材的屈强比用式(6.1)表示，它反应钢材的可靠性和利用率。屈强比小，钢材的可靠性大，结构安全。但是屈服比过小，则钢材利用率低。

$$n=\sigma_s/\sigma_b \tag{6.1}$$

④伸长率和截面收缩率：应力超过 $\sigma_b$ 后，试件的变形仍继续增大，而应力反而下降，$\sigma$-$\varepsilon$ 曲线出现下降，如图6.1中的$CD$段。此时，试件某段的截面积逐渐减小，出现颈缩现象，直至$D$点试件断裂。

钢材在外力作用下发生塑性变形而不破坏的性能，称为塑性。塑性通常用拉伸试验中的伸长率 $\delta$ 和截面收缩率 $\psi$ 表示。

试件初始标距长度 $l_0$，截面面积 $A_0$。试件拉断后将其对接在一起，测量拉断后的标距长度 $l_1$ 和断口处的最小横截面积 $A_1$，则伸长率计算公式为：

$$\delta=\frac{l_1-l_0}{l_0}\times100\% \tag{6.2}$$

截面收缩率的计算公式为：

$$\psi=\frac{A_0-A_1}{A_1}\times100\% \tag{6.3}$$

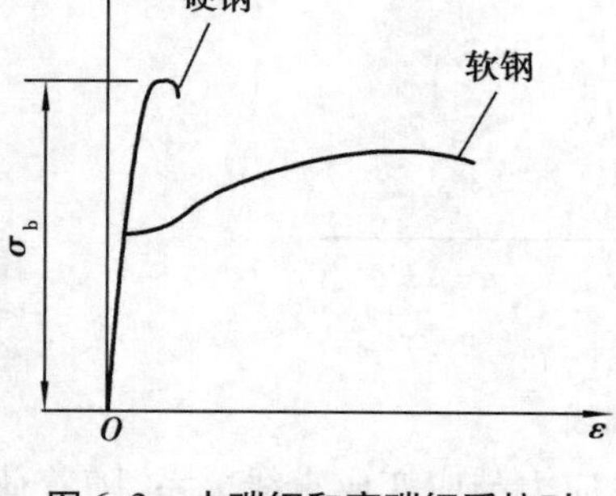


图6.2　中碳钢和高碳钢受拉时的应力-应变曲线

钢材拉伸时颈缩处变形较大，初始标距 $l_0$ 与截面直径 $d_0$ 之比越大，则计算所得的伸长率 $\delta$ 也就越小。通常钢材拉伸试件取 $l_0=5d_0$ 或 $l_0=10d_0$，其伸长率分别以 $\delta_5$ 和 $\delta_{10}$ 表示。对同一钢材 $\delta_5$ 大于 $\delta_{10}$。

伸长率 $\delta$ 和截面收缩率 $\psi$ 越大，说明材料的塑性越好。尽管结构中的钢材是在弹性范围内使用，但应力集中处，其应力可能超过屈服点，此时塑性变形可以使结构中应力重新分布，从而避免结构破坏。常用低碳钢的伸长率 $\delta$ 为20%~30%，截面收缩率 $\psi$ 为60%~70%。

中碳钢和高碳钢(硬钢)拉伸试验的 $\sigma$-$\varepsilon$ 曲线如图6.2所示，与低碳钢(软钢)相比有明显的不同，其特点是没有明显的屈服阶段，应力随应变持续增加，直至断裂。一般取残余应变为0.2%时的应力作为高碳钢的名义屈服强度。

(2)冲击韧性　冲击韧性是钢材抵抗冲击荷载作用的能力。钢材的冲击韧性 $\alpha_k$ 是用标准试件(中部加工成V或U形缺口)在试验机的一次摆锤冲击下(图6.3)，以破坏后缺口处单位面积上所消耗的功来表示，即

$$\alpha_k = \frac{W}{A} \tag{6.4}$$

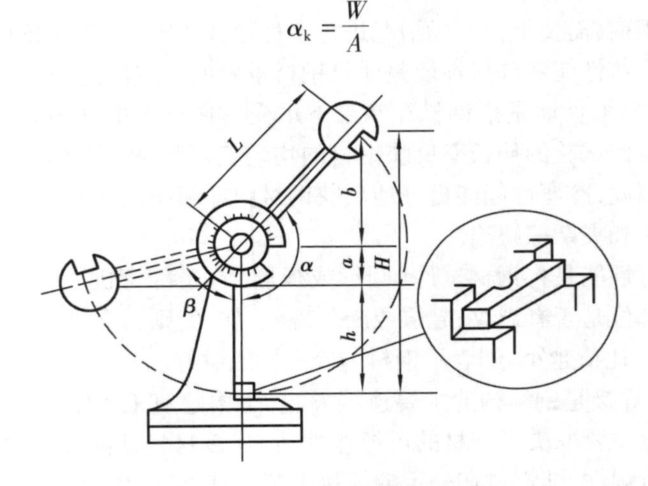


图6.3　冲击韧性试验示意图

冲击韧性 $\alpha_k$ 值越大，钢材的冲击韧性越好。钢材的化学成分、冶炼方式、加工工艺和环境温度对其冲击韧性都有明显影响。如钢材中的磷、硫元素含量较高，或存在偏析、非金属夹杂物，以及焊接形成的微裂纹，都会导致冲击韧性显著降低。随温度下降，钢材的冲击韧性显著下降而表现出的脆性现象称为钢材的冷脆性。冲击韧性显著降低时的温度为脆性转变温度。脆性转变温度越低，说明钢材的低温冲击韧性越好。

钢材的冲击韧性能够全面反映钢材的品质，对于直接承受荷载而且可能在负温下工作的重要结构，必须进行冲击韧性试验。

(3)耐疲劳性　钢材在交变荷载反复作用下，往往在远小于其抗拉强度时发生突然破坏，此现象称为疲劳破坏。实验证明，钢材承受的交变应力越大，则断裂时所经受的交变应力循环次数越少，反之则多。当交变应力下降至一定值时，钢材可以经受交变应力无数次循环而不发生疲劳破坏。

疲劳破坏的危险应力用疲劳强度表示。疲劳强度是指钢材在交变荷载作用下，于规定周期基数内不发生疲劳破坏所能承受的最大应力。通常取交变应力循环次数 $N=10^7$ 时，试件不发生破坏的最大应力作为疲劳强度。

钢材疲劳强度与其内部组织状态、成分偏析、杂质含量及各种缺陷有关，钢材表面光洁程度和受腐蚀等都会影响疲劳强度。一般钢材的抗拉强度高，耐疲劳强度也较高。

在设计承受交变荷载且需进行疲劳验算的结构时，应当了解所用钢材的疲劳强度。

(4)硬度　硬度表示钢材表面局部体积抵抗变形或破坏的能力，是衡量钢材软硬程度的一个指标。硬度测定是将硬物压入钢材表面，根据压力大小及产生的压痕面积或深度来评价的。建筑钢材常用布氏法和洛氏法测定，相应的指标称为布氏硬度和洛氏硬度。

布氏硬度试验是用一定的荷载将一定直径的硬质合金或淬火钢球压入试件表面，持续至规定时间卸载，测定试件表面上的压痕直径 $d$，根据计算或查表确定单位面积上所承受的平均应力值，其值即为布氏硬度值。

2）工艺性能

建筑钢材在使用前，需要根据实际情况进行多种形式的加工，其良好的工艺性能可以满足施工工艺的要求。冷弯性能和焊接性能是建筑钢材重要的工艺性能。

（1）冷弯性能　冷弯性能是指钢材在常温下承受弯曲变形的能力，它是钢材的重要工艺性能。钢材的单轴拉伸试验的伸长率反映钢材的均匀变形性能，而冷弯试验检验钢材在非均匀变形下的性能。因此，冷弯性能能更好地反映钢材内部组织结构的均匀性，如是否存在不均匀内应力、气泡、偏析和夹杂等缺陷。

检验钢材的冷弯性能是将钢材试件（圆形或板形）置于冷弯机上弯曲至规定角度（90°或180°），观察其弯曲部位是否有裂纹、起层或断裂现象，如无，则为合格。弯曲角度越大，弯心直径对试件厚度（直径）比值越小，则表示钢材的冷弯性能越好。

（2）焊接性能　焊接是钢结构的主要连接方式，土木建筑工程中的钢结构有 90% 以上为焊接结构。焊接质量主要取决于钢材的可焊接性能、焊接材料性能和焊接工艺。钢材的焊接性能主要指钢材的可焊性，即钢材在一定的焊接工艺条件下，在焊缝及其附近过热区不产生裂纹及硬脆倾向，焊接后钢材的力学性能尤其是强度不低于原有钢材的强度。

### 6.1.3　钢的化学成分对钢材性能的影响

碳素钢中除铁和碳外，还含有硅、锰以及少量硫、磷、氧、氮、氢等元素。这些元素的含量是决定钢材质量和性能好坏的重要因素。为了保证钢材的质量，国家标准对各种钢的化学成分都有规定，尤其对钢中有害元素的含量控制得更严。

①碳的影响。碳是影响钢材性能的主要元素。随含碳量升高，钢材的强度和硬度相应提高，但塑性和韧性相应降低。当含碳量超过 1.0%，钢材的强度反而下降。此外，随碳含量增加，还会增大钢材的冷脆性和时效敏感性，降低抗腐蚀性和可焊性。

②硅的影响。硅是钢材中的主要合金元素。少量的硅可以提高钢材的强度和硬度，且对塑性和韧性影响不大。但随硅含量的增大（>1.0%），将显著降低钢材的塑性和韧性，增大冷脆性，可焊性变差。

③锰的影响。锰可以明显提高钢材的强度和硬度，还能与钢中的硫结合成 MnS 入渣排掉，起到去硫的作用。但锰含量过高，同样会降低钢材的塑性、韧性和可焊性。一般锰含量在 0.25%～0.80%。

④硫的影响。硫是钢中的有害元素，硫大多以 FeS 形式存在于钢材中。FeS 是一种强度低且脆的杂质，容易引起应力集中，降低钢的强度和疲劳强度。此外，硫还对钢材的热加工性和焊接不利，应严格控制其含量，一般不应超过 0.065%。

⑤磷的影响。磷也是钢中的有害元素，虽然可以增强钢材的强度和耐腐蚀性，但却能显著增大钢的冷脆性，并降低可焊性，因此应严格控制其含量，一般不超过 0.085%。

⑥氧的影响。氧多数以 FeO 形式存在,可使钢的塑性、韧性和疲劳强度显著降低,并增大时效敏感性。

⑦氮的影响。氮对钢性能的影响与磷相近,应控制其含量不超过0.008%。

⑧氢的影响。氢以原子状态存在于钢中,能显著降低钢的塑性、韧性,使钢变脆,这种现象称为氢脆。当氢以分子状态存在时,高压将在钢中造成微裂纹,形成所谓白点,引起钢材脆断。因此,应严格控制其含量。

## 6.2 建筑用钢的技术要求

建筑钢材按用途分为钢结构用钢材以及钢筋混凝土结构用钢筋、钢丝等。各种建筑钢材的性能主要取决于所用钢种和加工工艺,它们基本上都是由碳素结构钢和低合金高强度结构钢经热轧或冷轧、冷拔及热处理等工艺加工而成。

### 6.2.1 钢结构用钢

目前,我国钢结构用钢主要有碳素结构钢、优质碳素结构钢和低合金高强度结构钢三大类,一般均热轧成各种不同尺寸的型钢(角钢、工字钢、槽钢等)、钢板等。

1)碳素结构钢

碳素结构钢是建筑用钢最常用的钢种之一,适用于一般结构工程,可以加工成各种型钢、钢筋和钢丝。

(1)牌号表示方法　碳素结构钢的牌号由4部分组成,依次为:代表钢材屈服点的汉语拼音Q;表示钢材屈服点的数字,分别为195,215,235和275,以MPa计;表示质量等级的符号,按钢材中硫、磷含量由大到小划分,按A,B,C,D的顺序,质量逐级提高;代表钢脱氧程度的符号,沸腾钢F、镇定钢Z、特殊镇定钢TZ。

例如:Q235AF,表示屈服强度为235 MPa、质量等级为A级的沸腾钢;Q215C,表示屈服强度为215 MPa、质量等级为C级的镇定钢。

(2)技术要求　根据《碳素结构钢》(GB/T 700—2006)的规定,各种牌号的碳素结构钢的化学成分要求见表6.1,拉伸试验、冲击试验得到的技术指标应满足表6.2的要求,冷弯性能必须符合表6.3的规定。

从表中可以看出随着钢号的增加,其含碳、含锰量增加,强度和硬度逐步提高,但伸长率和冷弯性能则下降。特殊镇定钢优于镇定钢,镇定钢优于半镇定钢,更优于沸腾钢。同一钢号的质量等级越高,其硫、磷含量越低,钢材质量越好。碳素结构钢的选用主要根据以下原则:以冶炼方法和脱氧程度来区分钢材品质,选用时根据结构的工作条件、承受的荷载类型、受荷方式、连接方式等综合考虑来选择钢号和材质。

**表 6.1　碳素结构钢的化学成分(GB/T 700—2006)**

| 牌号 | 统一数字代号[a] | 等级 | 厚度(或直径)/mm | 脱氧方法 | 化学成分(质量分数)/%,不大于 | | | | |
|---|---|---|---|---|---|---|---|---|---|
| | | | | | C | Si | Mn | P | S |
| Q195 | U11952 | — | — | F,Z | 0.12 | 0.30 | 0.50 | 0.035 | 0.040 |
| Q215 | U12152 | A | — | F,Z | 0.15 | 0.35 | 1.20 | 0.045 | 0.050 |
| | U12155 | B | | | | | | | 0.045 |
| Q235 | U12352 | A | — | F,Z | 0.22 | 0.35 | 1.40 | 0.045 | 0.050 |
| | U12355 | B | | | 0.20[b] | | | | 0.045 |
| | U12358 | C | | Z | 0.17 | | | 0.040 | 0.040 |
| | U12359 | D | | TZ | | | | 0.035 | 0.035 |
| Q275 | U12752 | A | — | F,Z | 0.24 | 0.35 | 1.50 | 0.45 | 0.050 |
| | U12755 | B | ≤40 | Z | 0.21 | | | 0.045 | 0.045 |
| | | | >40 | | 0.22 | | | | |
| | U12758 | C | — | Z | 0.20 | | | 0.040 | 0.040 |
| | U12759 | D | | TZ | | | | 0.035 | 0.035 |

注:[a] 表中为镇静钢、特殊镇静钢牌号的统一数字,沸腾钢牌号的统一数字代号如下:

Q195F——U11950;Q215AF——U12150,Q215BF——U12153;

Q235AF——U12350,Q235BF——U12353;Q275AF——U12750。

[b] 经需方同意,Q235B 的碳含量可不大于 0.22%。

**表 6.2　碳素结构钢的力学性能(GB/T 700—2006)**

| 牌号 | 等级 | 上屈服强度[a]$R_{eH}$/(N·mm$^{-2}$),不小于 | | | | | | 抗拉强度[b]$R_m$/(N·mm$^{-2}$) | 断后伸长率 $A$/%,不小于 | | | | | 冲击试验(V 形缺口) | |
|---|---|---|---|---|---|---|---|---|---|---|---|---|---|---|---|
| | | 厚度(或直径)/mm | | | | | | | 厚度(或直径)/mm | | | | | 温度/℃ | 冲击吸收功(纵向)/J,不小于 |
| | | ≤16 | >16~40 | >40~60 | >60~100 | >100~150 | >150~200 | | ≤40 | >40~60 | >60~100 | >100~150 | >150~200 | | |
| Q195 | — | 195 | 185 | — | — | — | — | 315~430 | 33 | — | — | — | — | — | — |
| Q215 | A | 215 | 205 | 195 | 185 | 175 | 165 | 335~450 | 31 | 30 | 29 | 27 | 26 | — | — |
| | B | | | | | | | | | | | | | +20 | 27 |
| Q235 | A | 235 | 225 | 215 | 215 | 195 | 185 | 370~500 | 26 | 25 | 24 | 22 | 21 | — | — |
| | B | | | | | | | | | | | | | +20 | 27[c] |
| | C | | | | | | | | | | | | | 0 | |
| | D | | | | | | | | | | | | | -20 | |
| Q275 | A | 275 | 265 | 255 | 245 | 225 | 215 | 410~540 | 22 | 21 | 20 | 18 | 17 | — | — |
| | B | | | | | | | | | | | | | +20 | 27 |
| | C | | | | | | | | | | | | | 0 | |
| | D | | | | | | | | | | | | | -20 | |

注:[a] Q195 的屈服强度值仅供参考,不作交货条件。

[b] 厚度大于 100 mm 的钢材,抗拉强度下限允许降低 20 N/mm$^2$。宽带钢(包括剪切钢板)抗拉强度上限不作交货条件。

[c] 厚度小于 25 mm 的 Q235B 级钢材,如供方能保证冲击吸收功值合格,经需方同意,可不做检验。

表6.3 碳素结构钢冷弯试验指标(GB/T 700—2006)

| 牌号 | 试样方向 | 冷弯试验180° $B=2a$[a] | |
|---|---|---|---|
| | | 钢材厚度(或直径)[b]/mm | |
| | | ≤60 | >60~100 |
| | | 弯心直径 $d$ | |
| Q195 | 纵 | 0 | — |
| | 横 | $0.5a$ | |
| Q215 | 纵 | $0.5a$ | $1.5a$ |
| | 横 | $a$ | $2a$ |
| Q235 | 纵 | $a$ | $2a$ |
| | 横 | $1.5a$ | $2.5a$ |
| Q275 | 纵 | $1.5a$ | $2.5a$ |
| | 横 | $2a$ | $3a$ |

注:[a] $B$ 为试样宽度,$a$ 为试样厚度(或直径)。

[b] 钢材厚度(或直径)大于100 mm时,弯曲试验由双方协商确定。

(3)碳素结构钢的应用 由于碳素结构钢性能稳定、易加工、成本低,因此在土木工程中被广泛使用。

Q235具有较高强度,良好的塑性、韧性及可焊性,综合性能好,故能满足一般钢结构和钢筋混凝土结构的用钢要求。Q235A一般仅适用于只承受静荷载作用的钢结构,Q235B和Q235C分别适用于承受动荷载焊接的普通钢结构和重要钢结构,Q235D则适合用于低温环境下承受动荷载焊接的重要钢结构。

Q195,Q215强度低,塑韧性好,具有良好的可焊性,易于冷加工,常用作钢钉、铆钉、螺栓及钢丝等。

Q275强度高,但塑韧性和可焊性差,可用于轧制钢筋、制作螺栓配件等,多用于制作机械零件和工具。

2)优质碳素结构钢

优质碳素结构钢简称优质碳素钢,与普通碳素钢相比,由于硫、磷有害杂质的含量受到严格控制,因此其综合力学性能优于普通碳素结构钢。

(1)牌号表示方法 根据《优质碳素结构钢》(GB/T 699—2015)的规定,优质碳素钢的牌号用两位阿拉伯数字表示平均碳含量(以万分之几计),数字后若有"Mn",则表示有较高锰含量(0.70%~1.20%),否则表示含锰量为0.35%~0.70%。例如35Mn,表示平均含碳量为0.35%的高含锰量钢。优质碳素结构钢共有28个牌号,均是镇静钢。

(2)技术要求 优质碳素结构钢的性能主要取决于含碳量,含碳量高则力学性能也高,但塑性和韧性降低。其28个钢号的化学成分和力学性能各不相同。工程结构中常用的几个钢号的化学成分和力学性能见表6.4和表6.5。

表 6.4　优质碳素结构钢的化学成分(GB/T 699—2015)

| 牌　号 | 化学成分(质量分数)/% | | | | | | | |
|---|---|---|---|---|---|---|---|---|
| | C | Si | Mn | P | S | Cr | Ni | Cu |
| | | | | ≤ | | | | |
| 30 Mn | 0.27~0.34 | 0.17~0.37 | 0.70~1.00 | 0.035 | 0.035 | 0.25 | 0.30 | 0.25 |
| 35 Mn | 0.32~0.39 | 0.17~0.37 | 0.70~1.00 | 0.035 | 0.035 | 0.25 | 0.30 | 0.25 |
| 40 Mn | 0.37~0.44 | 0.17~0.37 | 0.70~1.00 | 0.035 | 0.035 | 0.25 | 0.30 | 0.25 |
| 45 Mn | 0.42~0.50 | 0.17~0.37 | 0.70~1.00 | 0.035 | 0.035 | 0.25 | 0.30 | 0.25 |
| 50 Mn | 0.48~0.56 | 0.17~0.37 | 0.70~1.00 | 0.035 | 0.035 | 0.25 | 0.30 | 0.25 |
| 60 Mn | 0.57~0.65 | 0.17~0.37 | 0.70~1.00 | 0.035 | 0.035 | 0.25 | 0.30 | 0.25 |
| 65 Mn | 0.62~0.70 | 0.17~0.37 | 0.90~1.20 | 0.035 | 0.035 | 0.25 | 0.30 | 0.25 |
| 70 Mn | 0.67~0.75 | 0.17~0.37 | 0.90~1.20 | 0.035 | 0.035 | 0.25 | 0.30 | 0.25 |

表 6.5　优质碳素结构钢的力学性能(GB/T 699—2015)

| 牌　号 | 力学性能 | | | | |
|---|---|---|---|---|---|
| | 抗拉强度 $R_m$ /MPa | 下屈服强度 $R_{eL}$ /MPa | 断后伸长率 $A$ /% | 断面收缩率 $Z$ /% | 冲击吸收能量 $KU_2$ /J |
| 30 Mn | 540 | 315 | 20 | 45 | 63 |
| 35 Mn | 560 | 335 | 18 | 45 | 55 |
| 40 Mn | 590 | 355 | 17 | 45 | 47 |
| 45 Mn | 620 | 375 | 15 | 40 | 39 |
| 50 Mn | 645 | 390 | 13 | 40 | 31 |
| 60 Mn | 690 | 410 | 11 | 35 | — |
| 65 Mn | 735 | 430 | 9 | 30 | — |
| 70 Mn | 785 | 450 | 8 | 30 | — |

(3)优质碳素结构钢的应用　优质碳素结构钢一般经热处理后使用,因此也称为热处理钢。这种钢的成本较高,工程结构中应用较少。一般重要结构的钢铸件和高强度螺栓常用30,35,40和45钢,45钢用作预应力钢筋的锚具,70,75和80钢可用作生产预应力混凝土用的碳素钢丝、刻痕钢丝和钢绞线。

3)低合金高强度结构钢

低合金高强度结构钢是在碳素结构钢的基础上加入小于总量5%的一种或几种合金元素

形成的结构钢。常用的合金元素主要有锰(Mn)、硅(Si)、钒(V)、钛(Ti)等。加入合金元素不仅可以提高钢材的强度和硬度,还能改善其塑性和韧性。低合金高强度结构钢是脱氧完全的镇静钢。

(1)牌号表示方法　根据国家标准《低合金高强度结构钢》(GB/T 1591—2018)的规定,低合金高强度结构钢的牌号由代表屈服强度"屈"字的汉语拼音首字母Q、规定的最小上屈服强度数值、交货状态代号、质量等级符号(B,C,D,E,F)4个部分组成。交货状态为热轧时,交货状态代号AR或WAR可省略;交货状态为正火或正火轧制状态时,交货状态代号均用N表示。Q+规定的最小上屈服强度数值+交货状态代号,简称"钢级"。如Q355ND表示规定的最小上屈服强度为355 MPa,交货状态为正火或正火轧制的D级低合金高强度结构钢。

(2)技术要求　低合金高强度结构钢可分为热轧钢,正火、正火轧制钢,热机械轧制钢等,其化学成分及力学性能应满足表6.6至表6.12的规定,其弯曲性能应满足表6.13的规定。

**表6.6　热轧钢的牌号及化学成分(GB/T 1591—2018)**

| 牌号 | | 化学成分(质量分数)/% | | | | | | | | | | | | | | |
|---|---|---|---|---|---|---|---|---|---|---|---|---|---|---|---|---|
| 钢级 | 质量等级 | C[a] | | Si | Ma | P[c] | S[c] | Nb[d] | V[e] | Tr[c] | Cr | N | C | M | N[f] | B |
| | | 以下公称厚度或直径/mm | | 不大于 | | | | | | | | | | | | |
| | | ≤40[b] | >40 | | | | | | | | | | | | | |
| | | 不大于 | | | | | | | | | | | | | | |
| Q355 | B | 0.24 | | 0.55 | 1.60 | 0.035 | 0.035 | — | — | — | 0.30 | 0.30 | 0.40 | — | 0.012 | — |
| | C | 0.20 | 0.22 | | | 0.030 | 0.030 | | | | | | | | | |
| | D | 0.20 | 0.22 | | | 0.025 | 0.025 | | | | | | | | — | |
| Q390 | B | 0.20 | | 0.55 | 1.70 | 0.035 | 0.035 | 0.05 | 0.13 | 0.05 | 0.30 | 0.50 | 0.40 | 0.10 | 0.015 | — |
| | C | | | | | 0.030 | 0.030 | | | | | | | | | |
| | D | | | | | 0.025 | 0.025 | | | | | | | | | |
| Q420[g] | B | 0.20 | | 0.55 | 1.70 | 0.035 | 0.035 | 0.05 | 0.13 | 0.05 | 0.30 | 0.80 | 0.40 | 0.20 | 0.015 | — |
| | C | | | | | 0.030 | 0.030 | | | | | | | | | |
| Q460F[g] | C | 0.20 | | 0.55 | 1.80 | 0.030 | 0.030 | 0.05 | 0.13 | 0.05 | 0.30 | 0.80 | 0.40 | 0.20 | 0.015 | 0.004 |

注:[a] 公称厚度大于100 mm的型钢,碳含量可由供需双方协商确定。

[b] 公称厚度大于30 mm的钢材,碳含量不大于0.22%。

[c] 对于型钢和棒材,其磷和硫含量上限值可提高0.005%。

[d] Q390,Q420最高可到0.07%;Q460最高可到0.11%。

[e] 最高可到0.20%。

[f] 如果钢中酸溶铝Als含量不小于0.015%或全铝Alt含量不小于0.020%,或添加了其他固氮合金元素,氮元素含量不作限制,固氮元素应在质量证明书中注明。

[g] 仅适用于型钢和棒材。

表 6.7　正火、正火轧制钢的牌号及化学成分(GB/T 1591—2018)

| 牌号 | | 化学成分(质量分数)/% | | | | | | | | | | | | | |
|---|---|---|---|---|---|---|---|---|---|---|---|---|---|---|---|
| 钢级 | 质量等级 | C | Si | Mn | P[a] | S[a] | Nb | V | Tr[c] | Cr | Ni | Cu | Mo | N | Als[d] |
| | | 不大于 | | | 不大于 | | | | | 不大于 | | | | | 不小于 |
| Q355N | B | 0.20 | 0.50 | 0.90 ~ 1.65 | 0.035 | 0.035 | 0.005~ 0.05 | 0.01 ~ 0.12 | 0.006 ~ 0.05 | 0.30 | 0.5 | 0.4 | 0.1 | 0.015 | 0.015 |
| | C | | | | 0.030 | 0.030 | | | | | | | | | |
| | D | | | | 0.030 | 0.025 | | | | | | | | | |
| | E | 0.18 | | | 0.025 | 0.020 | | | | | | | | | |
| | F | 0.16 | | | 0.020 | 0.010 | | | | | | | | | |
| Q390N | B | 0.20 | 0.50 | 0.90 ~ 1.70 | 0.035 | 0.035 | 0.01 ~ 0.05 | 0.01 ~ 0.20 | 0.006 ~ 0.05 | 0.30 | 0.50 | 0.40 | 0.1 | 0.015 | 0.015 |
| | C | | | | 0.030 | 0.030 | | | | | | | | | |
| | D | | | | 0.030 | 0.025 | | | | | | | | | |
| | E | | | | 0.025 | 0.020 | | | | | | | | | |
| Q420N | B | 0.20 | 0.60 | 1.00 ~ 1.70 | 0.035 | 0.035 | 0.01 ~ 0.05 | 0.01 ~ 0.20 | 0.006 ~ 0.05 | 0.30 | 0.8 | 0.40 | 0.1 | 0.015 | 0.015 |
| | C | | | | 0.030 | 0.030 | | | | | | | | | |
| | D | | | | 0.030 | 0.025 | | | | | | | | 0.025 | |
| | E | | | | 0.025 | 0.020 | | | | | | | | | |
| Q460N[b] | C | 0.20 | 0.60 | 1.00 ~ 1.70 | 0.030 | 0.030 | 0.01 ~ 0.05 | 0.01 ~ 0.20 | 0.006 ~ 0.05 | 0.30 | 0.80 | 0.4 | 0.1 | 0.015 | 0.015 |
| | D | | | | 0.030 | 0.025 | | | | | | | | 0.025 | |
| | E | | | | 0.025 | 0.020 | | | | | | | | | |
| 钢中应至少含有铝、铌、钒、钛等细化晶粒元素中的一种,单独或组合加入时,应保证其中至少一种合金含量不小于表中规定含量的下限 | | | | | | | | | | | | | | | |

注:[a] 对于型钢和棒材,磷和硫含量上限值可提高 0.005%。

[b] V + Nb + Ti≤0.22%,Mo + Cr≤0.30%。

[c] 最高可到 0.20%。

[d] 可用全铝 Alt 替代,此时全铝最小含量为 0.020%。当钢中添加了铌、钒、钛等细化晶粒元素且含量不小于表中规定含量的下限时,铝含量下限值不限。

表 6.8　热机械轧制钢的牌号及化学成分(GB/T 1591—2018)

| 牌号 | | 化学成分(质量分数)/% | | | | | | | | | | | | | | |
|---|---|---|---|---|---|---|---|---|---|---|---|---|---|---|---|---|
| 钢级 | 质量等级 | C | Si | Mn | P[a] | S[a] | Nb | V | Ti[b] | Cr | Ni | Cu | Mo | N | B | Als[c] |
| | | 不大于 | | | | | | | | | | | | | | 不小于 |
| Q355M | B | 0.14[d] | 0.50 | 1.60 | 0.035 | 0.035 | 0.01 ~ 0.05 | 0.01 ~ 0.10 | 0.006 ~ 0.05 | 0.30 | 0.50 | 0.40 | 0.10 | 0.015 | — | 0.015 |
| | C | | | | 0.030 | 0.030 | | | | | | | | | | |
| | D | | | | 0.030 | 0.025 | | | | | | | | | | |
| | E | | | | 0.025 | 0.020 | | | | | | | | | | |
| | F | | | | 0.020 | 0.010 | | | | | | | | | | |

续表

| 牌号 | | 化学成分(质量分数)/% | | | | | | | | | | | | | | |
|---|---|---|---|---|---|---|---|---|---|---|---|---|---|---|---|---|
| Q390M | B | 0.15[d] | 0.50 | 1.70 | 0.035 | 0.035 | 0.01 ~ 0.05 | 0.01 ~ 0.12 | 0.006 ~ 0.05 | 0.30 | 0.50 | 0.40 | 0.10 | 0.015 | — | 0.015 |
| | C | | | | 0.030 | 0.030 | | | | | | | | | | |
| | D | | | | 0.030 | 0.025 | | | | | | | | | | |
| | E | | | | 0.025 | 0.020 | | | | | | | | | | |
| Q420M | B | 0.16[d] | 0.50 | 1.70 | 0.035 | 0.035 | 0.01 ~ 0.05 | 0.01 ~ 0.12 | 0.006 ~ 0.05 | 0.30 | 0.80 | 0.40 | 0.20 | 0.015 | — | 0.015 |
| | C | | | | 0.030 | 0.030 | | | | | | | | | | |
| | D | | | | 0.030 | 0.025 | | | | | | | | 0.025 | | |
| | E | | | | 0.025 | 0.020 | | | | | | | | | | |
| Q460M | C | 0.16[d] | 0.60 | 1.70 | 0.030 | 0.030 | 0.01 ~ 0.05 | 0.01 ~ 0.12 | 0.006 ~ 0.05 | 0.30 | 0.80 | 0.40 | 0.20 | 0.015 | — | 0.015 |
| | D | | | | 0.030 | 0.025 | | | | | | | | | | |
| | E | | | | 0.025 | 0.020 | | | | | | | | 0.025 | | |
| Q500M | C | 0.18 | 0.60 | 1.80 | 0.030 | 0.030 | 0.01 ~ 0.11 | 0.01 ~ 0.12 | 0.006 ~ 0.05 | 0.60 | 0.80 | 0.55 | 0.20 | 0.015 | 0.004 | 0.015 |
| | D | | | | 0.030 | 0.025 | | | | | | | | | | |
| | E | | | | 0.025 | 0.020 | | | | | | | | 0.025 | | |
| Q550M | C | 0.18 | 0.60 | 2.00 | 0.030 | 0.030 | 0.01 ~ 0.11 | 0.01 ~ 0.12 | 0.006 ~ 0.05 | 0.80 | 0.80 | 0.80 | 0.30 | 0.015 | 0.004 | 0.015 |
| | D | | | | 0.030 | 0.025 | | | | | | | | | | |
| | E | | | | 0.025 | 0.020 | | | | | | | | 0.025 | | |
| Q620M | C | 0.18 | 0.60 | 2.60 | 0.030 | 0.030 | 0.01 ~ 0.11 | 0.01 ~ 0.12 | 0.006 ~ 0.05 | 1.00 | 0.80 | 0.80 | 0.30 | 0.015 | 0.004 | 0.015 |
| | D | | | | 0.030 | 0.025 | | | | | | | | | | |
| | E | | | | 0.025 | 0.020 | | | | | | | | 0.025 | | |
| Q690M | C | 0.18 | 0.60 | 2.00 | 0.030 | 0.030 | 0.01 ~ 0.11 | 0.01 ~ 0.12 | 0.006 ~ 0.05 | 1.00 | 0.80 | 0.80 | 0.30 | 0.015 | 0.004 | 0.015 |
| | D | | | | 0.030 | 0.025 | | | | | | | | | | |
| | E | | | | 0.025 | 0.020 | | | | | | | | 0.025 | | |
| 钢中应至少含有铝、铌、钒、钛等细化晶粒元素中的一种,单独或组合加入时,应保证其中至少一种合金元素含量不小于表中规定含量的下限 | | | | | | | | | | | | | | | | |

注:[a] 对于型钢和棒材,磷和硫含量可以提高0.005%。

[b] 最高可到0.20%。

[c] 可用全铝 Alt 替代,此时全铝最小含量为0.020%。当钢中添加了铌、钒、钛等细化晶粒元素且含量不小于表中规定含量的下限时,铝含量下限值不限。

[d] 对于型钢和棒材,Q355M,Q390M,Q420M 和 Q460M 的最大碳含量可提高0.02%。

**表 6.9　热轧钢材的拉伸性能(GB/T 1591—2018)**

| 牌号 | | 上屈服强度 $R_{eH}$[a]/MPa,不小于 | | | | | | | | | 抗拉强度 $R_m$/MPa | | | |
|---|---|---|---|---|---|---|---|---|---|---|---|---|---|---|
| | | 公称厚度或直径/mm | | | | | | | | | | | | |
| 钢级 | 质量等级 | ≤16 | >16~40 | >40~63 | >63~80 | >80~100 | >100~150 | >150~200 | >200~250 | >250~400 | ≤100 | >100~150 | >150~250 | >250~400 |
| Q355 | B,C | 355 | 345 | 335 | 325 | 315 | 295 | 285 | 275 | — | 470~630 | 450~600 | 450~600 | — |
| | D | | | | | | | | | 265[b] | | | | 450~600[b] |
| Q390 | B,C,D | 390 | 380 | 360 | 340 | 340 | 320 | — | — | — | 490~650 | 470~620 | — | — |
| Q420[c] | B,C | 420 | 410 | 390 | 370 | 370 | 350 | — | — | — | 520~680 | 500~650 | — | — |
| Q460[c] | C | 460 | 450 | 430 | 410 | 410 | 390 | — | — | — | 550~720 | 530~700 | — | — |

注:[a] 当屈服不明显时,可用规定塑性延伸强度 $R_{P0.2}$ 代替上屈服强度 $R_{eH}$。

[b] 只适用质量等级为 D 的钢板。

[c] 只适用于型钢和棒材。

**表 6.10　热轧钢材的伸长率(GB/T 1591—2018)**

| 牌号 | | 断后伸长率 $A$/%,不小于 | | | | | | |
|---|---|---|---|---|---|---|---|---|
| 钢级 | 质量等级 | 公称厚度或直径/mm | | | | | | |
| | | 试样方向 | ≤40 | >40~63 | >63~100 | >100~150 | >150~250 | >250~400 |
| Q355 | B,C,D | 纵向 | 22 | 21 | 20 | 18 | 17 | 17[a] |
| | | 横向 | 20 | 19 | 18 | 18 | 17 | 17[a] |
| Q390 | B,C,D | 纵向 | 21 | 20 | 20 | 19 | — | — |
| | | 横向 | 20 | 19 | 19 | 18 | — | — |
| Q420[b] | B、C | 纵向 | 20 | 19 | 19 | 19 | — | — |
| Q460[b] | C | 纵向 | 18 | 17 | 17 | 17 | — | — |

注:[a] 只适用于质量等级为 D 的钢板。

[b] 只适用于型钢和棒材。

**表 6.11　正火、正火轧制钢材的拉伸性能(GB/T 1591—2018)**

| 牌号 | | 上屈服强度 $R_{eH}$[a]/MPa,不小于 | | | | | | | | 抗拉强度 $R_m$/MPa | | | 断后伸长率 $A$/%,不小于 | | | | | |
|---|---|---|---|---|---|---|---|---|---|---|---|---|---|---|---|---|---|---|
| | | 公称厚度或直径/mm | | | | | | | | | | | | | | | | |
| 钢级 | 质量等级 | ≤16 | >16~40 | >40~63 | >63~80 | >80~100 | >100~150 | >150~200 | >200~250 | ≤100 | >100~200 | >200~250 | ≤16 | >16~40 | >40~63 | >63~80 | >80~200 | >200~250 |
| Q355N | B,C,D,E,F | 355 | 345 | 335 | 325 | 315 | 295 | 285 | 275 | 470~630 | 450~600 | 450~600 | 22 | 22 | 22 | 21 | 21 | 21 |
| Q390N | B,C,D,E | 390 | 380 | 360 | 340 | 340 | 320 | 310 | 300 | 490~650 | 470~620 | 470~620 | 20 | 20 | 20 | 19 | 19 | 19 |

续表

| 牌号 | | 上屈服强度 $R_{eH}^{a}$/MPa,不小于 | | | | | | | | 抗拉强度 $R_m$/MPa | | | 断后伸长率 $A$/%,不小于 | | | | | |
|---|---|---|---|---|---|---|---|---|---|---|---|---|---|---|---|---|---|---|
| Q420N | B,C,D,E | 420 | 400 | 390 | 370 | 360 | 340 | 330 | 320 | 520 ~ 680 | 500 ~ 650 | 500 ~ 650 | 19 | 19 | 19 | 18 | 18 | 18 |
| Q460N | C,D,E | 460 | 440 | 430 | 410 | 400 | 380 | 370 | 370 | 540 ~ 720 | 530 ~ 710 | 510 ~ 690 | 17 | 17 | 17 | 17 | 17 | 16 |

注:正火状态包含正火加回火状态。

[a] 当屈服不明显时,可用规定塑性延伸强度 $R_{P0.2}$ 代替上屈服强度 $R_{eH}$。

**表 6.12　热机械轧制(TMCP)钢材的拉伸性能(GB/T 1591—2018)**

| 牌号 | | 上屈服强度 $R_{eH}^{a}$/MPa,不小于 | | | | | | 抗拉强度 $R_m$/MPa | | | | | 断后伸长率 $A$/%,不小于 |
|---|---|---|---|---|---|---|---|---|---|---|---|---|---|
| 钢级 | 质量等级 | 公称厚度或直径/mm | | | | | | | | | | | |
| | | ≤16 | >16 ~ 40 | >40 ~ 63 | >63 ~ 80 | >80 ~ 100 | >100 ~ 120b | ≤40 | >40 ~ 63 | >63 ~ 80 | >80 ~ 100 | >100 ~ 120[b] | |
| Q355M | B,C,D,E,F | 355 | 345 | 335 | 325 | 325 | 320 | 470 ~ 630 | 450 ~ 610 | 440 ~ 600 | 440 ~ 600 | 430 ~ 590 | 22 |
| Q390M | B,C,D,E | 390 | 390 | 360 | 340 | 340 | 335 | 490 ~ 650 | 480 ~ 640 | 470 ~ 630 | 460 ~ 620 | 450 ~ 610 | 20 |
| Q420M | B,C,D,E | 420 | 400 | 390 | 380 | 370 | 365 | 520 ~ 680 | 500 ~ 660 | 480 ~ 640 | 470 ~ 630 | 460 ~ 620 | 19 |
| Q460M | B,C,D,E | 460 | 440 | 430 | 410 | 400 | 385 | 540 ~ 720 | 530 ~ 710 | 510 ~ 690 | 500 ~ 680 | 490 ~ 660 | 17 |
| Q500M | C,D,E | 500 | 490 | 480 | 460 | 450 | — | 610 ~ 770 | 600 ~ 760 | 590 ~ 750 | 540 ~ 730 | — | 17 |
| Q550M | C,D,E | 550 | 540 | 530 | 510 | 500 | — | 670 ~ 830 | 620 ~ 810 | 600 ~ 790 | 590 ~ 780 | — | 16 |
| Q620M | C,D,E | 620 | 610 | 600 | 580 | — | — | 710 ~ 880 | 690 ~ 880 | 670 ~ 860 | — | — | 15 |
| Q690M | C,D,E | 690 | 680 | 670 | 650 | — | — | 770 ~ 940 | 750 ~ 920 | 730 ~ 900 | — | — | 14 |

注:热机械轧制(TMCP)状态包含热机械轧制(TMCP)加回火状态。

[a] 当屈服不明显时,可用规定塑性延伸强度 $R_{P0.2}$ 代替上屈服强度 $R_{eH}$。

[b] 对于型钢和棒材,厚度或直径不大于 150 mm。

**表 6.13　弯曲试验(GB/T 1591—2018)**

| 试样方向 | 180°弯曲试验<br>$D$—弯曲压头直径,$a$—试样厚度或直径 | |
|---|---|---|
| | 公称厚度或直径/mm | |
| | ≤16 | >16 ~ 100 |
| 对于公称宽度不小于 600 mm 的钢板及钢带,拉伸试验取横向试样;其他钢材的拉伸试验取纵向试样 | $D=2a$ | $D=3a$ |

## 6.2.2 桥梁用结构钢

1)桥梁用结构钢的牌号表示方法

桥梁用结构钢是适用于桥梁建筑的专用钢,在牌号后面加注一个 q 以示区别。根据《桥梁用结构钢》(GB/T 714—2015)的规定,钢的牌号由代表屈服强度的汉语拼音字母 Q、规定最小屈服强度值、桥字的汉语拼音首位字母 q、质量等级符号(C,D,E,F)等几个部分组成。该标准还规定了桥梁结构钢的尺寸、外形、质量和允许偏差、技术要求、试验方法、检测规则及质量证明书等。

2)桥梁用结构钢的技术要求

为改善钢材的性能,可以加入钒、铌、钛、氮等微量元素。不同交货状态钢的牌号及化学成分(熔炼分析)应符合表6.14 至表6.18 的规定。耐大气腐蚀钢、调质钢的合金元素含量,可根据供需双方协议进行调整。桥梁用结构钢的力学性能应满足表 6.19的要求。

**表 6.14 各牌号及质量等级钢磷、硫、硼、氢成分要求**(GB/T 714—2015)

| 质量等级 | 化学成分(质量分数)/% | | | |
|---|---|---|---|---|
| | P | S | B[a,b] | H[a] |
| | 不大于 | | | |
| C | 0.030 | 0.025 | 0.000 5 | 0.000 2 |
| D | 0.025 | 0.020[c] | | |
| E | 0.020 | 0.010 | | |
| F | 0.015 | 0.006 | | |

注:[a] 钢中残余元素 B,H 供方能保证时,可不进行分析。

[b] 调质钢中添加元素 B 时,不受此限制,且进行分析并填入质量证明书中。

[c] Q420 及以上级别 S 含量不大于 0.015%。

**表 6.15 热轧或正火钢化学成分**(GB/T 714—2015)

| 牌号 | 质量等级 | 化学成分(质量分数)/% | | | | | | | | | | |
|---|---|---|---|---|---|---|---|---|---|---|---|---|
| | | C | Si | Mn | Nb[a] | V[a] | Ti[a] | Als[a,b] | Cr | Ni | Cu | N |
| | | 不大于 | | | | | | | 不大于 | | | |
| Q345q | C<br>D<br>E | 0.18 | 0.55 | 0.90 ~ 1.60 | 0.005 ~ 0.060 | 0.010 ~ 0.050 | 0.006 ~ 0.030 | 0.010 ~ 0.045 | 0.30 | 0.30 | 0.30 | 0.008 0 |
| Q370q | | | | 1.00 ~ 1.60 | | | | | | | | |

注:[a] 钢中 Al,Nb,V,Ti 可单独或组合加入,单独加入时,应符合表中规定;组合加入时,应至少保证一种合金元素含量达到表中下限规定,且 Nb + V + Ti≤0.22%。

[b] 当采用全铝(Alt)含量计算时,全铝含量应为 0.015% ~0.050%。

表6.16 热机械轧制钢化学成分(GB/T 714—2015)

<table>
<tr><th rowspan="3">牌 号</th><th rowspan="3">质量等级</th><th colspan="12">化学成分(质量分数)/%</th></tr>
<tr><th>C</th><th>Si</th><th rowspan="2">Mn[a]</th><th rowspan="2">Nb[b]</th><th rowspan="2">V[b]</th><th rowspan="2">Ti[b]</th><th>Als[b,c]</th><th>Cr</th><th>Ni</th><th>Cu</th><th>Mo</th><th>N</th></tr>
<tr><th colspan="2">不大于</th><th colspan="6">不大于</th></tr>
<tr><td>Q345q</td><td>C<br>D<br>E</td><td rowspan="2">0.14</td><td rowspan="5">0.55</td><td>0.90~1.60</td><td rowspan="5">0.010~0.090</td><td rowspan="5">0.010~0.080</td><td rowspan="5">0.006~0.030</td><td rowspan="5">0.010~0.045</td><td rowspan="2">0.30</td><td rowspan="2">0.30</td><td rowspan="5">0.30</td><td rowspan="2">—</td><td rowspan="5">0.008 0</td></tr>
<tr><td>Q370q</td><td>D<br>E</td><td>1.00~1.60</td></tr>
<tr><td>Q420q</td><td rowspan="3">C<br>D<br>E</td><td rowspan="3">0.11</td><td rowspan="3">1.00~1.70</td><td rowspan="2">0.50</td><td rowspan="2">0.30</td><td>0.20</td></tr>
<tr><td>Q460q</td><td>0.25</td></tr>
<tr><td>Q500q</td><td>0.80</td><td>0.70</td><td>0.30</td></tr>
</table>

注:[a] 经供需双方协议,锰含量最大可到2.00%。

[b] 钢中Al,Nb,V,Ti可单独或组合加入,单独加入时,应符合表中规定;组合加入时,应至少保证一种合金元素含量达到表中下限规定,且Nb+V+Ti≤0.22%。

[c] 当采用全铝(Alt)含量计算时,全铝含量应为0.015%~0.050%。

表6.17 调质钢化学成分(GB/T 714—2015)

<table>
<tr><th rowspan="3">牌号</th><th rowspan="3">质量等级</th><th colspan="12">化学成分(质量分数)/%</th></tr>
<tr><th>C</th><th>Si</th><th rowspan="2">Mn</th><th rowspan="2">Nb[a]</th><th rowspan="2">V[a]</th><th rowspan="2">Ti[a]</th><th rowspan="2">Als[a,b]</th><th rowspan="2">Cr</th><th rowspan="2">Ni</th><th rowspan="2">Cu</th><th rowspan="2">Mo</th><th rowspan="2">N</th></tr>
<tr><th colspan="2">不大于</th></tr>
<tr><td>Q500q</td><td rowspan="4">D<br>E<br>F</td><td>0.11</td><td rowspan="4">0.55</td><td rowspan="4">0.80~1.70</td><td rowspan="2">0.005~0.060</td><td rowspan="4">0.010~0.0802</td><td rowspan="4">0.006~0.030</td><td rowspan="4">0.010~0.045</td><td rowspan="2">≤0.80</td><td rowspan="2">≤0.70</td><td rowspan="2">≤0.30</td><td rowspan="2">≤0.30</td><td rowspan="4">≤0.008 0</td></tr>
<tr><td>Q550q</td><td>0.12</td></tr>
<tr><td>Q620q</td><td>0.14</td><td rowspan="2">0.005~0.090</td><td>0.40~0.80</td><td>0.25~1.00</td><td rowspan="2">0.15~0.55</td><td>0.20~0.50</td></tr>
<tr><td>Q690q</td><td>0.15</td><td>0.40~1.00</td><td>0.25~1.20</td><td>0.20~0.60</td></tr>
</table>

注:可添加B元素0.000 5%~0.003 0%。

[a] 钢中Al,Nb,V,Ti可单独或组合加入,单独加入时,应符合表中规定;组合加入时,应至少保证一种合金元素含量达到表中下限规定,且Nb+V+Ti≤0.22%。

[b] 当采用全铝(Alt)含量计算时,全铝含量应为0.015%~0.050%。

**表 6.18 耐大气腐蚀钢化学成分(GB/T 714—2015)**

| 牌号 | 质量等级 | 化学成分[a,b,c](质量分数)/% | | | | | | | | | | | |
|---|---|---|---|---|---|---|---|---|---|---|---|---|---|
| | | C | Si | Mn[d] | Nb | V | Ti | Cr | Ni | Cu | Mo | N | Als[e] |
| | | | | | | | | | | | 不大于 | 不大于 | |
| Q345qNH | D<br>E<br>F | ≤0.11 | 0.15~0.50 | 1.10~1.50 | 0.010~0.100 | 0.010~0.100 | 0.006~0.030 | 0.40~0.70 | 0.30~0.40 | 0.25~0.50 | 0.10 | 0.008 0 | 0.015~0.050 |
| Q370qNH | | | | | | | | | | | 0.15 | | |
| Q420qNH | | | | | | | | | | | 0.20 | | |
| Q460qNH | | | | | | | | | | | | | |
| Q500qNH | | | | | | | | 0.45~0.70 | 0.30~0.45 | 0.25~0.55 | 0.25 | | |
| Q550qNH | | | | | | | | | | | | | |

注:[a] 钒、钛、铌可单独或组合加入,组合加入时,应至少保证一种合金元素含量达到表中下限规定;Nb+V+Ti≤0.22%。

[b] 为控制硫化物形态要进行 Ca 处理。

[c] 对耐候钢耐腐蚀性的评定,参见附录 C。

[d] 当卷板状态交货时 Mn 含量下限可到 0.50%。

[e] 当采用全铝(Alt)含量计算时,全铝含量应为 0.020%~0.055%。

**表 6.19 钢材的力学性能(GB/T 714—2015)**

| 牌号 | 质量等级 | 拉伸试验[a,b] | | | | | 冲击试验[c] | |
|---|---|---|---|---|---|---|---|---|
| | | 下屈服强度 $R_{eL}$/MPa | | | 抗拉强度 $R_m$/MPa | 断后伸长率 $A$/% | 温度/℃ | 冲击吸收能量 $KV_2$/J |
| | | 厚度≤50 mm | 50 mm<厚度≤100 mm | 100 mm<厚度≤150 mm | | | | |
| | | 不小于 | | | | | | 不小于 |
| Q345q | C | 345 | 335 | 305 | 490 | 20 | 0 | 120 |
| | D | | | | | | −20 | |
| | E | | | | | | −40 | |
| Q370q | C | 370 | 360 | — | 510 | 20 | 0 | 120 |
| | D | | | | | | −20 | |
| | E | | | | | | −40 | |
| Q420q | D | 420 | 410 | — | 540 | 19 | −20 | 120 |
| | E | | | | | | −40 | |
| | F | | | | | | −60 | 47 |
| Q460q | D | 460 | 450 | — | 570 | 18 | −20 | 120 |
| | E | | | | | | −40 | |
| | F | | | | | | −60 | 47 |

续表

| 牌号 | 质量等级 | 拉伸试验[a,b] | | | | | 冲击试验[c] | |
|---|---|---|---|---|---|---|---|---|
| | | 下屈服强度 $R_{eL}$/MPa | | | 抗拉强度 $R_m$/MPa | 断后伸长率 $A$/% | 温度/℃ | 冲击吸收能量 $KV_2$/J |
| | | 厚度≤50 mm | 50 mm＜厚度≤100 mm | 100 mm＜厚度≤150 mm | | | | |
| | | 不小于 | | | | | | 不小于 |
| Q500q | D | 500 | 480 | — | 630 | 18 | -20 | 120 |
| | E | | | | | | -40 | |
| | F | | | | | | -60 | 47 |
| Q550q | D | 550 | 530 | — | 660 | 16 | -20 | 120 |
| | E | | | | | | -40 | |
| | F | | | | | | -60 | 47 |
| Q620q | D | 620 | 580 | — | 720 | 15 | -20 | 120 |
| | E | | | | | | -40 | |
| | F | | | | | | -60 | 47 |
| Q690q | D | 690 | 650 | — | 770 | 14 | -20 | 120 |
| | E | | | | | | -40 | |
| | F | | | | | | -60 | 47 |

注：[a] 当屈服不明显时，可测量 $R_{p0.2}$ 代替下屈服强度。

[b] 拉伸试验取横向试样。

[c] 冲击试验取纵向试样。

### 6.2.3 钢筋混凝土结构和预应力混凝土结构用钢筋及钢丝

1）热轧钢筋

热轧钢筋是一种条形钢材，由碳素结构钢或低合金结构钢加工而成。按其表面形状不同分为热轧光圆钢筋（Hot rolled Plain Bars，HPB）和热轧带肋钢筋（Hot rolled Ribbed Bars，HRB）两类。钢筋的公称尺寸是与其公称截面积相等的圆的直径。

热轧光圆钢筋由碳素结构钢轧制，横截面为圆形，表面光滑。钢筋的公称直径范围为6～22 mm，推荐的钢筋公称直径有6 mm，8 mm，10 mm，12 mm，16 mm，20 mm 6种。牌号为HPB300，牌号由HPB＋屈服强度特征值构成。热轧光圆钢筋的牌号及化学成分应满足表6.20的要求，其力学性能和工艺性能应满足表6.21的要求。

**表 6.20　热轧光圆钢筋的牌号及化学成分（GB/T 1499.1—2017）**

| 牌　号 | 化学成分（质量分数）/%，不大于 | | | | |
|---|---|---|---|---|---|
| | C | Si | Mn | P | S |
| HPB300 | 0.25 | 0.55 | 1.50 | 0.045 | 0.045 |

**表 6.21　热轧光圆钢筋的力学性能和工艺性能（GB/T 1499.1—2017）**

| 牌　号 | 下屈服强度 $R_{eL}$/MPa | 抗拉强度 $R_m$/MPa | 断后伸长率 $A$/% | 最大力总延伸率 $A_{gt}$/% | 冷弯试验 180° |
|---|---|---|---|---|---|
| | 不小于 | | | | |
| HPB300 | 300 | 420 | 25 | 10.0 | $d=a$ |

注：$d$——弯心直径；$a$——钢筋公称直径。

热轧带肋钢筋是采用低合金钢轧制，其表面带有两条纵肋和沿长度方向均匀分布的横肋。纵肋是平行于钢筋轴线的均匀连续肋，横肋为与纵肋不平行的其他肋。月牙肋钢筋是指横肋的纵截面呈月牙形，且与纵肋不相关的钢筋。

按照《钢筋混凝土用钢　第 2 部分：热轧带肋钢筋》（GB/T 1499.2—2018）的规定，热轧带肋钢筋分为普通热轧钢筋和细晶粒热轧钢筋。普通热轧钢筋的牌号分别为 HRB400，HRB500，HRB600，HRB400E，HRB500E；细晶粒热轧钢筋的牌号分别为 HRBF400，HRBF500，HRBF400E，HRBF500E。热轧带肋钢筋的化学成分应满足表 6.22 的要求，其力学性能和工艺性能应满足表 6.23 的要求。

**表 6.22　热轧带肋钢筋的牌号及化学成分（GB/T 1499.2—2018）**

<table>
<tr><th rowspan="3">牌　号</th><th colspan="5">化学成分（质量分数）/%</th><th rowspan="2">碳当量<br>Ceq/%</th></tr>
<tr><th>C</th><th>Si</th><th>Mn</th><th>P</th><th>S</th></tr>
<tr><th colspan="6">不大于</th></tr>
<tr><td>HRB400<br>HRBF400<br>HRB400E<br>HRBF400E</td><td rowspan="2">0.25</td><td rowspan="3">0.80</td><td rowspan="3">1.60</td><td rowspan="3">0.045</td><td rowspan="3">0.045</td><td>0.54</td></tr>
<tr><td>HRB500<br>HRBF500<br>HRB500E<br>HRBF500E</td><td>0.55</td></tr>
<tr><td>HRB600</td><td>0.28</td><td>0.58</td></tr>
</table>

表6.23 热轧带肋钢筋的力学性能和工艺性能(GB/T 1499.2—2018)

<table>
<tr><td rowspan="2">牌 号</td><td rowspan="2">公称直径 $d$</td><td>下屈服强度 $R_{eL}$/MPa</td><td>抗拉强度 $R_m$/MPa</td><td>断后伸长率 $A$/%</td><td>最大力总延伸率 $A_{gt}$/%</td><td>$R_m^0/R_{eL}^0$</td><td>$R_{eL}^0/R_{eL}$</td><td>弯曲压头直径</td></tr>
<tr><td colspan="5">不小于</td><td>不大于</td><td></td></tr>
<tr><td rowspan="3">HRB400<br>HRBF400</td><td rowspan="2">6~25</td><td rowspan="6">400</td><td rowspan="6">540</td><td rowspan="3">16</td><td rowspan="3">7.5</td><td rowspan="3">—</td><td rowspan="3">—</td><td rowspan="2">4d</td></tr>
<tr></tr>
<tr><td rowspan="2">28~40</td><td rowspan="2">5d</td></tr>
<tr><td rowspan="3">HRB400E<br>HRBF400E</td><td rowspan="3">—</td><td rowspan="3">9.0</td><td rowspan="3">1.25</td><td rowspan="3">1.30</td></tr>
<tr><td rowspan="2">>40~50</td><td rowspan="2">6d</td></tr>
<tr></tr>
<tr><td rowspan="3">HRB500<br>HRBF500</td><td rowspan="2">6~25</td><td rowspan="6">500</td><td rowspan="6">630</td><td rowspan="3">15</td><td rowspan="3">7.5</td><td rowspan="3">—</td><td rowspan="3">—</td><td rowspan="2">6d</td></tr>
<tr></tr>
<tr><td rowspan="2">28~40</td><td rowspan="2">7d</td></tr>
<tr><td rowspan="3">HRB500E<br>HRBF500E</td><td rowspan="3">—</td><td rowspan="3">9.0</td><td rowspan="3">1.25</td><td rowspan="3">1.30</td></tr>
<tr><td rowspan="2">>40~50</td><td rowspan="2">8d</td></tr>
<tr></tr>
<tr><td rowspan="3">HRB600</td><td>6~25</td><td rowspan="3">600</td><td rowspan="3">730</td><td rowspan="3">14</td><td rowspan="3">7.5</td><td rowspan="3">—</td><td rowspan="3">—</td><td>6d</td></tr>
<tr><td>28~40</td><td>7d</td></tr>
<tr><td>>40~50</td><td>8d</td></tr>
</table>

注:$R_m^0$ 为钢筋实测抗拉强度;$R_{eL}^0$ 为钢筋实测下屈服强度。

热轧光圆钢筋的强度较低,但塑性及焊接性能较好,主要用作非预应力混凝土的受力筋或构造筋。HRB400级钢筋的强度、塑性及焊接的综合性能较好,且其表面月牙肋增强了与混凝土间的结合力,可用作大、中型如桥梁、水坝等钢筋混凝土构件的主筋,经冷拉后也可作为预应力钢筋。目前,提倡用HRB400级钢筋作为我国钢筋混凝土结构的主力钢筋。HRB500级钢筋强度高,但塑性和焊接性能较差,多用作预应力钢筋。

2)冷轧带肋钢筋

冷轧带肋钢筋是热轧圆盘条经冷轧后,在其表面沿长度方向均匀分布横肋的钢筋。按照《冷轧带肋钢筋》(GB/T 13788—2017)的规定,冷轧带肋钢筋按延性高低分为冷轧带肋钢筋(CRB)和高延性冷轧带肋钢筋(CRB+抗拉强度特征值+H)两类。C,R,B,H分别为冷轧(Cold rolled)、带肋(Ribbed)、钢筋(Bar)、高延性(High elongation)4个词的英文首位字母。

冷轧带肋钢筋分为CRB550,CRB650,CRB800,CRB600H,CRB680H,CRB800H共6个牌号。CRB550,CRB600H为普通钢筋混凝土用钢筋;CRB650,CRB800,CRB800H为预应力混凝土用钢筋;CRB680H既可作为普通钢筋混凝土用钢筋使用,也可作为预应力混凝土用钢筋使用。

各牌号冷轧带肋钢筋的力学和工艺性能应符合表6.24的规定。

表 6.24　冷轧带肋钢筋的力学性能和工艺性能(GB/T 13788—2017)

| 分类 | 牌号 | 规定塑性延伸强度 $R_{P0.2}$/MPa 不小于 | 抗拉强度 $R_m$/MPa 不小于 | $R_m/R_{P0.2}$ 不小于 | 断后伸长率/% 不小于 | | 最大力总延伸率/% 不小于 | 弯曲试验 180° | 反复弯曲次数 | 应力松弛初始应力应相当于公称抗拉强度的 70% |
|---|---|---|---|---|---|---|---|---|---|---|
| | | | | | $A$ | $A_{100mm}$ | $A_{gt}$ | | | 1 000 h/% 不大于 |
| 普通钢筋混凝土用 | CRB550 | 500 | 550 | 1.05 | 11.0 | — | 2.5 | $D=3d$ | — | — |
| | CRB600H | 540 | 600 | 1.05 | 14.0 | — | 5.0 | $D=3d$ | — | — |
| | CRB680H | 600 | 680 | 1.05 | 14.0 | — | 5.0 | $D=3d$ | 4 | 5 |
| 预应力混凝土用 | CRB650 | 585 | 650 | 1.05 | — | 4.0 | 2.5 | — | 3 | 8 |
| | CRB800 | 720 | 800 | 1.05 | — | 4.0 | 2.5 | — | 3 | 8 |
| | CRB800H | 720 | 800 | 1.05 | — | 7.0 | 4.0 | — | 4 | 5 |

注:[a] $D$ 为弯心直径,$d$ 为钢筋公称直径。
[b] 当该牌号钢筋作为普通钢筋混凝土用钢筋使用时,对反复弯曲和应力松弛不做要求;当该牌号钢筋作为预应力混凝土用钢筋使用时应进行反复弯曲试验代替 180°弯曲试验,并检测松弛率。

3)预应力混凝土用钢丝和钢绞线

预应力混凝土用钢丝为高强度钢丝,采用优质碳素结构钢经过冷拔或再回火等工艺处理制成。根据《预应力混凝土用钢丝》(GB/T 5223—2014)的规定,该种钢丝按加工状态分为冷拉钢丝(代号 WCD)和消除应力钢丝(低松弛钢丝,代号 WLR)两类。

钢丝按外形可分为光圆(P)、螺旋肋(H)、刻痕(I)3 种。

经低温回火消除应力后钢丝的塑性比冷拉钢丝要高,刻痕钢丝是经过压痕轧制而成,刻痕后与混凝土握裹力大,可减少混凝土裂缝。

压力管道用无涂(镀)层冷拉钢丝的力学性能应满足表 6.25 的要求。消除应力的光圆及螺旋肋钢丝的力学性能应满足表 6.26 的要求。

表 6.25　压力管道用无涂(镀)层冷拉钢丝的力学性能(GB/T 5223—2014)

| 公称直径 $d_s$/mm | 公称抗拉强度 $R_m$/MPa | 最大力的特征值 $F_m$/kN | 最大力的最大值 $F_{m,max}$/kN | 0.2%屈服力 $F_{p0.2}$/kN ≥ | 每 210 mm 扭矩的扭转次数 $N$/次 ≥ | 断面收缩率 $Z$/% ≥ | 氢脆敏感性能负载为 70%最大力时,断裂时间 $t$/h ≥ | 应力松弛性能初始力为最大力 70%时,1 000 h 应力松弛率 $r$/% ≤ |
|---|---|---|---|---|---|---|---|---|
| 4.00 | 1 470 | 18.48 | 20.99 | 13.85 | 10 | 35 | 75 | 75 |
| 5.00 | | 28.86 | 32.79 | 21.65 | 10 | 35 | | |
| 6.00 | | 41.56 | 47.21 | 31.17 | 8 | 30 | | |
| 7.00 | | 56.57 | 64.27 | 42.42 | 8 | 30 | | |
| 8.00 | | 73.88 | 83.93 | 55.41 | 7 | 30 | | |

续表

| 公称直径 $d_s$/mm | 公称抗拉强度 $R_m$/MPa | 最大力的特征值 $F_m$/kN | 最大力的最大值 $F_{m,max}$/kN | 0.2%屈服力 $F_{p0.2}$/kN ≥ | 每210 mm扭矩的扭转次数 N/次 ≥ | 断面收缩率 Z/% ≥ | 氢脆敏感性能负载为70%最大力时，断裂时间 t/h ≥ | 应力松弛性能初始力为最大力70%时，1 000 h应力松弛率 r/% ≤ |
|---|---|---|---|---|---|---|---|---|
| 4.00 | 1 570 | 19.73 | 22.24 | 14.80 | 10 | 35 | 75 | 75 |
| 5.00 | | 30.82 | 34.75 | 23.11 | 10 | 35 | | |
| 6.00 | | 44.38 | 50.03 | 33.29 | 8 | 30 | | |
| 7.00 | | 60.41 | 68.11 | 45.31 | 8 | 30 | | |
| 8.00 | | 78.91 | 88.96 | 59.18 | 7 | 30 | | |
| 4.00 | 1 670 | 20.99 | 23.50 | 15.74 | 10 | 35 | | |
| 5.00 | | 32.78 | 36.71 | 24.59 | 10 | 35 | | |
| 6.00 | | 47.21 | 52.86 | 35.41 | 8 | 30 | | |
| 7.00 | | 64.26 | 71.96 | 48.20 | 8 | 30 | | |
| 8.00 | | 83.93 | 93.99 | 62.95 | 6 | 30 | | |
| 4.00 | 1 770 | 22.25 | 24.76 | 16.69 | 10 | 35 | | |
| 5.00 | | 34.75 | 38.68 | 26.06 | 10 | 35 | | |
| 6.00 | | 50.04 | 55.69 | 37.53 | 8 | 30 | | |
| 7.00 | | 68.11 | 75.81 | 51.08 | 6 | 30 | | |

**表6.26 消除应力光圆及螺旋肋钢丝的力学性能(GB/T 5223—2014)**

| 公称直径 $d_s$/mm | 公称抗拉强度 $R_m$/MPa | 最大力的特征值 $F_m$/kN | 最大力的最大值 $F_{m,max}$/kN | 0.2%屈服力 $F_{P0.2}$/kN ≥ | 最大力总伸长率($L_0$=200 mm) $A_{gt}$/% ≥ | 反复弯曲性能 | | 应力松弛性能 | |
|---|---|---|---|---|---|---|---|---|---|
| | | | | | | 弯曲次数/[次·(180°)$^{-1}$] ≥ | 弯曲半径 R/mm | 初始力相当于实际最大力的百分数/% | 1 000 h应力松弛率 r/% ≤ |
| 4.00 | 1 470 | 18.48 | 20.99 | 16.22 | 3.5 | 3 | 10 | 70 | 2.5 |
| 4.80 | | 26.61 | 30.23 | 23.35 | | 4 | 15 | | |
| 5.00 | | 28.86 | 32.78 | 25.32 | | 4 | 15 | | |
| 6.00 | | 41.56 | 47.21 | 36.47 | | 4 | 15 | | |
| 6.25 | | 45.10 | 51.24 | 39.58 | | 4 | 20 | | |
| 7.00 | | 56.57 | 64.26 | 49.64 | | 4 | 20 | | |
| 7.50 | | 64.94 | 73.78 | 56.99 | | 4 | 20 | | |
| 8.00 | | 73.88 | 83.93 | 64.84 | | 4 | 20 | | |
| 9.00 | | 93.52 | 106.25 | 82.07 | | 4 | 25 | | |
| 9.50 | | 104.19 | 118.37 | 91.44 | | 4 | 25 | | |
| 10.00 | | 115.45 | 131.16 | 101.32 | | 4 | 25 | | |
| 11.00 | | 139.69 | 158.70 | 122.59 | | — | — | | |
| 12.00 | | 166.26 | 188.88 | 145.90 | | — | — | | |

续表

| 公称直径 $d_s$/mm | 公称抗拉强度 $R_m$/MPa | 最大力的特征值 $F_m$/kN | 最大力的最大值 $F_{m,max}$/kN | 0.2%屈服力 $F_{P0.2}$/kN ≥ | 最大力总伸长率 ($L_0$=200 mm) $A_{gt}$/% ≥ | 反复弯曲性能 | | 应力松弛性能 | |
|---|---|---|---|---|---|---|---|---|---|
| | | | | | | 弯曲次数/[次·(180°)$^{-1}$] ≥ | 弯曲半径 R/mm | 初始力相当于实际最大力的百分数/% | 1 000 h 应力松弛率 r/% ≤ |
| 4.00 | 1 570 | 19.73 | 22.24 | 17.37 | 3.5 | 3 | 10 | 70 | 2.5 |
| 4.80 | | 28.41 | 32.03 | 25.00 | | 4 | 15 | | |
| 5.00 | | 30.82 | 34.75 | 27.12 | | 4 | 15 | | |
| 6.00 | | 44.38 | 50.03 | 39.06 | | 4 | 15 | | |
| 6.25 | | 48.17 | 54.31 | 42.39 | | 4 | 20 | | |
| 7.00 | | 60.41 | 68.11 | 53.16 | | 4 | 20 | | |
| 7.50 | | 69.36 | 78.20 | 61.04 | | 4 | 20 | | |
| 8.00 | | 78.91 | 88.96 | 59.44 | | 4 | 20 | | |
| 9.00 | | 99.88 | 112.60 | 87.89 | | 4 | 25 | | |
| 9.50 | | 111.28 | 125.46 | 97.93 | | 4 | 25 | | |
| 10.00 | | 123.31 | 139.02 | 108.51 | | 4 | 25 | | |
| 11.00 | | 149.20 | 168.21 | 131.30 | | — | — | | |
| 12.00 | | 177.57 | 200.19 | 156.26 | | — | — | | |
| 4.00 | 1 670 | 20.99 | 23.50 | 18.47 | 3.5 | 3 | 10 | 80 | 4.5 |
| 5.00 | | 32.78 | 36.71 | 28.85 | | 4 | 15 | | |
| 6.00 | | 47.21 | 52.86 | 41.54 | | 4 | 15 | | |
| 6.25 | | 51.24 | 57.38 | 45.09 | | 4 | 20 | | |
| 7.00 | | 64.26 | 71.96 | 56.55 | | 4 | 20 | | |
| 7.50 | | 73.78 | 82.62 | 64.93 | | 4 | 20 | | |
| 8.00 | | 83.93 | 93.98 | 73.86 | | 4 | 20 | | |
| 9.00 | | 106.25 | 118.97 | 93.50 | | 4 | 25 | | |
| 4.00 | 1 770 | 22.25 | 24.76 | 19.58 | | 3 | 10 | | |
| 5.00 | | 34.75 | 38.68 | 30.58 | | 4 | 15 | | |
| 6.00 | | 50.04 | 65.69 | 44.03 | | 4 | 15 | | |
| 7.00 | | 68.11 | 75.81 | 59.94 | | 4 | 20 | | |
| 7.50 | | 78.20 | 87.04 | 68.81 | | 4 | 20 | | |
| 4.00 | 1 870 | 23.38 | 25.89 | 20.57 | | 3 | 10 | | |
| 5.00 | | 36.51 | 40.44 | 32.13 | | 4 | 15 | | |
| 6.00 | | 52.58 | 58.23 | 46.27 | | 4 | 15 | | |
| 7.00 | | 71.57 | 79.27 | 62.98 | | 4 | 20 | | |

按《预应力混凝土用钢丝》(GB/T 5223—2014)标准交货的钢丝产品标记应包含下列内容:预应力钢丝、公称直径、抗拉强度等级、加工状态代号、外形代号、标准号。例如直径为7.00 mm,抗拉强度为1 570 MPa低松弛的螺旋肋钢丝,其标记为:预应力钢丝 7.00-1570-WLR-H-GB/T 5223—2014。

预应力混凝土用钢绞线由2根、3根或19根高强碳素钢丝经绞捻后消除内应力而制成。根据《预应力混凝土用钢绞线》(GB/T 5224—2014)的规定,钢绞线按结构分为8类,其代号见表6.27。

**表6.27 钢绞线按结构的分类表(GB/T 5224—2014)**

| 代 号 | 钢绞线的结构 |
|---|---|
| 1×2 | 用2根钢丝捻制的钢绞线 |
| 1×3 | 用3根钢丝捻制的钢绞线 |
| 1×3I | 用3根刻痕钢丝捻制的钢绞线 |
| 1×7 | 用7根钢丝捻制的标准型钢绞线 |
| 1×7I | 用6根刻痕钢丝和1根光圆钢丝捻制的钢绞线 |
| (1×7)C | 用7根钢丝捻制又经模拔的钢绞线 |
| 1×19S | 用19根钢丝捻制的1+9+9西鲁式钢绞线 |
| 1×19W | 用19根钢丝捻制的1+6+616瓦林吞式钢绞线 |

预应力混凝土钢丝与钢绞线具有强度高、柔性好、无接头等优点,且质量稳定、安全可靠,施工时不需冷拉及焊接,主要用于大跨度桥梁、屋架、吊车梁、电杆、轨枕等预应力钢筋混凝土结构。

4)预应力混凝土用钢棒

预应力混凝土用钢棒是以热轧盘条为原料,经加工后淬火和回火制成,代号为PCB,按外形分为光圆钢棒、螺旋槽钢棒、螺旋肋钢棒、带肋钢棒4种。根据《预应力混凝土用钢棒》(GB/T 5223.3—2017)的规定,钢棒的力学性能和工艺性能见表6.28,伸长特性要求(包括延性级别和相应伸长率)应符合表6.29的规定。

**表6.28 钢棒的力学性能和工艺性能(GB/T 5223.3—2017)**

| 表面形状类型 | 公称直径 $D_n$/mm | 抗拉强度 $R_m$/MPa 不小于 | 规定塑性延伸强度 $R_{p0.2}$/MPa 不小于 | 弯曲性能 | | 应力松弛性能 | |
|---|---|---|---|---|---|---|---|
| | | | | 性能要求 | 弯曲半径/mm | 初始应力为公称抗拉强度的百分数/% | 1 000 h应力松弛率 $r$/% 不大于 |
| 光圆 | 6 | 1 080 | 930 | 反复弯曲不小于4次 | 15 | 60 | 1.0 |
| | 7 | 1 230 | 1 080 | | 20 | 70 | 2.0 |
| | 8 | 1 420 | 1 280 | | 20 | 80 | 4.5 |
| | 9 | 1 570 | 1 420 | | 25 | | |
| | 10 | | | | 25 | | |
| | 11 | | | 弯曲160°~180°后弯曲处无裂纹 | 弯曲压头直径为钢棒公称直径的10倍 | | |
| | 12 | | | | | | |
| | 13 | | | | | | |
| | 14 | | | | | | |
| | 15 | | | | | | |
| | 16 | | | | | | |

续表

| 表面形状类型 | 公称直径 $D_n$/mm | 抗拉强度 $R_m$/MPa 不小于 | 规定塑性延伸强度 $R_{p0.2}$/MPa 不小于 | 弯曲性能 | | 应力松弛性能 | |
|---|---|---|---|---|---|---|---|
| | | | | 性能要求 | 弯曲半径/mm | 初始应力为公称抗拉强度的百分数/% | 1 000 h 应力松弛率 r/% 不大于 |
| 螺旋槽 | 7.1 | 1 080 | 930 | | | 60 | 1.0 |
| | 9.0 | 1 230 | 1 080 | | | 70 | 2.0 |
| | 10.7 | 1 420 | 1 280 | | | 80 | 4.5 |
| | 12.6 | 1 570 | 1 420 | | | | |
| | 14.0 | | | | | | |
| 螺旋肋 | 6 | 1 080 | 930 | 反复弯曲不小于 4 次/180° | 15 | | |
| | 7 | 1 230 | 1 080 | | 20 | | |
| | 8 | 1 420 | 1 280 | | 20 | | |
| | 9 | 1 570 | 1 420 | | 25 | | |
| | 10 | | | | 25 | | |
| | 11 | | | 弯曲 160°～180°后弯曲处无裂纹 | 弯曲压头直径为钢棒公称直径的 10 倍 | | |
| | 12 | | | | | | |
| | 13 | | | | | | |
| | 14 | | | | | | |
| | 16 | 1 080 | 930 | | | | |
| | 18 | 1 270 | 1 140 | | | | |
| | 20 | | | | | | |
| | 22 | | | | | | |
| 带肋钢棒 | 6 | 1 080 | 930 | | | | |
| | 8 | 1 230 | 1 080 | | | | |
| | 10 | 1 420 | 1 280 | | | | |
| | 12 | 1 570 | 1 420 | | | | |
| | 14 | | 930 | | | | |
| | 16 | | 1 080 | | | | |

**表 6.29　伸长特性要求(GB/T 5223.3—2017)**

| 韧性级别 | 最大力总伸长率 $A_{gt}$/% 不小于 | 断后伸长率($L_0 = 8D_n$)A/% 不小于 |
|---|---|---|
| 延性 35 | 3.5 | 7.0 |
| 延性 25 | 2.5 | 5.0 |

注:①日常检验可用断后伸长率代替,仲裁试验以最大力总伸长率为准。

②最大力总伸长率标距 $L_0$ = 200 mm。

# 试验 6 建筑钢材试验

## 1. 钢筋试验

1）一般规定

①钢筋应有出厂证明或试验报告单。验收时应抽样做机械性能试验，即拉伸试验和冷弯试验。如两个项目有一个不合格，该批钢筋即为不合格。

②钢筋混凝土用热轧钢筋，同牌号、规格和炉罐号组成的钢筋应分批检查和验收，每批质量不大于 60 t。如炉罐号不同，组成混合批验收，应参考《钢筋混凝土用钢 第 1 部分：热轧光圆钢筋》（GB/T 1499.1—2017）和《钢筋混凝土用钢 第 2 部分：热轧带肋钢筋》（GB/T 1499.2—2017）规定将含碳量、含锰量的值控制在一定范围。

③钢筋拉伸及冷弯使用的试件不允许进行车削加工。试验应在（20 ± 10）℃的温度下进行，否则应在报告中注明。

④钢筋在使用中若有脆断、焊接性能不良或机械性能显著不正常时，还应进行化学成分分析。验收时包括尺寸、表面及质量偏差等项目检验。

⑤验收取样时，自每批钢筋中任取两根截取拉伸试件，任取两根截取冷弯试件。在拉伸试验的试件中，若有一根试件的屈服点、抗拉强度和伸长率 3 个指标中有一个达不到标准中的规定值，或冷弯试验中有一根试件不符合标准要求，则在同一批钢筋中再抽取双倍数量的试件进行该不合格项目的复验，复验结果中只要有一个指标不合格，则该试验项目判定为不合格，整批不得交货。

⑥拉伸和冷弯试件的长度 $L$，分别按下式计算后截取：

拉伸试件：$L = L_0 + 2h + 2h_1$　　冷弯试件：$L_w = 5d_0 + 150$ mm

式中　$L, L_w$——拉伸试件和冷弯试件的长度，mm；

$L_0$——拉伸试件的标距，$L_0 = 5d_0$ 或 $L_0 = 10d_0$，mm；

$h, h_1$——夹具长度和预留长度，mm，$h_1 = (0.5 \sim 1)d_0$，如图 6.4 所示；

$d_0$——钢筋的公称直径，mm。

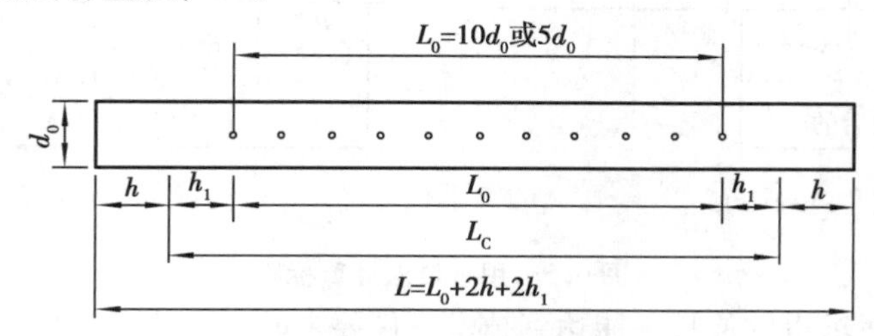


图 6.4 钢筋拉伸试验试件

$d_0$—试样原始直径；$L_0$—标距长度；$h_1$—取 $(0.5 \sim 1)d_0$；$h$—夹具长度

2)拉伸试验

(1)试验目的　通过测定钢筋的屈服强度、抗拉强度和伸长率,建立低碳钢应力和应变关系,掌握钢筋拉伸试验方法和钢筋强度的等级评定方法。

(2)主要仪器设备

①万能材料试验机(示值误差不大于1%)。量程的选择:试验时达到最大荷载时,指针最好在第三象限(180°~270°)内,或者数显破坏荷载在量程的50%~75%。

②钢筋打点机或划线机、游标卡尺(精度为0.1 mm)、钢板尺等。

(3)试件准备

①拉伸试验用钢筋试件不得进行车削加工。

②在试件中部$L_0$范围内用一系列等分小冲点或细画线按10等分标出试件原始标距。

③测量标距长度$L_0$,精确至0.1 mm,如图6.4所示。

④量测试件直径。在试件标距长度的两端和中间三处用千分尺量测直径,应在每处以相互垂直方向量测,取算术平均值。在强度计算时,考虑到试件从最薄弱处开始破坏,应取三处平均直径中的最小直径。测量精度至少达0.02 mm。

(4)试验方法与步骤

①将试件上端固定在试验机上夹具内,调整试验机零点,装好描绘器、纸、笔等,再用下夹具固定试件下端。

②开动试验机进行拉伸,拉伸速度为:屈服前应力增加速度为10 MPa/s;屈服后试件在荷载下应变速度不大于0.002 5 mm/s,直至试件拉断。

③拉伸过程中,测力度盘指针停止转动时的恒定荷载或第一次回转时的最小荷载,即为屈服荷载$F_s$。向试件继续加荷直至试件拉断,读出最大荷载$F_b$。

④测量试件拉断后的标距长度$L_1$。将已拉断的试件两端在断裂处对齐,尽量使其轴线位于同一条直线上。

如拉断处到邻近标距端点的距离大于$L_0/3$时,可用游标卡尺直接量出$L_1$。

如拉断处到邻近标距端点的距离小于或等于$L_0/3$时,可按下述移位法确定$L_1$:在长段上自断点起,取等于短段格数得$B$点,再取等于长段所余格数[偶数如图6.5(a)所示]之半得$C$点;或者取所余格数[奇数如图6.5(b)所示]减1与加1之半得$C$与$C_1$点。则移位后的$L_1$分别为$AB+2BC$或$AB+BC+BC_1$。

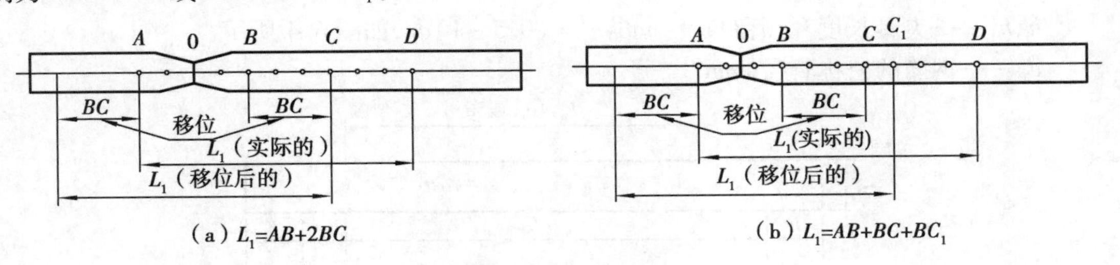


图6.5　用移位法计算标距

如果直接测量所求得的伸长率能达到技术条件要求的规定值,则可不采用移位法。

(5)结果评定

①钢筋的屈服强度$\sigma_s$和抗拉强度$\sigma_b$按下式计算:

$$\sigma_s = \frac{F_s}{A} \qquad \sigma_b = \frac{F_b}{A}$$

式中 $\sigma_s, \sigma_b$——钢筋的屈服强度和抗拉强度,MPa;

$F_s, F_b$——钢筋的屈服荷载和最大荷载,N;

$A$——试件的公称横截面积,$mm^2$。

②钢筋的伸长率 $\delta_5$ 或 $\delta_{10}$ 按下式计算:

$$\delta_5(\text{或}\ \delta_{10}) = \frac{L_1 - L_0}{L_0} \times 100\%$$

式中 $\delta_5, \delta_{10}$——$L_0 = 5d_0$ 或 $L_0 = 10d_0$ 时的伸长率(精确至1%);

$L_0$——原标距长度 $5d_0$ 或 $10d_0$,mm;

$L_1$——试件拉断后直接量出或按移位法的标距长度,mm(精确至0.1 mm)。

如试件在标距端点外或标距处断裂,则试验结果无效,应重做试验。

③测试结果的修约应按表6.28进行。

表6.28 性能结果的修约间隔

| 性 能 | 范 围 | 修约间隔 |
| --- | --- | --- |
| 屈服强度、拉伸强度 | <200 MPa | 1 MPa |
| | 200~1 000 MPa | 5 MPa |
| | >1 000 MPa | 10 MPa |
| 伸长率 | — | 0.5% |

3)冷弯试验

(1)试验目的 通过冷弯试验,对钢筋塑性进行严格检验,也间接测定钢筋内部的缺陷及可焊性。

(2)主要仪器设备 万能材料试验机,具有一定弯心直径的冷弯冲头等。

(3)试验步骤

①按图6.6(a)调整试验机各平台上支辊距离 $L_1$。$d$ 为冷弯冲头直径,$d = nd_0$,$n$ 为自然数,其值大小根据钢筋级别确定。

②将试件按图6.6(a)安放好后,平稳地加荷,钢筋弯曲至规定角度(90°或180°)后,停止冷弯,如图6.6(b)和6.6(c)所示。

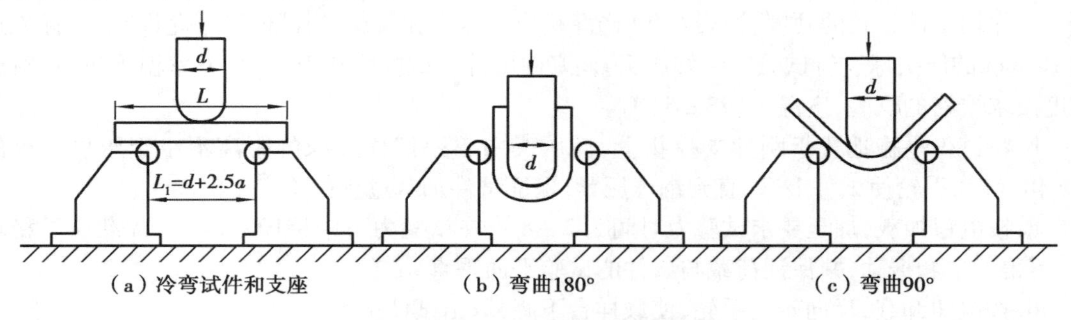


图6.6 钢筋冷弯试验装置示意图

(4)结果评定　在常温下,在规定的弯心直径和弯曲角度下对钢筋进行弯曲,检测两根弯曲钢筋的外表面,若无裂纹、断裂或起层,即判定钢筋的冷弯合格,否则冷弯不合格。

## 2.钢材试验

1)硬度试验

(1)试验目的和意义　测定钢材硬度,用于估计钢材的力学性能,判定钢材材质的均匀性或热处理后的效果。硬度的试验方法有很多,常用的是布氏硬度和洛氏硬度两种试验方法。

(2)布氏硬度试验

①仪器设备:布氏硬度计,如图6.7所示,读数显微镜,测量精度为0.01 mm。

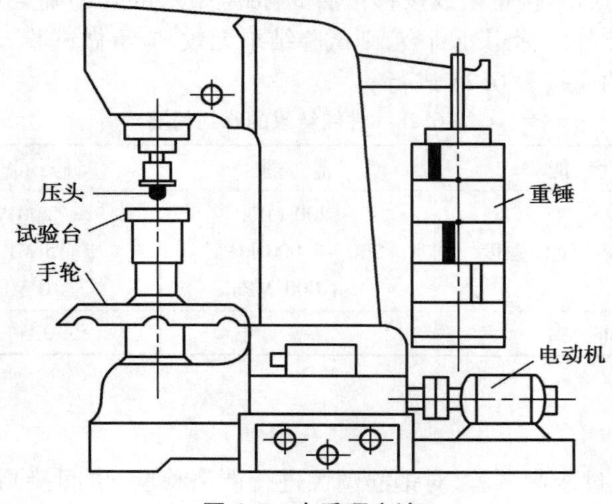


图6.7　布氏硬度计

②试件制备:

a.试件制备过程中,应使过热或冷加工等因素对表面性能的影响减至最小。

b.试件厚度至少应为压痕深度的8倍。

c.试件表面应光滑和平坦,并且不应有氧化皮及其他污物,尤其不应有油脂。试件表面应能保证压痕直径的精确测量。

③试验方法:

a.根据试件大致的硬度,按表6.29选择相应的压头和荷载,当试件尺寸允许时,应优先选用10 mm的压头球进行试验。装好压头,调好硬度计。试验应在10~35 ℃室温下进行,对于温度要求严格的试验,室温为(23±5)℃。

b.将试件平稳地置于刚性支撑物上,使压头中心距试件边缘的距离不小于压痕直径的2.5倍,转动手轮使试件上升,直到钢球压紧,保证试件加载过程中不产生滑动。

c.按电钮加载,加至要求试验力时间为2~8 s,在试验力下维持10~15 s。加载应平稳均匀,不得冲击和振动,并保证荷载与试件的试验平面垂直。

d.按电钮卸载,反向转动手轮,使载样台下降,取出试件。

e.按上述方法测3次,两相邻压痕中心的距离不小于压痕直径的3倍。

表6.29 布氏硬度钢球、荷载选择

| 材 料 | 试验力与压头球直径平方的比率 $0.102F/D^2$ | 试件厚度 $h$ /mm | 压头球直径 $D$ /mm | 试验力 $F$ /N | 荷载保持时间 /s |
|---|---|---|---|---|---|
| 钢、铸铁(HBW≥140) | 30 | 6~3 | 10 | 29 420 | 10~15 |
| | | 4~2 | 5 | 7 355 | |
| | | <2 | 2.5 | 1 839 | |
| | | <2 | 1 | 294.2 | |
| 铸铁(HBW<140) | 10 | >6 | 10 | 9 807 | 10~15 |
| | | 6~3 | 5 | 2 452 | |
| | | <3 | 2.5 | 612.9 | |

f. 用读数显微镜测量压痕直径,每个压痕应在相互垂直的方向上进行测量,取其算术平均值,其平均值应在 $0.24D<d<0.6D$ 范围内。如不符合上述条件,试验结果无效,应另行选择相应的压头和荷载重新试验。

g. 用直径为 10 mm 或 5 mm 的钢球进行试验时,压痕直径的测量应精确至 0.02 mm。如用 2.5 mm 钢球测量时,则应精确至 0.01 mm。

④结果评定:

$$HBW=0.102\times\frac{2F}{\pi D(D-\sqrt{D^2-d^2})}$$

式中 $F$——试验力,N;

$D$——硬质合金球的直径,mm;

$d$——压痕直径,mm。

也可根据压痕直径、荷载与钢球的关系式,由有关表中查出布氏硬度值 HBW。

⑤布氏硬度表示方法:符号 HBW(表示压头为硬质合金)前面为硬度值,符号后面是按硬质合金球直径、试验力数字与规定时间不同的试验力保持时间。如:600HBW1/30/20 表示用直径 1 mm 的硬质合金球,在 294.2 N(按照原单位为 30 kg)试验力下保持 20 s 测定的布氏硬度值为 600;350HBW5/750 表示用直径 5 mm 的硬质合金钢球,在 7.355 kN 试验力下保持 10~15 s 测定的硬度值为 350。10~15 s 是规定的试验力保持时间,布氏硬度符号中不标注。

(3)洛氏硬度试验

①仪器设备:洛氏硬度计或三用硬度计。

图6.8 为洛氏硬度计结构示意图。利用杠杆传递压力,一方面将重锤压力加至受试的材料上,另一方面利用杠杆把受试材料的压痕深度传递到读数百分表上,直接读出硬度的数值。图6.9 是一种洛氏硬度计的外形。

②试验方法:

a. 根据试件的大致硬度按表6.30 选择洛氏硬度标尺、荷载和压头,装好压头,调好荷载。试验应在 10~35 ℃温度下进行。

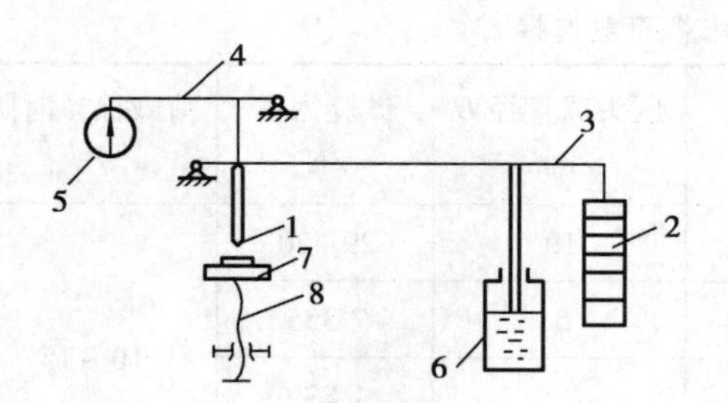


图 6.8　洛氏硬度计结构示意图

1—压头;2—载荷砝码;3—主杠杆;4—测量杠杆;
5—表盘;6—缓冲装置;7—载物台;8—升降丝杠;

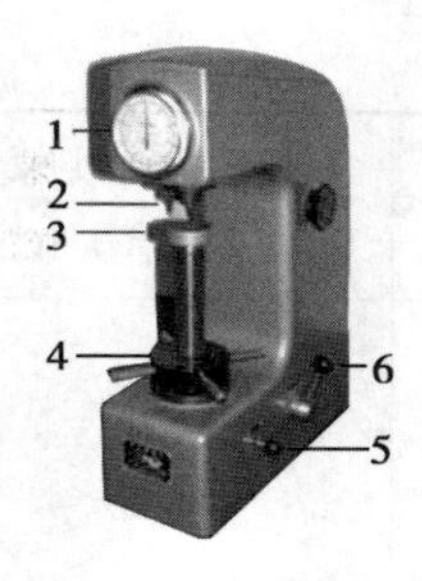


图 6.9　洛氏硬度计

1—读数百分表;2—装压头处;3—载物台;
4—升降丝杠、手轮;5—加载手柄;6—卸载手柄

**表 6.30　洛氏硬度标尺、压头和荷载选择**

| 符号 | | 压　头 | 初荷载 $F_0$/N | 总荷载 $F$/N | 洛氏硬度测量范围 | 应用范围 |
|---|---|---|---|---|---|---|
| 标尺 | 硬度值 | | | | | |
| B | HRB | 钢球直径 1.588 mm | 98 | 981 | 25～100 | 软钢、铝合金、铜合金、可锻铸铁 |
| C | HRC | 顶角为 120°的金刚石圆锥 | | 1 471 | 20～70 | 淬火钢、调质钢、硬铸铁 |
| A | HRA | 顶角为 120°的金刚石圆锥 | | 588 | 20～88 | 硬质合金、渗碳钢 |

b. 将试件平稳地置于载样台上,使压头中心离试件边缘的距离至少为压痕直径的 2.5 倍,但不得小于 1 mm。两压痕中心之间的距离至少应为压痕直径的 4 倍,但也不应小于 2 mm。转动手轮使试件上升与压头接触,应保证在加荷过程中荷载作用方向与试件的试验面垂直,试件不得滑动,荷载应均匀平稳地加在试件上,不得有跳动和冲击现象。

c. 先加初荷载 $F_0$(98 N),依顺时针方向旋转手轮,使试样与压头接触,并观察读数百分表上小针移动至小红点处为止。

d. 调整读数表盘,使百分表盘上的长针对准硬度值的起点。如果试验 HRB 时,使长针与表上红字 B 处对准;如果试验 HRC,HRA 时,则把长针与表上黑字 C 处对准。

e. 再加主荷载 $F_1$,平稳地向上扳动加荷手柄,手柄自动升高至停止位置(2～8 s 内完成)。保持 10 s 后平稳地卸除主荷载 $F_1$。

f. 在保持初荷载 $F_0$ 的继续作用下,从表盘上读出相应的硬度值,精确至 0.5 刻度。长针指向的数字为硬度的读数。HRB 读红色数字,HRC,HRA 读黑色数字。然后卸除初荷载 $F_0$,转动手轮使载样台下降,取出试件。

g. 每一试件按照上述方法连测 4 次(第一次不计),取 3 次的算术平均值作为硬度值。

③注意事项:

a. 若试件的硬度范围事先无法估计时,应先用洛氏 C 试,绝对不能用洛氏 B 先试,以防损坏压头。

b. 切勿用手抚摸压头,以防生锈。

c. 在任何情况下,不允许压头与试台及支座触碰,试件支承面、支座和试台工作面上均不得有压痕。

d. 洛氏硬度与布氏硬度有一定关系,必要时可将洛氏硬度值换算成布氏硬度值,然后再按

一定经验公式估计强度极限。（布氏硬度值和洛氏硬度值之间的关系大致为 10HB≈1HRC）

当 HB < 175 时　　　　$\sigma_b \approx 0.36\text{HB}$

当 HB > 175 时　　　　$\sigma_b \approx 0.35\text{HB}$

2）冲击试验

(1)试验目的和意义　本试验是测定在动荷载作用下，试件折断时的弯曲冲击韧性值，用于检查钢材在常温下的冲击韧性、负温下的冷脆性、时效敏感性以及焊接后的硬脆倾向等。因此，按不同条件可分为常温冲击韧性试验法、低温冲击韧性试验法以及时效冲击韧性试验法 3 种。下面介绍的是常温冲击韧性试验法。

(2)仪器设备　摆式冲击试验机，最大能量一般应不大于 300 J。

(3)试样制备　规定以夏比 V 形缺口试件作为标准试件，试件的形状、尺寸和光洁度均应符合相关国家标准的要求。

(4)试验方法

①首先校正试验机，将摆锤置于垂直位置，调整指针对准在最大刻度上，举起摆锤到规定高度，用挂钩钩于机组上；然后拨动机钮，使摆锤自由下落，待摆锤摆到对面相当高度回落时，用皮带闸住，读出初读数，以检查试验机的能量损失。其回零差值应不大于读盘最小分度值的 1/4。

②量出试件缺口处的截面尺寸。

③将试件置于机座上，使试件缺口背向摆锤，缺口位置正对摆锤的打击中心位置，此时摆锤刀口应与试件缺口轴线对齐。

④将摆锤上举挂于机钮上，然后拨动机钮使摆锤下落冲击试件，根据摆锤击断试件后的扬起高度，读出表盘示值冲击功 $A_k$（保留两位有效数字）。

⑤遇有下列情形之一者应重做试验：试件侧面加工划痕与折断处相重合；折断试件上发现有淬火裂缝。

⑥试验应在(20 ± 5)℃的温度下进行，试件数量一般应不少于 3 个。

(5)结果评定

①冲击韧性值 $\alpha_k$ 按下式计算：

$$\alpha_k = \frac{A_k}{F}$$

式中　$A_k$——击断试件所消耗的冲击功，J；

$F$——试件缺口处的横截面积，$\text{cm}^2$。

②试验时试件将冲击能量全部吸收而未折断时，则在 $\alpha_k$ 值前加“ > ”符号，并在记录中注明“未折断”字样。

(6)注意事项　试验时，应特别注意安全，摆锤升起后，所有人员应退到安全栏以外两侧，顺着摆锤的摆动方向严禁站人，以防不测。

## 本章小结

本章主要介绍钢材的分类及其主要技术性能。

建筑钢材的最主要技术性能是屈服强度、抗拉强度、延伸率、韧性和冷弯。钢材的强度等级主要根据这些指标确定。

钢结构用钢主要有碳素结构钢、优质碳素结构钢、低合金高强度结构钢三大类,一般均热轧成各种不同尺寸的型钢(角钢、工字钢、槽钢等)、钢板等。桥梁用结构钢是适用于桥梁建筑的专用钢。钢筋混凝土结构和预应力混凝土结构用钢筋及钢丝有热轧钢筋、冷轧带肋钢筋、钢丝和钢绞线等,其中热轧钢筋是最主要的品种。

本章还介绍了建筑钢材的有关试验。

# 复习思考题

6.1 评价建筑钢材的技术性能应根据哪些主要指标?

6.2 弹性模量、屈服比的含义是什么?它们反映钢材的什么性能?

6.3 含碳量对钢材的力学性能有什么影响?锰、硅、硫、磷元素对钢材的性能有什么影响?

6.4 碳素结构钢的牌号如何表示?为什么 Q235 号钢被广泛用于土木工程中?

6.5 钢筋混凝土结构用的热轧钢筋和冷轧带肋钢筋有几种牌号?它们适宜于何种用途?

# 第7章 无机结合料稳定材料

**内容提要**

本章主要介绍无机结合料稳定材料,主要内容包括:无机结合料稳定材料的分类及其技术要求、强度形成机理及影响因素以及无机结合料稳定材料的配合比设计。

## 7.1 无机结合料稳定材料及其技术要求

在粉碎的或原状松散的土,或矿质碎(砾)石,或工业废渣中掺入一定量的无机结合料(包括水泥、石灰或工业废渣等)和水,或同时掺入土壤固化剂,经拌和得到的混合料称为无机结合料稳定材料。这类材料经压实与养生后,当其强度符合有关技术规范规定要求时,可用作道路路面结构基层、底基层、垫层。

本章的土是一个广义的名称,既包括稳定各种细粒土(黏性土、砂性土、石屑等),也包括稳定各种中粒土、粗粒土(砂砾土、碎石土、级配砂砾、级配碎石等)。不同的土与无机结合料拌和得到不同的稳定材料,如石灰稳定材料、水泥稳定材料、石灰粉煤灰稳定材料、石灰工业废渣稳定材料、综合稳定材料等。

按土中单颗粒(指碎石、砾石和砂粒料,不指土块或土团)的粒径大小和颗粒组成分类,土可分为稳定细粒土、稳定中粒土、稳定粗粒土。细粒土是指颗粒最大粒径不大于4.75 mm,公称最大粒径不大于2.36 mm的土,包括各种黏质土、粉质土、砂和石屑等。中粒土是指颗粒最大粒径不大于26.5 mm,公称最大粒径大于2.36 mm且不大于19 mm的土或集料,包括砂砾土、碎石土、级配砂砾、级配碎石等。粗粒土是指颗粒最大粒径不大于53 mm,公称最大粒径大于19 mm且不大于37.5 mm的土或集料,包括砂砾土、碎石土、级配砂砾、级配碎石等。

按所用结合料品种分,无机结合料稳定材料可分为石灰稳定类、水泥稳定类、水泥-石灰稳定类、石灰-工业废渣稳定类及土壤固化类。

按土中矿质粒料含量分类,无机结合料稳定材料可分为悬浮式稳定粒料和骨架密实式稳定粒料。悬浮式稳定粒料中含砂砾或碎石不超过50%,骨架密实式稳定粒料中含砂砾或碎石在80%以上。

### 7.1.1 石灰稳定材料

1)石灰

用作稳定材料的石灰均要求在Ⅲ级技术要求以上。对于高速公路和一级公路用石灰应不低于Ⅱ级技术要求,且宜采用磨细生石灰粉。此外,要尽量缩短石灰的存放时间。石灰堆放时间较长时,应妥善覆盖保管,不应遭日晒雨淋。二级及其以下公路使用等外石灰、珊瑚石灰等,使用前应进行试验,只有石灰混合料的强度符合设计要求时才可以使用。

2)土和集料

凡能被粉碎的土都可用石灰稳定,宜作石灰稳定类基层的材料有石渣、石屑、砂砾、碎石土、砾石土等。硫酸盐含量超过0.8%的土和有机质含量超过10%的土,不宜用石灰稳定。

对于高速公路和一级公路,当用石灰稳定土作底基层时,碎石或砾石的压碎值应不大于30%,颗粒公称最大粒径不应超过37.5 mm。

对二级及以下公路,当用石灰稳定土作底基层时,碎石或砾石的压碎值应不大于40%,颗粒最大粒径不应超过53 mm;当用石灰稳定土作基层时,碎石或砾石的压碎值应不大于30%(二级公路)和35%(二级以下公路),颗粒最大粒径不应大于37.5 mm。

3)水

符合现行《生活饮用水卫生标准》(GB 5749—2006)的饮用水可直接作为稳定类基层、底基层材料拌和与养生用水施工。拌和使用的非饮用水应进行水质检验。

### 7.1.2 水泥稳定材料

1)水泥

水泥稳定土可选用普通硅酸盐水泥、矿渣硅酸盐水泥和火山灰硅酸盐水泥,强度等级为32.5或42.5,所用水泥初凝时间应大于3 h,终凝时间应大于6 h且小于10 h。快硬性水泥、早强水泥以及已受潮变质的水泥不得使用。

在水泥稳定材料中掺加缓凝剂或早强剂时,应对混合料进行试验验证。缓凝剂和早强剂的技术要求应符合现行《公路水泥混凝土路面施工技术细则》(JTG/T F30—2014)的规定。

2)土和集料

砾石、砂、粉砂、细砾土、粉质细砂土、粉土、贫黏土以及重黏土都可以用水泥稳定。水泥剂量随粉粒和黏粒含量的增加而增大,土质过黏的情况下,因相应稳定要求所用水泥的剂量过高而不经济。因此,对于二级及其以下公路用水泥稳定土,液限不宜大于40,塑性指数不宜大于17;对于高速公路和一级公路用水泥稳定土,液限不宜大于25,塑性指数不宜大于6。有机质含量超过2%的土,酸性大,不宜单用水泥稳定,如需采用这种土,必须先用石灰进行处理,闷料一夜后再用水泥稳定。硫酸盐含量超过0.25%的土,不宜用水泥稳定。宜在砂中添加少量塑性指数小于12的黏性土(亚黏土)或石灰土(土的塑性指数较大),或添加20% ~40%的粉煤灰以改善土的颗粒分布。掺加量以使混合料密度接近最大干密度的试验结果为准。塑性指数大于 17 的土,宜采用石灰稳定,或用水泥和石灰综合稳定。

水泥稳定粒料的颗粒组成应符合表 7.1 的规定。

**表 7.1 水泥稳定粒料颗粒组成**

| 筛孔尺寸/mm | | 通过百分率/% | | | | | | | | | | | |
|---|---|---|---|---|---|---|---|---|---|---|---|---|---|
| | | 37.5 | 31.5 | 31.5 | 26.5 | 19.0 | 9.5 | 4.75 | 2.36 | 1.18 | 0.6 | 0.075 | 0.002 |
| 高速、一级公路 | 底基层 | 100 | 100 | — | — | — | — | 50 ~ 100 | — | — | 17 ~ 100 | 0 ~ 30 | — |
| | 基层 | 100 | 100 | 90 ~ 100 | — | 67 ~ 90 | 45 ~ 68 | 29 ~ 50 | 18 ~ 38 | — | 8 ~ 22 | 0 ~ 7 | — |
| | | 100 | 100 | 100 | 90 ~ 100 | 72 ~ 89 | 47 ~ 67 | 29 ~ 49 | 17 ~ 35 | — | 8 ~ 22 | 0 ~ 7 | — |
| 二级及二级以下公路 | 底基层 | 100 | 100 | — | — | — | — | 50 ~ 100 | — | — | 17 ~ 100 | 0 ~ 30 | — |
| | 基层 | 100 | 90 ~ 100 | — | 60 ~ 100 | 54 ~ 100 | 39 ~ 100 | 28 ~ 84 | 20 ~ 70 | 14 ~ 57 | 8 ~ 47 | 0 ~ 30 | — |

3) 水

同石灰稳定材料用水要求。

## 7.1.3 石灰工业废渣稳定材料

工业废渣包括粉煤灰、煤渣、高炉矿渣、钢渣(已经过崩解达到稳定)及其他冶金矿渣、煤矸石等。一定数量的石灰和粉煤灰或石灰和煤渣与其他集料相配合,加入适量的水(通常为最佳含水量),经拌和、压实、养生后得到的混合料,当其抗压强度符合规范规定的要求时,称为石灰工业废渣稳定材料。

石灰工业废渣材料可分为两大类:石灰粉煤灰类和石灰其他废渣类。

在工程中,石灰粉煤灰常被简称为二灰,石灰粉煤灰稳定类混合料简称为二灰稳定土。用石灰粉煤灰稳定细粒土(含砂)、中粒土和粗粒土时,视具体情况可分别简称二灰土、二灰砂砾、二灰碎石、二灰矿渣等。其中,砂砾、碎石、矿渣、煤矸石等可能是中粒土也可能是粗粒土,都统称为集料。

石灰工业废渣适用于各级公路的基层和底基层。但二灰土不应用作高级沥青路面的基层,而只用作底基层。在高速和一级公路上的水泥混凝土面板下,二灰土也不应用作基层。

大多数粉煤灰的主要成分为二氧化硅($SiO_2$)和三氧化二铝($Al_2O_3$),其总含量通常大于 70%,氧化钙(CaO)含量一般在 2% ~6%,这种粉煤灰称为硅铝粉煤灰;若氧化钙含量达到 10% ~40%时,则称为高钙粉煤灰。干排或湿排的硅铝粉煤灰和高钙粉煤灰等均可用作基层或底基层的结合料。粉煤灰的技术要求应符合表 7.2 的规定。

表 7.2　粉煤灰的技术要求

| 项目 | $SiO_2$,$Al_2O_3$ 和 $Fe_2O_3$ 总含量/% | 烧失量/% | 比表面积 /($cm^2 \cdot g^{-1}$) | 0.3 mm 筛孔通过百分率/% | 0.075 mm 筛孔通过百分率/% | 湿粉煤灰含水率/% |
|---|---|---|---|---|---|---|
| 技术要求 | >70 | ≤20 | >2 500 | ≥90 | ≥70 | ≤35 |

# 7.2　无机结合料稳定材料强度形成机理及影响因素

## 7.2.1　石灰稳定材料

在粉碎的土和原来松散的土(包括各种粗、中、细粒土)中掺入足量的石灰和水,经拌和得到的混合料,在压实及养生后,当其抗压强度符合规定的要求时,称为石灰稳定材料。石灰稳定材料包括石灰土和石灰稳定粒料。石灰土是用石灰稳定细粒土得到的混合料的简称。石灰稳定粒料包括用石灰稳定中粒土或粗粒土得到的混合料,视原材料为天然砾石和天然碎石土,分别简称为石灰砂砾土和石灰碎石土。用石灰稳定天然砂砾土或用石灰土稳定级配砂砾时,简称石灰砂砾土;用石灰稳定天然碎石或用石灰土稳定级配碎石时,简称石灰碎石土。

*1)石灰稳定材料的强度形成机理*

石灰稳定材料强度的形成与发展是通过机械压实、离子交换反应、氢氧化钙结晶和碳酸化反应,以及火山灰反应等一系列复杂的物理与化学作用完成的。

(1)离子交换作用　黏土颗粒表面通常带有一定量的负电荷,吸引周围溶液中的正离子,如 $K^+$,$Na^+$ 等,而在颗粒表面形成一个双电层结构,这些与电位离子电荷相反的离子称为反离子。黏土颗粒表面带上负电荷,即电位离子形成的电位称为热力学电位($\phi$),滑动面上的电位称为电动电位($\xi$)。由于反离子的存在,离开颗粒表面越远,电位越低,经过一定的距离电位将降为零,此距离称为双电层厚度。由于各个黏土颗粒表面都具有相同的双电层结构,因此黏土颗粒之间往往间隔着一定的距离。

当石灰加入被稳定材料中后,氢氧化钙能够溶解于水并离解成带正电荷的钙离子和带负电荷的氢氧根离子;同样,石灰中的氢氧化镁离解成镁离子和氢氧根离子。$Ca^{2+}$ 和 $Mg^{2+}$ 能当量替换土粒中的阳离子 $Na^+$,$K^+$,交换的结果使胶体扩散层的厚度减薄,电动电位降低,范德华引力增大,促使土粒凝集和凝聚,并形成稳定团粒结构,导致被稳定材料的分散性、湿性和膨胀性降低。这种离子交换作用在初期进行得很迅速,并随着 $Ca^{2+}$ 和 $Mg^{2+}$ 稳定材料中扩散面使材料稳定,这是被稳定材料加入石灰后初期性质得到改善的主要原因。

(2)结晶作用　在石灰稳定材料中只有一部分熟石灰 $Ca(OH)_2$ 进行离子交换作用,绝大部分氢氧化钙溶解于水,形成 $Ca(OH)_2$ 的饱和溶液,随着水分的蒸发和石灰土反应的进行,特别是石灰剂量较高时,有可能会引起溶液中某种程度的过饱和。$Ca(OH)_2$ 晶体即从过饱和溶液中析出，产生 $Ca(OH)_2$ 的结晶反应为：

$$Ca(OH)_2 \cdot nH_2O \longrightarrow Ca(OH)_2 + nH_2O \uparrow$$

此过程使 $Ca(OH)_2$ 由胶体逐渐转变成晶体，晶体相互结合，并与被稳定材料等结合起来形成共晶体。结晶的 $Ca(OH)_2$ 溶解度较小，因此使石灰稳定材料的强度和水稳性得到提高。

(3)火山灰作用　石灰加入被稳定材料中后，氢氧化钙与被稳定材料中的活性 $SiO_2$ 和 $Al_2O_3$ 作用生成含水的硅酸钙和铝酸钙，此种作用称为火山灰作用。其反应式为：

$$SiO_2 + xCa(OH)_2 + nH_2O \longrightarrow xCaO \cdot SiO_2 \cdot nH_2O$$

$$Al_2O_3 + xCa(OH)_2 + nH_2O \longrightarrow xCaO \cdot Al_2O_3 \cdot nH_2O$$

这些生成的物质具有水硬性，强度较高、水稳性较好，由于它们的形成、长大以及结晶体之间互相接触和连生，使被稳定材料颗粒之间的联结得到加强，即增加了被稳定材料颗粒之间的固化凝聚力，提高了石灰稳定材料的强度和水稳定性，并促使石灰土在相当长的时期内增长强度，是石灰稳定材料具有早期强度的主要原因。

(4)碳酸化作用　石灰加入被稳定材料中后，氢氧化钙从空气中吸收水分和二氧化碳可以生成不溶解的碳酸钙，此种作用称为碳酸化作用。其反应式为：

$$Ca(OH)_2 + CO_2 + nH_2O \longrightarrow CaCO_3 + (n+1)H_2O$$

碳酸化作用实际上是二氧化碳与水形成碳酸，然后与氢氧化钙反应生成碳酸钙，因此碳酸化作用不能在没有水分的全干状态下进行。$CaCO_3$ 是坚硬的结晶体，具有较高的强度和水稳性，它对土的胶结作用使被稳定材料得到了加固。

石灰稳定材料的碳酸化作用主要取决于环境中二氧化碳的浓度。$CO_2$ 可能由混合料的孔隙渗入或随雨水渗入，也可能由土本身产生，但数量不多，因此碳酸化作用是一个缓慢的过程。特别是当表面生成一层 $CaCO_3$ 层后，将阻碍 $CO_2$ 的进一步渗入，致使碳酸化过程更加缓慢。氢氧化钙的碳酸化作用是一个相当长的缓慢过程，这也是形成石灰稳定材料后期强度的主要原因之一。

综上所述，石灰稳定材料的强度形成取决于石灰与细粒稳定材料中黏土矿物的相互作用，从而使被稳定材料的工程性质产生变化。初期主要表现在被稳定材料的结团、塑性降低、最佳含水率的增大和最大密实度的减小等，后期主要表现在结晶结构的形成，从而提高其强度和稳定性。

在石灰稳定集料中，粒状集料颗粒与石灰或石灰土构成复合材料，其强度主要取决于集料颗粒间的内摩阻力和嵌锁作用。经压实成型后，集料颗粒相互嵌锁形成骨架，石灰和细料起填充骨架空隙、包裹并黏结集料颗粒的作用。在石灰稳定集料中，由于石灰土的胶结力较弱，应特别注意发挥集料颗粒的嵌锁作用。

2)*石灰稳定材料强度的影响因素*

(1)石灰　石灰细度越大，在相同剂量下与土粒作用越充分，反应进行得越快，稳定效果越好。石灰品质越好，有效氧化钙和有效氧化镁含量越高，在相同石灰剂量下稳定效果就越好。直接使用生石灰粉可利用其消化过程中放出的热量加速火山灰作用、离子交换，有利于加速石灰硬化。

由于石灰起稳定作用，因此石灰剂量对石灰土强度影响显著。石灰剂量较低时，土的塑性膨胀性和吸水性降低，随着石灰剂量的增加，石灰土的强度和稳定性提高，但超过一定剂量后，强度增长不明显。

(2)土与集料　石灰的稳定效果与土中的黏土矿物成分及含量有显著关系。一般来说，黏土矿物化学活性强，比表面积大，掺入石灰等活性材料后，离子交换作用、碳酸化作用、火山灰作用、结晶作用活跃，稳定效果好，稳定土的强度随着土中黏粒含量的塑性指数增大而增大。

工程实践表明：塑性指数为15～20的黏土，易于粉碎和拌和，施工和使用效果较好；重黏土中虽然黏土颗粒含量高，但由于不易粉碎和拌和，稳定效果反而不好。塑性指数小于10的土不宜用石灰稳定，而适宜用水泥稳定。对于无黏性和塑性指数的集料，单纯用石灰稳定的效果远不如用石灰土稳定的效果。

(3)石灰稳定材料的最佳含水率　水是石灰稳定材料的重要组成成分，它促使石灰稳定材料发生物理、化学变化而形成强度。水的加入还有利于被稳定材料的粉碎、拌和、压实、养生。含水率过小不能满足混合料拌和、压实的需要；含水率过大，既影响可能达到的密实度和强度，又明显增大稳定材料的干缩性，引起结构层干缩裂缝。

石灰稳定材料的压实密度对其强度和抗变形能力影响较大，而石灰稳定材料的压实效果与压实时的含水率有关，存在着最佳含水率，在此含水率时进行压实，可以获得较为经济的压实效果，即达到最大密实度。最佳含水率取决于压实功的大小、稳定土的类型以及石灰剂量。通常，所施加的压实功越大，稳定材料中的细料含量越少，最佳含水率越小，最大密实度越高。

(4)养生条件和龄期　石灰稳定材料的强度是在一系列复杂的物理、化学反应过程中逐渐形成的，而这些反应需要一定的温度和湿度条件。当养生温度较高时，可使各种反应过程加快，对石灰稳定材料的强度形成是有利的。适当的湿度为火山灰作用提供了必要的结晶水，但湿度过大会影响石灰土中氢氧化钙的结晶硬化，从而影响石灰稳定材料强度的形成。

石灰稳定材料中的火山灰作用的进程缓慢，其强度随着龄期的增长而增大。

### 7.2.2　水泥稳定材料

在粉碎的土或原状松散的土（包括各种粗、中、细粒土）中掺入足量的水泥和水，经拌和得到的混合料，在压实及养生后，当其抗压强度符合规定的要求时，称为水泥稳定材料。

如用水泥稳定细粒土（砂性土、粉性土或黏性土）得到的混合料，简称水泥土。用水泥稳定砂得到的混合料，简称水泥砂；用水泥稳定粗粒土和中粒土得到的混合料，视所用原材料，可简称水泥碎石（级配碎石和未筛分碎石）、水泥砂砾等。

1）水泥稳定材料的强度形成机理

在利用水泥稳定材料的过程中，水泥、被稳定材料和水之间发生了多种复杂的作用，使被稳定材料的性能发生了明显变化。但由于水的用量很少，水泥的水化完全是在被稳定材料中进行的，故作用速度比在水泥混凝土中缓慢。水泥在被稳定材料中的作用，从工程观点来看，一是改变了被稳定材料的塑性，二是增加了被稳定材料的强度和稳定性。作用的形式归纳起来有如下几种。

(1)水泥的水化作用　在水泥稳定材料中，首先发生的是水泥自身的水化作用，反应简式如下：

硅酸三钙：　$2C_3S + 6H_2O \longrightarrow C_3S_2H_3 + 3CH$

硅酸二钙：　$2C_2S + 4H_2O \longrightarrow C_3S_2H_3 + CH$

铝酸三钙： $C_3A + 6H_2O \longrightarrow C_3AH_6$

铁铝酸四钙： $C_4AF + 7H_2O \longrightarrow C_4AFH_7$

水化反应生成的具有胶结能力的水化产物是水泥稳定材料强度的主要来源。水化产物在被稳定材料的孔隙中相互交织搭接，将被稳定材料颗粒包覆连接起来，使被稳定材料逐渐丧失原有的塑性。但此水化反应与水泥混凝土中的水化反应有所不同：

①被稳定材料具有非常高的比表面积和亲水性；

②水泥含量少；

③被稳定材料对水化产物有强烈的吸附性；

④被稳定材料中存在酸性介质环境。

特别是黏土矿物对水化产物中 $Ca(OH)_2$ 具有极强的吸附和吸收作用，使溶液中的碱度降低，影响了水化产物的稳定性；水化硅酸钙中的 C/S 会逐渐降低并析出 $Ca(OH)_2$，使水化产物的结构和性能发生变化，从而影响混合料的性能。因此，在选用水泥时，应优先选用硅酸盐类水泥，必要时还应对水泥稳定土进行"补钙"，以提高混合料中的碱度。

(2)离子交换作用　硅酸盐类水泥中，硅酸三钙和硅酸二钙占主要部分，其水化产物中 $Ca(OH)_2$ 占25%。大量的氢氧化钙溶于水后，在被稳定材料中形成一个富含钙的碱性溶液环境，$Ca^{2+}$ 取代了 $K^+$，$Na^+$，成为反离子。同时，$Ca^{2+}$ 双电层电位的降低速度加快，双电层厚度降低，黏土颗粒距离减小、相互靠拢，导致被稳定材料的凝聚，从而改变被稳定材料的塑性，使土具有一定的强度和稳定性。

(3)化学激发作用　随着水泥水化反应的深入，$Ca^{2+}$ 数量超过上述离子交换的需要量后，使混合料呈现出一种碱性环境，从而激发出黏土矿物中部分 $SiO_2$ 和 $Al_2O_3$ 的活性，与溶液中的 $Ca^{2+}$ 进行反应生成新的矿物。这些矿物主要是硅酸钙和铝酸钙系列，如 $4CaO \cdot 5SiO_2 \cdot 5H_2O$，$4CaO \cdot Al_2O_3 \cdot 19H_2O$，$3CaO \cdot Al_2O_3 \cdot 16H_2O$，$Ca0 \cdot Al_2O_3 \cdot 10H_2O$ 等。这些生成物同样也具有胶凝能力，并包裹着黏土颗粒表面，与水泥的水化产物一起将黏土颗粒凝结成一个整体。因此，氢氧化钙对黏土矿物的激发作用，进一步提高了水泥稳定材料的强度和水稳定性。

(4)碳酸化作用　水泥水化生成的 $Ca(OH)_2$，除了可与黏土矿物发生化学反应外，还可以进一步与空气中的 $CO_2$ 反应生成碳酸钙晶体：

$$Ca(OH)_2 + CO_2 + nH_2O \longrightarrow CaCO_3 + (n+1)H_2O$$

碳酸钙生成过程中产生体积膨胀，可以对被稳定材料起填充和加固作用，提高土的强度，但这种作用相对来讲比较弱，并且反应过程缓慢。

2)水泥稳定材料的强度影响因素

影响水泥稳定材料强度的主要因素有水泥品种及剂量、土质、集料颗粒组成、养生温度与延迟时间等。

(1)水泥品种及剂量　各种水泥都可用于无机结合料稳定材料，但水泥的矿物组成和分散度对稳定效果有明显影响。对于同一种被稳定材料，通常情况下硅酸盐水泥的稳定效果好，而铝酸盐水泥较差；矿物组成相同时，随着水泥细度的增加，其活性和石化能力有所增大，稳定土的强度提高。

水泥稳定材料的强度随水泥剂量的增加而增长，但过多的水泥用量，在获得较高强度的同时，可能会增加其收缩性，经济性会受影响，效果也不一定显著。

(2)土与集料　土的类别和性质对水泥稳定土的强度有重要影响,各类砂砾土、砂土、粉土、黏土均可用水泥稳定,但效果不同。试验和生产实践表明:水泥稳定级配良好的碎(砾)石和砂砾效果最好,强度高且水泥用量少;其次是水泥稳定砂性土;再次是水泥稳定粉性土和黏性土。重黏土难以粉碎和拌和,不宜单独用水泥稳定,一般要求土的塑性指数不大于17。

(3)养生温度与延迟时间　养生温度直接影响水泥的水化进程,因此对水泥稳定土的强度有很明显的影响。在相同龄期时,养生温度越高,水泥稳定土的强度也越高。

延迟时间是指水泥稳定材料施工过程中,从加水拌和开始至碾压结束所经历的时间。延迟时间对水泥稳定材料的强度有显著影响,其影响取决于两个因素,即水泥品种和土质。在被稳定材料不变的情况下,用终凝时间短的水泥时,延迟时间对混合料强度损失的影响大;在水泥不变的情况下,延迟时间为2 h时,用黏土或砾质砂等制得的水泥稳定材料的强度损失为60%,而用一些原状砂砾或粗石灰石等制得的混合料的强度损失可能只有20%左右,而水泥稳定中砂的强度甚至没有损失。因此,应根据水泥品种、被稳定材料特征来控制水泥稳定材料的施工速度。

### 7.2.3　石灰工业废渣稳定材料

工业废渣材料主要用石灰与之综合稳定。常用的工业废渣包括粉煤灰、煤渣、高炉矿渣、崩解过的达到稳定的钢渣,以及其他冶金矿渣、煤矸石等。粉煤灰中含有较多的二氧化硅、氧化钙或氧化铝等活性物质,应用最为广泛。下面主要介绍石灰粉煤灰稳定材料的强度形成机理和影响因素。

*1)石灰粉煤灰稳定材料的强度形成机理*

用石灰稳定工业废渣时,石灰在水的作用下形成饱和的$Ca(OH)_2$溶液,废渣的活性氧化硅和氧化铝在$Ca(OH)_2$溶液中产生火山灰反应,生成水化硅酸钙和铝酸钙凝胶,使颗粒胶凝在一起。随水化物不断产生而结晶硬化,在温度较高时,混合料强度不断增长。因此,石灰工业废渣基层具有以下优点:水硬性、缓凝性、强度高、稳定性好,成板体,且强度随龄期不断增加,抗水、抗冻、抗裂且收缩性小,能适应各种气候环境和水文地质条件。

石灰粉煤灰稳定材料的强度形成机理与石灰稳定材料基本相同,主要依靠集料的骨架作用和石灰粉煤灰的水硬性胶结及填充作用。粉煤灰能提供较多的活性氧化硅和活性氧化铝成分,在石灰的碱性激发作用下生成较多的水化硅酸钙、水化铝酸钙,具有较高的强度和稳定性。

*2)石灰粉煤灰稳定材料强度的影响因素*

与石灰稳定材料相比,石灰粉煤灰稳定材料强度形成更多地依赖于火山灰反应生成的水化物,而粉煤灰是一种缓凝物质,表面能较低,难以在水中溶解,导致石灰粉煤灰稳定材料中的火山灰反应进程相当缓慢。因此,石灰粉煤灰稳定材料的强度随龄期的增长速度缓慢,早期强度较低,但到后期仍然保持一定的强度增长速率,有着较高的后期强度。石灰粉煤灰稳定材料中粉煤灰的用量越多,初期强度就越低,后期强度的增长幅度就越大。如果需要提高石灰粉煤灰稳定材料的早期强度,可以掺加少量水泥或早强剂。

就长期强度而言，密实式石灰粉煤灰粒料与悬浮式石灰粉煤灰粒料相比并无明显差别，但密实式石灰粉煤灰粒料的早期强度大于悬浮式石灰粉煤灰粒料，并具有较好的水稳定性。

养生温度对石灰粉煤灰稳定材料的抗压强度有明显影响，较高的温度会促使火山灰反应进程加快。而当气温低于4 ℃时，石灰粉煤灰稳定材料的抗压强度几乎停止增长。

# 7.3 无机结合料稳定材料配合比设计

## 7.3.1 无机结合料的剂量与比例

①水泥剂量：水泥稳定材料的水泥剂量是指水泥质量占全部被稳定材料干燥质量的百分率。

②石灰剂量：石灰稳定材料的石灰剂量是指石灰质量占全部被稳定材料干燥质量的百分率。

③石灰工业废渣混合料：石灰工业废渣混合料采用质量配合比计算，以石灰：工业废渣：被稳定材料的质量比表示。

④水泥粉煤灰稳定材料应采用质量配合比计算，以水泥：粉煤灰：被稳定材料的质量比表示。水泥粉煤灰稳定材料和水泥煤渣稳定材料比例参照《公路路面基层施工技术细则》(JTG F20—2015)的推荐比例执行。

石灰粉煤灰稳定材料和石灰煤渣稳定材料比例可采用表7.3中的推荐值。

表7.3 石灰粉煤灰稳定材料和石灰煤渣稳定材料的推荐比例

| 材料类型 | 材料名称 | 使用层位 | 结合料间比例 | 结合料与被稳定材料间比例 |
|---|---|---|---|---|
| 石灰粉煤灰 | 硅铝粉煤灰的石灰粉煤灰类 | 基层或底基层 | 石灰：粉煤灰=1:2~1:1.9 | — |
| | 石灰粉煤灰土 | 基层或底基层 | 石灰：粉煤灰=1:2~1:1.4 | 石灰粉煤灰：细粒材料=30:70~10:90 |
| | 石灰粉煤灰稳定级配碎石或砾石 | 基层 | 石灰：粉煤灰=1:2~1:1.4 | 石灰粉煤灰：被稳定材料=20:80~15:85 |
| 石灰矿渣 | 石灰煤渣稳定材料 | 基层或底基层 | 石灰：煤渣=20:80~15:85 | — |
| | 石灰煤渣土 | 基层或底基层 | 石灰：煤渣=1:1~1:4 | 石灰矿渣：细粒材料=1:1~1:4 |
| | 石灰煤渣稳定材料 | 基层或底基层 | 石灰：煤渣：被稳定材料=(7~9):(26~33):(67~58) | |

## 7.3.2 无机结合料稳定材料配合比设计与要求

无机结合科稳定材料配合比设计包括原材料检验、混合料的目标配合比设计、混合料的生产配合比设计和施工参数确定 4 个方面的内容。

无机结合料稳定材料配合比设计流程如图 7.1 所示。

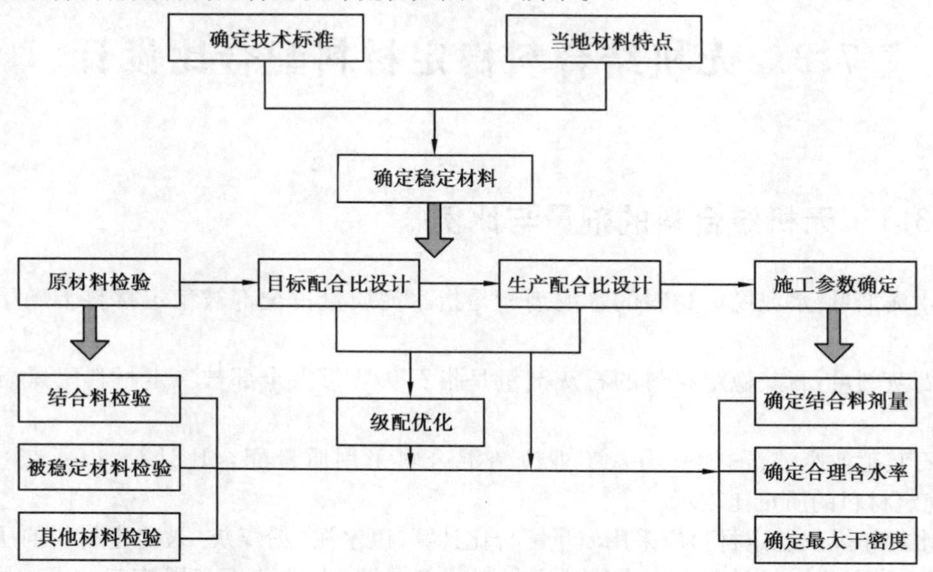


图 7.1 无机结合料稳定材料配合比设计流程

1)原材料检验

原材料检验包括结合料、被稳定材料及其他相关材料的试验,所有检测指标均应满足相关设计或技术文件的要求。

2)目标配合比设计(以水泥稳定级配碎石或砾石为例)

目标配合比设计是根据强度标准选择适宜的结合料类型和被稳定材料,确定必需的或最佳的无机结合料组成与剂量,验证混合料相关的设计及施工技术指标。设计内容包括:选择级配范围;确定结合料类型及掺配比例;验证混合料相关的设计及施工技术指标。

目标配合比设计具体可按以下步骤进行:

①根据当地材料的特点,通过原材料性能的试验评定,选择适宜的结合料类型,确定混合料配合比设计的技术标准。

②集料的目标级配优化设计。目标级配曲线优化选择过程中,应选择不少于 4 条级配曲线,试验级配曲线可按《公路路面基层施工技术细则》(JTG/T F20—2015)推荐的级配范围和以往工程经验或《公路路面基层施工技术细则》(JTG/T F20—2015)附录 A 的方法构造。水泥稳定级配碎石的推荐级配范围见表 7.4。在配合比设计试验中,应将各档集料筛分成单一粒径的规格逐档掺配。

表 7.4 水泥稳定级配碎石或砾石的推荐级配范围　　单位:%

| 筛孔尺寸/mm | 高速公路和一级公路 | | | 二级或二级以下公路 | | |
|---|---|---|---|---|---|---|
| | C-B-1 | C-B-2 | C-B-3 | C-C-1 | C-C-2 | C-C-3 |
| 37.5 | — | — | — | 100 | — | — |
| 31.5 | — | — | 100 | 100 ~ 90 | 100 | — |
| 26.5 | 100 | — | — | 94 ~ 81 | 100 ~ 90 | 100 |
| 19 | 86 ~ 82 | 100 | 86 ~ 68 | 83 ~ 67 | 87 ~ 73 | 100 ~ 90 |
| 16 | 79 ~ 73 | 93 ~ 88 | — | 78 ~ 61 | 82 ~ 65 | 92 ~ 79 |
| 13.2 | 72 ~ 65 | 86 ~ 76 | — | 73 ~ 54 | 75 ~ 58 | 83 ~ 67 |
| 9.5 | 62 ~ 53 | 72 ~ 59 | 58 ~ 38 | 64 ~ 45 | 66 ~ 47 | 71 ~ 52 |
| 4.75 | 45 ~ 35 | 45 ~ 35 | 32 ~ 22 | 50 ~ 30 | 50 ~ 30 | 50 ~ 30 |
| 2.36 | 31 ~ 22 | 31 ~ 22 | 28 ~ 16 | 36 ~ 19 | 36 ~ 19 | 36 ~ 19 |
| 1.18 | 22 ~ 13 | 22 ~ 13 | — | 26 ~ 12 | 26 ~ 12 | 26 ~ 12 |
| 0.6 | 15 ~ 8 | 15 ~ 8 | 15 ~ 8 | 19 ~ 8 | 19 ~ 8 | 19 ~ 8 |
| 0.3 | 10 ~ 5 | 10 ~ 5 | — | 14 ~ 5 | 14 ~ 5 | 14 ~ 5 |
| 0.15 | 7 ~ 3 | 7 ~ 3 | — | 10 ~ 3 | 10 ~ 3 | 10 ~ 3 |
| 0.075 | 5 ~ 2 | 5 ~ 2 | 3 ~ 0 | 7 ~ 2 | 7 ~ 2 | 7 ~ 2 |

注:①高速公路和一级公路时,级配宜符合 C-B-1,C-B-2 的规定。混合料密实时也可采用 C-B-3 级配,C-B-1 级配宜用于基层和底基层,C-B-2 级配宜用于基层。

②用于二级及二级以下公路时,级配宜符合 C-C-1,C-C-2,C-C-3 的规定。C-C-1 级配宜用于基层和底基层,C-C-2 和 C-C-3 级配宜用于基层,C-B-3 级配宜用于极重、特重交通荷载等级下的基层。

③被稳定材料的液限宜不大于 28%。

④用于高速公路和一级公路时,被稳定材料的塑性指数宜不大于 5;用于二级及二级以下公路时,宜不大于 7。

③选择不少于 5 个结合料剂量,分别确定各剂量条件下混合料的最佳含水量和最大干密度。确定无机结合料稳定材料最大干密度指标时宜采用重型击实方法,也可采用振动压实方法。水泥稳定材料配合比试验参考水泥试验剂量可采用表 7.5 中的推荐值。

表 7.5 水泥稳定材料配合比试验推荐水泥试验剂量表

| 被稳定材料 | 条件 | | 推荐试验剂量/% |
|---|---|---|---|
| 有级配的碎石或砾石 | 基层 | $R_d \geq 5.0$ MPa | 5,6,7,8,9 |
| | | $R_d < 5.0$ MPa | 3,4,5,6,7 |
| 土、砂、石屑等 | | 塑性指数 < 12 | 5,7,9,11,13 |
| | | 塑性指数 ≥ 12 | 8,10,12,14,16 |
| 有级配的碎石或砾石 | 底基层 | — | 3,4,5,6,7 |
| 土、砂、石屑等 | | 塑性指数 < 12 | 4,5,6,7,8 |
| | | 塑性指数 ≥ 12 | 6,8,10,12,14 |
| 碾压贫混凝土 | 基层 | — | 7,8.5,10,11.5,13 |

④根据试验确定的最佳含水量、最大干密度及压实密度要求,用静压法成型标准试件。基层、底基层压实标准分别见表7.6和表7.7。进行强度试验时,作为平行试验的最少试件数量应不少于表7.8的规定。

表7.6　基层压实标准

单位:%

| 公路等级 | | 水泥稳定材料 | 石灰粉煤灰稳定材料 | 水泥粉煤灰稳定材料 | 石灰稳定材料 |
|---|---|---|---|---|---|
| 高速和一级公路 | | ≥98 | ≥98 | ≥98 | — |
| 二级及二级以下公路 | 稳定中粗粒材料 | ≥97 | ≥97 | ≥97 | ≥97 |
| | 稳定细粒材料 | ≥95 | ≥95 | ≥95 | ≥95 |

表7.7　底基层压实标准

单位:%

| 公路等级 | | 水泥稳定材料 | 石灰粉煤灰稳定材料 | 水泥粉煤灰稳定材料 | 石灰稳定材料 |
|---|---|---|---|---|---|
| 高速和一级公路 | 稳定中粗粒材料 | ≥97 | ≥97 | ≥97 | ≥97 |
| | 稳定细粒材料 | ≥95 | ≥95 | ≥95 | ≥95 |
| 二级及二级以下公路 | 稳定中粗粒材料 | ≥95 | ≥95 | ≥95 | ≥95 |
| | 稳定细粒材料 | ≥93 | ≥93 | ≥93 | ≥93 |

表7.8　平行试验的最少试件数量

| 材料类型 | 变异系数要求 | | |
|---|---|---|---|
| | <10% | 10% ~15% | 15% ~20% |
| 细粒材料[a] | 6 | 9 | — |
| 中粒材料[b] | 6 | 9 | 13 |
| 粗粒材料[c] | — | 9 | 13 |

注:[a]公称最大粒径小于16 mm的材料。

[b]公称最大粒径不小于16 mm且小于26.5 mm的材料。

[c]公称最大粒径不小于26.5 mm的材料。

⑤试件在标准养生条件下养护6 d,浸水24 h后,进行无侧限抗压强度试验,按式(7.1)计算强度代表值$R_d^0$。

$$R_d^0 = \overline{R} \cdot (1 - Z_\alpha C_v) \tag{7.1}$$

式中　$Z_\alpha$——标准正态分布表中随保证率或置信度$\alpha$而变的系数,高速公路和一级公路应取保证率95%,即$Z_\alpha = 1.645$;二级及二级以下公路应取保证率90%,即$Z_\alpha = 1.282$;

$\overline{R}$——一组试验的强度平均值,MPa;

$C_v$——一组试验的强度变异系数。

⑥强度代表值应不小于强度标准值(强度标准值见表7.2),同时应验证不同结合料剂量条件下混合料的技术性能,确定必需的或最佳的结合料剂量。

验证混合料技术性能时，主要是验证7 d龄期无侧限抗压强度代表值与强度标准值$R_d$的关系。

$$R_d^0 \geqslant R_d \tag{7.2}$$

⑦合成级配曲线与波动范围的确定。选定目标级配曲线后，应对各档材料进行筛分，确定其平均筛分曲线及相应的变异系数，并按2倍标准差计算出各档材料筛分级配的波动范围。

⑧合成级配曲线与上、下波动范围级配的混合料技术性能验证。

a. 按确定的目标级配，根据各档材料的平均筛分曲线，确定其使用比例，得到混合料的合成级配；

b. 对合成级配进行混合料重型击实试验和7 d龄期无侧限抗压强度试验，验证混合料性能；

c. 根据已确定的各档材料使用比例和各档材料级配的波动范围，计算实际生产中混合料级配波动范围，并针对这个波动范围的上、下限验证其性能。

⑨用于基层的无机结合料稳定材料，强度满足要求时，尚应检验其抗冲刷和抗裂性能。

3）生产配合比设计与技术要求（以水泥稳定材料为例）

生产配合比设计应包括下列技术内容：确定料仓供料比例；确定水泥稳定材料的容许延迟时间；确定结合料剂量的标定曲线；确定混合料的最佳含水率和最大干密度。具体按照以下步骤进行：

①根据目标配合比确定的各档材料比例，对拌和设备进行调试和标定，确定合理的生产参数。

②拌和设备的调试和标定应包括料斗称量精度的标定、结合料剂量的标定和拌和设备加水量的控制等内容，并应符合下列规定：

a. 绘制不少于5个点的结合料剂量标定曲线。

b. 按各档材料的比例关系设定相应的称量装置，调整拌和设备各个料仓的进料速度。

c. 按设定好的施工参数进行第一阶段试生产，验证生产级配。当不满足要求时，应进一步调整施工参数。

③对水泥稳定、水泥粉煤灰稳定材料，分别进行不同成型时间条件下的混合料强度试验，绘制相应的延迟时间曲线，并根据设计要求确定容许延迟时间。

④应在第一阶段试生产试验的基础上进行第二阶段试验，分别按不同结合料剂量和含水量进行混合料试拌并取样试验。试验应符合下列试验规定：

a. 通过混合料中实际含水量的测定，确定施工过程中水流量计的设定范围；

b. 通过混合料中实际结合料剂量的测定，确定施工过程中结合料掺加的相关技术参数；

c. 通过击实试验，确定结合料剂量变化、含水量变化对混合料最大干密度的影响；

d. 通过抗压强度试验，确定材料的实际强度水平和拌和工艺的变异水平。

⑤混合料生产参数的确定应包括结合料剂量、含水量和最大干密度等指标，并应符合下列规定：

a. 对水泥稳定材料，工地实际采用的水泥剂量宜比室内试验确定的剂量多0.5%～1.0%。采用集中厂拌法施工时宜增加0.5%，采用路拌法施工时宜增加1%。

b. 以配合比设计的结果为依据，综合考虑施工过程的气候条件，对水泥稳定材料，含水量可增加0.5%~1.5%;对其他稳定材料,含水量可增加1%~2%。

c.最大干密度应以最终合成级配击实试验的结果为标准。

4)确定施工参数包括的技术内容

①确定施工中结合料的剂量;

②确定施工合理含水量及最大干密度;

③验证混合料强度技术指标。

5)强度标准

①采用7 d龄期无侧限抗压强度作为无机结合料稳定材料配合比设计和施工质量控制的主要指标。半刚性基层、底基层的强度标准见表7.6和表7.7的规定。

②高速公路和一级公路应验证所用材料的7 d龄期无侧限抗压强度代表值与强度标准值的关系。

# 试验7　无机结合料稳定材料试验

## 1.水泥或石灰稳定材料中水泥或石灰剂量测定方法(EDTA滴定法)

1)适用范围

本方法适用于在工地快速测定水泥和石灰稳定材料中水泥和石灰的剂量,并可用于检查现场拌和和摊铺的均匀性。该试验适用于水泥终凝之前的水泥含量测定,现场土样的石灰剂量应在路拌后尽快测试,否则需要用相应龄期的EDTA二钠标准溶液消耗量的标准曲线确定。

2)仪器与材料

仪器:滴定管(酸式)、滴定台、滴定管夹、大肚移液管、锥形瓶(即三角瓶,200 mL,20个)、不锈钢棒(或粗玻璃棒)、电子天平、秒表及其他玻璃器皿等。

试剂:

①0.1 mol/m$^3$ 乙二胺四乙酸二钠(EDTA二钠)标准溶液(简称"EDTA二钠标准溶液"):准确称取EDTA二钠(分析纯)37.23 g,用40~50 ℃的无二氧化碳蒸馏水溶解,待全部溶解并冷却至室温后,定容至1 000 mL。

②10%氯化氨($NH_4Cl$)溶液:将500 g氯化氨(分析纯或化学纯)放在10 L的聚乙烯桶内,加蒸馏水4 500 mL,充分振荡,使氯化氨完全溶解。也可以分批在1 000 mL的烧杯内配制,然后倒入塑料桶内摇匀。

③1.8%氢氧化钠(内含三乙醇胺)溶液:用电子天平称18 g氢氧化钠(分析纯),放入洁净干燥的1 000 mL烧杯中,加1 000 mL蒸馏水使其全部溶解,待溶液冷却至室温后,加入2 mL三乙醇胺(分析纯),搅拌均匀后储于塑料桶中。

④钙红指示剂:将0.2 g钙试剂羧酸钠(分子式$C_{21}H_{13}N_2NaO_7S$,分子量460.39)与20 g预

先在 105 ℃烘箱中烘 1 h 的硫酸钾混合，一起放入研钵中，研成极细粉末，储于棕色广口瓶中，以防吸潮。

3）准备标准曲线

取工地用石灰和土，风干后用烘干法测其含水量（如为水泥，可假定含水量为 0）。准备 5 种试样，每种两个样品（以水泥稳定材料为例），如为水泥稳定中、粗粒土，每个样品取 1 000 g 左右（如为细粒土，则可称取 300 g 左右）准备试验。为了减少中、粗粒土的离散，宜按设计级配单份掺配的方式备料。

5 种混合料的水泥剂量应为：水泥剂量为 0，最佳水泥剂量左右、最佳水泥剂量 ±2% 和 +4%。每种剂量取两个（为湿质量）试样，共 10 个试样，并分别放在 10 个大口聚乙烯桶（如为稳定细粒土，可用搪瓷杯或 1 000 mL 具塞三角瓶；如为粗粒土，可用 5 L 的大口聚乙烯桶）内。土的含水量应等于工地预期达到的最佳含水量，土中所加的水应与工地所用的水相同。

注①：在此，准备标准曲线的水泥剂量可为 0，2%，4%，6%，8%。如水泥剂量较高或较低，应保证工地实际所用水泥或石灰的剂量位于标准曲线所用剂量的中间。

取一个盛有试样的盛样器，在盛样器内加入 2 倍试样质量（湿料质量）体积的 10% 氯化氨溶液（如湿料质量为 300 g，则氯化氨溶液为 600 mL；如湿料质量为 1 000 g，则氯化氨溶液为 2 000 mL）。料为 300 g，则搅拌 3 min（每分钟搅 110 ~ 120 次）；料为 1 000 g，则搅拌 5 min。如用 1 000 mL 具塞三角瓶，则手握三角瓶（瓶口向上）用力振荡 3 min（每分钟 120 次 ±5 次），以代替搅拌棒搅拌。放置沉淀 10 min，然后将上部清液转移到 300 mL 烧杯内并搅匀，加盖表面皿待测。10 min 后得到的是混浊悬浮液，则应增加放置沉淀时间，直到出现无明显悬浮颗粒的悬浮液为止，并记录所需的时间。以后所有该种水泥（或石灰）稳定材料的试验，均应以同一时间为准。

用移液管吸取上层（液面上 1 ~ 2 cm）悬浮液 10.0 mL 并放入 200 mL 的三角瓶内，用量管量取 1.8% 氢氧化钠（内含三乙醇胺）溶液 50 mL 并倒入三角瓶中，此时溶液 pH 值为 12.5 ~ 13.0（可用 pH12 ~ 14 精密试纸检验），然后加入钙红指示剂（质量约为 0.2 g），摇匀，溶液呈玫瑰红色。记录滴定管中 EDTA 二钠标准溶液的体积 $V_1$，然后用 EDTA 二钠标准溶液滴定，边滴定边摇匀，并仔细观察溶液的颜色；在溶液颜色变为紫色时，放慢滴定速度，并摇匀；直到纯蓝色为终点，记录滴定管中 EDTA 二钠标准溶液体积 $V_2$（以 mL 计，读至 0.1 mL）。计算 $V_1 - V_2$，即为 EDTA 二钠标准溶液消耗量。

对其他几个盛样器中的试样，用同样的方法进行试验，并记录各自的 EDTA 二钠标准溶液的消耗量。以同一水泥或石灰剂量稳定材料 EDTA 二钠标准溶液消耗量（mL）的平均值为纵坐标，以水泥或石灰剂量（%）为横坐标制图。两者的关系应是一根顺滑的曲线，如图 7.2 所示。如素土、水泥或石灰改变，必须重做标准曲线。

4）待测试样试验步骤

选取有代表性的无机结合料稳定材料，对稳定中、粗粒土取试样约 3 000 g，对稳定细粒土取试样约 1 000 g。对水泥或石灰稳定细粒土，称 300 g 放在搪瓷杯中，用搅拌棒将结块搅散，加 10% 氯化氨溶液 600 mL；对水泥或石灰稳定中、粗粒土，可直接称取 1 000 g 左右，放入 10% 氯化氨溶液 2 000 mL，然后如前述步骤进行试验。利用所绘制的标准曲线，根据 EDTA 二钠标

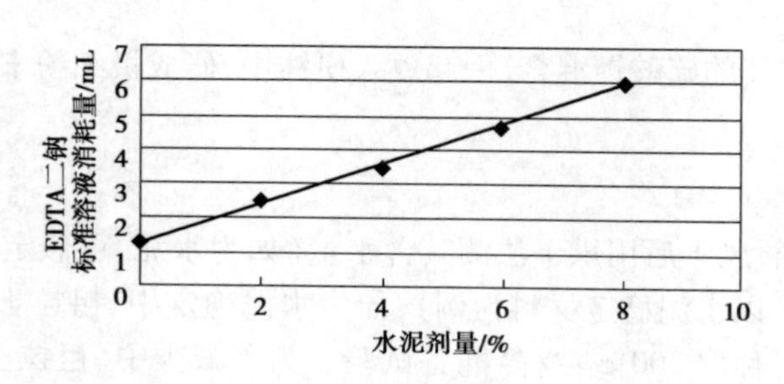


图 7.2　EDTA 标准曲线

准溶液消耗量，确定混合料中的水泥或石灰剂量。

5）结果整理

本试验应进行两次平行测定，取算术平均值，精确至 0.1 mL。允许重复性误差不得大于均值的 5%，否则应重新进行试验。

## 2. 无机结合料稳定材料的击实试验

1）适用范围

本试验是在规定的试筒内，按规定程序，对水泥稳定材料（在水泥水化前）、石灰稳定材料及石灰（或水泥）粉煤灰稳定材料进行击实，根据击实试件的密度和含水量，确定无机结合料稳定材料的最佳含水量和最大干密度，用于该类材料的强度试验和施工指导。

2）主要试验仪器与材料

（1）击实仪　击实仪由击锤、导管、垫块和击实筒组成。击锤底面直径 50 mm，总质量 4.5 kg，击锤落高为 450 mm。击锤在导管内的总行程为 450 mm。垫块用于调节试件高度，其为一直径与试筒内径相同，高 50 mm 的圆柱体铁块。击实筒由金属套环（高 50 mm）和底座组成，尺寸见表 7.9。

表 7.9　试验方法类别

| 试验类别 | 允许最大粒径/mm | 击实试筒尺寸 | | | 锤击层数 | 每层锤击次数 | 容许最大公称粒径/mm |
|---|---|---|---|---|---|---|---|
| | | 内径/cm | 高/cm | 容积/$cm^3$ | | | |
| 甲 | 25 | 10 | 12.7 | 997 | 5 | 27 | 19.0 |
| 乙 | 25 | 15.2 | 12.0 | 2 177 | 5 | 59 | 19.0 |
| 丙 | 40 | 15.2 | 12.0 | 2 177 | 3 | 98 | 37.5 |

根据混合料中集料的最大粒径，击实试验方法分为甲法、乙法和丙法，不同方法所用试筒及成型条件不同。表 7.9 给出了各类击实方法与集料最大粒径的关系，以及所选用击实方法对击实试筒尺寸的要求和相应成型条件的主要参数。

（2）脱模器　脱模器由反力框架（400 kN 以上）和液压千斤顶（200 ~ 1 000 N）组成。

（3）方孔筛　孔径 53 mm，37.5 mm，26.5 mm，19 mm，4.75 mm，2.36 mm 的方孔筛各 1 个。

(4)其他　电子天平(量程15 kg,感量0.1 g;量程4 000 g,感量0.01 g),量筒,刮土刀,直刮刀,测定含水量用的铝盒、烘箱等用具。

3)准备工作

①试料准备。将具有代表性的风干试料(必要时,也可以在50 ℃烘箱内烘干)用木锤捣碎或木碾碾碎。土团均应破碎至能通过4.75 mm的筛孔。但应注意不使粒料的单个颗粒破碎或不使其破碎程度超过施工中拌和机械的破碎率。

②击实方法的确定。如试料是细粒土,将已破碎的具有代表性的土样过4.75 mm筛备用,并选择用甲法或乙法进行击实试验。

如试料中含有大于4.75 mm的颗粒,先将试料过19 mm筛,如19 mm筛留量不超过10%,则将26.5 mm过筛料留作备用,选择甲法或乙法做试验;如试料中粒径大于19 mm的颗粒含量超过10%,则将试料过37.5 mm筛备用,选择丙法做试验。

③试料风干含水率的测定。在预定做击实试验的前一天,取有代表性的试料测定其风干含水率。对于细粒土,试料应不少于100 g;对于中粒土,试料应不少于1 000 g;对于粗粒土的各种集料,试料应不少于2 000 g。

4)甲法试验步骤

①确定拌和用水量。根据拌和用水量范围,预先选择5～6个不同含水量,依次相差0.5%～1.5%,其中至少有两个大于最佳含水量,有两个小于最佳含水量。对于中、粗粒土,在最佳含水量附近,含水量依次相差0.5%,其余取1%;对于细粒土,含水量依次相差1%;对于黏土特别是重黏土,含水量间隔可能需要取到2%。

通常,细粒土的最佳含水量较其塑限小3%～10%,并接近表7.10中的数据,在确定拌和取到3%用水时可参照使用。粒径小于25 mm集料的最佳含水量也可参考表7.10的数据确定。水泥稳定土的最佳含水量与素土的最佳含水量接近,石灰稳定土的最佳含水量可能较素土大1%～3%。

**表7.10　各种土的最佳含水量经验范围**

| 土的品种 | 最佳含水量/% |
|---|---|
| 砂性土 | 约3 |
| 黏性土 | 6～10 |
| 级配集料、天然砂砾土 | 5～12 |
| 细土含量少、塑性指数为0的未筛分碎石 | 约5 |
| 细土偏多的、塑性指数较大的砂砾土 | 约10 |

②准备试料。用四分法将准备好的风干试料逐次分小至10～15 kg,再用四分法将其分成5～6份,每份试料的干质量为2.0 kg(细粒土)和2.5 kg(中粒土)。

按式(7.3)计算一份试料中应加的拌和水量。

$$m_w = \left(\frac{m_n}{1+0.01w_n} + \frac{m_c}{1+0.01w_c}\right)\times 0.01w - \frac{m_n}{1+0.01w_n}\times 0.01w_n - \frac{m_c}{1+0.01w_c}\times 0.01w_c \tag{7.3}$$

式中 $m_w$——混合料中应加的水量，g；

$m_n$——混合料中素土（或集料）的质量，g，其原始含水量为 $w_n$，即风干含水量（%）；

$m_c$——混合料中水泥或石灰的质量，g，其原始含水量为 $w_c$（%）；

$w$——要求达到的混合料的含水量，%。

将一份试料平铺在金属盘内，将按式（7.3）计算的应加水量均匀地喷洒在试料上。用小铲将试料充分拌和到均匀状态，如为石灰稳定材料、石灰粉煤灰综合稳定材料、水泥粉煤灰综合稳定材料和水泥、石灰综合稳定材料，可将石灰、粉煤灰和试料一起拌匀。将拌和均匀的混合料装入密闭容器或塑料口袋内浸润备用。根据素土或集料品种按表7.11确定浸润时间，浸润时间一般不超过24 h。

**表7.11 击实试验用混合料的浸润时间**

| 试料品种 | 黏性土 | 粉质土 | 砂性土、砂砾土、红土砂砾、级配砂砾 | 含土很少的未筛分碎石、砂砾和砂 |
|---|---|---|---|---|
| 浸润时间/h | 12～24 | 6～8 | 4 | 2 |

浸润时间结束后，将所需的结合料（如水泥）加到浸润后的试料中，充分拌和均匀。加有水泥的试料应在拌和后1 h内完成击实试验。拌和后超过1 h的试料，应予作废，石灰稳定材料和石灰粉煤灰稳定材料除外。

③试样的击实。将试筒套环与击实底板紧密连接，并将击实筒放在坚实地面上，取制备好的试料400～500 g（其量应使击实后的试样等于或略高于筒高的1/5）倒入筒内，整平其表面并稍加压紧，然后用击锤击实27次。击实时，击锤应自由铅直落下，锤迹应均匀分布于试料面。第1层击实完后，检查该层高度是否合适，以便调整以后几层的试料用量。用刮土刀将已击实层的表面"拉毛"后，重复上述做法，进行其余4层试样的击实。最后一层试样击实后，试件超出试筒顶的高度不得大于6 mm，超出高度过大的试件应该作废。用刮土刀沿套环内壁削挖后，扭动并取下套环。齐筒顶细心刮平试样并拆除底板。如试样底面略突出筒外或有孔洞，应细心刮平或修补。擦净试筒外壁，称取试筒与试样的总质量，精确至5 g。

④测试试件含水量。用脱模器推出筒内试样。在试样内部由上到下取两个有代表性的样品进行含水量测定，所取样品的数量见表7.12。如果只取一个样品，则样品的质量应为表7.12中要求数值的2倍。样品含水量计算精确至0.1%。两个试样的含水量的差值不得大于1%。

**表7.12 检测含水量所需样品质量**

| 公称最大粒径/mm | 样品质量/g | 公称最大粒径/mm | 样品质量/g | 公称最大粒径/mm | 样品质量/g |
|---|---|---|---|---|---|
| 2.36 | 约50 | 19 | 约300 | 37.5 | 约1 000 |

⑤按照上述方法进行其余含水量下稳定材料的击实和含水量测定工作。凡已用过的试样，一律不再重复使用。

5）乙法试验步骤

在缺乏内径10 cm的试筒时，或者还需要对稳定材料进行承载比等其他试验时，可以采用乙法进行击实试验，击实后的试样可用于承载比试验。

①试料的准备。将已过筛的试料用四分法逐次分小至约30 kg，再用四分法将所取的试料

分成5~6份，每份试料的干质量约为4.4 kg（细粒土）或5.5 kg（中粒土），每份试料的拌和用水量按式(7.3)计算。

②击实步骤。乙法制备试样的程序与甲法基本相同，不同之处为：在加料之前，应先将50 mm的垫块放入筒内底板上，然后再加料并击实；每层需取制备好的试料约900 g（对于水泥或石灰稳定细粒土）或1 100 g（对于稳定中粒土）；每层的锤击次数为59次。

6）丙法试验步骤

①试料的准备。用四分法将取出的试料分成6份（至少要5份），每份质量约5.5 kg（风干质量），按式(7.3)计算试料的拌和用水量。

②试样的击实。将试筒、套环与夯击底板紧密地连接在一起，并将垫块放在筒内底板上。击实筒应放在坚实地面上，取制备好的试料1.8 kg左右（其量应使击实后的试样略高于筒高的1/3）倒入筒内，整平其表面，并稍加压紧。按98次击数进行第一层试样的击实。最后一层试样击实后，试样超出试筒顶的高度不得大于6 mm，超出高度过多的试件应予作废。将试件表面整平后脱模、称量。

③试件含水量的测试。含水量的测定方法及精度要求同甲法。测试含水量所取样品的数量应不少于700 g，如只取一个样品测定含水量，则样品的数量应不少于1 400 g。

7）试验结果整理

①试件含水量计算。试件的含水量按照式(7.4)计算，精确至0.1%。

$$w = \frac{m_1 - m_0}{m_0} \times 100 \tag{7.4}$$

式中 $w$——试件的含水量，%；

$m_0$——稳定材料试样干样品的质量，g；

$m_1$——稳定材料试样湿样品的质量，g。

②试件密度计算。每次击实后稳定材料的湿密度和干密度分别按式(7.5)和式(7.6)计算，精确至0.01 g/cm³。

$$\rho_w = \frac{m_1 - m_2}{V} \tag{7.5}$$

$$\rho_d = \frac{\rho_w}{1 + 0.01w} \tag{7.6}$$

式中 $\rho_w$——稳定材料的湿密度，g/cm³；

$m_1$——试筒与湿试样的总质量，g；

$m_2$——试筒的质量，g；

$V$——试筒的体积，cm³；

$\rho_d$——稳定材料的干密度，g/cm³；

$w$——稳定材料的含水量，%。

③绘图。以稳定材料的干密度为纵坐标，含水量为横坐标，在普通坐标纸上绘制干密度与含水量的关系曲线，驼峰形曲线顶点的纵横坐标分别表示该稳定材料的最大干密度和最佳含水量 $w_0$。如试验点不足以连成完整的驼峰形曲线，则应进行补充试验。当最佳含水量>12%时，以整数表示，精确至1%；当最佳含水量在6%~12%时，用一位小数表示，精确到0.5%；如

最佳含水量<6%,用一位小数表示,精确到0.2%。

④超尺寸颗粒的校正。当试样中大于规定最大粒径的超尺寸颗粒含量小于5%时,可以不进行校正;当超尺寸颗粒含量达5%~30%时,应按规范要求分别对试验所得最大干密度和最佳含水量进行校正。

⑤试验精度及允许误差要求。应做两次重复性平行试验,两次重复性试验最大干密度的差不应超过0.05/cm³(稳定细粒土)和0.08/cm³(稳定中粒土和粗粒土),最佳含水量的差不应超过0.5%(最佳含水量小于10%)和1.0%(最佳含水量大于10%)。

## 3.无机结合料稳定材料试件制作方法(圆柱形)

1)适用范围

本方法适用于无机结合料稳定材料的无侧限抗压强度、间接抗拉强度、室内抗压回弹模量、动态模量、劈裂模量等试验的圆柱形试件。

2)主要仪器设备

方孔筛:孔径53 mm,37.5 mm,31.5 mm,26.5 mm,4.75 mm和2.36 mm的筛各1个。

试模:细粒土,试模的直径×高=$\phi$50 mm×50 mm;中粒土,试模的直径×高=$\phi$100 mm×100 mm;粗粒土,试模的直径×高=$\phi$150 mm×150 mm。适用于上述不同土的试模尺寸如图7.4所示。

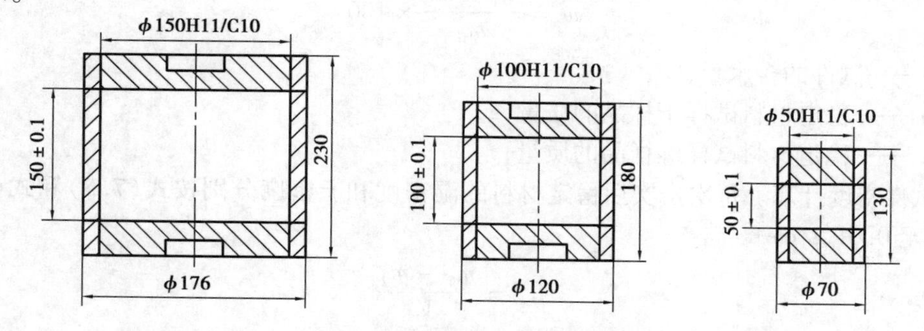


注:H11/C10表示垫块和试模的配合精度。

图7.4 圆柱形试件和垫块设计尺寸(尺寸单位:mm)

其他仪器设备:电动脱模器、反力架(反力为400 kN以上)、液压千斤顶(200~1 000 kN)、钢板尺(量程200 mm或300 mm,最小刻度1 mm)、游标卡尺(量程200 mm或300 mm)、电子天平(量程15 kg,感量0.1 g;量程4 000 g,感量0.01 g)、压力试验机(可替代千斤顶和反力架,量程不小于2 000 kN,行程、速度可调)。

3)试验准备

①试件的径高比一般为1:1,根据需要也可成型1:1.5或1:2的试件。试件的成型根据需要的压实度水平,按照体积标准,采用静力压实法制备。

②将具有代表性的风干试料(必要时,可以在50 ℃烘箱内烘干),用木锤捣碎或用木碾碾碎,但应避免破坏粒料的原粒径。按照公称最大粒径的大一级筛,将土过筛并进行分类。

③在预定做试验的前一天,取有代表性的试料测定其风干含水量。对于细粒土,试样应不少于100 g;对于中粒土,试样应不少于1 000 g;对于粗粒土,试样应不少于2 000 g。

4)试验步骤

①对于无机结合料稳定细粒土,至少应制备6个试件;对于无机结合料稳定中粒土和粗粒土,至少应该分别制备9个和13个试件。

②向土中加水拌料、闷料。石灰稳定材料、水泥和石灰综合稳定材料、石灰粉煤灰综合稳定材料、水泥粉煤灰综合稳定材料,可将石灰或粉煤灰和土一起拌和,将拌和均匀后的试料放在密闭容器或塑料袋(封口)内浸润备用。对于细粒土(特别是黏性土),浸润时的含水量应比最佳含水量小3%;对于中粒土和粗粒土,可按最佳含水量加水;对于水泥稳定类材料,加水量应比最佳含水量小1%~2%。

浸润时间要求:黏质土12~24 h,粉质土6~8 h,砂类土、砂砾土、红土砂砾、级配砂砾等可以缩短到4 h左右,含土很少的未筛分碎石、砂砾及砂可以缩短到2 h。浸润时间一般不超过24 h。

③在试件成型前1 h内,加入预定数量的水泥并拌和均匀。在拌和过程中,应将预留的水(对于细粒土为3%,对于水泥稳定类为1%~2%)加入土中,使混合料达到最佳含水量。拌和均匀的加有水泥的混合料应在1 h内按下述方法制成试件,超过1 h的混合料应该作废。其他结合料稳定材料,混合料虽不受此限,但也应尽快制成试件。

④用反力架和液压千斤顶,或采用压力试验机制件。将试模配套的下垫块放入试模的下部,外露2 cm左右。将称量的规定数量的稳定材料混合料分2~3次灌入试模中,每次灌入后用夯棒轻轻均匀插实。如制取$\phi$50 mm×50 mm的小试件,则可以将混合料一次倒入试模中,然后将与试模配套的上垫块放入试模内,也应使其外露2 cm左右(即上、下垫块露出试模外的部分应该相等)。

⑤将整个试模(连同上、下垫块)放到反力架内的千斤顶上(千斤顶下应放一扁球座)或压力机上,以1 mm/min的加载速率加压,直到上下压柱都压入试模为止。维持压力2 min。

⑥解除压力后,取下试模,并放到脱模器上将试件顶出。用水泥稳定有黏结性的材料(如黏质土)时,制件后可以立即脱模;用水泥稳定无黏结性细粒土时,最好过2~4 h再脱模;对于中、粗粒土的无机结合料稳定材料,也最好过2~6 h脱模。

⑦在脱模器上取下试件后,称试件的质量,小试件精确至0.01 g,中试件精确至0.01 g,大试件精确至0.1 g;然后用游标卡尺测量试件高度并精确至0.1 mm,检查试件的高度和质量,不满足成型标准的试件为废件。试件称量后应立即放在塑料袋中封闭,并用潮湿的毛巾覆盖,移放至养生室。

## 4.无机结合料稳定材料的无侧限抗压强度试验

1)适用范围

本方法适用于测定无机结合料稳定材料(包括稳定细粒土、中粒土和粗粒土)试件的无侧限抗压强度。

2)主要仪器设备

圆孔筛、试模、脱模器、天平、量筒、拌和工具、大小铝盒、烘箱等同击实试验。

3)准备工作

①试料的准备。同一结合料计量的混合料,需要制备相同状态的试件数量取决于土的种类以及试验操作水平。表7.13规定了进行抗压强度试验所需平行试件的最少试件和试模尺寸要求。

表7.13 抗压强度试验的有关要求

| 土类 | 最少试件个数 | 试模尺寸/mm | 试样准备 | | | 平行试样变异系数 $C_v$/% |
|---|---|---|---|---|---|---|
| | | | 剔除颗粒尺寸/mm | 测含水量试件用量/g | 单个试件用料量/g | |
| 细粒土 | 6 | 50×50 | 10 | 100 | 180~210 | <10 |
| 中粒土 | 9 | 100×100 | 20~25 | 1 000 | 170~1 900 | <15 |
| 粗粒土 | 13 | 150×150 | 40 | 200 | 570~6 000 | <20 |

按照表7.13规定的试模尺寸和试件个数,称取一定数量的风干土并计算干土质量。对于细粒土,可以一次称取6个试件的土;对于中粒土,可以一次称取3个试件的土;对于粗土粒土,一次只称取1个试件的土。水泥或石灰剂量按干土质量百分率计。根据击实试验确定的最佳含水量,将称好的土置于长方盘内并加水。对于细粒土,加水量可以较其最佳含水量小3%;对于中粒土和粗粒土,按最佳含水量加水。

②试料的拌和与浸润。将土和水拌和均匀后放在密闭容器内浸润备用。如为石灰稳定材料和水泥、石灰综合稳定材料,可将石灰和土一起拌匀后进行浸润。在浸润过的试料中,加入预定数量的水泥或石灰,并拌和均匀。对于细粒土,在此过程中,应将预留的3%的水加入土中,使混合料的含水量达到最佳含水量。加有水泥的混合料应在拌和后1 h内制成试件,超过1 h的混合料应该作废。其他结合料稳定材料不受此限,但也应尽快制成试件。

③计算试件用料质量。一个试件所需要的稳定材料数量由计算干密度、最佳含水量和试模体积确定。试件的计算干密度取决于施工要求压实度和最大干密度,由式(7.7)计算:

$$\rho_d = \rho_{max} G \tag{7.7}$$

式中 $\rho_d$——稳定材料抗压强度试件的计算干密度,g/cm³;

$\rho_{max}$——稳定材料的最大干密度,g/cm³;

$G$——施工压实度,%。

一个试件所需要的稳定材料质量由式(7.8)计算:

$$m_1 = \rho_d V(0.01 w_0) \tag{7.8}$$

式中 $m_1$———一个试件所需要的稳定材料质量,g;

$V$——试模的体积,cm;

$w_0$——稳定材料的最佳含水量,%;

$\rho_d$——混合料试件的计算干密度,g/cm³。

4)试件成型

按无机结合料稳定材料试件制作方法制作试件。

5)试件养生

试件从试模内脱出并称量后,应立即放到密封湿气箱和恒温室内进行保温保湿养生。但中试件和大试件应先用塑料薄膜包覆,有条件时,可采用蜡封保湿养生。养生时间视需要而定,作为工地控制,通常都只取7 d。整个养生期间的温度应保持在(20 ±2)℃,湿度在95%以上。

养生期的最后一天,应将试件浸泡在水中,水的深度应使水面在试件顶上约2.5 cm。在浸泡水中之前,应再次称试件的质量。在养生期间,试件质量的损失应符合下列规定:小试件不超过1 g,中试件不超过4 g,大试件不超过10 g。质量损失超过此规定的试件,应该作废。

6)抗压强度测试

①主要试验仪具。采用路面材料强度试验仪或其他合适的压力机,后者的规格应不大于200 kN。

②试验步骤。将已浸水一昼夜的试件从水中取出,用柔软的毛巾吸去试件表面的水分,并称试件的质量,用游标卡尺量试件的高度 $h$,准确到0.1 mm。

将试件放到路面材料强度试验仪或压力机上,并在升降台上预先放置一个扁球座,进行抗压试验。在试件加压过程中,应使试件的形变等速增加,并保持加载速率为1 mm/min,记录试件破坏时的最大压力P(N)。

从破型的试件内部取有代表性的样品测定其含水量。

7)试验结果

试件的无侧限抗压强度按式(7.9)计算:

$$R_c = \frac{P}{A} \tag{7.9}$$

式中 $R_c$——试件的无侧限抗压强度,MPa;

$P$——试件破坏时的最大压力,N;

$A$——试件的截面面积,mm²。

# 本章小结

本章主要介绍了无机结合料稳定材料的含义、分类、技术性能、配合比设计等相关知识,同时介绍了无机结合料稳定材料的几个试验。

# 复习思考题

7.1　无机结合料稳定材料按结合料的种类可以分为几类？各类的路用性能有何特点？

7.2　无机结合料稳定材料的强度有何特点？请分析在工程中应该注意的问题（例如过冬、高温等）。

7.3　请分析水泥稳定材料和石灰粉煤灰稳定材料干缩的区别与联系。

7.4　请说明石灰粉煤灰稳定材料配合比设计的过程。

# 第 8 章　特殊建筑功能材料

**内容提要**

本章主要介绍与水、热、噪声和光 4 个方面相关的特殊建筑功能材料。其内容包括：与水有关的功能结构及特殊材料、与热有关的功能结构及特殊材料、与噪声有关的功能结构及特殊材料、与光有关的功能结构及特殊材料。

## 8.1　与“水”有关的功能结构及特殊材料

### 8.1.1　防水涂料

建筑防水材料是建筑材料的一个重要组成部分，其在建筑材料中属于功能性材料。建筑物和构筑物采用防水材料的主要目的是防潮、防渗、防漏。防水涂料是指经固化后能形成具有一定延伸性、弹塑性、抗裂性、抗渗性及耐候性的防水薄膜，从而能满足工业与民用建筑的屋面、地下室、厕浴间和外墙等部位防水抗渗要求的材料。

1）防水涂料的组成

防水涂料通常由成膜物质、填料、分散介质、助剂等组分组成。

（1）成膜物质　成膜物质在固化过程起成膜和黏结填料的作用。常用的成膜物质包括沥青、高分子聚合物、高分子聚合物与无机/水泥的复合物等。

（2）填料　填料的主要作用是增加涂膜厚度，减少收缩，提高稳定性，降低成本等。常用的填料有滑石粉、碳酸钙粉等。

（3）分散介质　分散介质的主要作用是溶解或稀释基料，也被称为稀释剂。分散介质使涂料在施工过程中具有一定的流动性；施工结束后，大部分分散介质会蒸发或挥发，仅有一小部分被基层吸收。

（4）助剂　助剂的作用是改善涂料或涂膜的性能，通常有乳化剂、增塑剂、增稠剂、稳定剂等。

2)防水涂料的分类

防水涂料种类繁多,应用部位广泛,其分类方法没有统一标准,各种分类方法经常相互交叉使用。

防水涂料按其成膜物质,可分为沥青类、高聚物改性沥青类(也称橡胶沥青类)、合成高分子类(还可再分为合成树脂类和合成橡胶类)、无机类、聚合物水泥类五大类;根据组分的不同,防水涂料可分为单组分防水涂料和双组分防水涂料;根据涂料使用的分散介质种类和成膜过程,防水涂料可分为溶剂型、水乳型和反应型三类。

防水涂料的性能特点见表8.1。

**表8.1 溶剂型、水乳型和反应型防水涂料的性能特点**

| 项 目 | 溶剂型防水涂料 | 水乳型防水涂料 | 反应型防水涂料 |
|---|---|---|---|
| 成膜机理 | 溶剂挥发、固化过程 | 水分子挥发、乳胶粒接触、变形、固化的过程 | 预聚体与固化剂发生化学反应成膜 |
| 干燥速度 | 干燥快,涂膜薄而致密 | 干燥较慢,涂膜的致密性与乳液粒径有关 | 可一次形成致密较厚的涂膜,几乎无收缩 |
| 储存稳定性 | 储存稳定性较好,应密封储存 | 储存期一般不宜超过半年 | 各组分应分开密封存放 |
| 安全性 | 易燃、易爆、有毒,生产、运输和使用过程中应注意安全、注意防火 | 无毒,不燃,生产使用比较安全 | 有异味,生产、运输使用过程中应注意防火 |
| 施工情况 | 施工时应通风良好,保证人身安全 | 施工较安全,操作简单,可在较为潮湿的平层上施工,施工温度不宜低于5 ℃ | 施工时需在现场按照规定配方进行配料,搅拌均匀,以保证施工质量 |

3)常用的防水涂料

目前常用的防水涂料主要有聚合物改性乳化沥青防水涂料、合成高分子防水涂料、聚合物水泥基防水涂料等。

(1)聚合物改性乳化沥青防水涂料 聚合物改性乳化沥青防水涂料以高分子改性乳化沥青为成膜基料。涂层在柔韧性、抗开裂性、拉伸强度、耐温变性、耐老化性等方面比原有涂层有很大改观。而外加水泥后,涂层的耐水性、耐久性、力学性能更加优异。目前,用于改性的聚合物有丁苯橡胶、氯丁橡胶、SBS及再生橡胶等,改性后的涂层干燥快、工期短,对基层、沥青混凝土面层具有双向黏结性,适用于Ⅱ,Ⅲ,Ⅳ级防水,能达到桥面、路面防水效果。

(2)合成高分子防水涂料 合成高分子防水涂料是以合成橡胶或合成树脂为主要成膜物质,掺入其他辅助材料配制而成的单组分或多组分防水涂料。

合成高分子防水涂料种类繁多,不易明确分类,一般按化学成分即按其不同的原材料进行分类和命名。其主要产品有聚氨酯、丙烯酸酯、硅橡胶(有机硅)、氯磺化聚乙烯、聚氯乙烯、氯丁橡胶、丁基橡胶、偏二氯乙烯涂料以及它们的混合物等。除聚氨酯、丙烯酸酯和硅橡胶等涂料外，其他均属于中低档防水涂料。

①聚氨酯类防水涂料：采用异氰酸酯单体和聚醚多元醇或聚酯多元醇加聚而成，涂膜具有抗拉强度高，弹性及延伸性好，黏结力强，体积收缩小，对基层裂缝伸缩性变形的适应性强，耐水性、耐磨性、耐腐蚀性、耐久性和耐低温柔韧性好等特点，可用于建筑物不同部位的防水堵漏。

②丙烯酸酯类防水涂料：采用均聚、共聚丙烯酸酯为基料，涂层具有优异的耐光性、耐候性，通过控制颜填料、助剂的规格型号与添加量，可做成不同延伸率、不同抗拉强度与低温柔韧性的彩色防水涂层，可在潮湿无积水的表面施工，适应多种基面的防水要求。

③硅橡胶防水涂料：以纳米复合改性硅橡胶乳液为成膜基料，对基层渗透力强，形成的涂层附着性强，具有优异的耐湿热、耐久性，能适应多种建筑基面的防水补漏。

(3)聚合物水泥基防水涂料　聚合物水泥基防水涂料由液、粉两相组成。液料由水性聚合物乳液、颜填料、助剂、水等材料配制而成，聚合物乳液可采用苯丙、纯丙、EVA、石油沥青、改性沥青类乳液；粉料以水泥为主，适当搭配石英砂、绢云母、粉煤灰、重质碳酸钙等填料。《聚合物水泥防水涂料》(GB/T 23445—2009)产品标准中有Ⅰ型、Ⅱ型、Ⅲ型3种型号。Ⅰ型以有机聚合物为主，Ⅱ型、Ⅲ型以无机水泥为主。Ⅰ型产品的弹性、延伸率、抗开裂性比Ⅱ型、Ⅲ型好；反之，Ⅱ型、Ⅲ型产品的硬度、抗拉强度、透气性比Ⅰ型好。

### 8.1.2 保水性铺装

保水性铺装是指在开级配混合料的空隙内(空隙率约为24%)，填充保水性材料(保水性水泥胶浆)，通过水分蒸发带走里面储存的大量潜伏热，从而起到环保降温的效果，可以缓解城市局部热岛效应。保水性铺装主要用于行车道和人行道，其降温幅度可达5～15 ℃，可以为行人和行车提供一个舒爽的道路使用环境。

1)保水路面的组成

保水路面的结构形式是将具有保水功能的浆体材料灌入大空隙路面表层，使其形成具有保水功能的表面层。在雨天时，功能表层迅速吸收水分并保留；当路面温度升高时，通过水分持续蒸发来降低路面温度。因此，实现保水路面必须具备两个条件：一是采用具有反复吸水和保水性能，又能在一定条件下缓慢释放水分的保水材料；二是采用具有多孔特征的沥青或水泥路面作为保水母体材料。

(1)保水材料的选择　保水材料主要分为矿物质系保水材料和聚合物系保水材料。用于路面时，合适的保水材料应具备以下特点：

a.具有一定的空隙率，不溶于水和有机溶剂，但吸水性强、吸水速度快；

b.具有反复吸水功能并具有一定的保水性能，且有效持续性强；

c.在温度升高至一定程度时可以缓慢释放水分；

d.具有一定的强度和较小的干缩及温缩特性；

①矿物质系保水材料。矿物质系保水材料以高炉矿渣微粉末、高炉水淬矿渣或粉煤灰为主要原材料。矿渣的主要化学成分为二氧化硅、三氧化二铝和氧化钙，其在强碱的激发下具有超高活性，会进一步发生水化硬化反应，生成类似于沸石结构的多孔胶凝体，对水分子具有较

好的吸附作用。因此，矿物质系保水材料主要是通过物理吸附作用吸水，其吸水能力还有待提高。

②聚合物系保水材料。聚合物系保水材料是指采用聚丙烯酰胺系、聚乙烯醇系及聚氧化乙烯系等高吸水性树脂为主要原料的吸水材料。高吸水性树脂在分子结构上带有大量的具有很强亲水性的化学基团，这些化学基团形成的复杂结构赋予材料高吸水特性。高吸水性树脂在吸水后可形成凝胶体结构，使它即使受到外力挤压作用，也可保证水分不易流失，因此具有优良的保水性能。

聚合物保水材料具有优异的高吸水性和高保水性，但其施工较麻烦，且存在耐久性不足、易老化以及工程造价高等问题。因此，通常将矿物系和聚合物系复配使用，以达到经济性和技术性要求。

(2)保水母体材料　保水路面按母体材料分类，主要包括保水沥青路面、保水水泥路面和保水铺面块/砖路面等。保水沥青路面多使用 OGFC 等多孔沥青作为母体，保水水泥路面则使用多孔或透水混凝土作为母体。保水铺面块/砖不仅自身具有透水保水能力，还可充分利用面块/砖之间的缝隙，增加透水能力，或填充透水保水性砂浆，增加保水能力。各个国家或地区由于气候、地理、资源等方面的差异，对保水母体材料研究的侧重点不尽相同。

2)保水材料的加入方式

保水路面按保水材料加入方式进行分类，包括灌入式保水路面和拌和式保水路面。灌入式保水路面是通过在大孔隙沥青面层的空隙中灌注一定配比的保水性材料，形成保水路面。中国、日本的保水路面多采用灌入式。欧美等国一直致力于研究透水路面，透水路面的多重功能之一就是保水降温。对于拌和式，国内外的相关研究均较少。

灌入式需要对灌入的砂浆强度、流动性、吸水性能、保水性能等进行测试。砂浆灌入硬化后，要对试件的保水性能、蒸发降温性能等进行测试。而相关的测试方法、标准等，各类相关研究均有所差异。灌入式存在的主要问题是施工的复杂性，难以保证灌注的有效深度及均匀性，缺乏专业的灌注设备等。

拌和式的理想状态是保水材料有效填充于母体结构的空隙中，这需要解决保水材料与母体混合料的拌和均匀性以及保水材料不被黏结料覆盖等问题。成型后仍需对其吸水保水、蒸发降温性能、耐久性等进行评价。

3)提高保水路面降温性能的措施

保水路面通过截留水分，利用水分的蒸发抑制路表温度上升进而降低空气温度。因此，提高保水路面的蒸发性能即可实现良好的降温功能。目前研究多从以下两个方面提高蒸发性能：选用高吸水性材料结合多孔的结构设计使路面内部结构能尽可能多地截留并存储水分，增加保水路面的水分供给。基于这两点，国内外研究者在保水材料开发、路面结构设计、水分供给等方面都开展了较为详细的研究工作。因涉及保水材料种类繁多，影响因素复杂，我们不再做更细致地讨论。总结目前的研究进展，简述以下几个研究热点：

(1)透水保水路面　透水路面因为内部多孔构造可以保持一定量的水分，在一定程度上起到保水路面的作用。但水在路面内部渗透太快而不能长期存留，因而其无法长期提供并释放水分。针对这一问题，欧美的研究者在透水路面基础上开发了透水保水功能路面。Hui Li

通过改变集料级配制作了空隙率不等的透水保水沥青和水泥路面,发现适当增加空隙率,路面的渗透性和反射率系数都会增加,可同时达到透水和保水的功能。

(2)保水砂浆　保水砂浆主要是以水泥、粉煤灰、硅藻土、陶砂、高炉矿渣、微粒硅砂以及吸水树脂等复配而成。日本的一些研究人员以无机矿物为主要保水材料制成保水砂浆,再将其灌注到多孔沥青混合料中设计了保水路面结构,可降低路面温度10~20 ℃。研究发现,这些材料的$SiO_2$含量、粒径、配比等均对保水性能有影响。也有研究者认为,保水砂浆的白色特性可以改善黑色沥青路面的吸热性能,并与保水材料起到协同降温的作用。

(3)供水系统　材料的表面温度很大程度上依赖于它们的保水性能和蒸发效率。为了实现尽可能低的表面温度,为保水路面提供水分,也是提高蒸发效率的有效措施。Hiroaki Furumai等介绍了东京港区保水路面供水系统,洒水管(内径10 mm,外径15 mm)安装在陶瓷制成的保水铺面块下方,水从洒水管流出供应整个路面;降落在路面的雨水由边沟收集并储存在路面下的储水池(155 $m^2$)中,雨水经过滤后,通过监察器控制的水泵自动供应给保水铺面块路面。日本东京汐留(Shiodome)地区使用沿保水性路面安装的供水管自动喷洒回收水,结果显示:白天路面表面温度降低了8 ℃,夜晚降低了3 ℃。白天保水路面洒水区域表面温度为37.8 ℃,未洒水区域表面温度为45.8 ℃,相应的夜晚温度分别为28.8 ℃和31.8 ℃。另外,洒水可以降低30%的可感热流。白天洒水区域与未洒水区域的可感热流分别接近154 $kJ/m^2$,456 $kJ/m^2$,在夜晚相应值为16 $kJ/m^2$,62 $kJ/m^2$。

### 8.1.3　透水性铺装

透水性铺装是一种新型的城市铺装形式,通过采用大孔隙结构层或者排水渗透设施,使雨水能够通过渗透设施就地下渗,从而达到减少地表径流、雨水还原地下等目的。透水性路面是一种解决洪峰流量过大导致城市排水系统瘫痪、城市资源匮乏等问题的有效措施,同时该种铺装还具有减少路面噪声、提高抗滑及行车安全性以及调节地表湿度和温度等功能。

1)透水性铺装的主要类型及材料

(1)透水性混凝土　透水性混凝土是指空隙率为15%~25%的混凝土,也称为无砂混凝土或多孔混凝土。目前用于道路铺装和地面的透水性混凝土主要有以下两种类型:

①水泥透水性混凝土。水泥透水性混凝土是以硅酸盐类水泥为胶凝材料,采用单一粒级的粗骨料,不用或少用细骨料配制的无砂、多孔混凝土。该种混凝土一般采用较高强度等级的水泥,集灰比为3.0~4.0,水灰比为0.3~0.35。混凝土拌合物较干硬,采用加压振动可形成具有连通孔隙的混凝土。硬化后的混凝土内部通常含有20%左右的连通孔隙。该种透水性混凝土成本低、制作简单,可用于道路铺筑及预制成品。

②高分子透水性混凝土。高分子透水性混凝土是采用单一粒级的粗骨料,以高分子树脂为胶结材料配制的透水性混凝土。与水泥透水性混凝土相比,该种混凝土的抗折强度较高,但成本也高。由于有机胶凝材料耐候性较差,该种混凝土在日光大气因素作用下容易老化,出现变脆开裂、与骨料黏附性下降等问题。因此,高分子材料的强度、黏结性以及抗老化性能是保证质量的关键。

透水性混凝土可以突破传统路面黑白灰的色彩单一性,在保证透水性和承载性的前提下设计成多种颜色与景观融合。

(2)透水性沥青路面　透水性沥青路面又称为排水降噪路面,它是由单一粒径碎石按照嵌挤机理形成骨架空隙结构的开级配沥青混合料碾压成型。一般沥青混凝土的孔隙率为2% ~10%,而透水性沥青混凝土的孔隙率需要达到20%。透水性沥青路面对沥青胶结料的要求很高,需具备高黏度才能有效黏结矿料,保证强度。

透水性沥青路面的各个结构层都是透水的(图8.1)。下雨时,水分可以通过面层和基层直接下渗到土基,补充地下水。当雨的强度比较大时,水可以通过基层底的沟槽、管网排到储水池,用来浇灌地面花草树木;同时也可以排出路表的积水,方便人员及车辆通行,减轻热岛效应。路面的透水和渗水作用又能使雨水得到合理利用,不浪费水资源,实现了城市下垫层与大气进行热量和水分的交换,营造良好生态环境的目的。但是,水分进入路面结构内部,使路面材料处于潮湿甚至饱和状态,造成路面材料的性能变差、强度降低,导致结构整体的承载能力下降。因此,透水性沥青路面主要被应用于对路面承载力要求较低的轻交通量场合,例如闹市区的轿车停车场、公园、小区、高尔夫球场的道路、城市的次干路及支路等。

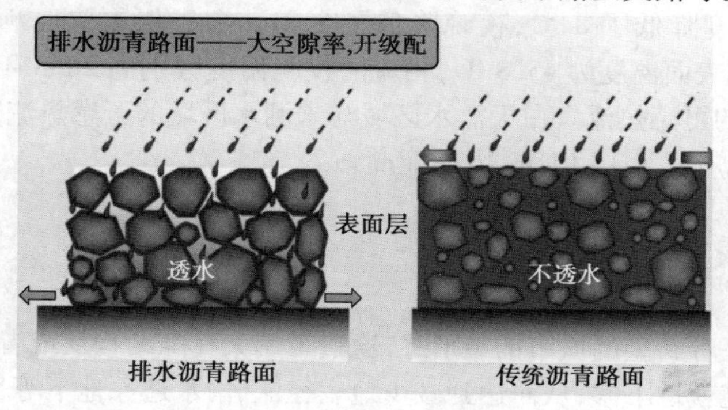


图8.1　透水沥青路面和传统沥青路面对比

(3)透水砖　透水砖起源于荷兰,是荷兰人围海造城时为不使地面下沉而制造的小型砖,又称"荷兰砖"。透水砖从材质和工艺上可以分为陶瓷透水砖和非陶瓷透水砖。陶瓷透水砖是烧结而成的,具有良好的耐风化、耐腐蚀性。通过工艺改进,陶瓷透水砖的透水系数可达1.5 cm/s。非陶瓷透水砖是黏结剂固化而成的。砂基透水砖是目前市面上透水性能最佳的免烧非陶瓷透水砖之一,它是以硅砂为主要骨料,以有机黏结剂如聚氨酯等黏结而成,具有表面致密、不易被灰尘堵塞、透水时效长和防冻融等优点。

透水砖采用特定材料,如增强材料、外加剂和水等经特定工艺制成,结构中含有大量的连通孔隙。下雨或积水时,水能沿这些"贯通路线"顺利深入地下或暂时储存在路基中。透水砖一般需配合柔性基层使用,多用于人行道、休闲广场、居住小区及其他公共室外活动场所。

2)透水性铺装的特性

(1)强度特性　透水性材料的强度与空隙率有关,空隙率小的则强度高。但空隙率过小会影响路面的透水性,故透水性材料应具有适中的空隙率与强度,使其在保证路面承载力的基础上具有良好的透水效果。工程中选用透水性材料时,应考虑其强度特性对透水路面使用场合、交通荷载的适用性。如公路、城市机动车道等的透水性路面可采用高黏度沥青胶结的透水沥青混合料;城市非机动车道、停车场、人行道等的透水性路面可选用具有一定强度的透水水泥混凝土;人行道透水性路面通常选用普通透水路面砖。

(2)耐候特性　温度和降水是影响透水性路面使用性能的重要因素。温度较低时,渗入透水砖孔隙内的雨雪会产生冻胀作用,而透水砖强度较低,易产生破坏。透水性沥青混合料也容易因沥青开裂导致低温性能降低。温度较高时,透水性沥青混合料中的沥青胶结料如黏度不足可能发生高温病害问题,高分子透水性混凝土则可能因树脂本身的光热老化问题产生铺装材料变脆、剥落等问题。

3)透水性铺装的维护维修

透水性路面在使用过程中,灰尘、杂物等容易堵塞空隙,以及在车辆荷载作用下,路面结构会被进一步补充压实,使空隙缩小,引起路面透水性能降低。因此,透水性路面使用一段时间后,需要进行维护维修以保证长期的功能性,通常有物理和化学维护两种方法。物理方法有以下4种:用5~20 MPa的高压水冲刷孔隙,洗净堵塞物;用压缩空气冲刷孔隙,去除堵塞物;肉眼能看到的堵塞孔隙的杂物用真空泵吸出;高压水与真空泵并用。化学方法一般是采用酸性的水冲刷,去除堵塞孔隙的杂物。

此外,不同的透水性铺面材料具有其各自的特殊病害。因此,应结合材料的性能特点、交通状况、交通环境并跟踪透水性铺装的实际路况,及时提出相应的维护维修方法,以期获得更好的使用性能并延长其使用寿命。

## 8.2　与"热"有关的功能结构及特殊材料

### 8.2.1　保温隔热材料

1)保温隔热材料的定义及其特点

保温隔热材料是一种对热对流起明显阻碍作用的材料。它通常是一种质轻、疏松、多孔、热导率低的材料。在冬天可以防止热量从室内传向室外,起到保温的作用;在夏天可以有效阻止室外太阳辐射热进入室内,起到隔热的作用。通常所说的保温隔热材料是指导热系数小于0.14 W/(m·K)的材料。用于建筑物的保温隔热材料除了具有良好的保温隔热性能外,还需要具有质量轻、容重小、强度(抗折、抗压强度)高、不燃、耐久性好、耐化学腐蚀性好等特点。一般情况下,用于建筑物的保温隔热材料要求其导热系数不大于0.17 W/(m·K),表观密度小于1 000 $kg/m^3$,抗压强度大于0.3 MPa。在选用建筑保温隔热材料时,要根据保温隔热目标、围护结构的构造、施工的难易、材料来源、经济核算等因素综合考虑。

2)常用建筑保温隔热材料

建筑保温隔热材料种类繁多,根据保温材料的形态可分为散粒状隔热材料、纤维状隔热材料、泡沫类保温隔热材料和气凝胶保温隔热材料。

（1）散粒状隔热材料　散粒状隔热材料大多为粉末状，质地较脆，主要有硅藻土、蛭石粉、膨胀珍珠岩及其制品。

硅藻土是一种硅质沉积岩，化学成分以 $SiO_2$ 为主，还含有少量的氧化物和有机质。硅藻土的化学稳定性好，具有细腻、质轻、吸水性和耐热性好等优点。利用硅藻土生产隔热材料所需的生产设备和工艺比较简单，其常被加工成轻质建筑砖、轻骨料、防火建筑材料，用于热工管道、窑炉设备和建筑工程隔热。

蛭石粉是由生蛭石原矿经过高温烧结、筛选、研磨加工而成的散粒状隔热材料。其具有质轻、导热系数低、热膨胀小、价格低廉、无毒等特点，在建筑领域和热工管道、锅炉中具有广阔的应用前景。

膨胀珍珠岩是一种由珍珠岩矿砂经高温焙烧膨胀后制得的白色多孔粒状隔热材料，化学成分主要是 $SiO_2$。其具有施工方便、防火、轻质、耐高温、隔热、耐腐蚀、化学性质稳定、无毒等优点，目前广泛应用于热工管道、窑炉和建筑物屋面墙体隔热保温中。

制备散粒状隔热材料通常采用焙烧工艺，其基本流程是先对原料进行预处理，然后将其与黏结剂、添加剂等按一定比例快速混合搅拌，导入模具中，压制成型、脱模、自然风干，最后经高温烧结等工艺得到散粒状隔热材料制品。目前，利用该工艺以硅藻土为基材制备出了导热系数低于 0.16 W/(m·K)的硅酸钙板。

（2）纤维状隔热材料　纤维状隔热材料是一种减缓由传导、对流、辐射产生热流速度的材料或复合材料，绝大多数为硅酸盐类矿物材料。纤维状隔热材料具有密度低、隔热性好、耐火性强、耐腐蚀、柔软等特性，而且纤维本身具有一定的拉伸强度，其制品的抗拉、抗压和抗折强度高，成形和使用方便，对曲面的贴合适应性较好并可与其他材料进行复合、部分复合或组合，共同发挥隔热作用，因此一直是隔热材料的首选。

纤维状隔热材料主要有石棉、岩棉、玻璃棉、硅酸铝纤维、高硅氧纤维、碳化硅纤维和氧化铝纤维等。其中，石棉、岩棉、玻璃棉、硅酸铝纤维等已在传统工业中大量应用，高硅氧纤维、氧化铝纤维、碳化硅纤维和陶瓷纤维等在特种工业中发挥着重要作用。

（3）泡沫类保温隔热材料　泡沫材料有蜂窝结构，具有孔隙率高、密度低、导热系数小等特点，广泛应用于节能隔热领域。泡沫类保温隔热材料主要包括泡沫塑料、泡沫玻璃、泡沫橡胶等。其中，泡沫玻璃保温板因其具有质量小、导热系数小、吸水率小、不燃烧、不霉变、强度高、耐腐蚀、无毒、物理化学性能稳定等优点，被广泛应用于民用建筑外墙和屋顶的隔热保温中，不仅节约了大量的可再生能源，也在一定程度上减缓了环境污染，起到了环保的作用。

泡沫玻璃保温板最早由美国匹兹堡康宁公司发明。它是由碎玻璃、发泡剂、改性添加剂和发泡促进剂等，经过细粉碎和均匀混合后，再经过高温熔化，发泡、退火而制成的无机非金属玻璃材料。它由大量直径为 1～2 mm 的均匀气泡结构组成。其中，吸声泡沫玻璃保温板为 50%以上开孔气泡，绝热泡沫玻璃为 75%以上的闭孔气泡，制品密度为 160～220 $kg/m^3$，可以根据使用的要求，通过生产技术参数的变更进行调整。

泡沫玻璃以其无机硅酸盐材质和独立的封闭微小气孔汇集了不透气、不燃烧、防啮防蛀、耐酸耐碱（氢氟酸除外）、无毒、无放射性、化学性能稳定、易加工而且不变形等特点，使用寿命等同于建筑物使用寿命，是一种既安全可靠又经久耐用的建筑节能环保材料，如图 8.2 所示。

(4)气凝胶保温隔热材料　气凝胶是一种以纳米量级胶体粒子相互聚集而构成的纳米多孔网络结构，并在孔隙中充满气态分散介质的高分散固态材料。气凝胶材料具有极低的热导率，如 $SiO_2$ 气凝胶的常温热导率为 0.015 W/(m·K)，低于空气的热导率，这主要是因为气凝胶的纳米孔径(一般在 2～50 nm)小于气体平均自由程(69 nm)，抑制了气体分子之间的相互碰撞，从而降低了材料的气态热导率。另外，气凝胶独特的超细纳米颗粒连接结构减少了接触热传导，从而降低了材料的固态热导率。通过添加红外遮光剂可以进一步降低辐射热导率。气凝胶的孔隙率高达 80%～99.8%，密度可低至 0.03 g/$m^3$。因其半透明的色彩和超轻质量，气凝胶有时也被称为"固态烟"或"冻烟"。由于气凝胶具有独特的性能，因此被视为一种较为理想的轻质、高效隔热材料。

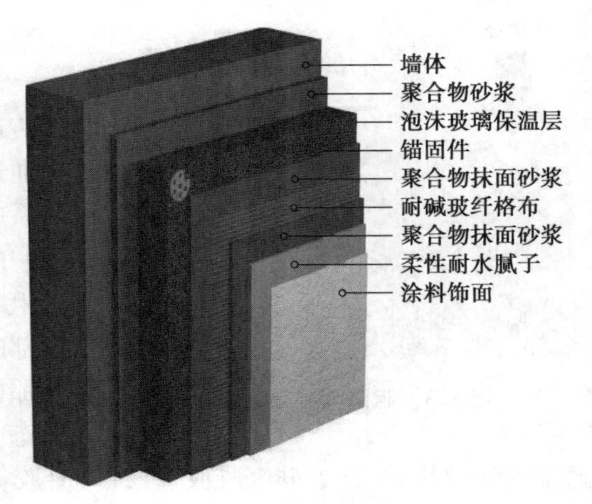


图 8.2　泡沫玻璃安置示意图

气凝胶隔热材料主要有 $SiO_2$ 气凝胶、$ZrO_2$ 气凝胶、$Al_2O_3$ 气凝胶、Si-C-O 气凝胶。其中，纳米 $SiO_2$ 气凝胶应用最广泛。其制备工艺一般如下：首先通过溶胶-凝胶形成连续的纳米量级的凝胶网络结构，然后经超临界干燥，在不破坏其孔结构的条件下除去凝胶纳米孔洞内的溶剂，最终得到纳米孔 $SiO_2$ 气凝胶。

气凝胶被认为是目前质量最轻、隔热性能最好的固态材料。在民用领域，瑞士和德国采用气凝胶设计了一种透明玻璃墙体，其能够有效积累太阳能热量，防止热量散失；美国 Cabot 公司与 Kawall 公司共同开发的硅气凝胶夹芯板，透光率达到 20%，热导率仅为 0.05W/(m·K)；美国 Aspen 公司将气凝胶与纤维等增强体复合，已经制备出柔性气凝胶隔热毡，并应用于管道、飞机、汽车等保温体系中；美国国家宇航局(NASA) Ames 研究中心开发了陶瓷纤维-气凝胶复合隔热瓦，与原隔热瓦相比，热导率大幅度下降，强度大幅度提高，隔热性能也提高了 10～100 倍。

### 8.2.2　隔热涂料

建筑外墙隔热涂料施涂于建筑物表面可有效降低建筑物表面及内部的温度，并能缓解建筑物表面温度变化，对建筑物具有良好的保护作用。

建筑隔热涂料根据隔热机理和隔热方式的不同分为阻隔型隔热涂料、反射型隔热涂料和辐射型隔热涂料三类。这三类涂料的隔热机理不同，其应用场合和所得到的效果也各不相同。

1)阻隔型隔热涂料

阻隔型隔热涂料是一种以减少涂层内部热传导为主要目的的涂料。它是依据热量在空气中的传导速率远小于在固体材料中的传导速率的原理，将密度小、气孔率高、导热系数低的功能填料(如空心玻璃微珠、膨胀珍珠粉、硅气凝胶等)加入涂层体系中，从而降低涂层的导热系

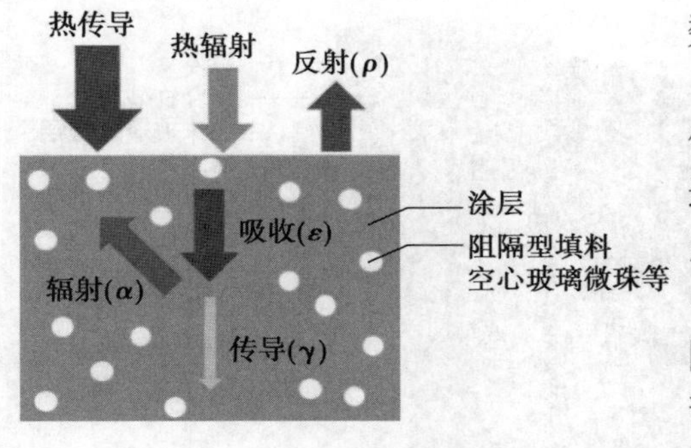


图 8.3　阻隔型隔热涂料原理图

数，达到隔热保温目的，如图 8.3 所示。

当环境中的热量通过传导、辐射、对流的方式传递至基材表面后，基材表面至内部的热传递主要通过热传导实现。阻隔型隔热涂料通过在涂层体系中加入高气孔率的填料，迫使热量通过涂层气孔中的空气传导，从而大幅降低涂层的导热系数。当阻隔型填料的气孔直径足够小（纳米级别），其内部的空气分子不能对流，也不能像一般静止空气中那样进行热运动，这样的气孔实际上相当于真空状态，这种情况下阻隔型填料的导热系数甚至小于普通空气的导热系数（如硅气凝胶、纤维气凝胶等）。涂料中加入上述颜填料，将具有优异的隔热保温性能。

这种类型的涂料通常以表现密度小、内部结构疏松、气孔率高以及含水量小的材料作为轻骨料，依靠黏结剂的作用使其结合在一起，直接涂抹于设备或者墙体的表面达到隔热效果。

2）反射型隔热涂料

反射型隔热涂料通过在体系中添加对热辐射（太阳辐射、红外辐射等）有高反射率的颜填料，避免设备及建筑物对太阳辐射的吸收来达到隔热效果，如图 8.4 所示。太阳能主要集中在 400 ~ 1 800 nm 的可见光和近红外光区域，在该波长范围内，反射率越高，涂层的隔热效果就越好。

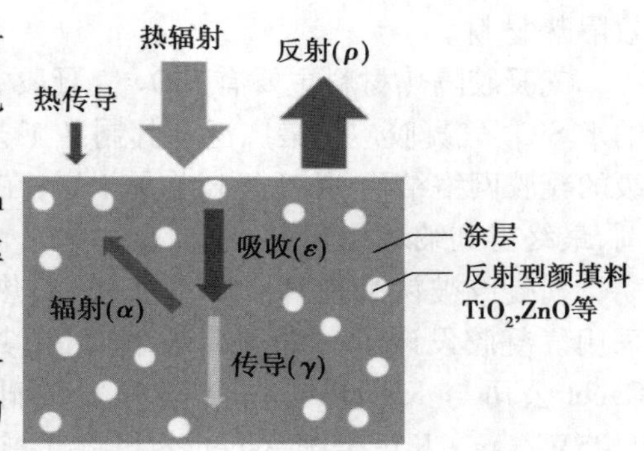


图 8.4　反射型隔热涂料原理图

具有高反射率的颜填料是制备反射型隔热涂料的关键。一般来说，涂层颜色越浅，其对太阳辐射的反射率越高。因此，传统的反射型隔热涂料都以白色为主，它们一般使用白度较高的 $TiO_2$，ZnO 作为颜填料。几种常用颜填料的折射系数比较见表 8.2。

表 8.2　颜填料的折射系数

| 名　称 | 折射率 | 名　称 | 折射率 |
|---|---|---|---|
| 钛白粉（金红石型） | 2.80 | 硫酸钡 | 1.64 |
| 钛白粉（锐钛型） | 2.50 | 硫酸镁 | 1.58 |
| 氧化锌 | 2.2 | 二氧化硅 | 1.54 |
| 锌钡白 | 1.84 | 氧化铁红 | 2.80 |
| 滑石粉 | 1.59 | 氧化铁黄 | 2.30 |
| 氧化铝 | 1.70 | | |

该类涂料对太阳辐射的反射率可高达 80% 以上，部分涂料甚至可达 95%。因此，在夏天，涂装了反射型隔热涂料的建筑外墙温度远小于普通建筑物，仅略高于环境温度，大幅降低了建

筑的冷却负荷,明显节省了用电量。另一方面,人们将反射型隔热涂料应用于道路表面,提高了路表的反射率,降低了路面吸热量,可以有效减轻路面的高温车辙病害和城市的热岛效应。

3)辐射型隔热涂料

辐射型隔热涂料是以发射热辐射的形式主动减少基材热传递的涂料。它是通过在涂料体系中添加能高效发射热辐射的填料,或将这些材料直接烧结成陶瓷涂层而实现的。当涂层吸收热量后,抵达建筑物表面的辐射会转化为热反射电磁波辐射到大气中,从而实现降温隔热,如图8.5所示。在波长8~13.5 μm区域内,太阳辐射能和大气辐射能远低于地面向外层空间的辐射能,地面上的红外辐射可以直接辐射到外层空间。因此,如果在此波段内使涂料的发射率尽可能高,那么在辐射体表面,热量就能以红外辐射的方式高效地发射到大气外层,达到建筑物隔热的目的。

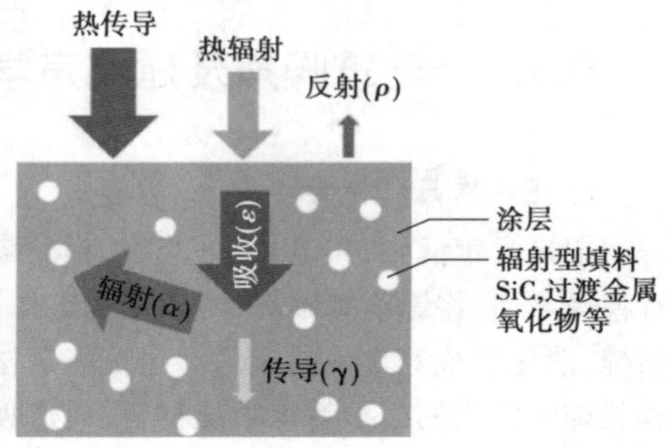

图8.5 辐射型隔热涂料原理图

辐射型填料主要包括SiC、堇青石(主要成分为$Mg_2Al_4Si_5O_{18}$,可含有Na,K,Ca,Fe,Mn等元素)、过渡金属氧化物(如$MnO_2$,$Cr_2O_3$,CoO,CuO)等,它们吸收热量后,通过分子振动、转动的能量,不断地使晶格、键团产生碰撞,将吸收的热量重新发射到环境中。

辐射型隔热涂料不同于阻隔型隔热涂料和反射型隔热涂料,后两者只能减缓但不能阻挡热量的传递。当热量缓慢地通过隔热层和反射层后,内部空间的温度缓慢升高。此时,即使涂层外部温度降低,热能也只能困陷其中。而辐射型隔热涂料具有“主动式降温”的特点,其能以热发射的形式将吸收的热量辐射掉,从而促使室内与室外以同样的速率降温。

该类填料的热稳定性较好,因此辐射型隔热保温涂料对温度适应性较强。它不仅能在常温环境中用于建筑、石化储罐的隔热保温;还可以在高温环境中对高温石化管道、锅炉等进行隔热保温,能有效提高高温设施的能源利用率,一般可达5%~10%,大大缩短了加热时间,减少了设施内温差,提高了产品的质量及生产效益。

# 8.3 与“噪声”有关的功能结构及特殊材料

## 8.3.1 概述

声音是通过介质(空气或固体、液体)传播并能被人或动物的听觉器官感知的波动现象。当震动频率在20~20 000 Hz时,是可以被人耳识别的。而噪声是一种引起人烦躁、使人体感觉不舒适或音量过强而危害人体健康的声音。自1960年以来,噪声被认为是一种环境污染。根据产生噪声污染源(声源)的不同,把噪声分为4种:工业噪声,即工厂中的各种机械设备工作产生的噪声;交通噪声,即各种飞机、车辆通过发动机转动、车体震动和运动中与空气或路面的摩擦发出的声音;社会生活噪声,是由商业、娱乐、家庭生活、交谈等社会活动造成的噪声,如房屋装修、卡拉 OK、大声喧哗等;建筑施工噪声,即施工机械和施工操作中发出的声音。由于人们的日常生活范围主要是在房屋内和道路周围,因此本节将从建筑噪声和道路噪声两方面进行阐述。

## 8.3.2 建筑噪声及建筑声学材料

1)建筑噪声的概念

在日常生活中,40 dB 是正常的环境声音,一般被认为是噪声的卫生标准。在此以上便是有害噪声,它将影响睡眠和休息、干扰工作、妨碍谈话、使听力受损,甚至引起心血管系统、神经系统、消化系统等方面的疾病。建筑声学材料是为了降低日常生活中的噪声污染,在房屋建筑和装饰中使用的一种特殊功能材料,通过吸收或阻隔声音可以在一定程度上减少噪声对人体的伤害。

2)吸声材料

吸声材料可以把声能转化为热能,当声波传入时,因细管中靠近管壁与管中间的声波振动速度不同,由媒质速度差引起的内摩擦使声波振动能量转化为热能而被吸收。吸声材料按吸声机理可分为多孔吸声材料、共振吸声结构材料及复合吸声材料三大类。一般的多孔吸声材料具有高频吸声系数大、比重小等优点,但低频吸声系数低;共振吸声结构材料的低频吸声系数高,但加工性能差,且使用共振原理消耗声波能量,吸声频带较窄。日常生活中,多孔吸声材料的应用范围最广。

(1)基本特性　吸声系数 $\alpha$ 可以表征材料的吸声能力,当 $\alpha=0$ 时,表示声能全反射,材料不吸声;当 $\alpha=1$ 时,表示材料吸收了全部声能,没有反射。一般材料的吸声系数在 0 ~ 1,吸声系数 $\alpha$ 越大,表明材料的吸声性能越好。

吸声量又称为等效吸声面积,是与某表面或物体的声吸收能力相同而吸声系数为 1 的面积。一个表面的等效吸声面积等于它的吸声系数乘以其实际面积。物体在室内某处的等效吸声面积等于该物体放入室内后,室内总的等效吸声面积的增加量,单位为 $m^2$。

多孔材料吸声的必要条件是:材料有大量空隙且向外敞开,空隙之间互相连通,孔隙深入材料内部,分布均匀且细小,如玻璃棉、矿棉、泡沫塑料等。材料结构紧密、坚硬且表面光滑,则反射声波能力好,吸声效果差。

(2)吸声结构及原理　多孔吸声材料具有许多微小的间隙和连续的气泡,因而具有一定的通气性。当声波入射到多孔材料表面时,主要是两种机理引起声波的衰减:首先是声波产生的振动引起小孔或间隙内的空气运动,造成和孔壁的摩擦,紧靠孔壁和纤维表面的空气受孔壁的影响不易动起来,由于摩擦和黏滞力的作用,使相当一部分声能转化为热能,从而使声波衰减,反射声减弱达到吸声的目的;其次,小孔中的空气和孔壁与纤维之间的热交换引起的热损失,也使声能衰减。另外,高频声波可使空隙间空气质点的振动速度加快,空气与孔壁的热交换也加快,这就使多孔材料具有良好的高频吸声性能。

(3)影响因素　多孔吸声材料的吸声性能与材料本身的特性如流阻、孔隙率等有关。流阻是在稳定的气流状态下，吸声材料中的压力梯度与气流线速度之比。当厚度不大时，低流阻材料的低频吸声系数很小，在中、高频段，吸声频谱曲线以比较大的斜率上升，高频的吸声性能比较好。增大材料的流阻，中、低频吸声系数有所提高；继续加大材料的流阻，材料从高频段到中频段的吸声系数将明显下降，此时吸声性能变劣。在实际应用中，多孔材料的厚度、容重、材料背后是否有空气层以及材料表面的装饰处理等，都对它的吸声性能有影响。

(4)常用吸声材料

①无机纤维材料。无机纤维材料是指天然的或人造的以无机矿物为基本成分的一类纤维材料，如玻璃棉、矿渣棉和岩棉等。而石棉是最为悠久的一类天然无机纤维材料，但石棉对人类健康有影响，石棉及石棉制品已逐渐淡出建筑市场。无机纤维材料不仅具有良好的吸声性能，而且具有质轻、不燃、不腐、不易老化、价格低廉等特性，在声学工程中获得了广泛应用。无机纤维材料的缺点是在施工安装过程中因纤维性脆，容易折断形成粉尘散逸，进而污染环境、影响呼吸、刺激皮肤；质软，在表面需要保护层，如用穿孔板、透气织物等进行保护和装饰；构造比较复杂，体积大，储存和运输麻烦；无机纤维不易降解，会形成固体废物，对环境产生二次污染。无机纤维吸声材料不太适宜在户外露天、潮湿、高温、洁净以及高速气流等环境中使用。

②有机纤维吸声材料。有机纤维吸声材料可分为天然纤维吸声材料和合成纤维吸声材料。天然纤维吸声材料及制品常见的有棉、麻、棕丝、海草、毛毡、甘蔗纤维板、木纤维板等植物纤维和羊毛等动物纤维。这些材料在中、高频范围具有良好的吸声性能。有机纤维柔软，富有韧性而不易折断，但是存在易燃、吸湿、霉烂和虫蛀等问题。

③金属吸声材料。金属吸声材料是一种新型实用工程材料，于20世纪70年代后期出现于发达工业国家。如今比较典型的金属吸声材料是铝纤维吸声板和变截面金属纤维材料。其中，铝纤维吸声板吸声性能优异，质轻强度高，可回收使用，较多作为音乐厅、展览馆、教室、高架公路底面的吸声材料，高速公路或冷却塔的声屏障，地铁、隧道等地下潮湿环境的吸声材料。由于其特殊的耐候性能，特别适宜在室外露天使用。

④泡沫吸声材料。泡沫吸声材料包括无机和有机泡沫吸声材料，其泡沫孔相互连通。无机泡沫吸声材料目前的研究主要集中在泡沫玻璃和泡沫金属上。泡沫玻璃是以玻璃粉为原料，加入发泡剂及其他掺加剂，经高温焙烧而成的轻质块状材料，其孔隙率可达85%以上。泡沫玻璃具有质轻、不燃、不腐、不易老化、无气味、受潮甚至吸水后不变形、易于切割加工、施工方便和不会产生纤维粉尘污染环境等优点，是一种良好的吸声材料。有机泡沫吸声材料主要有脲醛泡沫塑料、氨基甲酸醋泡沫塑料、海绵乳胶、泡沫橡胶等。这类材料的特点是容积密度小、导热系数小、质地软；缺点是易老化、耐火性差。

3)隔声材料

隔声材料是指能减弱或隔断声波传递的材料。不透气的固体材料，对于空气中传播的声波都有隔声效果。隔声效果的好坏主要取决于材料单位面积的质量。

(1)基本特性　材料的隔声能力可以通过材料对声波的透射系数来衡量，透射系数越小，说明材料或构件的隔声性能越好。作为一种较好的隔声材料，必须满足两方面的要求：一方面要求其具有密实无孔隙的结构；另一方面要求其面密度应尽量大，这是由于在不考虑材料的弹性情况下，无限大面积的材料其传声损失遵循“质量定律”，即隔声性能与材料单位面积的质量有关，质量越大，传声损失越大，则隔声性能越好。

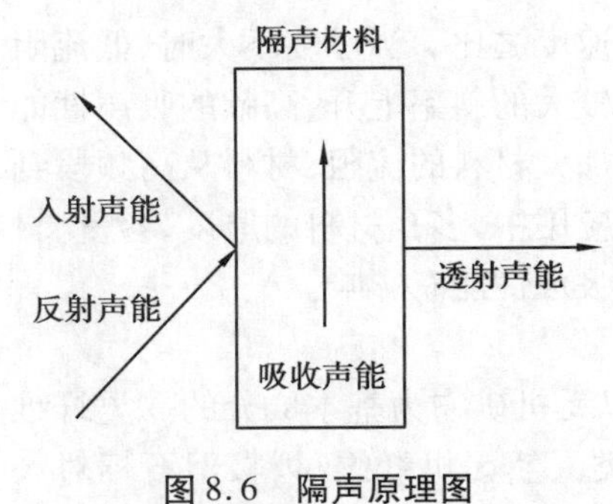

图 8.6　隔声原理图

(2)隔声结构及原理　隔声是利用隔声材料将噪声的入射声波的振动尽量通过材料自身阻尼作用隔挡,减弱噪声声波的振动传递,使噪声环境与需要降低噪声的环境分隔开,如图 8.6 所示。

(3)常用隔声材料　隔声的情况要具体情况具体考虑。对于空气声隔绝,应选择密实、沉重的(黏土砖、钢板、钢筋混凝土等)隔声材料;对于固体声(撞击声)隔绝,应选择毛毡、软木等弹性材料或阻尼材料。目前在房屋建筑中,主要通过各类墙体进行隔声。国内外有相当一部分的轻质隔墙隔声性能较差,单层墙的隔声量满足不了住宅分户墙的最低隔声要求,仅能用于套内隔墙。为提高轻质隔墙的隔声量,国内外建筑声学工作者都已进行了大量的研究工作,积累了一定的经验。

### 8.3.3　路面噪声及路面降噪技术

1)路面噪声来源及分类

飞速行驶的机动车产生的路面噪声主要包括发动机噪声和轮胎-路面噪声。当车速较低时,传动系及其部件构成主要的噪声;而较高车速(客车 50 km/h,重卡车 70 km/h)时,轮胎-路面的交互作用噪声占主导地位。轮胎-路面噪声取决于路表面特征、车速、环境状况、轮胎类型、旋转过程的动态特性,轮胎-路面噪声水平随着车速提高按对数增加。噪声还会由于车辆消声器损坏或其他设备缺陷以及道路陡坡等而加大。在急转弯和紧急制动时,车辆与路面作用还会产生自激振动噪声。

2)降噪原理

从声学角度讲,轮胎与路面摩擦产生噪声后,为减少噪声的等级,一方面通过路面的构造深度和空隙改变噪声的传播途径,吸收噪声;另一方面,通过表面的纹理(单位面积内表面的构造数量)反射噪声,减轻轮胎-路面的泵吸作用,从而破坏轮胎噪声声源,消耗噪声的能量,这也是多空隙沥青混凝土路面和超薄沥青混凝土路面能降低噪声的主要机理。特别是超薄沥青混凝土路面,由于颗粒小,相同面积表面的纹理多,降噪效果十分明显。

3)常用路面降噪技术

(1)多孔性沥青路面　多孔性沥青路面与普通沥青路面相比,其根本区别在于它的空隙率高达 15% ~20%,甚至超过 20%,而普通沥青路面的空隙率仅为 3% ~6%。由于空隙率大,雨水可渗入路面中,由路面中的连通孔隙向路面边缘排走。因为能迅速排走路面表面积水,所以这种路面也被称为排水性沥青路面。多孔性沥青路面具有良好的宏观构造,它不仅在路表面而且在路面内部形成发达而贯通的孔隙,成为一种负宏观构造,应该说这在沥青路面结构上是一种创新。

多孔性沥青路面存在许多连通的小孔,当轮胎滚动时被压缩的气体能够通畅地钻入路面孔隙内,而不是向周围排射,因此减小了轮胎花纹的泵气噪声。同时,在声学上可以将这种路面看成是具有刚性骨架的多孔吸声材料,具有相当好的吸声性能,即在噪声的辐射过程中吸收衰减了大量声能,因此多孔性沥青路面表现为一种安静的路面。

(2)超薄沥青磨耗层　一般来说,国际上通常称沥青混凝土铺装层厚度2.0~2.5 cm的为超薄沥青磨耗层,厚度3 cm的为薄层沥青路面。超薄沥青磨耗层是一种小粒径、多碎石沥青混合料,一般的摊铺厚度为2.0~2.5 cm。

超薄沥青混合料中集料颗粒的最大粒径尺寸小,表面平整,保证了平顺的行车条件。由于其发达的路表面负纹理(单位面积内表面的构造数量),轮胎-路面接触噪声一方面通过路表面的构造深度和空隙吸收噪声,另一方面通过路表面的纹理多次反射,达到衰减、消耗噪声能量的作用。这正是超薄沥青磨耗层能够降低噪声的主要机理,且由于染料颗粒小,轮胎振动小,降噪效果十分明显。

(3)多孔弹性路面　为进一步提高道路的降噪能力,改善交通环境,日本首次引入了多孔弹性路面(PERS)作为低噪声路面。PERS是指在沥青混合料中掺入橡胶颗粒(废旧轮胎磨制而成),并由聚氨酯树脂固结而成。橡胶颗粒掺量一般为混合料质量的1%~3%,空隙率为30%~40%,面层板的厚度为2~5 cm。PERS的特点是具有弹性和多孔性。与排水路面不同的是这种路面具有弹性,因此PERS更能降低噪声。试验研究表明,小汽车车速为60 km/h时,其降噪效果为13 dB,卡车则可达6 dB,其降噪性能明显优于排水性沥青路面。

## 8.4 与"光"有关的功能结构及特殊材料

### 8.4.1 透光型材料

1)透光混凝土

(1)基本概念及原理　透光混凝土是由大量的光学纤维或塑料树脂等透光材料和普通混凝土组合而成的具有高透明度、可以透过光线,且有艺术和装饰效果的特种混凝土。此种混凝土的透光效果不仅在于透光混凝土对光线的传输能力,而且人眼能对穿过透光混凝土的点状光线进行加工重构,让我们可以看到透光混凝土背后物体轮廓的影像。

光纤类透光混凝土主要依据按一定方式排布的光学纤维的全导光性,光线在纤维上进行能量的多次全反射,最终使能量从一端传递到另一端,进行光的传输。树脂类透光混凝土多利用树脂的透光性和聚光性,使得树脂在使用过程中具有多元化。

(2)透光材料的性能　光纤类透光混凝土中的光纤通常有两种:有机光纤(塑料光纤)和无机光纤(玻璃光纤)。表8.3即为两种光纤的性能对比,由表可知,虽然无机光纤相对于有机光纤具有更优异的导光性能,但其不耐碱且成本较高,因此在制备光纤类透光混凝土时通常选用有机光纤,并对光纤表面进行涂层处理,以提高其与水泥混凝土的黏结性能。

树脂类透光混凝土是一种新型的透光混凝土,与光纤类透光混凝土相比在产品造价、透光率、制造工艺和性能方面具有较大差异,具体如下:

表 8.3　有机光纤与无机光纤的性能对比

| 因　素 | 导光率 | 耐碱性 | 与水泥混凝土的黏结性能 | 成　本 |
|---|---|---|---|---|
| 有机光纤 | 较低,合成材料较高 | 相对较好 | 相对较好,但仍需处理 | 低 |
| 无机光纤 | 高 | 不耐碱 | 需要处理 | 高 |

a. 树脂类透光混凝土的造价更低。

b. 树脂类透光混凝土中透明树脂所占表面积更大,当光线入射角不佳时光线也能透过混凝土,而光纤类透光混凝土对光线入射角要求苛刻,入射角过大时光线就不能透过混凝土,因此树脂类透光混凝土具有更高的透光率。

c. 树脂类透光混凝土的后处理工艺简单,其抛光过程简单,而光纤类透光混凝土需要深度抛光,工序复杂。

d. 树脂类透光混凝土只能用作非承重构件,光纤类混凝土中光纤所占体积较小,对混凝土的结构影响不大,可以作为承重构件。光纤类透光混凝土可以通过在制备过程中添加网栅状织物或钢筋来提高混凝土的抗压强度。

(3)制备工艺

①光纤类透光混凝土。

a. 先植法。先植法是将按图形打孔的块体穿入光纤棒,然后将块体放入模具内,再浇注水泥净浆或水泥细砂浆,养护、切割之后便成为导光的装饰水泥混凝土制品。按照光纤的排布,先植法可以分为平铺法、光纤栅板法、光纤模具法等。

平铺法的制备工艺大致分为以下几个步骤:一是在加长模具中平铺一层砂浆;二是沿模具的纵向铺上一层透光纤维材料,使透光纤维之间保持平行;三是振捣砂浆或是给模具施加机械力,让透光纤维材料沉入砂浆中;四是重复上述 3 个步骤直到砂浆和透光纤维充满模具;五是待砂浆固化后取出水泥条,将其沿横向切割制成多块透光混凝土砌块。光纤栅板法是在平行排布法的基础上实现的,首先将光纤制成光纤栅板,然后埋于水泥混凝土中。光纤模具法是将光纤按照特定的密度固定在经过打孔的模具上,然后在模具内浇注水泥净浆和砂浆,此种方法一次成型,相对简化了生产过程。

b. 后植法。后植法是将浇注成型的水泥混凝土进行打孔后,在孔洞内放置光纤,打孔的位置可以根据需要的图形设计。后植法相对于先植法而言,简单易行、定点准确,但是存在光纤与水泥体系黏结不牢的缺点,其力学性能、耐久性能有待进一步研究。

②树脂类透光混凝土。

a. 预制法。将所用的透光材料制成或切割成尺寸与模具大小相匹配的透光树脂板,在透光树脂板的表面喷涂反光油漆;然后将透光树脂板规则地固定在模具底部;再将砂浆倒入模具中,使透光树脂板几乎完全埋入砂浆,但其上表面不能被砂浆覆盖;待砂浆自然固化后将制成的透光混凝土板提取出来。

b. 浇注法。在模具底部铺上一层薄薄的可压缩材料,如硅橡胶;然后将砂浆倒入模具中,将塑料板规则嵌入砂浆,板的一端插到模具底部,另一端不能埋入砂浆;在砂浆快固化的时候将塑料板抽出,形成开孔;待砂浆继续固化一段时间,在开孔内部喷涂反光涂料;待反光涂料固化后,将液体状的透明树脂注入开孔内,使树脂和砂浆一起固化成型,固化完全后提取透光混凝土板。

(4)透光混凝土在建筑工程中的应用　透光混凝土已被用于许多著名建筑中,如 2010 年上海世博会意大利国家馆建筑外墙设计采用了透光混凝土,匈牙利的塞拉博物馆将透光混凝土砖填充到钢架结构中,瑞士苏黎世“花园亭子”是由 5 个预制的透光混凝土板组成。这类材料在白天可以使室内更加明亮,夜晚在灯光的照射下则具有更好的装饰效果。

2)特殊透光材料

(1)ETFE 薄膜材料　ETFE 的化学名称为乙烯-四氟乙烯共聚物(Ethylene Tetra Fluoro Ethylene),它是一种高分子材料,具有良好的耐化学性能。ETFE 薄膜可通过高温熔化 ETFE 颗粒后经挤压成型得到,用于建筑屋面或墙面材料时其厚度通常为 50 ~ 300 μm。纯净的 ETFE无色,可加工得到透明的 ETFE 薄膜,透光率高达 95% 。

(2)透光软膜　透光软膜具有防火、防菌、防水、抗老化、安装方便等卓越特性,是一种节能环保、高效经济的新材料。软膜呈乳白色,半透明,在封闭的空间内透光率为 75% ,能产生完美、独特的灯光装饰效果。它采用特殊聚氯乙烯材料制成,其防火级别为 B1,通过一次或多次切割成形,并用高频焊接完成。

(3)透光云石　透光云石是一种新型的复合材料,采用不饱和树脂、氢氧化铝和其他辅料以及模具浇铸成型。透光云石不仅具有无污染、无毒性、不易变形、耐久性优异等优点,且质地轻便,板材厚薄可根据实际情况进行调配,光泽度好,透光效果明显。

(4)聚碳酸酯板(PC 板)　聚碳酸酯板是以聚碳酸酯聚合物为原料,采用先进的配方和最新的挤出工艺技术制造而成。它是一种新型的高强度、透光建筑材料,比夹层玻璃、钢化玻璃、中空玻璃等更具轻质、耐候、超强、阻燃、隔声等优异性能,是取代玻璃、有机玻璃的最佳建材。

## 8.4.2　反光型材料

1)反光路面

(1)反光路面的概念　反光路面是在路面铺设玻璃微珠的反光涂料层或反光膜,利用反光材料的强反光效果,反射入射光,从而提高路面能见度的路面结构。这是对于反光路面的最早介绍。而后因为反光涂层逐渐暴露出的局限性,研究人员开始将玻璃珠或废玻璃代替一部分石料掺入沥青混合料中,铺筑成路面表层,提高路面的整体反光性,从而提高沥青路面的夜间可视性,提高行车安全性,节约能源。

(2)反光路面的反光原理及影响因素　反光路面的反光性主要是通过光线的反射实现的,光的反射又可分为镜面反射、漫反射和逆反射。玻璃珠材料属于典型的逆反射材料,其逆反射原理如图 8.7 所示,入射光光线照射在玻璃珠表面,一部分在空气和玻璃珠界面发生反射,一部分发生折射进入玻璃珠,然后折射光在玻璃珠内表面发生反射,反射光经过玻璃珠和空气再次发生折射,折射光线回到空气中,且入射方向与出射方向几乎平行。

沥青混合料中的玻璃珠材料的逆反射效果除了受光源强度、入射角度影响外,还与玻璃珠的成圆率、折射率、掺量等有关,玻璃珠越接近于理想球体,越容易产生良好的逆反射效果;折射率越高,反射效果越好;掺量越高,反光点越多,覆盖率越大,反光亮度越大。

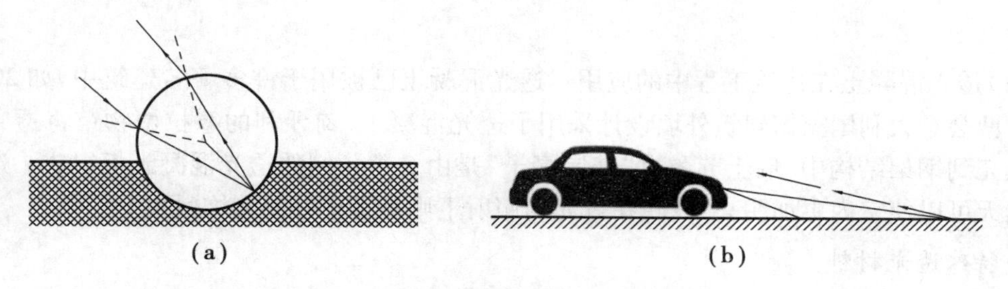


图 8.7　玻璃珠逆反射原理示意图

2)热反射涂料

(1)热反射涂料的概念　热反射涂料是一种涂布在物体或建筑物表面,具有显著降温作用的功能性特殊建筑材料。

(2)热反射涂料的组成及原理　热反射涂料主要由以下部分组成:

①基料树脂:基料树脂应能抵御紫外线破坏,而且要求其对可见光和近红外光的吸收小,即结构中尽量少含 C-O-C-,O = C-,-OH 等吸能基团。常见的基料树脂有聚氨酯树脂、丙烯酸树脂、有机硅树脂、环氧树脂等。

②功能填料:功能填料包含颜填料和着色填料,其中颜填料是决定路用热反射涂层降温性能的关键组分,其折光指数越大,吸收率越小,涂层降温效果越好;着色填料(铁红、铬绿、铁黄等)主要用于调节涂料色彩,既能起到美观作用,又能提供良好的视觉感受。

③助剂:助剂的用量一般很少,仅占百分之几,却能明显改善涂料或成膜物的性能,主要包括成膜助剂、消泡剂、分散剂、增稠剂、光稳定剂、消光剂、湿润剂等。

④溶剂或水:溶剂型涂料通常需要加入有机溶剂,对于水性涂料而言,水则是必不可少的成分。溶剂和水的主要作用是分散成膜基料,并调节黏度,改善其流动性,有助于施工和改善成膜物的性能。

热反射涂料的降温原理示意图如图 8.8 所示。建筑物表面或沥青路面温度的升高主要来源于太阳光中可见光照射、红外线辐射,热反射涂料应具有高反射率(即低吸收率),其高反射能力可以将占太阳总辐射能量 95% 的可见光区和近红外区的辐射以同样的波长反射出去,从而实现降温效果。

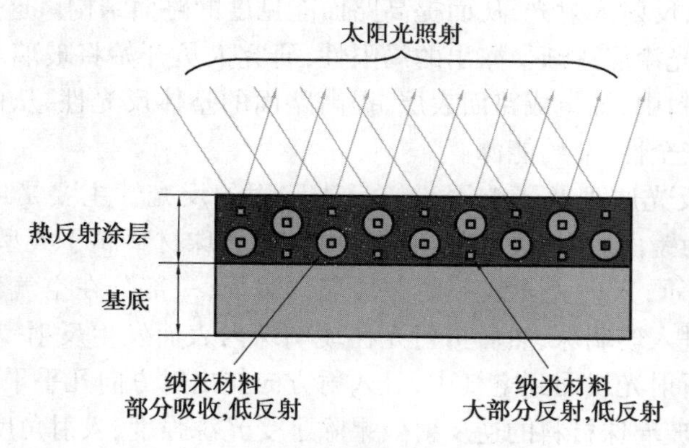


图 8.8　热反射涂料降温原理示意图

(3)热反射涂料在建筑及道路中的应用　热反射涂料已被广泛应用于建筑物外墙、屋顶,以实现节能降温。此外，日本多个行政区和繁华地段将这类涂料大规模地应用于城市道路、广场和步道中，既可有效降低路面温度，还可有效缓解城市热岛效应。

## 8.4.3 发光型材料

1）概念

自发光型材料多指蓄能发光材料，即长余辉发光材料，其化学通式为 $MAl_2O_4:Eu^{2+}$，$RE^{3+}$（M 为 Ca，Sr，Ba；RE 为稀土离子）。铝酸盐体系蓄光型自发光材料具有发光效率高、化学稳定性好等特点。目前可选材料颜色有：发光颜色为天蓝色的 $CaAl_2O_4:Eu,Nb$；蓝绿色的 $Sr_4Al_{14}O_{25}:Eu,Dy$；黄绿色的 $SrAl_2O_4:Eu,Dy$。

2）发光机理

对长余辉发光材料的发光机理，比较认可的是空穴转移模型（图 8.9）。在光源照射下，$Eu^{2+}$ 由基态激发到激发态，并弛豫为亚稳态（$Eu^{+}$），$Eu^{2+}$ 激发时所释放的空穴被陷阱中心 $Eu^{3+}$ 捕获，被氧化成 $Eu^{4+}$，当停止照射后，空穴再次热激发，并慢慢释放到价带中与 $Eu^{+}$ 复合发光，并在一段时间内持续释放光能。

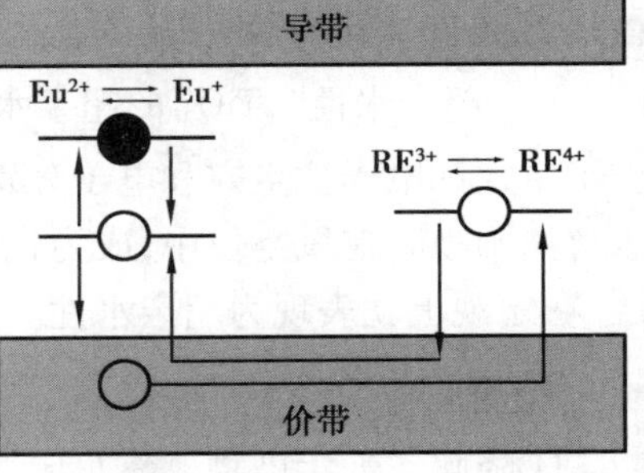


图 8.9 长余辉发光材料发光机理

3）发光型材料在道路及交通设施中的应用

（1）蓄能发光涂料　蓄能发光涂料多由高分子树脂、长余辉发光材料、填料以及相容剂等其他助剂制成。它可以涂布在公路路面作为道路标线；涂布在隧道内部，经可见光照射后自发光，可以很好地节约电力资源；也可以涂刷在金属、塑料、水泥等不同材质的表面，广泛应用于各种标牌、交通标志、交通设施等。

（2）自发光路面　自发光路面是一种新型的功能路面，在整体路面的面层上撒布蓄能发光碎石可达到荧光效果。此种路面在白天吸收太阳光，晚上能够自主发光达十多个小时，可以取代路灯解决路面照明问题，不仅节能环保，还可提高夜间景观效果。

## 8.4.4 光催化建筑材料

1）概念

光催化建筑材料是将光催化剂添加在建筑材料表面，在可见光或紫外光照射下能够有效降解和去除有机污染物和微生物等，并具有保持良好使用性能的绿色建筑材料。当前常用的光催化剂有 $TiO_2$，CdS，ZnO，$WO_3$，$Fe_2O_3$，$SnO_2$，g-C3N4 等。其中，$TiO_2$，CdS 和 ZnO 的光催化活性最高，但 CdS，ZnO 在光照时不稳定，常因阳极腐蚀产生 $Cd^{2+}$，$Zn^{2+}$ 等对生物有毒性的离子，而 $TiO_2$ 具有良好的化学稳定性和热稳定性以及优异的耐候性、耐腐蚀性，且安全无毒，是一种优异的光电功能材料和光催化材料，这也使得 $TiO_2$ 成为最有开发前景的绿色环保材料之一。

2）作用机理

（1）光催化氧化还原反应　以 $TiO_2$ 作为催化剂为例，光催化氧化还原反应原理示意图如图 8.10 所示。$TiO_2$ 纳米材料的结构特点是存在一个满的价带和一个空的导带，价带和导带之间存在一个禁带，其宽度被称为带隙能。锐钛矿型 $TiO_2$ 的禁带宽度为 3.2eV，当光子能量等于或大于带隙能时，价带上的一个电子就会被激发，越过禁带到达导带，同时在价带上产生相应的空穴，由此形成空穴-电子对。光生电子（$e^-$）具有很强的还原能力，同时光生空穴（$h^+$）又具有很强的氧化能力，它们与表面吸附的电子受体、给体发生氧化还原反应。空穴与吸附在 $TiO_2$ 表面的 $O_2$，$H_2O$ 等发生一系列反应，生成羧基自由基（$OH^-$）和超氧阴离子自由基（$O_2^-$）等，能够氧化大多数有机污染物，最终降解成环境友好的 $CO_2$，$H_2O$ 和无机酸等产物。

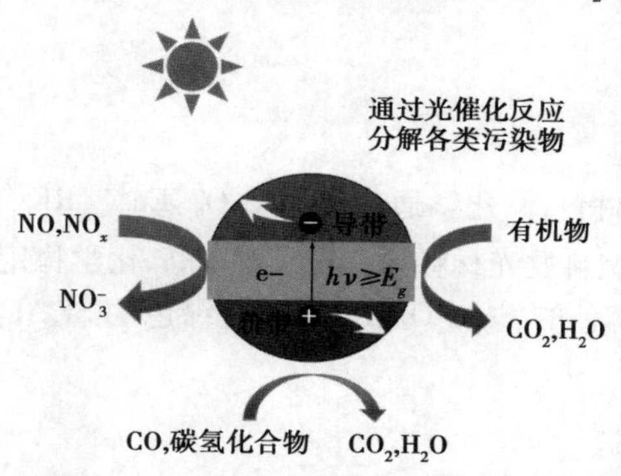


图 8.10　光催化氧化还原反应机理示意图

（2）超亲水性　$TiO_2$ 的超亲水性是由于其表面结构的变化，在紫外光照射下，$TiO_2$ 表面产生了空穴和电子。空穴和电子分别与氧离子和 $Ti^{4+}$ 反应，形成氧空位和 $Ti^{3+}$。此时空气中的水解离子吸附在氧空位中，成为化学吸附水（羟基）。化学吸附水进一步吸附水形成物理吸附层，在宏观上就表现为超亲水性。

3）功能

①降解空气污染物。汽车尾气排放的氮氧化合物以及燃煤排放的硫化物是城市大气污染的重要污染物，通过光催化反应可将其有效降解为二氧化碳（$CO_2$）、水（$H_2O$）、无机酸等，随雨水冲走，从而达到净化空气的目的。

②抗菌除菌。$TiO_2$ 受光催化激发产生的空穴和电子进一步反应生成超氧离子自由基和羟基自由基，并穿透细菌的细胞壁，破坏细胞膜质，进入菌体内部，进一步阻止成膜物质的传输，阻断呼吸系统的运行和电子传输系统正常运行，从而有效地消灭细菌。

③防污自清洁光。光催化建筑材料的防污自清洁功能是通过氧化分解反应与超亲水特性共同实现的。氧化分解反应不断分解聚集在建筑材料表面的污染物，超亲水特性则在建筑材料表面产生水膜，使油性污染物在建筑材料表面结合不牢靠，雨水冲洗即可脱落，从而达到自清洁的目的。

④防雾。光催化建筑材料的超亲水特性使得水附着在建筑材料表面时不再以水滴形式存在，而是在其表面形成水膜，水膜不会造成光的散射，从而有效起到防雾作用。

4）光催化建筑材料的应用

光催化建筑材料已被应用于建筑物外墙，它可实现自清洁和降解污染物的效果；在隧道中应用可有效降解汽车尾气，但需加装特殊光源；在停车场、广场等地段使用可有效降解地面污染物。

# 本章小结

本章介绍了与水、热、噪声和光4个方面相关的特殊建筑功能材料。与“水”有关的功能结构及特殊材料包括防水涂料、保水性铺装和透水性铺装。防水涂料主要用于防潮、防渗及防漏；保水性铺装和透水性铺装是一种新型城市道路铺装形式，对于降低路表温度、缓解城市热岛效应、改善环境都具有重要意义。与“热”有关的功能结构及特殊材料包括保温隔热材料和隔热涂料。保温隔热材料通过质轻、疏松、多孔、低热导率的材料达到隔热降温目的；隔热涂料通过阻隔、反射及辐射原理实现降温。与“噪声”有关的功能结构及特殊材料重点介绍了建筑声学材料和路面降噪技术。吸声材料把声能转化为热能，实现降噪；隔声材料通过材料自身阻尼作用减弱噪声；路面降噪技术主要采用多孔性沥青路面、超薄磨耗层和多孔弹性路面等结构形式降噪。与“光”有关的功能结构及特殊材料包括透光型材料、反光型材料、发光型材料及光催化建筑材料。其中，透光型混凝土利用光学纤维或塑料树脂形成具有艺术和装饰效果的特种混凝土；应用于路面中的反光型材料通过反光涂层或反光膜提高路面能见度；热反射涂料利用高反射率反射可见光和红外线实现降温；发光型材料多指蓄能发光型长余辉材料，可用于道路标线、标识标牌和自发光路面等；光催化建筑材料是将光催化剂添加到建筑材料中，可在可见光或紫外光照射下有效降解污染物。

# 复习思考题

8.1　简述常用防水涂料的类别和主要应用场合。

8.2　简述保水性铺装和透水性铺装的主要技术特点和功能。

8.3　常用建筑保温隔热材料的种类有哪些?

8.4　简述反射型隔热涂料和辐射型隔热涂料的区别。

8.5　简述吸声材料和隔声材料的区别与联系。

8.6　路面降噪的影响因素有哪些?

8.7　简述反光型材料的反光原理及主要影响因素。

8.8　透光混凝土的原理和主要特点是什么?

8.9　光催化建筑材料具有哪些功能?

# 参考文献


[1] 袁润章. 胶凝材料学[M]. 2版. 武汉:武汉理工大学出版社,1996.

[2] 吴中伟,廉慧珍. 高性能混凝土[M]. 北京:中国铁道出版社,1999.

[3] 刘秉京. 混凝土技术[M]. 2版. 北京:人民交通出版社,2004.

[4] 沈威,黄文熙,闵盘荣. 水泥工艺学[M]. 北京:中国建筑工业出版社,1986.

[5] 陈建奎. 混凝土外加剂的原理与应用[M]. 2版. 北京:中国计划出版社,2004.

[6] 李立寒,张南鹭,孙大权,等. 道路工程材料[M]. 5版. 北京:人民交通出版社,2010.

[7] 马保国,刘军. 建筑功能材料[M]. 武汉:武汉理工大学出版社,2004.

[8] 弗朗索瓦·德拉拉尔. 混凝土混合料的配合[M]. 廖欣,叶枝荣,李启令,译. 北京:化学工业出版社,2004.

[9] 中国建筑材料联合会. 建设用砂:GB/T 14684—2011[S]. 北京:中国标准出版社,2011.

[10] 中国建筑材料联合会. 建设用卵石、碎石:GB/T 14685—2011[S]. 北京:中国标准出版社,2011.

[11] 全国水泥标准化技术委员会. 通用硅酸盐水泥:GB 175—2007[S]. 北京:中国标准出版社,2008.

[12] 全国水泥标准化技术委员会. 水泥标准稠度用水量、凝结时间、安定性检验方法:GB/T 1346—2011[S]. 北京:中国标准出版社,2011.

[13] 中华人民共和国住房和城乡建设部. 普通混凝土拌合物性能试验方法标准:GB/T 50080—2016[S]. 北京:中国建筑工业出版社,2017.

[14] 中华人民共和国住房和城乡建设部. 普通混凝土配合比设计规程:JGJ 55—2011[S]. 北京:中国建筑工业出版社,2011.

[15] 中华人民共和国住房和城乡建设部. 混凝土强度检验评定标准:GB/T 50107—2010[S]. 北京:中国建筑工业出版社,2010.

[16] 交通部公路科学研究所. 公路工程集料试验规程:JTG E42—2005[S]. 北京:人民交通出版社,2005.

[17] 梁乃兴,韩森,屠书荣. 现代路面与材料[M]. 北京:人民交通出版社,2003.

[18] 张君,阎培渝,覃维祖. 建筑材料[M]. 北京:清华大学出版社,2008.

[19] 冷发光,丁威,纪宪坤,等. 绿色高性能混凝土技术[M]. 北京:中国建材工业出版社,2011.

[20] Mario Collepardi. 混凝土新技术[M]. 刘数华,冷发光,李丽华,译. 北京:中国建材工业出版社,2008.

[21] 吴芳. 新编土木工程材料教程[M]. 北京:中国建材工业出版社,2007.

[22] 交通运输部公路科学研究院. 公路工程沥青及沥青混合料试验规程:JTG E20—2011

[S]. 北京:人民交通出版社,2011.
[23] 交通部公路科学研究所. 公路沥青路面施工技术规范:JTG F40—2004[S]. 北京:人民交通出版社,2005.
[24] 全国石油产品和润滑剂标准化技术委员会石油沥青分技术委员会. 建筑石油沥青:GB/T 494—2010[S]. 北京:中国标准出版社,2011.
[25] 国家能源局. 水工沥青混凝土试验规程:DL/T 5362—2018[S]. 北京:中国电力出版社,2019.
[26] 交通部公路科学研究院. 公路工程无机结合料稳定材料试验规程:JTG E51—2009[S]. 北京:人民交通出版社,2009.
[27] 中华人民共和国住房和城乡建设部. 普通混凝土长期性能和耐久性能试验方法标准:GB/T 50082—2009[S]. 北京:中国建筑工业出版社,2010.
[28] 李亚杰,方坤河. 建筑材料[M]. 6 版. 北京:中国水利水电出版社,2009.
[29] 全国轻质与装饰装修建筑材料标准化技术委员会. 改性沥青聚乙烯胎防水卷材:GB 18967—2009[S]. 北京:中国标准出版社,2009.
[30] 全国轻质与装饰装修建筑材料标准化技术委员会. 弹性体改性沥青防水卷材:GB 18242—2008[S]. 北京:中国标准出版社,2008.
[31] 全国轻质与装饰装修建筑材料标准化技术委员会. 塑性体改性沥青防水卷材:GB 18243—2008[S]. 北京:中国标准出版社,2008.
[32] 全国橡胶与橡胶制品标准化技术委员会橡胶杂品分技术委员会. 高分子防水材料 第 1 部分:片材:GB 18173. 1—2012[S]. 北京:中国标准出版社,2012.
[33] 全国轻质与装饰装修建筑材料标准化技术委员会. 建筑防水沥青嵌缝油膏:JC/T 207—2011[S]. 北京:中国建材工业出版社,2011.
[34] 全国轻质与装饰装修建筑材料标准化技术委员会. 聚氨酯建筑密封胶:JC/T 482—2003[S]. 北京:中国建材工业出版社,2003.
[35] 全国轻质与装饰装修建筑材料标准化技术委员会. 聚硫建筑密封胶:JC/T 483—2006[S]. 北京:中国建材工业出版社,2007.